누리보듬 엄마표 영어 톺아보기

아이 스스로 원서를 읽고 영어 사고력을 키워가는

누리보듬
엄마표
영어
톺아보기

한진희(누리보듬) 지음

서 사 원

Stop studying English and start acquiring it!

아이를 키우며 교육에 있어서 일반적이지 않은 선택들이 많았다. 주변에서 보내는 노골적이고 불편한 시선에 익숙했다. 아이를 기관보육에 맡겼던 것은 6세 1년이 전부였다. '왜 다 큰 아이를 집에서 끼고 있느냐.' 자주 들었던 말이다. 제도 교육에 속해 있던 초등학교 6년 동안 사교육을 배제했다. '너 잘났다. 그 독불장군 언제 무너지나 두고 보자.' 동네 한바퀴 돌아 귀에 들어왔다. 중고등학교 교육과정은 학교교육을 포기하고 홈스쿨을 선택했다. '저 엄마 드디어 미쳤구나.' 안 들어봤을까? 그런데 어쩌다 보니 그렇게 아이를 키운 20년 이야기가 두 권의 책이 되었다. 무엇 때문에 그런 선택을 하고 어떤 시간을 보냈는지 《누리보듬 홈스쿨》에 모두 담았다.

영어교육 또한 홈스쿨과 다르지 않은 엄마표 영어를 선택했다. 8세에 시작해서 8년 노력으로 아이는 영어 습득의 완성을 만날 수 있었다. 그 이야기를 담은 책이 《엄마표 영어 이제 시작합니다》이다. 편안해진 영어 덕분에 친구들보다 이른 나이에 영어를 모국어로 하는 해외대학에 입학하게 되었다. 대학입학이었지만 보호자가 필요한 미성년 나이여서 엄마가 동행해야 했다. 낯선 땅에서 아이와 단 둘이 여유 있게 지내던 선물 같은 시간에 홈스쿨과 엄마표 영어, 두 경험의 시작부터 끝까지 글로 정리할 수 있었다. 정리된 글을 현지 일상

3년 차였던 2015년에 블로그를 만들어 풀어놓았다.

바라보는 방향이 같은 분들이 공감으로 이웃이 되었고, 8000km가 넘는 물리적 거리가 무색한 온라인 소통이 깊어졌다. 아이의 대학 졸업과 함께 귀국하면서 오프라인 소통을 시작했다. 집 가까운 도서관에서 경험을 나누는, 재능 기부 무보수 강연이었다. 강연이 진행되는 도서관으로 직접 찾아주신 출판사 직원들을 인연으로 글이 정리되어 두 권의 책이 되었다. 출간 이후 블로그는 개인적 경험을 넘어 다양한 소통으로 얻어지는 긍정적 데이터들이 쌓여가는 공간으로 거듭났다. 온오프라인 소통 만 8년을 채우고 있다. 독자들에게 공감해주기를 설득한 것은 처음에도 그랬고 지금도 변함없다.

"영어라는 것은 소통의 '도구'가 되어주는 수많은 언어들 중의 하나일 뿐이다. 교과서로 배우고 시험으로 평가하는 교과목으로 생각하고 학습으로 접근해서는 안 된다. 습득이 가능한 방법으로 오랜 시간 익혀 나가야 한다. 모국어 이외의 언어 습득이 단기적인 노력으로 가능한 만만한 일이 아니다. 장기전을 계획하고 준비해서 습득의 방법이 통하는 초등 6년, 적기에 집중하자."

아이들 교육의 무게가 공교육보다는 사교육에 치우치면서 미취학 연령부터 시작되는 속도 경쟁은 보는 것만으로도 숨이 차다. 그런 지금의 대한민국에서 가장 빨리 시작해서 가장 많은 비용과 시간을 투자하고 있지만 결과가 가장 만족스럽지 못한 교육을 뽑으라면 단연코 '영어'라 할 수 있다. 우리 세대가 중학교에 입학하며 알파벳을 시작으로 10년을 영어와 씨름했지만 귀머거리에 반 벙어리로 그 결과가 참혹했다. 지금은 어떨까? 취학 전부터, 심한 경우 태교부터 시작해서 20년 이상을 영어와 씨름하고 있는데 결과가 크게 다르지 않다는 것은 놀라운 일이다. 어찌 보면 상황은 더 나빠졌다 할 수 있다. 예전에는 영어교육을 위해 미취학 연령부터 이 정도로 엄청난 비용을 투자하지는 않았으니까.

시대와 함께 누리고 사는 환경은 가늠할 수 없는 속도로 빠르게 변했다. 하지만 요지부동 변하지 않는 영어교육 정책들과 그 잘못된 시스템을 먹이 삼아 성장하는 사교육시장에서 영어를 여전히, 예전과 다름없이 '공부'시키고 있다. 해서는 안 되는, 해도 소용없는 방법으로 이전 세대보다 더욱 가열차게. 덕분에 학교 영어교육의 종착지라 할 수 있는 수능 영어의 지문 난이도는 상상불가 높아졌다. 하지만 아이들의 **'실질적인'** 영어 실력이 투자 대비 가장 비효율적인 결과와 마주하게 되는 것에 큰 변화는 없다. 코피 터지게 공부하면 시험 점수는 나아질 수 있다. 그러나 점수가 실력이 되어주지는 못한다. 그걸 잘 알면서 왜 수십 년 동안 방향을 수정하지 않는 걸까?

영어는 소통의 수단으로 도구가 되어주는 언어다. 좋은 성적을 위한 '학습'이 목표가 되어서는 안 된다. '습득'을 목표로 해야 한다. **가르치는 것을 멈추고 더디더라도 아이 스스로 익혀 나갈 수 있는 습득의 방법을 안내해 주어야 한다.** 20년 전 행운처럼 그 방법을 알게 되었다. 8년 동안 과연 이것이 옳은 방법일까 의심하고 불안했지만 흔들리면서도 부러지지 않으니 아이의 영어 습득 완성을 이 길에서 경험으로 확인했다. 소통 8년을 채운 지금, 공감한 많은 독자들이 같은 경험으로 아이들의 영어 성장을 이 길에서 확인하고 있다.

출간 전의 강연은 대전 도서관 휴먼북 연강으로 한정되어 있었다. 2018년 첫 책 출간 이후 코로나 사태 이전까지 전국 도시를 돌며 150여 차례 강연으로 부모님들을 만났다. 당시 미취학이었던 아이들이 때가 되기를 기다리며 차근차근 준비했던 계획을 실천으로 옮겨 습관을 넘어 일상으로 안정기에 들어섰고, 초등 저학년 연령이었던 친구들이 고학년 이상이 되어 원하고 목표했던 만큼의 영어 성장을 이 길에서 확인한 사례들이 늘고 있다.

특히 코로나 사태 이후에 나누는 안부에서는 영어만큼은 이런저런 외력의 영향을 받지 않고 꾸준할 수 있어 '제대로 엄마표의 진정한 힘을 느낄 수 있었다'는 감사가 많았다. 부실한 학교교육 공백을 걱정하지 않아도 불안에 떨며 아이를 사교육 시장으로 내몰지 않아도 망설임도 제자리걸음도 없이 꾸준한 실천이 가능했던 것은 이 길에 대한 확신과 구체화되어 있는 장기계획을 가지고 있었기 때문이다.

오랜 인연들이 주는 아이들 성장 소식들을 들으며 이 길에 대한 확신은 점점 강해졌다. 특별한 언어적 재능이 없는 평범한 아이들이, 영어 실력 바닥인 엄마와 함께, 살고 있는 주변 환경에 영향 없이 방향을 잘 잡아 제대로 시간을 쌓아준다면 **모든 아이들에게 가능성이 활짝 열려 있는 길**이라는 확신이다.

세월의 흐름과 함께 훌쩍 커버린 아이들의 영어 성장에 있어서 특별한 소회를 나누게 되는 이웃들이 늘어간다. 엄마표 영어를 '졸업'하고 습득된 영어로 학습적 경험의 '주언어'가 영어가 된 친구도 이미 확인되었다. 주 1~2회 원어민 수업? 한두 달 영어캠프? 1~2년 조기유학? 이런저런 잠깐의 경험이 아니다. 지식을 습득하고 사고를 확장해 나가는 도구로 평생을 곁에 두고 편히 써먹을 언어로 모국어 이외 영어가 보태진 것이다. 그럴 수 있기까지 얼마나 걸렸을까? 반디와 타국에서 지낼 때 블로그 이웃으로 만난 어머님이다. 당시 아이는 7세였다. 책으로 출간되기 이전의 블로그 모든 글을 직접 제본해서 읽고 또 읽었음을 사진으로 인증해 주시며 첫 책 출간을 누구보다 반가워해 주셨다. 준비하고 계획한 뒤 아이는 8세에 처음으로 영어를 이 길에서 시작했다.

그리고 5학년 연령에 학교교육 자체를 미국의 온라인 스쿨로 방향 전환했다.

내 집 안방에서의 미국 유학은 그렇게 시작되었다. 이런 선택이 가능하기까지 영어 습득을 위한 추가적인 외부 도움은 전혀 없었다. 엄마, 아빠 누구도 도움 줄 만한 영어 실력이 아니었다. 다른 누군가의 오랜 시간 경험을 놓치면 안 되는 것까지 꿰뚫어보는 혜안이 놀랍기만 했다. 그러기 위해 남겨진 글을 몇 번이나 읽었을까 궁금했다. 돌아온 답조차 특별했다. 제본이 틀어져 분해되어버린 첫 책을 파트별로 다시 제본해 놓은 사진이었다.

《엄마표 영어, 7주 안에 완성합니다》도입 부분에 첫 책도 출간 전인 2017년 대전 도서관 휴먼북 1기 인연들의 진행기를 수기처럼 담았다. 아이들의 영어 시작이 이 길이었던 네 가정의 18개월 차 진행기다. 첫 만남 당시 한 친구가 1학년, 다른 세 친구는 취학 전 7세였다. 사전 노출이 전혀 없었던 1학년 친구가 휴먼북을 계기로 5월에 처음 영어를 시작했는데 초등학교 졸업을 앞두고 있다. 초등 6년 동안 추가적인 외부 도움 없이 순도 100% 이 길에서의 영어 성장을 가까이에서 지켜볼 수 있었다.

그런 이유로 미안하고도 고맙게 이 친구의 성장은 이 길의 바로미터가 되어 블로그에 지속적으로 공유되었다. 33개월 차에 처음으로 뉴베리 수상 작품 도전 소식. 4학년 8월에 벽돌 두께의 판타지 시리즈에 빠져 있는 아이가 걱정되어 점검해본 SR 테스트의 만족스러운 결과. 4학년 말, 크리스마스 즈음 처음으로 첫 글자 자음만으로도 모두가 알아차리는 대형 어학원에 가서 비용 지불하고 정식으로 테스트 받은 후 흐뭇한 결과. 이후 원어민 또래 학년에 맞게 꾸준히 성장하는 아이의 리딩 레벨 확인 등등. 4학년 여름부터는 뉴베리 북클럽 1기로 참여해서 6개월 과정 24권의 책은 물론이고 Only English 디스커션 수업과 Only English 문법 수업까지 10개월 모든 과정을 함께했다. 최근 6학년 여름방학을 마친 이 친구의 리딩 레벨은 영어를 모국어로 하는 현지 8학년 수준으로 확인되었다. 휴먼북 1기 당시 7세였던 다른 세 친구들 또한 이 길에서의 성장이 확인되었고 뉴베리 북클럽 3기로 함께했다.

이 길에서 바라고 기대할 수 있는 성장은 바로 이런 모습이다. 많은 비용 지불과 불필요한 시간 투자가 불가피한 외부 도움 없이 꾸준한 원서읽기를 통해 현지 또래 수준, 때로는 그 이상의 원문 독해력을 쌓아 나가는 것! 그걸 토대로 언제가 되었든 제 나이만큼 영어 자체로도 사고할 수 있는 성장을 욕심 부리는 것! 그렇게 채워진 사고력을 바탕으로 폭발적 아웃풋 발현을 끌어내는 것! 이것이 **습득을 목표로 하는 이 길의 중심 흐름이다.** 영어 완성을 위해 이러한 토대를 탄탄히 쌓을 수 있는 유일한 최적기가 초등 6년이었다.

5년 전 출간한 《엄마표 영어 이제 시작합니다》는 우리집 경험에 국한되어 있다. 시작은 20년 전이었고 아이의 영어 완성을 확인한 지도 10년이 지났다. 시대가 변하고 환경이 바뀌었다. 변화된 세상에서 현재 진행중인 가정들과 꾸준히 소통하며 다양한 시행착오들을 같이 고민했다. 덕분에 유사한 고민들에 대다수가 공감할 수 있는, 참고 가능한 긍정적 데이터들이 모아졌다. 처음 계획은 기존 책에 내용을 추가해서 개정판으로 할까 했었다.

그런데 생물과도 같이 백이면 백, 제각각 살아 움직이는 실천에서 얻어지는 다양한 시행착오들을 공유하고 그 해답을 찾기 위해 함께 고민했던 것들이 예상보다 많이 정리되었다. 그래서 이 책은 기존 독자들에게는 익숙한 듯 새로운 글이 될 것 같다. 새로운 독자들이나 누리보듬식 엄마표 영어에 대한 전체 흐름이 익숙하지 않은 분들이라면 《엄마표 영어 이제 시작합니다》를 더불어 만나볼 수 있기를 당부한다.

누리보듬

Contents

PART 01 모국어와 영어 그리고 책

PART
02

분명한 목표와 흔들림 없는 확신

집중듣기 톺아보기

PART 04

흘려듣기 톺아보기

PART 05 어휘확장 톺아보기

PART 06 아웃풋 톺아보기

부록 전략적 원서읽기를 위한 단계별 추천도서

누리보듬식
제대로 엄마표 영어란?

영어를 모국어로 사용하는 현지에서 출판되어

좋은 책으로 인정받은 책을

원문 그대로 제 나이의 사고에 맞게 읽어 나가

우리말에 더해 영어 자체로도 사고할 수 있는 힘을

아이 스스로 키워가는 노력의 과정

PART

1

모국어와
영어 그리고 책

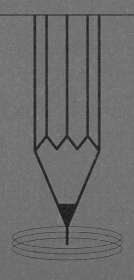

풀이 방법이 모두 다른
육아와 교육

"무섭다는 생각이 들었습니다. 엄마표 영어, 글쓰기, 책육아를 비롯한 아이들 교육강연, 어디를 봐도, 어디를 가도 모든 성공의 열쇠가 책이라고 외치고 있었습니다. 어릴 때부터 저 많은 책들 중 손톱만큼도 읽지 않고 이만큼 성장했는데 이런 넘치는 정보들을 잘 거르고 소화시키지 않으면 나뿐만 아니라 내 아이가 힘들어지겠구나 예민해집니다."

어느 독자가 주신 글이다. 공감하지 않을 수 없다.

아이를 키우는 부모라면 **누구나 알고 있고, 또 시도해보는 대표적인 육아 공식이** 책육아다. 일부에게는 그 책(원서)과 함께하는 엄마표 영어 또한 그러하다. 아이들의 모든 교육에 책이 아니면 아무것도 안 될 것 같다. 쏟아지는 책 관련 교육 커리큘럼들은 구경만으로도 버겁다. 부모 마음은 세태의 흐름을 외면하기 어렵다. 안 하면 불안한 것도 모자라 못해주는 것이 미안해진다. 학년이 올라갈수록 미안함이 죄책감으로 부풀려지기도 한다. 지금 보이는 불안들은 책을 많이 읽지 않기 때문이라며 단순하고 쉽게 결론을 내리기도 한다. 그렇게 아이들 성장에 책은 또 하나의 의무가 되었다.

'책육아'는 반디 키울 적에는 없던 단어다. 지금 기준으로 보면 책육아는 실패한 엄마다. 취학 전에 아이 성향을 눈치채고 책을 많이 봐야 한다는 집착에서 벗어났다. 아이에 대한 욕심 그릇을 항아리에서 간장 종지로 바꾸었다. 금방 차니 기쁘고 비워내고 다시 채울 기대를 자주 만나 좋았다. 책은 곁에 가까이 두고 꾸준히 읽어야 한다. 그 정도에서 타협했다. 그랬다 하더라도 아이 교육에 독서의 중요성을 모르지 않았으니 효율적인 독서 계획을 세우는 데 도움될까 해서 독서지도사 공부도 해봤다. 자격증도 취득했지만 '독서는 지도하는 것이 아니다.'라는 한 줄 깨달음을 얻은 것으로 만족했다. 그렇잖아도 책이 그다지였던 아이에게는 도움보다 도망의 핑계가 될 것 같아서 책과 관련해서 어떤 '지도'도 시도해보지 않았다.

책을 많이 좋아하지 않는 아이, 책육아도 일찍이 포기했던 엄마인데 책으로 시작해서 책으로 끝을 봐야 하는 엄마표 영어를 도전해서 정말로 끝을 봤다. 써 놓고 보니 이런 배경으로 이 길에서 영어 끝을 만날 수 있었다는 것이 잘 믿어지지 않는다는 독자들 마음이 이해된다.

나 어릴 적에 50권 정도로 구성된 빨간 하드커버 세계명작동화 세트가 집에서 누릴 수 있는 책 호사의 전부였다. 학교 도서관이나 이동 동선이 쉽지 않았던 지역 도서관은 읽고 싶은 책을 빌리러 가기보다 시험공부를 하러 가는 공간이었다. 아이를 낳고 변화된 세상이 눈에 들어왔다. 편리하고 쉽게 접근 가능한 도서관도 정보도 넘쳐났다. 경쟁의 시작과 정도가 예전과는 비교할 수 없이 달라졌다는 것을 알게 되었다. 과하다 싶은 분위기가 불편했지만 나만 독불장군은 아닌 것 같아 관심을 가져 보기 시작한 것이 책이었다.

세상이 변했으니 고민도 달라져야 했다. 넘쳐나는 정보를 어떻게 가리고 골라 내 것으로 만들지 그것을 고민해야 했다. 세태가 마음에 들지 않는다고 망설이다가는 제자리걸음을 하게 된다. 첫 걸음을 떼어 소화 안 되는 정보들도 꾸역꾸역 삼키다 보니 보는 눈도 생기고 아닌 것을 거르는 힘도 생겼다. 불편한 마음에 이도저도 못(안)하고 망설였다면 어땠을까? 아이가 책뿐만 아니라 어떤 텍스트를 받아들여 소화하는데 무리 없는 이해력, 독해력, 주제 파악, 행간 유추 등이 나이만큼 편하지 못했을 수도 있다. 책이 좋아 책 속으로 빠져 즐기는 아이는 아니었지만, 성장하며 때에 맞게 최소한으로 읽어 주어야 하는 책들을 소홀히 하지 않았던 것을 아이의 성장 어디쯤에서 셀프 칭찬했다.

그 어떤 시도도 무턱대고 따라하는 것에서 오는 위험을 줄여야 했다. 다른 아이들이 모두 좋아하는 책을 내 아이도 좋아해줄 것이라는 일반화에 설득되지 않으려 애썼다. 좋아하지 않는다고 책과 완전히 멀어지는 것을 두고 볼 수는 없었으니 녀석의 성향에 맞는 책을 찾아 헤매야 했다. 영어 교육을 원서읽기와 함께하는 엄마표 영어로 방향을 잡은 이후, 편안한 우리말로 보는 책이 아닌 영어 원서는 더욱더 공부가 필요해서 시작한 것이 여기까지 온 거다.

책을 즐기는 녀석이 아니었으니 적은 책으로 승부를 봐야 했다. 그래서 엄마는 아이가 흥미를 가지고 읽어줄 좋은 책을 고르는 원서 공부를 게을리할 수 없었다. 아이를 다 키우고 제3자의 시선이라는 여유로 들여다봐도 책을 놓고 형성된 과한 분위기에 불편함은 있다. 하지만 불편함은 불편함일 뿐이다. 불편하다고 책이 중요하지 않다고 말할 수는 없다. 책이 중요한 것은 분명한데 그렇다고 아이들 성장에 책이 전부일까? 어떤 문제를 푸는 공식은 존재할 수 있다. 하지만 **풀이 방법이 그 공식 하나만은 아닐 것이다.**

아이들 성장에
책이 전부일까?

2018년, 책을 출간하고 처음으로 SNS를 하게 되었다. 책육아가 어머님들 해시태그에 빠지지 않는 단어라는 것에 놀랐다. 어마어마한 아이들 책 시장, 어려서부터 책으로 크고 있다는 아이들의 책과 함께하는 근사한 일상들, 안 보면 큰일 날 것 같은 필독도서에 기왕이면 이런 책을 봐야 한다는 추천도서들이 수없이 쏟아져 나오는데 안 하고 버틸 재간이 있을까?

책육아가 나쁘다는 것이 아니다. 언제부터 '육아=책육아'가 되었는지 알 수 없지만 엄마표 영어를 대하는 것과 많이 닮아 있었다. 이론이 근거가 아니라 누군가의 경험에서 시작되어 세월이 많이 흐르며 극히 일부의 성공 사례가 등장하면서 이론같이 정형화되어 트렌드가 되고 더 나아가 시류가 되어버리는 수순이다. 이 과정에서 언론과 출판의 부추김이 무시못할 영향력이었을 거다. 그 부추김에 한 몫 거든 것은 아닌지 출간 이후 반성도 됐다.

'책육아를 하면 정말 좋은 거구나! 나도 해야겠다! 이런 책이 좋은 거구나! 나도 이 책을 보여줘야겠다!' 시대의 흐름을 거스를 수 있는 부모가 많지 않으니 시류를 넘어 대세가 되어갔다. 눈에 띄는 것이 책육아는 미취학에서 초등 저학년까지 핫한 주제였다. 우리말 책이 되었든 영어책이 되었든 **진짜 책읽기**

에 마음을 써야 시기는 영유아기나 초등 저학년이 아니다. 더 열심히, 더 꾸준히 책을 읽어 주어야 하고 그런 독서 내공이 지식이나 학습으로 연계되는 시기는 저학년 이후다. 그런데 태교부터 정성 들였던 책육아였건만 학년이 올라가며 초등학교 3, 4학년만 되어도 시간이 없다는 이유로 점점 **책이 우선순위에서 밀리게 된다.** 그걸 당연하게 받아들인다. 그렇게 되면 또래만큼의 탄탄한 사고력 하고는 거리가 멀어질 수밖에 없다.

물론 아이들 성장에 책이 전부는 아니다. 주구장창 책만 많이 읽는다고 쑥쑥 자라주는 사고력도 아니다. 초등 저학년까지는 많은 책을 읽는 것만으로도 사고력을 채우기가 수월하다. 하지만 중학년(초 3~4학년)에 들어서면 읽고 있는 책이 어떤 책인지 그 또한 무시 못할 고려사항이다. 우리말 책도 어느 시기부터 호흡이 길고 생각이 필요한 이야기책에 아이들이 마음을 잘 주지 않는다. 호흡이 짧고 정보전달 성격이 짙으면서도 좋은 책일까 의심하게 되는 학습만화를 지나치게 탐독하기도 한다.

그런 모습에 마음이 놓이지 않아 불안한 이유는 분명하다. 탄탄한 사고력 채우기가 먼저이고 그것이 토대가 되어야 적절한 지식 습득과 사고 확장을 기대할 수 있기 때문이다. 사고력을 키워줄 수 있는 책이 어떤 책이라는 것 또한 알고 있기 때문이다. 책읽기에 엄마의 깊은 개입이 불가능해지는 중학년, 진짜 읽어야 하는 책들과 함께해야 하는 것은 이때부터다. 어떤 책을 어떻게 봐야 하는지가 중요해지는 시기 또한 이때부터다. 이 모든 책 이야기는 영어책뿐만 아니라 우리말 책에서도 해당되는 말이다. 영어책보다 중요한 것이 우리말 책이라는 것에 의심없이 공감하고 동의되기를 바란다.

아이 교육에 정성을 들이는 것은 지식보다는 지혜롭게 생각할 수 있는 힘을 길러주기 위해서일 것이다. 그 사고력 키우기의 핵심이 책이라는 것은 의심의 여지없다. 하지만 아이들 성장에 책으로 해결되지 않을 수많은 변수들이 있다. 가까이에서 아이를 지켜보는 엄마만이 알아차릴 수 있고 감당 가능한 변수들이다. 언어를 배우고, 그 언어로 지식을 습득하고 사고를 확장해 나가는 과정과 정도에 차이도 있다. 과정과 정도를 가르는 중요 핵심이 책일 수는 있어도 책만은 아닐 것이다. 책 이외에도 다양한 경로로 제대로 된 정보에 접근하는 능력 차이, 그것을 받아들이는 정도의 차이, 그렇게 자신을 성숙시키는 노력의 차이가 책보다 중요한 변수가 되기도 한다. 그런 변수들을 누구보다 잘 알아차리고 올바른 방향으로 대처하며 넓은 경계 안에서 아이를 지켜보는 이들이 엄마표 교육에 진심인 분들이었다.

제대로 엄마표 영어에 깊이 관심 가지고 그 관심을 실천으로 옮겨 꾸준히 아이들과 함께했던 독자들의 공통된 고백이 있다. '간 쓸개 다 빼놓고 하는 아이와의 시간 속에서 **이 길의 실천에 있어 중요한 것이 내 아이에 대한 이해**라는 것을 깨닫게 되었다. 영어보다 아이와의 관계를 많이 생각하게 되었다. 그렇게 관계와 목표의 경계에서 줄타기 하는 것이 결코 쉽지는 않지만 가치 있는 시간이 되어주고 있다.' 이런 고백이 아니어도 변하지 않는 진리가 무엇인지 안다. 엄마들이 하는 모든 선택은 욕심이 우선이 아니다. 아이에 대한 사랑이 그 무엇보다 먼저였다.

신데렐라 구두는
신데렐라에게만 맞는다

20년이 넘는 역사를 가졌으니 영어교육에 관심 있는 대다수가 알고 있고, 알고 있는 누구나 시작해보는 엄마표 영어가 되었다. 2018년 출간 당시에도 엄마표 영어 관련 책과 강연, 커뮤니티들은 넘쳐났다. 그런데 이론이 아닌 구전으로 전해졌기 때문일까? 세월의 흐름과 시대적 환경 변화로 우리가 선택하고 집중했던 **20년 전 방법에서 왜곡된 부분들이** 개인적인 시각에서 꽤 보였다. 트렌드와는 거리가 있는 오래전 경험을 풀어놓는 것에 돌 맞을 각오가 앞서야 했던 출간이었는데 뜻밖으로 많은 분들이 책과 강연에 꾸준히 관심을 주셨다. 이유는 있었다.

넘쳐나는 '시작' 경험에도 불구하고 이 길에서 '끝'을 만난 사례는 흔치 않았다. 그렇다 보니 오로지 엄마표 영어로 영어 습득의 끝을 만난 별다름이 궁금해서 가져지는 관심이었다. 그런데 알고 있던 그것과 크게 다르지 않았을 것이다. 다르다 느껴지는 별다름이 있다 해도 그것이 내 아이에게도 신데렐라 구두처럼 딱 맞아줄 리 없다.

'알고 있다'는 것만으로는 일도 도움 안 되는 것이 엄마표 교육이다. 아는 것을 넘어 꾸준히 실천하기 위해 필요한 것은 누군가의 특별함이 아니다. 다양한 성공 사례에서 보이는 '공통점'을 찾아 **내 아이에게 맞는 실천 계획을 구체화시켜야 한다.** 그것만이 제자리 걸음이 아니라 앞으로 나아가는 성장을 가능하게 해준다. '엄마표 영어로 성공한 사례가 점점 늘고 있다! 나도 엄마다 해보자! 대충 이렇게 하면 되는구나! 나도 똑같이 따라해보자!' 이런 마음으로 시작했다면 '우리 아이에게는 맞지 않는 방법'이라는 꽤 그럴듯한 평계를 찾는데 오래 걸리지 않을 길이다.

엄마표 영어를 하고 계시다는 어머님들께 엄마표 영어가 무엇인지 물어봤다. '그냥 집에서 사교육 없이 영어책과 원음의 영상으로 소리 노출 많이 하는 것이 아니냐.' 가장 많이 듣는 답이다. 서두에서 꺼내는 '그냥'이라는 단어가 인상적이었다. 엄마표 영어를 사교육을 피하기 위한 대체 수단 정도로 생각하는 것은 아닌지 의아했다. 아이가 지금까지 어떤 영어책을 어떻게 읽어왔고 현재 어떤 책을 읽고 있는지 물어본다. '엄마표 영어로 성공한 사람들이 추천하는 원서를 엄마가 읽어 주기도 하고 오디오 도움을 받아 집중듣기도 하고 있다.' 답한다.

다음으로 진짜 궁금했던 질문, **집중듣기는 어떤 목적을 가지고 왜 하고 있는지** 물어본다. 대부분 여기부터 답이 궁색하다. '모두가 그렇게 하고 있으니 그렇게 하는 것이 맞을 것 같아서?' 그 이상의 답을 듣기가 힘들었다. 이 길에서의 영어 습득은 아이가 혼자서 완주해야 하는 장거리 달리기다. 그래서 올해 하고 있는 실천이 내년 어떤 계획과 연결되기 위한 노력인지 물어본다. 내년, 후년, 그 이후에 어떤 책을 어떻게 읽을 것인지 계획되어 있느냐 물어본다. 어떤 반응일까? 이런 질문들을 스스로에게 던지고 해답을 찾아본 적이 없다면 지금 독자들의 복잡한 머릿속과 다르지 않았을 거다.

책육아도 엄마표 영어도 시작 정도는 들어는 봤으니 '알고 있다!' 이런 느낌표만으로 충분히 가능하다. 하지만 시작 이후 느낌표들은 내가 만든 것이 아니라는 것을 빨리 깨달아야 한다. 어떤 사람이 자신의 아이와 아주 오랜 시간 그 아이의 성향 때문에 만나게 되는 수많은 시행착오를 겪으며 만들어 놓은 **그 가정, 그 아이만을 위한 느낌표다.**

선 경험을 들여다보기 위해 그가 남긴 글로 그 사람의 생각을 읽고, 어려운 시간 쪼개 강연장을 찾아가 그의 말을 경청한다. 과연 이런 수고는 느낌표와 물음표 중 무엇을 찾기 위한 걸까? 누군가 만들어 놓은 그 사람만의 느낌표에 만족하려고 귀한 시간 투자해서 글을 읽고 강연을 경청하는 것이 아니어야 한다. 그 사람이 오랜 시간을 쌓아 애쓰고 노력해서 만들어 놓은 그 사람만의 느낌표다. 가지고 가도 자신의 것이 될 수 없다. 찾아낸 느낌표보다는 꼬리를 물고 생각을 괴롭히는 물음표와 씨름해야 한다. 나만의 해답을 찾아 그 물음표가 느낌표로 바뀌기를 간절하게 바라면서 어느 누구와도 같을 수 없는 내 아이만의 길을 아이와 함께 새롭게 만들어가야 한다.

"내 아이의 교육 방향, 나만의 해답을 찾아가는 것이 너무 어렵고 힘들다. 정답이 분명하게 제시되었으면 좋겠다. 수동적이라 비판한다 해도 누군가 정답이라 제시한 것에 순응하고 싶다."

어느 독자의 하소연이었다. 물리치기 힘든 유혹들이다. 그런데 내 아이를 위한 교육이다. 이렇게 신데렐라 구두같이 딱 맞아떨어지는 답을 원하고 찾을 수는 없다. '이래서 그런 거다!' 분명한 결론이 쉽게 나지 않는 생각들, 정답으로 제시되어 있는 것을 따르기에 위험해 보이는 질문들, 누군가의 정답을 쫓는 **익숙함에서 벗어나려 노력하면 누구에게나 보이는 의문에 따라붙는 수많은 물**

음표들, 반디 교육으로 선택했던 삐딱한 길들은 이런 물음표들이 시작이었다.

책육아도 엄마표 영어도 누군가의 성공을 쫓아 모두가 몰려가서 편안하고 수월했던 많고 많은 시작이 있었다. 하지만 꾸준했고 끝을 만났다 성공한 사례가 극히 일부인 이유는 무엇 때문일까? 그 '일부'가 되기 위해 해야 하는 노력은 어떤 걸까? 획일화하고 정형화시켜 적용 가능한 노력일까? 구석구석 자꾸만 물음표를 던져 보아야 한다. 그리고 '나는 무엇을 어떻게 해야 할까?'라는 가장 큰 물음표를 찾아내는 것, 그것이 선 경험자의 글과 말을 쫓는 이유가 되어야 한다. 그 물음표를 나만의 느낌표로 만들기 위해서는 오랜 시간을 애써야 한다는 각오도 필요하다.

세상 어디에도 '내 아이에게 맞는 방법이다.' 딱 떨어지는 것은 없다. 그래서 '엄마표'가 등장했다. 그런데 그 엄마표조차도 책육아도 엄마표 영어도 남의 경험이나 계획을 그대로 가져다 억지로 내 아이에게 맞추려 한다. 잘 될 턱이 없고 수많은 도전과는 달리 성공사례가 극히 적어질 수밖에 없다. 그 어떤 교육도 엄마표를 하겠다 마음먹었다면 들어는 봤으니 알고 있다 수준에서 시작하는 것이 아니어야 한다.

시작부터 진행과정 그리고 완성에 이르기까지 **전체 흐름을 먼저 깊이 들여다보고 공부해야 한다.** 그런 깊이 있는 공부를 통해 나는 내 아이와 무엇을 어찌해야 하는지 실천으로 옮길 수 있는 계획을 구체화시켜 놓아야 한다. 그래야만 '알고 있다'가 '하고 있다', 나아가 자신만의 보폭을 찾아 '제대로 하고 있다'가 될 수 있다. 이 공부와 계획에 필요한 것이 영어 실력이 아니었다. 그래서 영어 실력 바닥인 엄마들도 할 수 있고 하고 있는 엄마표 영어다.

'이건 나도 할 수 있겠다' 공감했지만 자신만의 지도를 밑그림 한 장도 그려보지 않고 성급하게 발 들여놓았다가 얼마 지나지 않아 '이건 아닌 것 같다'

며 포기하신 분들을 얼마나 많이 만났을까? 전체 흐름이 파악되는 숲을 먼저 이해하고 주제나 연차별 나무를 세세히 들여다보며 각자만의 지도를 구체적으로 그려봐야 하는데 어설프게 알고 막연하게 시작한 경우다. 이 책을 계기로 제대로 실천에 욕심이 생긴다면 **내 아이만을 위한, 내 아이에게 맞는** 숲을 헤쳐 나갈 자신만의 지도 한 장은 거칠게라도 그려볼 수 있기를 기대한다.

더 이상 들어는 봤으니 알고 '만' 있는 엄마표 영어에서 머뭇거리지 말았으면 한다. 영어 습득을 위해 수많은 방법이 존재한다. 공교육, 다양한 사교육, 더 다양한 엄마표 영어 등등. **이렇듯 수많은 방법 중에 왜, 반드시 이 길이어야 하는지** 그 확신은 자신만의 큰 그림을 그려 나가는 과정에서 더욱 단단해질 것이다.

엄마라서 특별한
엄마표 교육

책이 출간되었을 때 의심의 눈초리가 매서웠다. 아이는 특별했을 것이고 엄마는 영어를 잘했을 거라는 의심이었다. 당연히 수도권에 살고 있을 거라는 오해는 당혹스럽기도 했다. 언어적으로 전혀 특별함이 없었던 아이, 평범에도 못 미치는 영어 실력을 가진 엄마라는 것은 이미 적나라하게 들통났다. 어디에 살고 있는지, 주변환경이 크게 영향을 미치는 방법이 아니라는 것도 오랜 인연들이 증명해주고 있다. 그렇다면 아이가 하나라서, 당신네는 홈스쿨을 했으니까? 성공의 이유를 이런 것에서 찾으려는 분들은 하지 않을 핑계가 필요한 분들이었다.

블로그에는 〈이웃아이 성장소식 공유〉 카테고리가 있다. 우리의 경험에 공감되어 제대로, 꾸준히 실천하고 있는 이웃들이 전해주시는 아이들 성장 소식을 모아 놓았다. 이름도 모르고 얼굴도 기억나지 않는 분들도 있다. 내가 던진 돌멩이의 파문이 컸기 때문에 외로운 이 길에서 고군분투하시는 분들이 많다는 것을 알고 있다. 그분들을 응원하고 싶은 마음으로 긍정적 데이터로 참고가 되었으면 해서 기록으로 남기기 시작했다. 이런저런 좋은 소식들을 만나며 이 길이 영어 습득을 위한 옳은 길이라는 확신은 점점 강해졌다. 성장 사례들을 만나보라. 외동이 아닌 가정이 더 많다. 너무도 당연하게 홈스쿨이 아닌 가정이 대부분이다.

찾아야 하는 특별함은 다른 이들이 갖고 있는 제각각의 상황이 아니다. **엄마표 교육이 왜 특별한지 그걸 놓치지 말아야 한다.** 엄마표 교육은 누군가가 다수를 위해 일반화시켜 놓은 커리큘럼을 맹목적으로 따라가다가, 전혀 예상치 못한 외력으로 어쩔 수 없이 중단되는 상황을 손 놓고 바라만 보아야 하는 그런 막막함이 아니다. **내 아이에게 가장 잘 맞는 계획을 내가 세우고 내 아이의 속도에 맞추어 수시로 수정 보완할 수 있다**는 것은 엄마표 교육의 가장 큰 장점이다. 여기서 '엄마표'를 단순하게 엄마와 함께하는 의미로 이해하지는 말자. 아빠표 교육도 낯설지 않으니까. 강연장에 부부가 나란히 앉아 계신 것을 목격하는 것도 잦아졌고, 많은 어머님들 속에 드문드문 앉아 계시지만 더없이 반가운 분들이 아빠들이다.

팬데믹이 이리 길어질 것이라 누구도 예상하지 못했다. 반 강제 홈스쿨 상황이 장기화되면서 아이의 안전도 교육마저도 그 마지막 책임은 정부나 학교, 사교육 시장이 아닌 부모 몫이라는 것을 공감하고 인정해야 했다. 모두가 같은 시기 다르지 않은 상황 속에서 지내야 했지만 발 동동거리며 흘러가는 시간을 그저 지켜보는 것이 전부인 가정이 있었는가 하면, 그 시간을 다른 모습으로 채운 가정도 있다. 정부에 맡겨야 하고 따를 수밖에 없는 것들은 지켜가면서 손 놓고 있으면 안 되는, 내가 챙길 수 있는 내 아이 교육만큼은 홈스쿨에 준하는 부담을 기꺼이 가정에서 품은 것이다.

시간 확보가 관건인 엄마표 영어에서 부득이 집에서 보내는 시간이 많아진 상황이 어떤 영향을 미쳤는지, 비단 영어뿐만 아니라 모든 영역에서 엄마표 교육의 진정한 힘이 전해졌다. 상황이 언제 종식될지, 종식된다 하더라도 유사한 상황이 다시 오지 않는다 보장할 수 없다. 생각지도 못했던 외력으로도 크게 흔들리지 않을 아이들을 위한 장기적인 교육계획을 세우는 데 보다 현명한 지혜가 필요한 세상이다. '제대로 엄마표 영어'가 그 지혜의 한 자락으로 자리잡고 있다는 것은 반갑고 고마운 일이다.

공감이 필요한
세 문장

처음 '엄마표 영어'라는 것에 관심을 갖기 시작한 2002년 이후 아이의 영어 습득 완성을 만날 때까지 10년이 넘는 시간이었다. 어디에도 실천 과정을 공개하거나 공유한 적은 없었다. 기록과 정보 저장을 위한 블로그는 비공개였고 SNS도 없던 시절이다. 아이의 영어 습득 완성을 확인하고 5년이 지난 후 우리의 경험도 하나의 책이 되었다. 엄마표 영어 관련 책과 강연, 커뮤니티들이 흔하고 익숙했던 2018년이었다. 참으로 뒤늦게, 뜬금없이 듣보잡 아줌마로 엄마표 영어 시장에 등장했던 거다.

진행형이 아니었다. 시작부터 완성까지 전체를 이야기하는데 아이는 그림책과 리더스북을 원서로 만난 적이 없다. 많은 부모들이 상식처럼 받아들이는, 영어 시작은 어리면 어릴수록 좋다는 말과 어울리지 않는 시작이었다. 영유아기부터 시작해서 그림책과 리더스북에 초점을 맞추는 당시 트렌드와는 거리가 먼 이야기였다. 강연장에서 당혹스러운 반응을 눈치채는 것이 익숙해져 갔다. 출간 초기 강연을 함께한 뒤 복잡한 속내를 털어놓는 후기도 많이 받았다. 간혹은 강연장에서 눈물을 보이는 어머님들도 계셨다. 꽤 긴 시간 나름의 엄마표로 애쓰고 있는 중인데 방향을 잘못 잡아 그동안 투자한 시간이나 노력에 비해 성장이 기대에 미치지 못했던 원인이 무엇인지 강연을 통해 분명히 깨닫게 되는 경우다.

알고 있고, 하고 있다 생각한 엄마표 영어와 달라서 공감이 쉽지 않았는데 **공감을 거부하기에는 내내 마음에 걸렸다는 문장들,** 어떤 것들이었을까? 책을 재독하고 블로그 글을 꼼꼼히 다시 읽어보니 소화가 되었다는 그 문장들을 살펴보자.

첫째, **'영어는 재미있고 거부감없이 해야 한다고? 그것은 말 안 되는 환상이다'** 말한다. 아이의 영어 첫 접근을 재미있고 거부감 없이 해야 함을 부정하는 것이 아니다. 아이들에게는 일상에서 자연스러운 상황으로 사용할 기회가 거의 없는 낯선 언어다. 의도적인 계획을 가지고 장기적으로 꾸준히 노출해주어야 한다. 그런데 '재미있고 거부감없이?' 과연 그것이 언제까지 가능할지, 그 정도 노출로 얻을 수 있는 성장은 어느 정도 수준인지 생각해 봤으면 했다.

대부분의 부모님들은 **아이의 영어 성장을 재미있고 거부감없이 해서는 도저히 가능하지 않을 수준으로 기대하고 있었다.** 그러면서 왜 실천은 재미있고 거부감 없는 그만큼에 선을 긋고 있는 걸까 궁금했다. 영어가 재미없어지면 또 거부감이 마구 커지면 뒷감당해주는 사교육이 든든해서? 거부감이 있어도 재미없어도 이제는 어쩔 수 없이 해야 한다는 사교육으로 패스하면서 '엄마표로 재미있고 거부감 없이 나도 집에서 할 만큼 했다.' 그런 위안이 필요했던 것일까? 목표만큼 실천도 욕심을 부려야 하는데 분명한 목표가 없으니 목표를 위한 실천으로 무엇을 욕심부려야 하는지 몰랐던 것은 아닌지 의심도 들었다.

'재미있고 거부감 없는 즐거운 영어? 그러다 보면 뭔가 되겠지?' 엄마표 영어에 발을 들여놓으며 가능하지도 믿어지지도 않는 이런 말 안 되는 환상에서 빨리 벗어나야 했다. 초등학교 1학년에 시작해서 매일매일 꾸준히 해야 하는 장기전이었다. 아이에게 영어는 재미있게 배울 수 있는 쉬운 언어라는 거짓말이 아니라 낯선 언어에 대한 당연한 거부감을 인정하고 **거부감이 있어도 해야 하는 노력이 필요하다는 설득이 먼저여야** 했다. 재미있게 거부감 없이 실천할 수 있는 방법을 찾기보다는, 그것들과 다소 거리가 있다 해도 지나치게 몸과 마음이 고단하지 않아도 원하는 성장을 만날 때까지 꾸준히 실천하면 목표에 닿을 수 있는 방법을 계획하는 것이 중요했다. 처음부터 끝까지 실천 방법에 큰 변화 없이 어제가 오늘 같고 내일도 오늘과 다르지 않은 **일상으로 지속 가능한** 방법이어야 했다.

둘째, '텍스트 위주의 챕터북을 만나기 이전, **그림책과 리더스북 단계는 엄마표 영어의 본격적인 시작을 위한 〈워밍업〉일 뿐이다.**' 말한다. 이 문장 또한 첫 문장과 연결된다. 영어는 재미있고 거부감없이 해야 한다는 생각에 아이들의 영어 노출 시작 추세가 점점 빨라졌다. **제대로 엄마표 영어의 본격적인 진행은 또래의 사고와 흥미에 맞는 책(원서)과 함께 하는 것이다.** 그런 진행을 준비하는 워밍업인데 빠른 시작으로 인해 지나치게 길어지는 워밍업이 득이 될지 해가 될지 고민해봤으면 해서 반감이 강할 것을 예상하고 강조한 문장이었다.

실제로 본격적으로 텍스트와 함께하는 원서읽기에 들어서야 하는 때 너무 길었던 워밍업이 부작용으로 나타나는 유사한 사례들을 반복해서 전해 듣고 있다. 제대로 엄마표 영어의 본격적인 시작은 그림이 아주 간헐적인, 텍스트 위주로 편집된 챕터북을 만나면서부터다. 이후 **또래의 사고와 흥미에 맞는 책을 읽어가며 영어 자체 사고력도 성장하기 위해서** 진짜 중요한 것은 챕터북 진입 이후의 책 읽기다.

그런 이유로 영어 시작이 빨랐어도 늦었어도 노출 기간이 길었어도 짧았어도 챕터북 이전 단계 모두는 챕터북을 만나기 위한 워밍업에 불과하다 말한다. 이렇게 정리하니 보이는 것이 있었다. 재미있고 거부감 없는 영어라는 환상은 길고 긴 워밍업 제자리 걸음의 합리화가 아닐까?

분명한 것은 **리딩 레벨을 잡아야 영어가 잡힌다.** 이 길에서 만나게 될 끝에 대한 기대가 막연하게 영어 좀 잘하는 일상회화의 편안함 정도가 아니었다. 책으로 시작해서 책으로 끝을 볼 수 있는 엄마표 영어였으니 영어 완성의 끝에서 아이가 편히 읽을 수 있는 원서가 어떤 수준이어야 하는지 조금만 깊이 관심을 가져 본다면 이 문장은 거부하기 힘들 것이다. **나이가 되었다고 저절로 그 나이 수준의 책을 그것도 영어 원문의 책을 자동적으로 읽을 수 있게 되는 것은 아니기 때문이다.**

반디가 다섯 살 때 처음 알게 되고 공부하기 시작한 엄마표 영어였다. 시작도 전에 그 공부가 깊어지면 깊어질수록 이런 진행이 아니면 아무리 긴 시간을 애써도 내가 원하는 성장은 기대할 수 없다는 것이 너무 잘 보였다. 그래서 시작해서 끝으로 가는 과정에서 놓치면 안 되는 문장이었고 **이 길의 중심 흐름을 관통하는 세 번째 문장이** 되었다.

왜 그림책과 리더스북 활용 시기를 워밍업이라 하는지, 왜 본격적인 엄마표 영어의 시작은 챕터북을 만나면서부터라 하는지, 왜 해마다 리딩 레벨 업그레이드를 위해 절대 필요량을 채워 나가야 하는지, 그렇게 제 나이에 맞는 영어 자체 사고력을 꾸준히 성장시켜 나가는 원서읽기가 어디까지 갈 수 있기에 원문의 독해력에 있어 진정한 해방을 맛볼 수 있었는지, 이 모든 이야기의 흐름을 한 문장에 담으라 하면 '리딩 레벨을 잡아야 영어가 잡힌다.' 이것이다.

출간 초기에 현장소통에서 놀랍기도 하고 안타까웠던 것이 있었다. 엄마표 영어를 잘 알고 오랜 시간 꾸준히 진행해 왔지만 또래에 맞는 리딩 레벨에 마음을 쓰지 못한 경우가 많았다. 대개는 영유아기에 시작해서 워밍업에 상당히 긴 시간을 투자했다. 그래 놓고 그 시간이 탄탄한 바탕이 되어줄 **초등입학 이후 실천을 제대로 방향 잡지 못해 기대에 못 미치는 성장으로** 점점 지쳐가고 있었다. 또래에 맞는 영어 사고력을 쌓기 위해 반드시 필요한 것이 무엇인지 그것을 놓쳤기 때문이 원인의 대부분이었다.

공감하기 쉽지 않았던 이 세 문장이 이제는 이 길을 이야기하는 핵심 문장이 되었다. 동의가 쉽지 않아 마음이 복잡해진다거나 이의를 제기하는 사람도 보기 드물어졌다. **공감으로 수년간 애쓴 이웃들이 아이들 성장으로 거부할 수 없는 문장임을 증명해주신 덕분이다.** 시작을 고민하는 분들에게 이제는 분명히 전할 수 있다. 이 길에서 제대로 집중하기 위해서는 **이 세 문장에 대한 공감이 우선되어야 한다.**

우선순위는 '먼저'이지 '그것만'이 아니다

《엄마표 영어 이제 시작합니다》표지를 마주하면 우직함을 넘어 무모하고 무식해 보이기까지 하는 문구가 눈에 들어온다. **'매일 3시간 영어 노출'.** 마케팅을 위한 콘셉트로 강조했던 것인데 영어 때문에 애 잡을 일 있느냐는 부정적 이해로 전달되기도 했다. 3시간 영어 노출에서 숫자 '3'을 물리적인 수치로 집착하는 오해다. 이것저것 우겨 넣어 어떡하든 채우면 되는 절대 시간으로 받아들여서도 안 되는 세 시간인데 말이다.

매일매일의 집중듣기 1시간은 해마다 제 학년에 맞는 리딩 레벨 업그레이드를 위해 **반디에게 필요한** 절대 필요량을 채우는 시간이었다. 매일매일의 흘려듣기 2시간은 자막 없는 영상을 원음 그대로 이해할 수 있을 때까지 **반디에게 필요했던** 절대 필요량이었다. 누군가는 덜 걸릴 수도 있고 누군가는 더 걸릴 수도 있다.

3시간 자체가 중요한 것이 아니다. 아이의 성장 변화를 위해 그 시간을 어떤 목적을 가지고 어떻게 채워 나갈 것인지 그것이 고민해야 할 진짜 핵심임을 놓쳐서는 안 된다. 왜 그래야 하는지도 모르면서 하루에 세 시간을 습관을 넘어 일상으로 만들 수는 없다. 왜 필요했는지보다는 실질적이고 물리적인 시간으로 받아들인 독자들에게 무엇을 위해 필요했던 시간이었는지, 납득되는 설득을 위해 강연을 하고 블로그 소통을 게을리하지 않았다.

작심삼일이 되더라도 바라는 목표가 있다면 계획을 세우게 된다. 제대로 실천하기 위해서는 아이의 하루 일과에 많은 시간을 확보해야 한다는 것에 모두가 공감한다. 그런데 아이의 관심이 되었든 부모의 욕심이 되었든 하고 싶은 것, 해야 하는 것들에 시간 분배가 쉽지 않다는 하소연을 8년째 받고 있다. 도움 줄 수 있는 답이 없다. 그 시간 분배는 누구도 도움을 줄 수 없는 조율이다. 아이와 타협이 되면 되는대로, 타협이 힘들면 부모의 가치 판단으로 최선의 선택을 위해 모든 것을 놓고 우선순위를 결정해야 한다. 우선순위는 '먼저'의 의미이지 '그것만'이 아니다.

우선순위가 정해졌다면 갈등하지 말고 우선순위 앞에 놓인 것들이 먼저가 될 수 있도록 **일관성을 가지고 아이를 설득하며 밀당을 해야** 한다. 예체능이 최우선이라 생각한다면 예체능에 집중해야 한다. 수학 연산이 지금 최우선이라 믿는다면 수학 학습지에 집중해 주어야 한다. 우리말 책이 우선순위가 되어야 한다 생각한다면 한글 독서를 많이 하면 된다. 밖에서 마음껏 뛰어노는 것이 중요하다 생각한다면 다른 것에 미련 두지 말고 마음껏 놀게 하면 된다. 영어가 최우선이다 확신했다면 영어를 우선순위에 놓고 집중하면 되는 것이다.

이번주는 우리말 독서가 중요했다가, 다음주는 영어가 중요하고, 이번 달은 수학 학습지가 중요했다가, 다음달은 예체능이 중요한 이런 모습의 우선순위가 아니다. 아이들에게 기대하는 **성장의 변화가 눈에 보이고 확인되기까지는** 기다림이 필요하다. 쉽게 변하지 않아야 하는 우선순위에 먼저 놓이기 위해서는 그 어떤 선택도 왜 그것이 지금 내 아이의 일상에 우선순위가 되어야 하는지 확신이 필요하다. 초등 6년이 영어 습득을 위해 놓쳐서는 안 되는 시기라는 확신이 있었다. 그래서 초등 6년 우선순위에 영어가 놓일 수 있었다.

그때 못해서 아쉬운 것들이 왜 없겠는가. 하지만 영어 습득을 위해 놓쳐서는 안 되는 다시없을 최적기를 소홀히 하고 정성을 들이지 않았다면 어땠을까, 생각하면 등줄기에 식은땀이 흐른다. 이 길을 모르고 있었다면 몰라서 못했다는 핑계나 위안이 있어 후회가 덜했을지도 모른다. 취학 전 2년 반을 엄마표 영어에 대해 열심히 공부하며 어떻게 하는지도 알고 이 길에서 잡을 수 있는 것이 어떤 근사함인지도 알게 되었다. 적기에 대한 인지도 분명했으면서 우선순위를 놓고 우왕좌왕 어정쩡하게 초등 6년을 보냈다면 아이는 지금 모습과는 많이 다른 오늘을 만났을 것 같다. **초등 6년 동안 영어 습득을 위한 노력이 아이의 일상에서 해야 할 일 우선순위 가장 앞에 있었던 것에 후회가 없다.**

대책 없이 끌려갈 것인가
타협 없이 끌고 갈 것인가?

아이 스스로 하고 싶은 것이든 부모 판단으로 해야 하는 것이든 아이의 일상에서 계획하고 실천하고 있는 활동들을 분류해보자.

첫째, 학원을 비롯해서 수요자(학생들)가 직접 찾아가는 이런저런 사교육이 있다. 이동시간까지 감안해서 하루 중 꽤 많은 시간 투자가 필요하다. 이런 사교육은 과제 말고는 자세히 알 수 없어 부모 개입 최소화라는 특징이 있다.

둘째, 교과목을 위한 학습지부터 다양한 방문지도나 온라인 등 집에서 해결되는 이런저런 사교육도 있다. 효율적 시간 활용에 더해서 부모의 부분적 개입이 특징이다.

셋째, 교육 전반을 계획하고, 계획을 구체화시켜 실천을 준비하고, 실천을 꾸준히 지켜보며 관찰하고, 나타나는 결과에 피드백까지 **부모의 깊은 개입이 불가피한 엄마표 교육이** 있다. 대표적으로 책육아에서 이어지는 우리말 독서와 엄마표 영어가 그것이다.

세 가지 모두 장단점은 양날의 검과 같다. 누군가의 장점이 우리에게 단점이 되기도 하고 누군가의 단점이 우리에게 장점이 되기도 한다. 어떤 장단점을 만나게 되더라도 책임이 가장 무거운 것이 엄마표 교육이다. 다양한 선택지에서 부모는 언제나 아이에게 맞는 최선을 선택한다. 그렇게 선택했을 활동들 모두를 놓고 한번쯤 해봤으면 하는 자문자답이 있다. **아이가 좋아해서, 아이가 좋아하는 것으로, 아이가 하겠다는 것만!** 이런 단서를 달고 가장 관대한 것이 어떤 활동일까? 엄마표 교육이 아닐까 한다. 관대할 수 있는 이유는 무엇 때문일까? 큰 돈이 들어가지 않아서? 누군가의 강제성이 없으니 오늘 하지 않아도 큰일 날 것이 없어서?

반면 좋아하지 않아도 때로는 싫어도 해야 하는 것들이 있다. 아이의 투정에 타협이 불가능한, 도저히 관대할 수 없는 활동은 무엇일까? 관대할 수 없는 이유는 무엇 때문일까? 이런 질문에 답을 하다 보면 **표면적으로는 아이 선택이나 성향을 존중해서라** 답하게 된다. 하지만 지불하는 비용이나 주변 분위기를 무시못하는 엄마 판단 우선순위 등으로 관대함이 갈린다는 것을 인정하지 않을 수 없다. 소통하며 많이 받았고 꾸준히 받고 있는 질문이다.

"제대로 하고 싶어서 열심히 공부하고 계획도 세워봤는데 아이가 잘 따라주지 않는다. 좋아하는 책만, 좋아하는 영상만, 좋아하는 방법만으로, 하고 싶은 만큼만 실천하려 한다. 아이가 좋아하지 않는 것들을 (억지로) 권하다가 영어에 흥미를 잃어버리거나 힘들어서 안 하겠다고 하면 어쩌나 걱정이 되어서 우선은 아이가 하겠다는대로 따라주고 있는데 이래도 될까 걱정된다."

분명히 말하지만 미취학 연령을 놓고 하는 고민이 아니다. 취학 전은 무조건 아이 좋아하는 쪽으로. 이것이 옳다. 싫어하는 것들은 산뜻하게 포기해줘도 좋은 유일한 시기다. 엄마의 전생 업적을 들먹일 정도로 부러워지는 친구를 놓고 하는 고민도 아니다. 그런 친구들은 매일매일 습관처럼 원서읽기가 편안하고 그 자체를 즐기고 있어서 좋아하는 책만, 하고 싶은 만큼 읽어도 절대 필요량 이상을 채울 수 있다.

그렇다면 어떤 친구들을 놓고 하는 고민일까? 반디와 유사하게 **필요한 때에 필요한 만큼을 채워 나가는 것도 긴장해야 하는 경우다.** 책과 많이 친하지 못한 친구들이 **전략적 책 읽기를** 계획했는데 제대로 진행되지 못해서 만나게 되는 불안이다. 이래도 될까? 이러면 안 되겠구나! 자꾸만 보이고 느껴진다면 점검이 필요하다. 주저주저 하다 보면 커져가는 불안과 의심으로 엄마가 먼저 흔들린다. 흔들리는 엄마를 보며 아이도 흔들리는 당연한 수순이 예상 가능하다.

구체화시켜 놓은 알찬 계획으로 엄마가 갔으면 하는 방향과 아이가 가고 싶은 방향이 거리가 있는데 **무조건 관대할 수만은 없는 시기와 상황이라면** 어찌해야 할까? 무조건 아이가 원하는 것으로 했을 때 예상 가능한 결과에 불안이 커질 수밖에 없는 시기가 있다. 그런 시기라면 엄마의 깊은 공부와 고민으로 세워놓았을 알찬 계획이 아이의 선택이나 성향보다 1%쯤 무거웠으면 한다. 51 : 49! 그 **1%의 선점을 위해 필요한 것이** 가까이에서 아이를 관찰하고 대화하고 설득하는 거다. 이것 이상의 해답은 모르겠다.

내 아이만을 위한 계획을 구체화시켜보지 않았다면, 내 아이가 하고 있는 실천들을 깊이 관찰해보지 않았다면, 설득을 위한 1%의 무게를 가늠하기 어렵다. 잘못하면 고민하고 한 선택이 80:20 또는 90:10이 되어 한쪽으로 많이 기울어지기도 한다. 그런 경우 **아이에게 대책 없이 끌려가거나 엄마가 타협 없이 끌고 가는** 난감한 상황이 되어버린다. 설득에 밀려 아이가 51%가 되지 않도록 엄마의 리드가 1% 더 무겁기를 바란다면 가고자 하는 길에 대한 확신을 단단히 하기 위해 열심히 공부해야 한다. 영어가 아니라 제대로 엄마표에 대해.

최고의 환경으로
키웠건만 왜?

그럭저럭 책을 좋아하는 엄마였다. 아이 키우면서 매 순간이 처음인 엄마 역할의 어설픔이 불안할 때면 "책 속에 길이 있다!" 믿으며 닥치는 대로 읽었던 시기도 있다. 책 속에 길이 있는 것은 맞았다. 그런데 그 갈래가 너무 많아서 헷갈렸다. 길이고 답이다 믿었는데 경험으로 더 이상 믿지 않게 되어버린 것도 있다. '아이와 도서관 나들이를 일상으로 하고 부모가 아이 앞에서 책 읽는 모습을 많이 보이면 어쩌구저쩌구…' 경험으로 믿지 않게 된 말 중 하나다. 일반화시켜 모두에게 해당되는 말이었다면 반디는 책을 엄청 좋아하는 아이가 되었어야 마땅하다. 그런데 그게 아니었다.

부모의 그런 노력이 책을 좋아하는 아이로 자라는 최고의 환경은 분명하지만 그런 환경을 제공한다고 모든 아이들이 그렇게 자라주지는 않는다는 것이 개인적 경험에서 얻은 결론이다. 내가 뭘 잘못해서인지 일반화가 잘못인지 아직도 정확한 느낌표는 갖지 못했다. 진짜 고민은 그런 아이라는 것을 눈치채고 받아들이고 인정하면서부터였다. 그런 아이임에도 꼭, 반드시 책과 함께해야 하는 시기가 있고 그 시기를 놓치거나 소홀히 하면 안 된다는 것을 알았으니 어떤 접근과 방법, 실천이면 적은 양이어도 책을 꾸준히 곁에 둘 수 있을지 고민해야 했다. 아이 키우는 내내 머릿속에 자리잡고 있었던 여러 생각들을 무게로 비교하자면 그것이 1등이었을 거다.

반디가 책(원서)읽기로 영어에서 해방되었다 했는데 궁금해하는 것은 한글 독서력이다. 어느 소통에서도 빠지지 않고 등장하는 화두였다. 강연 질의응답에서 또는 블로그 댓글의 답에서 책을 그리 좋아하지 않은 아이라 고백하면 반가워하기도 한다. 그런데 그 반가움에는 잘못된 이해가 들어 있음을 알게 되었다. 좋아하지 않는 아이라는 것을 책을 보지 않았던 아이로, 그것은 아닌데 말이다. 취학 전에 영어 노출은 의도적으로 피하고 한글 책 읽기에 마음을 썼다 하니 '그래 이거다. 여기도 책육아다!' 그런 선입견으로 던지는 질문들이 많았다. 보고 싶은 대로 보고, 듣고 싶은 대로 듣고 결론 내린 느낌표들이 전제로 깔려 있었다.

"책을 많이 좋아하는 아이였을 것이다! 어려서부터 엄청난 양의 책을 봤을 것이다! 엄마가 책육아를 지향했을 것이다! 책을 많이 읽고 좋아해서 성공할 수 있었을 것이다!"

이렇게 불편한 이해 다음으로 쏟아지는 질문들도 매우 익숙하다.

"반디는 한글 책을 매일 몇 권씩 읽었나요? 한글 책을 어떻게 골라주었나요? 아이가 언제부터 책을 혼자 읽기 시작했나요? 책을 읽은 뒤 독후활동은 어떻게 했나요? 독서 지도가 힘든데 독서 논술을 해보는 것은 어떨까요?"

영어 습득을 이야기하는 자리에서 우리말 독서에 대해 쏟아내는 질문에는 이유가 있을 것이다. 영어를 쓰는 현지에서 남은 평생을 살 것이 아닌 이상, 모국어가 아닌 영어를 잘하기 위해서는 우리말이 탄탄해야 한다는 것을 알고 있기 때문이다. 그것이 중요하다는 것을 알고 있지만 그 중요성을 놓치지 않는 방향 잡기가 힘들어 누군가가 던져주는 정답 같은 느낌표가 필요해서 아닐까? 트렌드를 넘어 안 하면 아이에게 죄짓는 느낌이 강한 책육아가 되어버렸다. 그것과는 조금 다른 방향에서 유아기를 보냈지만 후회 없는 느낌표를 가지게 된 엄마라는 것이 위로가 되기는 했는지 모르겠다.

반디는 초등 2학년까지 엄마가 책을 읽어주었다. 읽기독립이 그때까지도 안 되었기 때문이다. 글자를 읽을 수 있다는 것이 읽기독립은 아니라고 생각한다. 혼자 책을 즐겨 읽는 아이가 아니었으니 엄마라도 열심히 읽어주어야 했다. 그럴 수 있는 시기가 경험으로는 2학년까지가 한계였다. 그런데 책읽기가 우선순위에 들어가야 하는 것은 그 이후였다. 더 이상 책을 읽는 것 자체만으로 만족할 수 있는 저학년이 아니기 때문이다. 학년에 걸맞는 독서로 사고가 커 나가는 중학년에 들어서고, 그런 사고력이 **적절히 교과 학습으로도 연계되어야 하고,** 그런 성장에 엄마의 개입이 크게 작용하기 어려운 시기였으니 앞선 저학년까지 했던 고민은 고민도 아니었다. 진짜 책읽기가 중요한 시기는 지금부터라는 위기의식이 강하게 들었다.

다행이었던 것은 엄마 혼자 동동거리지 않아도 학교의 독서 권장을 빌미 삼기 좋은 시기였다. 덕분에 3학년부터는 학교와 담임선생님을 핑계삼아 약간의 강제성을 가지고 때에 맞게 읽어야 할 최소한의 책을 읽어 나갈 수 있었다. 이런저런 참고 리스트들을 인쇄해서 너덜거릴 때까지 들여다보고 또 들여다보며 적어도 이 책들만큼은 읽어야 한다는 우리만의 필독도서를 준비했다. 그것을 실천으로 옮길 수 있도록 아이를 밀기도 하고 당기기도 했다. 학년이 올라갈수록 바빠지는 아이들이다. 그렇다 해도 책 읽는 시간이 1순위가 아닌 일상이 당연한 것이니 어쩔 수 없다고 쉽게 타협하지 않았으면 한다.

아이들이 책을 가까이했으면 하는 바람은 제도교육에 있든 대안교육에 있든 공통된 기대다. 그러나 책은 학원숙제 마치고 남는 시간에 공부하는 틈틈이 읽는 것이 되어서는 안 된다. 책을 읽을 시간이 없다는 것은 독서에 아무런 문제가 되지 않는 사소함이다. 진짜 독서에 대한 문제점은 그 문제점이 무엇인지 알아도 쉽게 해결할 수 없는 복잡하고 무거운 것들이다.

출처: 한진희,《누리보듬 홈스쿨》, 서사원, p. 252

불순한 의도가
문제였을지도

우리나라처럼 독서에 열광적인 나라가 또 있을까? 오해하지 말자. 독서를 많이 한다는 것이 아니다. 독서 자체에 이토록 열광적일 수 있을까 그 말이다. 가장 많은 시간을 책과 함께할 수 있는 영유아기부터 아니, 독서의 중요성은 아무리 강조해도 부족하니 태교부터 시작해서 많은 부모들이 책육아를 지향한다. 아이가 책과 친했으면 하는 바람으로 정성을 들여 시간을 쌓아간다. 읽기독립이 된 후에도 습관처럼 스스로 날마다 책을 가까이하기 바라는 마음이 간절하다.

그런데 초등 중학년만 되어도 엄마들은 더 이상 독서하고 씨름하지 않는다. 씨름할 여력 없이 바빠진 아이들이다. 시간 날 때마다 읽는 것이 책이라 생각하기에 우선 순위에서 자꾸 밀리게 된다. 그러다 보니 시간이 나지 않는 그 시기부터 가까이하기에는 너무 먼 '책 읽기'가 되어버린다. 더 놀라운 것은 영유아기 최고의 정성을 들였던 독서인데 의외로 너무 빨리 또 너무 쉽게 포기한다. 본격적으로 독서력을 무겁고 탄탄하게 쌓아가야 할 시기이다. **시간을 따로 내서 정성을 들여도 모자람**이 있을 수 있는데 안타깝다.

이런 현상은 영어를 접근하는 방식과 많이 닮아 있다. 서둘러 시작했지만 진짜 제대로 빠져줘야 할 시기가 되면 이런저런 여건을 핑계 삼아 쉬운 길을 찾아간다. 그림책과 리더스북에 온 정성을 쏟아 부었던 진행자들이 아이들의 연령에 맞게 사고력을 키워줄 수 있는 좋은 책(원서)으로 지속적으로 매끄럽게 이어가지 못한다.

우리말 독서를 놓을 수 없으니 독서토론 사교육을 시키듯이 엄마표 영어로 더 이상 집에서 감당이 안 되니 대형 어학원이나 과외 등으로 옮겨간다. 제대로의 방향을 잘못 잡아 성장이 기대에 미치지 못하니 쉽지만 어려운 길에 들어서는 것이다. 여유 있게 책 읽는 것을 좋아하던 아이가 시간에 쫓겨 책이 부담스러워진다. 영어를 책읽기로 즐겁게 대하던 아이가 과도한 학습 부담으로 거부감을 넘어 영어가 싫어지기까지 한다. 극단적인 예라고 무시할 수 있을까?

"독서가 어떻게 습관이 돼요. 독서는 쾌락이 되어야 평생 독서하는 어른이 되죠." TV 프로그램 〈알쓸신잡〉에서 정재승 교수님이 던진 가슴 뜨끔했던 말이다. 나도 반디에게 독서를 습관화하라는 잔소리를 많이 했었으니까. 우리말 문자 습득이 늦어서인지 읽기독립도 늦어진 아이였다. 기어 다니기 시작하면서부터 초등학교 2학년까지 매일매일 수십 권의 책을 쌓아 놓고 목이 아파라 읽어주었다. 엄마가 이리 정성을 들였으니 아이도 책을 좋아해주겠지, 독서가 습관이 되겠지 바라고 믿었었다. 그런데 뭐가 문제였을까? 반디는 책을 좋아하는 아이가 되지 못했다. 돌이켜보면 엄마의 순수하지 못한 의도가 문제였을지도 모르겠다.

영유아기 때는 책을 쌓아 놓고 읽어주며 100권 도전! 1000권 도전! 그렇게 아이의 '독서량'에 집착하기도 했다. 아이이기 때문에 독서량에 집착해도 좋을 때가 아닐까 혼자 합리화하고 마음 다잡으면서. 하지만 집착만큼 독서량을 채워 주지 못했다. 그조차 엄마가 읽어주었으니 어찌 보면 엄마 독서량일 수도 있겠다. 나름 열심히 아이와 도서관 나들이하고 단행본과 전집 사들이고, 스티커 붙이고, 목 아프게 읽어주었지만 오래지 않아 단지 엄마 욕심으로 채울 수 있는 것이 아니란 걸 깨닫고 '양보다 질이다' 또 그렇게 합리화했던 엄마였다. '많이 읽는데 집착하지 말자. 책을 읽을 때 충분히 즐거움을 느끼는 것이 중요하다.' 스스로를 다독이기도 했다.

그렇게 초등 저학년까지 책을 열심히 읽은 것은 엄마였다. 반디는 엄마의 목소리로 책 이야기를 들으며 생각으로 책을 읽었던 것 같다. 많이 읽는 데 집착한 것은 엄마, 아이는 그 시간 충분히 즐거움을 느꼈을까? 확인 불가다. 책을 볼 수 있는 여유가 보이면 열심히 엄마 옆에 '읽으라!'는 무언의 압력으로 책을 쌓아 놓고는 했다. 돌이켜보니 자신이 없다. 다 지난 일이니 혼자 우기고 위로하고 싶다. 그랬던 아이의 행동이 엄마가 좋아하니까 그런 것이 아니라 스스로도 책이 즐거웠던 것이라고.

기본 설정값이
결핍보다 풍요인 시대

성공한 이들이 '라떼는 말이야'로 시작하는 어린시절 이야기를 듣고 있자면 종종 상반되는 느낌이 든다. 누군가는 유소년기 '결핍'이 동기부여가 되고 누군가는 유소년기 '풍요'가 동기부여가 된다. 실질적으로 극적인 감동은 서사에 결핍이 등장할 때가 많기는 하다. 그런데 앞으로 그런 결핍이 동기부여가 되는 라떼를 만나기는 쉽지 않을 것 같다.

20년 이상 함께 아이 키운 엄마들 모이면 종종 우리끼리라서 하는 말이 있다.

"이십 대 중반에 이른 녀석들이 그 어떤 것에도 절실함이나 간절함이 부족한 것은 그 어떤 것에도 결핍에 대한 갈망의 기억이 없어서인지도 모른다."

경제적으로 엄청나게 큰 부자가 없었다. 경제적으로 많이 힘든 가정도 없었다. 아빠들은 안정적인 직장에서 따박따박 월급 나오는 봉급생활자가 대부분이었다. 엄마들은 워킹맘보다 전업맘이 많았다. 대물림 해야 하는 가업이 있는 것도 아니었고, 제 몫의 삶에 각종 부모 찬스를 크게 받을 수 있는 환경도 아니었지만 부모 이름값까지 감당해야 하는 부담도 없는 지극히 평범한 녀석들이었다. 부모의 사랑도 충분히, 체험도 여행도 충분히, **집 안 가득 책도 충분히,** 주머니 용돈도 궁색하지 않을 만큼, 원하면 원하는 대로 원하지 않아도 때로 떠밀리고 끌려다니면서, 예체능부터 교과목까지 교육도 충분히, 기대와 응원도 충분히 받으며 하고싶다 필요하다 생각도 전에 어느 정도의 풍요가 기본 설정값이었던 거다.

누군가 물었다. "어려서 꿈이 뭐였어요?" 기본 설정값이 달랐던 나는 초등학교 6학년까지 넓은 서점의 주인이 꿈이었다. 책 읽는 것을 많이 좋아했다기보다는 수많은 책들이 책장 가득 나란히 줄서 있는 그 모습이 좋아서였던 것 같다. 책이 귀했던 시절이다. 부모님께서는 4남매 교육을 위해 책을 넉넉히 구입해줄 형편도 못되었다. 대전에 대형서점들이 들어서기 전이어서 서점이 그렇게 클 수 있다는 생각도 못하고 동네서점보다는 조금 더 넓은 서점 주인을 꿈꾸었던 것 같다. 은행동에 문경서적이 처음 생겼을 때 어려서 상상한 서점이 이런 거였는데 감탄했다. 이후 친구들과 약속 장소는 문경서적이 1순위였다.

서점 주인이 되는 꿈을 이루지 못해서인지 사회생활을 접은 후 시간 여유가 생기면서 도서관 나들이를 참 좋아했다. 결혼 후 다시 공부를 시작했을 때도 방학이나 강의 없는 날은 대전에서 가장 큰 도서관, 한밭도서관으로 출퇴근하고는 했다. 남편이 출근하며 떨어뜨려 놓고 가면 퇴근하고 데리러 올 때까지 도서관에 오래 머물러 있는 것이 좋았다. 애가 없었으니까. 원 없이 많은 책을 볼 수 있었던 때다. 책 읽는 재미는 학창시절보다 이때 제대로였다. 원 없이 하고 싶은 공부를 할 수 있었던 때다. 이 공부 또한 하고 싶었어도 하기 힘들었던 '결핍'을 앞서 경험했으니까.

반디가 태어나고 기관보육을 하지 않아 시간이 많은 아이와 비 오는 날 나들이 장소로 만만했던 곳이 도서관과 서점이었다. 유성 도서관 유아 열람실 앞은뱅이 책상에 앉아 그림책을 쌓아 놓고 아이에게 읽어주고는 했다. 그곳에서 휴먼북 봉사를 했으니 감회가 새롭다는 말이 이런 느낌이구나 했다. 아이와 자주 갔던 타임월드 대훈서적 부도 소식에 우리 모자 추억의 공간이 사라지는 것이 아쉬웠다.

반디 초등학교 재학 당시에는 학교 도서관 사서 봉사를 오래 했었다. 도서관에 자주 오시는 학부모들이 도서관 사서인 줄 알았다고 할 정도로. 신설 학교였기에 책이 많지 않아서 어떤 책이 어디에 있는지 외울 정도였다. 방과 후 수업이나 사교육이 없었던 반디는 학교 도서관으로 와서 문 닫을 때까지 함께했다. 작정하고 읽었으면 도서관 책을 몽땅 읽고도 남을 시간이었는데 책을 안 읽었다. 아이들이 다 좋아한다는 학습만화도 관심 밖이었다. 도서관에서 책 안 읽고 뭐했을까? 도서십진분류법에 익숙해져 책 정리는 잘했다.

홈스쿨 하는 동안도 도서관은 익숙한 장소였다. 일주일에 두세 번씩은 점심 도시락 싸가지고 9시에 도착했던 곳이 노은도서관이었다. 주로 인터넷 강의를 이용하는 반디였기에 인터넷이 가능한 '디지털 자료실'이 우리가 주로 머무는 장소였다. 오전에 노트북에 이어폰으로 수학, 과학 인강을 듣고 집에서 싸간 도시락으로 점심식사를 한 후에는 열람실에 들러 책을 골라 읽었다. 이때도 책 읽는 시간보다 책 안 읽고 도서관에서 잘하는 그것으로 봉사하는 시간이 많았다.

아무튼 나에게 도서관은 사랑이다. 도서관을 참 좋아한다. 지금도 물론. 특히 기둥도 보이지 않는 확 트인 넓은 공간에 높다란 천장, 사방으로 그 천장 끝까지 솟아오른 책장에 빼곡히 들어차 있는 책들, 세련된 현대식보다는 앤티크한 느낌의 책상이 듬성듬성 놓여 있는 고전 느낌 물씬 풍기는 그런 도서관은 그곳에 있다는 것만으로도 공간이 주는 감동에 취해버리기도 한다. 그래서 가끔은 낯선 도시 여행의 목적이 세계적인 도서관 방문이기도 하다.

그런데 그런 근사한 장소에 나란히 아이와 섰을 때 같은 공간에 같이 처음이었지만 둘의 감흥은 전혀 달랐다. 이.럴.수.가. 하는 마음으로 쿵쾅거리는 가슴은 엄마다. 상상이 먼저였던 엄마는 좋아진 세상으로 이미지로 먼저 확인했다 해도 그 공간 안에 내가 있음이 현실이 되었을 때 벅참이 있었다. 초등 고학년부터 1인 1 스마트폰에 익숙했던 아이는 궁금한 것이 생기면 **머릿속 생각이 가슴에 닿기도 전에 손가락이 먼저 움직인다.** 그렇게 궁금함을 마음에 품기도 전에, 상상이 끼어들 틈도 없이 명확해지는 확인 때문일까? 이런 거구나, 심드렁한 반응에 서운하기까지 하다. 여행이나 공연에 대해 사전 정보를 주지 않았을 때 감흥이 깊어진다는 것을 눈치 챈 후부터는 쉽게 정보를 주지 않았다.

이렇게 도서관도 사랑하고 책도 사랑했으니 책 좋아하는 아이로 키우고 싶어서 나름 노력 많이 했던 엄마다. 단행본 구입은 대부분 서점 나들이에서였다. 아이가 사고 싶어하는 책이 엄마가 흔쾌히 받아주기에 거리가 먼 경우가 많았다. 그럼에도 불구하고 아이가 원하는 책을 사주면 책을 좋아하게 되더라는 선배들 조언을 따랐건만 그도 잘 통하지 않았다. 그러면서 갖게 되는 자격지심 같은 것이 있다. 도서관은 좋아하는데 책 읽는 것은 그것만큼 좋아하지 않는 엄마를 닮은 걸까? 아니면 아이 어려서 나도 모르게 **엄마의 '결핍'에서 오는 한풀이 느낌의 '책과 함께' 강박이 부담될 정도로 아이에게 전해졌나?** 그도 아니면 **책에 대해 결핍을 경험할 기회를 주지 않았던 것도 이유 중 하나가 될 수 있을까?**

바라고 원하지 않아도 이미 갖추어져 있어 누릴 수 있는 넉넉함. 책에 있어서는 반디 유년시절도 그런 환경이었다. 귀가 많이 얄팍한 엄마여서 우리말 책 전집도 단행본도 많이 구입했다. 주에 몇 권씩 대여하는 프로그램도 이용했다.

아이가 책이라는 것에 호기심을 가지고 책을 읽고 싶다고 원하기도 전에 책방에는 아이 책이 가득했고 도서관이나 대형 서점은 익숙한 놀이 공간이었으니 높다란 천장 가득 채우고 있는 책장의 책들, 그것을 만나는 감동이 엄마와 달랐을지도 모르겠다.

여기까지 글을 읽고 아이들 책 사주지 말라는 이야기가 아닌데 오해할까 걱정된다. 그건 아니다. 우리 세대의 동기부여가 결핍이었다고 그걸 들이밀기에는 세상이 너무 달라지고 좋아졌다. 앞으로는 결핍보다는 누릴 수 있는 풍요로움이 긍정의 에너지였다는 회고가 자연스러울 것 같다. 결핍에서 오는 긍정적 에너지, 풍요에서 오는 긍정적 에너지. 세대에 따라 시대에 따라 아이에 따라 어떤 것이 긍정적 에너지로 작용될지 알 수 없다. 오늘은 오늘에 맞게 내 아이에게는 내 아이에게 맞게 최선을 다하면 된다. 그런 최선 틈틈이 아주 가끔은 지나침이 부족함만 못하다는 말도 떠오르면, 떠오르는 그 순간 참고하면 되는 것이리라.

우리말 내공과
영어의 상관관계

영유아기부터 우리말이 안정될 때까지, 우리말 내공과 사고력을 위해서 책보다 더 중요한 것이 있다. 그중 하나가 흔히들 말하는 일명 '밥상머리 교육'이다. 이것이 안 된 아이의 언어 절벽을 가까이에서 절감했다. 밥을 먹으며 거창하게 주제를 놓고 토론을 벌이라는 것이 아니다. 아이들이 어른들과 함께 식사를 하면서 자연스럽게 어른들의 대화를 듣기도 하고 어른들과 나누는 대화가 필요하다. 그 대화들이 교육적으로 가치 있는 이야기가 아니라 하더라도 그 시간에 아이들의 언어능력이 확장되고 사고력도 키울 수 있다. 책만으로 얻을 수 없는, 책보다 훨씬 현실적이고 사실적인 우리말 감각도 키울 수 있다. 이것은 비단 취학 전만이 아니라 가능한 오래 그럴 수 있었으면 하는 시간이다.

그나마 퇴근 시간이 있는 부모들보다 더 바쁜 아이들이다. 밤 늦게까지 이어지는 아이들의 하루 일과로 밥상머리 교육을 위한 시간조차 허락되지 않는 현실이 안타깝다. 그럼에도 불구하고 찾아주어야 하는 시간 아닐까? 하루에 몇 번이나, 이것이 무리라면 일주일에 몇 번이나 편안하고 여유 있는 식탁에서 아이들과 얼굴 마주하고 식사를 하고 있는가? 마음에 크게 걸리는 부족함이 아니었으면 좋겠다.

"우리말 책으로 책 읽기가 다져져 있지 않아도 초딩 때 영어 시작해도 늦지 않은 건지, 상관관계가 없는 건지 궁금합니다."

우리말과 영어의 상관관계 관련해서 종종 받게 되는 질문이다. 질문자의 아이가 지나온 시간을 알지 못한다. 알지 못하는 시간으로 어설프게 답을 해서는 안 되어서 가까이 지켜본 사례로 답을 대신하기도 한다. 매우 극과 극으로 대비되는 사례지만 중요한 것이 무엇인지 강조하기 위해서 이보다 적절한 비교는 없을 것 같다.

강연에서 종종 최근 근황을 언급하게 되는 반디 친구가 있다. 첫 책에 6학년, 6년 차부터 아웃풋 파트너로 등장했던 친구다. 영어의 본격적인 시작이 늦었던 아이였다. 친구가 우리가 실천했던 제대로 엄마표 영어 방법을 구체적으로 알게 된 것은 초등학교 4학년 2학기였다. 그 전까지 이렇다 할 영어 노출에 적극적이지 않았던 상태였다. 학교에서 하는 교과 영어 수업이 영어 노출의 전부였다. 이 친구의 한글 독서력은 또래에 비해 아주, 많이 탄탄하고 높았다. 4학년 2학기부터 전략적 원서읽기에 몰입했는데 남다른 독서력으로 다져진 우리말 내공은 가속의 뒷심이 되어 주기 충분했다.

물론 **획기적인 시간 투자와 노력이 있었다.** 투자 가능한 시간 대부분을 원서와 함께하는 집중듣기에 몰입했다. **독해력과 영어 자체 사고력을 또래만큼 키워주겠다는 분명한 목표가 있었기 때문이다.** 영어 최종 목표가 일상회화 수준이 편안한 청취력이 아니었기 때문이다. 친구는 반디가 5년 동안 쌓았던 원서읽기의 내공을, 어쩌면 그 이상을 1년 6개월에 따라잡았다. 그래서 6학년 때 아웃풋 수업에 파트너로 함께 할 수 있었다. 아웃풋 지도를 함께한 1년 뒤에는 반디와 친구의 영어 실력에 큰 차이를 느끼지 못했다.

비교의 다른 극에 있는 친구는 유아기부터 초등까지 위의 친구와는 극과 극으로 대비되는 시간을 보냈던 경우다. 엄마, 아빠 모두 너무도 바빴다. 돌 전부터 기관보육을 했으며 집에서도 가족이 아닌 다른 사람의 도움으로 유년기를 보냈다. 여유를 가지고 책과 함께할 수 없는 상황이었다. 가족들이 다 함께 식사를 하는 일조차도 드문 일상이었다.

6학년이었던 아이와 도서관을 찾았을 때 "도서관이라는 곳을 처음 와본다"는 아이 말에 놀랐었다. 나누는 대화에서 느껴지는 또래와는 다른 우리말 절벽이 안타까웠다. 사정 모르는 것도 아니었건만 그 아이 부모에게 화가 나기까지 했다. 아이는 영어를 꼭 해야 하는 간절함과 절실함이 있었다. 환경도 최적이었다. 6학년부터 영어를 모국어로 쓰는 현지에서 지내야 했으니까.

이 친구가 본격적으로 엄마표 영어로 영어 습득의 길에 들어선 것은 5학년 2학기부터였다. 늦어도 너무 늦은 시작이었는데 6개월 뒤 현지에 들어가게 되면 당장의 일상에서 반드시 필요했던 언어였다. 최소한의 소통을 위해서라도 영어 노출에 들여야 하는 시간은 남달라야 했다. 귀머거리에 벙어리로 외톨이가 될 수밖에 없는 현지의 학교생활 적응은 우선 뒤로 미루어야 했다.

반디가 그랬듯이 멀티미디어 동화 사이트의 한 페이지 한 줄 동화부터 시작해서 빠르게 가장 낮은 단계의 챕터북으로 옮겨갔다. 6개월 이후에는 현지에 있다는 장점을 충분히 살려서 인근 도서관 챕터북 코너에 나란히 줄지어 빼곡히 채워져 있는 수백 권의 책을 가능한 오디오와 함께 집중듣기로 읽어 나갔다. 며칠에 한 번씩 커다란 가방에 수십 권의 챕터북을 도서관에서 나르는 것이 일상이었다. 여유 있는 시간은 자막 없는 영화로 흘려듣기를 하는 것으로 1년을 보냈다.

현지라 하지만 아이 일상은 단순했다. 알아듣지도 못하고 말도 할 수 없는 학교생활을 마치면 집으로 돌아와 의도적인 장시간의 영어 소리 노출, 집중듣기와 흘려듣기가 전부였다. 친구들과 어느 정도 소통이 가능하기까지 6개월이 걸렸다. 현지 생활 1년 뒤에 초등 졸업을 하게 된 아이는 학교에서도 놀라울 정도의 발전을 인정하는 상을 졸업생 대표로 받게 되었다. 처음에 아주 간단한 기본적인 의사소통도 되지 않는 아이를 붙들고 어이없어 했던 담임 선생님의 심부름을 자청해서 도맡아 하고 있었다. 4~5년을 앞서 들어왔지만 영어 발전이 더딘 한국 친구들, 그 부모들을 놀라게 했다.

어디에 있는지는 아이의 영어 습득에 큰 희망도 걸림돌도 아니다. 어떻게 시간을 쌓았는지 그것이 중요하다. 이 말을 하기 시작한 것은 이런 이유 때문이다. 아이가 1년 동안 쌓았던 시간은 현지에서만 가능한 방법이 아니기 때문이다. 반디가 국내에서 했던 방법 그대로였다. 이 길이 욕심 난다면 깊이 들여다보고 공부하라 강조하는, '제대로 엄마표 영어' 바로 그것이다.

그런데 문제는 거기까지가 아이가 발전할 수 있는 한계였다. 1년도 되지 않아 현지 아이들과 어울리고 일상적인 생활에서는 전혀 문제 없는 대화가 충분히 가능했다. 학교생활도 적극적이고 활발하게 맘껏 즐기게 되었다. 하지만 그 이상의 발전이 힘들다는 것이 문제였다.

책의 난이도가 북 레벨이 4점대를 넘어가면서부터 보이기 시작한 문제였다. 가벼운 내용이 아닌 좋은 단어와 문장으로 깊이 있는 주제를 담아 사고를 키워줄 수 있는 단행본들의 이해 정도가 급격히 떨어졌다. 또래의 흥미에 맞는 북 레벨은 어려웠고 수준에 맞지 않는 낮은 레벨의 책이지만 열심히 보아야 하는 절실함과 간절함은 더 이상 없었다. 놀이로서 즐거울 수 있는 정도의 친구들과 의사소통에 문제는 없었으니까.

하이스쿨에 들어가면서 학교의 학습 과정도 버거워지기 시작했다. 교과서도 없었으며 수업시간은 선생님의 설명형 주입식 전달 시스템도 아니었다. 스스로 광범위한 리서치를 통해 해결해야 하는 과제를 소화하기에는 사회적, 문화적, 역사적 배경에 대한 이해가 부족했다. 영어가 **현지에서 일상으로 필수언어가 되었지만 지식 습득과 사고 확장의 도구가 되어주지는 못했다.** 우리말 토대가 너무 허술하고 기초 학습 기반마저 단단하지 않으니 영어 또한 더 이상 확장하며 발전해 나가지 못하고 일상회화가 편안한 수준에서 머물게 되었던 것이다. 우리말 내공과 영어의 상관관계에 대한 개인적인 결론이다. **우리말이 모국어로 각인된 아이들에게 영어 습득을 위한 토대는 우리말이다.**

영유아기 사고 발달에 책보다 우선인 것들

워밍업 단계에 실물 책이 아닌 멀티미디어 동화 사이트를 이용했으니 우리집 책장에서는 영어 그림책이나 리더스북을 찾아볼 수 없었다. 원서 구입은 본격적인 시작 시기에 필요했던 갱지로 된 챕터북부터였다. 그것도 아이가 보겠다고 결정한 책만 구입했다. 8년 동안 엄마표 영어를 진행하며 원서 구입에 많은 비용이 들지 않았던 이유다. 소장했던 전체 원서들이 책장 공간을 많이 차지하지 않았다. 한쪽 벽면 전체를 차지한 높은 책장에서 두 단 정도면 충분했다.

간혹 영어 노출에 그림책과 리더스북을 활용하지 않았다는 말과 글에서 '그림책이 얼마나 중요한데 그렇다면 그림책을 보지 않았다는 건가?' 오해를 하기도 했다. 반디가 책을 좋아하지 않았다는 말을 책을 전혀 읽지 않았다는 말로 오해하는 것처럼 말이다. 워밍업 단계의 책들은 그림으로 의미 유추가 되는 책들이다. 세계적으로 인정받은 좋은 그림을 담은 원서들은 원문이 아니어도 번역본으로 인근 도서관에서 충분히 즐길 수 있었다. 당시에도 세계적으로 인정받은 좋은 그림을 담은 원서들은 영미문학뿐만 아니라 나라를 불문하고 우리말 번역이 되어 나와 있었다.

취학 전이 텍스트 위주의 책보다는 좋은 그림책을 많이 만나며 정서적으로 언어적으로 풍부한 감성을 쌓아야 하는 시기는 분명하다. 그렇게 그림이 주가 되는 책이라면 원서가 아닌 번역본으로 만나면서도 좋은 그림은 얼마든지 함께할 수 있었다. 모국어가 쑥쑥 자라는 시기였다. 영어도 언어이기 때문에 탄탄한 모국어가 바탕이 되어야 한다는 선배들의 조언도 무겁게 느껴졌다.

좋은 그림을 보면서 그 그림과 함께하는 말과 글이 엄마도 아이도 낯선 언어였을 때의 전달력과 엄마도 아이도 익숙하고 편안한 우리말이었을 때의 전달력, **어떤 것이 깊고 바른 의미로 전달될까? 어떤 접근이 영유아기 아이의 정서적 언어적 감성에 도움이 될까?** 많이 생각했다. 결론은 우리말이 가지고 있는 풍성한 뉘앙스까지 보태서 엄마가 마음껏 읽어줄 수 있는 편안한 우리말 그림책으로 방향 잡고 목이 터져라 읽어주며 충분히 만났다.

첫 책 출간 당시 우리는 경험해보지 않았던 그림책 원서 소개를 완전히 제외했다가 요즘 엄마표 영어는 영어 그림책을 빼놓고는 말을 섞기 힘든 분위기라고 한 소리 들었다. 그래서 우리는 모두 번역본으로 만났던 칼데콧 수상작들을 원서로 소개해 놓은 것이다. 2000년대 초반 엄마표 영어는 워밍업 단계가 지금 같은 분위기는 아니었던 것으로 기억한다. 그 단계 원서를 경제적 부담 없이 충분히 가까이하기 쉽지 않은 시절이기도 했다.

자꾸만 초창기 엄마표 영어를 강조하게 되는 이유 중 하나가 예전과 달리 워밍업에 너무 많은 시간, 비용, 노력을 투자하도록 사회적 분위기가 만들어진 것 같아서다. 어쩌면 지금은 지금의 분위기가 각자에게 해답이 되어줄 수도 있다. 영어 노출에 정성을 들이는 시작 시기나 워밍업 기간은 결국 각자의 판단이어야 한다. 선택은 독자의 몫이다.

영유아기부터 우리말 책이 되었든 원서가 되었든 책과 함께하는 시간에 정성을 들이는 것이 시간이 남아돌아서는 아닐 것이다. 가장 큰 이유는 생각하는 힘을 탄탄히 다져주기 위해서가 아닐까? 그런데 취학 전에 무럭무럭 사고력을 키워주기 위해서는 책보다 중요한 것들이 보였다. 서둘러 영어를 노출시키고 온종일 좋은 책과 함께하는 것보다 더 마음 써야 하는 것이 있었다.

첫 책이 출간되고 온오프라인 소통이 활발해지면서 취학 전, 선물 같은 시간을 아이들과 함께 하고 있는 젊은 어머님들을 많이 만났다. 매번 잔소리처럼 전했다. 영유아기부터 취학 전까지는 **아이와 가능한 많이 다양한 직접체험을 함께하고, 세상 모든 호기심에 반짝반짝 빛나는 눈을 마주하고 끊임없이 수다를 떨고, 예쁜 그림책으로 우리말 감성을 풍성하게 만들어주는 시간을 넉넉하게 가져보라고.** 아이와 함께하는 인생에서 정말 짧은 시간이었다. 놓쳤으면 두고두고 살아가는 내내 큰 후회로 되짚었을 시간이었다. 그럴 수 있는 시간이 얼마나 축복받은 시간인지는 아이가 다 커서 더욱 크게 다가왔다.

출간한 책들의 후기를 전해주실 때 자주 등장하는 글이 있다. 어려서뿐만 아니라 아이가 성인이 될 때까지 함께하는 모든 시간에서, 어쩌면 그 이후까지도 취학 전 이 시기에 형성된 엄마와의 관계가 큰 영향을 미치는 것이 아닐까 깊이 생각해보게 되더라는 문장이다. 가지고 있는 것에 대한 소중함을 깨닫지 못하는 것이 많은데 그중 하나가 '시간'이다. 내가 가지고 있는 지금, 오늘이 얼마나 소중한지를 흘려버리고 나서 어리석은 깨달음과 후회로 기억하지 않았으면 하는 마음과 그리 보낼 수 있는 시간을 지금 내 것으로 가지고 있는 분들이 마냥 부러운 선배맘으로 해줄 수 있는 조언이다.

최근 들어 팬데믹 장기화가 아이들의 모국어 발달에도 부정적인 영향을 끼치고 있다는 전문가들의 염려가 있다. 마스크를 착용한 일상이 자연스러워지면서 모국어를 배우는 시기의 아이들이 대화에서 입 모양이나 얼굴 표정 등을 살피기 어려워졌다. 말하지 않아도 표정으로 전달되는 비언어적 상호작용이라는 것이 있는데 그것을 배우는 기회가 적어졌다. 소리 전달에 있어서도 명료함이 떨어질 수밖에 없다. 자신을 보살피는 선생님들과 함께 시간을 보내는 친구들 모두의 표정이 사라진 것이다. 공감능력이나 감정을 파악하는 능력이 저하될 수밖에 없는 안타까운 환경이다. 아이들의 사회성이나 정서발달의 자연스러움, 더해서 모국어 발달까지 팬데믹 이전 상황과는 같지 않다는 것을 인정해야 한다. 마스크에서 자유로울 수 있는 집에서만이라도 아이와 더 자주 더 오래 눈 맞추고 나누는 수다가 필요하다. 얼굴과 온몸으로 감성을 풍성하게 표현해주는 것도 잊지 말자.

방향 전환을 위한 시작점

취학 전에 영어 노출을 의도적으로 배제했던 것은 20년 전 결정이었다. 지금 생각을 묻는다 해도 미취학 연령의 서두르는 영어 노출에 대한 생각은 크게 달라지지 않았다. 강연이나 블로그에서 초등 자녀를 돌보는 부모님들과 소통이 활발하다. 예전에는, 어쩌면 몇 년 전까지도 엄마표 영어를 하다가 초등 중학년 이상이 되면 사교육에 맡기는 것이 자연스러워 보이는 수순이었다. 그런데 최근에는 사교육에 있던 친구들의 엄마표 영어로 방향 전환이 눈에 띄게 늘고 있다. 이 길을 몰랐던 이들이 아니다.

최근 강연에서 처음인 듯 처음 아닌 인연들과 재회하고 있다. 수년 전 어느 강연장에서 스치듯 만난 분들이다. 수년 동안 아이와 함께 하며 엄마표의 진정한 힘을 느끼고 있다는 인사는 더없이 반갑고 고맙다. 반면에 책이나 강연을 통해 이 길을 알게 되고 공감했지만 온전히 발 담그지 못했던 후회로 속앓이 하고 계신, 실천으로 옮기지 않아 '알고 있다'에서 멈춘 이들도 있다. 지금부터 시작하는 글은 후자에 속하는 분들에게 참고가 되었으면 한다.

시간은 멈춘 적이 없으니 아이들은 훌쩍 커버렸다. 강연 참여 당시만 해도 미취학이나 저학년 연령이었던 아이들이 고학년이 되었고 혹자는 중학교 입학이 코앞이다. 그런데 선택했던 사교육의 길에서 기대만큼 영어 성장이 보이지 않아 원서읽기, 즉 엄마표 영어로 방향 전환을 한다. 알고 있었지만 어정쩡했던 지난 시간의 아쉬움을 품고 더 이상 물러설 수 없는 학년이라는 깨달음에 내린 결정이다. 수년 전 온전히 이 길을 선택했던 아이들이 **성장으로 옳은 길임을 증명해주고 있으니** 영어 습득의 최적기 중 남아 있는 시간만이라도 늦었지만 이 길에서 최선을 다해보겠다는 의지가 강하게 전해진다.

출간 초기에 강연을 함께하신 분들은 기억할 것이다. 이 길에서 영어를 시작하는 것에 '지금이라도?!' 이런 희망고문을 던지며 적극적으로 추천하기 힘든 학년이 있었다. 초등학교 졸업을 앞두었다면 잘 해오던 엄마표 영어도 어떻게 마무리를 해야 할지 그걸 고민할 시기다. 상급학교 진학에 영향을 미치는 학교 교과목으로 만나야 하는 영어교육 시스템은 엄마표 영어와 결이 완전히 다르다. 꾸준했던 원서읽기를 유지하는 것도 놓치지 말아야 하지만 교과목 영어도 받아들일 수 있는 준비가 필요하다. 그래서 5학년 이상 친구들에게는 새롭게 이 길에서 집중하는 것을 추천하지 못했다.

요즘은 중학교 교육과정에 자유학년제가 자리잡으며 학교 교과목 시험이 많이 줄었다고 한다. 덕분에 엄마표 갈무리를 고민해야 하는 시기가 조금 늦춰진 분위기다. 가야만 하는 방향이 아니라 가고 싶은 방향에서 더 머물 수 있게 된 거다. 장기화된 팬데믹도 방향 전환에 영향을 미쳤다. 부실한 학교교육과 불안하지만 어쩔 수 없이 등 떠밀었던 사교육의 민낯을 비대면 온라인수업을 통해 직면했기 때문이다.

주변을 둘러보니 어떤 외력으로도 흔들리지 않고 망설임도 제자리걸음도 없이 꾸준히 성장해가고 있는 아이들이 눈에 들어온다. 그 친구들이 선택한 길이 어떤 것인지도 확인된다. 방향 전환을 더 이상 망설일 수 없다. 이런 선택인 경우 지난 시간 부족한 채움을 보완하기 위해서 저학년이 가질 수 있는 여유를 포기해야 한다. 집중해야 하는 시간은 더 필요한데 학년이 있으니 하루 일과로 투자할 수 있는 시간도 넉넉하지 않다. 아이들의 사춘기 조짐으로 엄마와의 밀당도 쉽지 않아서 넘어야 할 산들은 저학년보다 더 높고 험할 것을 각오해야 하는 시기다. 작정했다면 **'획기적인 계획과 실천'**이 필요하다. 엄마 혼자가 아니라 아이와 함께 그 계획을 설계해야 할 학년이다. 엄마의 짝사랑으로 등 떠밀고 손잡아 끌고 갈 수 있는 저학년이 아니기 때문이다.

늦어진 집중인데 마음만 급하고 어디부터 시작해서 어디로 방향을 잡아야 하는지 도무지 판단이 서지 않는다. 이때 무엇보다 중요한 것이 **아이의 현재 상태 파악이다.** 그것을 알아야만 거기부터 바뀐 방향으로 새로운 시작이 가능하다. 그런데 엄마이지 교육 전문가도 아니다. 영어책이 편하지도 않은 엄마가 아이의 현재 상태를 어떻게 파악할 수 있을까? 대형 어학원에서 확인을 받을 만한 실력도 아니다. 흔하다는 SR 테스트도 사는 곳 가까이 가능한 공공도서관이 없다. 도대체 어떤 책으로 시작해야 하는지, 아이의 리딩 레벨 현재 상태를 어떻게 가늠할 수 있을까?

더 이상 저학년이 아닌 친구들의 방향 전환을 위한 시작점을 고민해봤다. 그동안 받아온 사교육 커리큘럼에 원서읽기가 없었으니 학년이 있어도 워밍업부터 다시 시작해야 할까? 영어 노출이 아주 없었던 것도 아닌데 이건 아닌 것 같다. 그렇다면 '리딩 레벨을 잡아야 영어가 잡힌다' 했으니 무조건 학년에 가까운 챕터북으로 시작하면 될까? 이렇게 되면 사상누각의 위험이 있다. 하다 보면 시행착오도 만날 수 있지만 그 시행착오의 크기를 줄일 수 있도록 어디부터 시작해야 하는지 알아보는 방법으로 제안할 수 있는 작은 팁을 전하고자 한다.

예전에 반디 키울 때는 상상할 수 없었던 방법이다. 지금은 누구나, 어디서나 가능한 방법이다. 가까운 도서관에 영어 원서들이 넘쳐나는 세상이고 시대이니까. 나열된 번호 순서대로 따라가는데 아래 모든 순서보다 앞서야 하는 것이 있다. 새롭게 **수정되는 방향이나 방법에 대해 아이에게 자세히 설명하고 이해시키고 설득해야 한다.** 수정된 방향에서 애써줄 수 있는지, 아이 스스로 '해보겠다'는 동의를 받아야 한다. 학년이 높을수록 더욱더 필요하다. 엄마가 먼저 분명히 알고 확실하게 중심 잡아야 할 수 있는 설득이다.

1. 가까운 도서관의 원서 보유 현황을 자세히 파악한다. 흔하고 널려 있는 워밍업 단계책이 아니다. 삽화가 몇 페이지에 걸쳐 하나씩 등장하거나 아예 없는 텍스트 위주로 구성된 챕터북 시리즈로 북 레벨 2~3점대 책들이 관심 대상이다. 학년에 따라 단행본도 좋지만 시리즈를 적극 추천한다. 이해력 상승에 있어 시리즈가 가지고 있는 장점이 있기 때문이다.

2. 막연한 예상이지만 아이의 리딩 레벨이 여기쯤일 거다 기준을 잡아본다. 엄마표 영어에 관심 있었던 엄마라면 여기까지는 대충 가늠이 된다. 도저히 가늠이 안 될 것 같으면 아이와의 동행을 추천한다. 학년이 있으니 아이가 살펴보고 스스로 이 정도면 좋겠다 하는 책을 고르는 거다.

3. 그 레벨 근처에서 아이가 흥미를 가져줄 것 같은 책들을 대여한다. 다수의 시리즈에서 한두 권씩 고른다. 이 또한 실패의 확률을 줄이는 방법은 아이와 같이 가서 표지도 속지도 함께 훑어볼 수 있으면 좋다. 엄마는 1번 과정에서 도서관에 있는 원서들의 기본 정보에 대해 사전 공부가 필요하다. 책 선택에 있어 피할 수 없는 아이와의 밀당에서 1% 선점할 수 있다. 우리말로 미리 찾아보고 아이가 흥미 있어 할 주제의 책들을 적극

적으로 또는 넌지시 추천해준다.

4. 책과 음원을 함께 대여해서 아이와 집중듣기를 해본다. **'집중듣기시킨다'가 아니라 함께하는 거다.** 책 전체 글씨를 따라가는 것은 아이이고 엄마는 곁에서 아이의 모습을 관찰해보자. 이 또한 감시나 간섭이 아니라 관찰이다. 함께해보면 아이가 가장 편안하게 1시간 또는 그 이상 집중해서 긴 호흡으로 집중듣기 가능한 책들이 어떤 것들인지 확인이 될 것이다. 첫 책부터 가능할 거라는 기대는 하지 말자. 어르고 달래다 보면 꼭 이래야 하는 건가 자괴감이 들 수도 있지만 필요한 과정이다.

   전혀 이해되지 않는 책을 1시간 넘게 소리와 텍스트에 맞춰 집중듣기 할 수 있는 친구들은 거의 없다. **크게 흐트러짐 없이 한 시간 가까이 한 호흡으로 집중해준다면** 어느 정도 이해가 되고 있다고 믿어줘도 좋다. 엄마가 아이 관찰하는 것에 익숙하다면 집중듣기 하는 아이 곁에서 지켜보는 것만으로도 이해 정도는 예측 가능하다.

5. 모든 책을 너무 어려워하며 집중이 많이 흐트러진다면 엄마가 아이를 과대평가한 경우다. 이해도가 다소 떨어져도 집중하는데 문제가 없다면 시리즈가 누적되며 점점 나아지는 이해도를 기대할 수 있다. 하지만 너무 어려운 경우 집중 자체가 힘들다. 반면, 집중듣기 하는 것을 힘들어하지 않으면서 모든 책을 너무 시시해한다면 엄마가 아이를 과소평가한 경우다. 책을 다시 골라야 한다. 그렇게 적어도 대여섯 권 이상 편히 집중듣기 하는 책을 확인한다. 그 책들의 리딩 레벨을 살펴보면 모든 책의 레벨이 같지 않더라도 어느 레벨 책이 새로운 방향에서 '시작점'으로 편안한지 판단이 될 것이다.

6. 자, 어느 수준의 책으로 시작해야 하는지 레벨 가늠이 되었다. 그 단계

근사치 책들을 시작점으로 잡고 도서관에서 단행본이라도 가능한 많이, 빠른 안정을 기대한다면 관심 있어 했던 시리즈를 공략해서 수십 권 모두를 대여한다. 어떤 책을 읽을지 결정되었으니 소장을 원하면 구매해주어도 책값이 아깝지는 않을 것이다. 고학년까지 도서관 책만으로도 충분한 성장을 이끌어주었던 분들이 전하는 말이다. 아는 만큼 보이는 것이 도서관 원서 책장이고 장기 계획에 들어 있는 책이 보이면 내 책처럼 반갑다 한다.

7. 시작점도 알았고 책도 확보되었다. **늦은 만큼 압축 채움을** 위해 넉넉한 시간이 필요하다. 매일매일 집중해서 원서읽기 하는 것은 해야 할 일 중 우선순위가 되어야 할 거다. 최소 서너 달 이상 매일매일 최선을 다해 약속했던 시간만큼 실천해보자. 실패하는 책도 있을 것이고, 이 책을 왜 이제 알게 했냐는 반전도 맛볼 수 있다. 그런 아이 응원하며 엄마는 다음에 읽어주었으면 하는 책들을 조사해서 리스트업 해 놓으면 된다.

적당히 원하면 핑계가,
간절히 원하면 방법이 생긴다

반디 친구가 4학년 2학기에 이 길에 들어서 어떤 성장이 확인되었는지 《엄마표 영어 이제 시작합니다》 아웃풋 관련 글에 풀어놓았다. 앞선 영어 노출 경험은 학교 수업이 전부였다. 책 출간 이후 그보다 늦은 시작으로 좋은 성장을 전해주는 사례는 흔치 않았다. 그보다 늦은 시작을 적극적으로 권하지도 못했다. '획기적인 계획과 실천'이 그리 쉬운 것은 아니기 때문이다. 그러다 더 늦게 시작한 친구의 놀라운 속도를 전해 듣게 되었다.

4학년 2학기 말에 3점대 초반 책으로 원서읽기에 집중하기 시작한 친구가 4개월만에 놀라운 성장을 확인한 사례다. 총 183권, 총누적시간 550시간이다. 계산해보면 하루에 몇 시간이었는지 알 수 있다. 획기적인 계획과 실천이 어떤 모습인지 권하는 나도 놀랐다. 직접 해보지 않고는 무엇을 해낼 수 있는지 알 수 없다. **핑계를 먼저 찾지 말고 방법을 고민해주었으면 하는** 마음에 주신 글 그대로를 가져왔다. 첫 문장이 인상적이다.

'적당히 원하면 핑계가 생기고 간절히 원하면 방법이 생긴다.' 이제 벌써 4학년 말. 곧 5학년인데 영어 학원이라면 학을 떼는 아이를 어떻게 하나 고민이 깊어갈 무렵 지인을 만났습니다. 그 하루의 만남이 저에게 너무나도 큰 변화를 가져왔죠. "누리보듬님에 대해 들어봤어요? 우리 아이 지금 하고 있는데 너무 좋아요. 조만간 (온라인)연강 4기 모집한다는데 수업 한 번 들어보는 게 어때요?" "!" 제 고민을 들은 지인께선 본인의 지난 2년을 말씀하시며 누리보듬님을 추천하셨어요. 워낙 오래 알고 지냈고, 교육관도 비슷하고, 평소에도 귀한 조언을 아끼지 않는, 닮고 싶은 분이었기에 헤어짐 이후 곧바로 누리보듬님의 블로그를 찾았습니다. 특강을 듣고 이어서 연강을 신청했어요.

그렇게 듣게 된 다섯 번의 강의. 매시간 머리에, 가슴에 꽂히는 말씀들에 '그동안 나는 무엇을 했나. 이게 마지막 기회다, 제대로 집듣을 하자!' 결심했습니다. 사실 제 아이는 집듣 경험이 전무한 아이는 아닙니다. 둘째였기에 태어난 순간부터 영어에 노출되었지요. 하지만 영유아용 전집들과 ORT 이외엔 원서를 종이책으로 접해본 적도 없었고, 30분 이상 텍스트를 보고 들은 경험이 없었기에 아이의 실력은 딱 ORT 9단계쯤에 머물러 있었습니다. 더 이상 발전 없는 모습을 보며 학원을 보내야 하나 고민을 하기 시작한 것이었죠. 하지만 누리보듬님의 책을 읽고 연강을 들으며 집듣에 모든 걸 쏟아보기로 마음을 바꾸었습니다.

가장 먼저 한 일은 아이와 함께 왜 영어 공부를 하는지 목적을 명확하게 세우고 집듣에 대한 동의를 구한 것이었습니다. "학원에 가지 않을 수만 있다면 좋아요." 주변 아이들로부터 학원의 부정적인 면을 많이 접해서인지 절대 학원은 가지 않겠다, 고집을 부리던 아이는 집듣의 목적, 방식 등을 들은 후 다행히 고개를 끄덕여주었습니다. 이후 연강의 과제로 제시된 향후 3년치 집듣 계획표를 세우고(하루 목표 시간, 읽어야 할 책 목록 위주로 주 단위 일정을 짬) 곧바로 실천에 들어갔습니다.

"이게 뭐야? 재미없어 보여…" 그렇게 희망에 차 시작한 집듣이었지만 아이의 첫 반응은 좋지 않았어요. 처음 접한 원서는 누런 재생지였고 생각보다 두께도 제법 있어서인지 입이 뽀로통해 책을 뒤적거리기만 하더라고요. 그래도 포기할 수 없었습니다. 학원에 가지 않는 대신 집듣을 선택한 건 너이니 며칠이라도 해보고 다시 이야기를 해보자 설득했죠. 다행히 아이는 수긍했고 첫 반응과 달리 쉽게 집듣에 적응해 나가기 시작했습니다. 그렇게 하루가 일주일, 이주일이 되고 어느새 아이에겐 집듣이 일상이 되었습니다. 주 하루 30분+10분(쉬는 시간)+30분이었던 시간이 오전 오후 각 1시간이 되고 3주차에는 60분+10분(쉬는 시간)+60분이 되었습니다. 시간으로 하루 집듣 목표치를 체크하던 아이가 책의 재미에 빠져 책 단위로 집듣 시간을 측정하게도 되었습니다.

물론 그간의 과정은 쉽지 않았습니다. 활동적인 아이치고는 엉덩이가 무거웠지만 가만히 앉아 음원과 텍스트에 집중하는 일은 졸음을 필히 동반하더라고요. 저도 졸렸기에 아이의 마음을 100배 이해했답니다. 그래서 제가 쓴 방법은 마사지였습니다. 마주 앉아 아이는 무릎에 책을 올려 집듣하고 저는 종아리와 발을 주물러주며 아이의 눈동자를 살폈어요. 눈빛이 흐릿해지거나 눈꺼풀이 무거워지는 기미가 보이면 주의를 환기시키며 아이를 칭찬하고 독려했지요. 간도 쓸개도 다 내려놓고 비위를 맞춰가며 하루하루를 보냈습니다.

가끔 짜증이 나고 이렇게까지 해야 하나 한숨도 났지만 내가 포기하면 아이는 어쩌나, 더는 기회가 없을 텐데. 속에서 천불이 나도 꾹 참고 아이를 칭찬했습니다. 고심해서 고른 책들이 팽 당했을 때에도 아이의 흥미를 자극하지 못한 저를 탓할 뿐, 아이를 탓하지 않았어요. 정말 단 한 번도 이럴 거면 하지 마, 때려 치워! 이런 말을 하지 않았어요. 진짜 그만두겠다 할까 봐요. 이제와 생각하면 정말 잘할 일인 것 같습니다.

이렇게 보낸 시간이 어느덧 한 달. 어느 순간부터 아이는 마사지도 거부하고 책에 온 신경을 집중하기 시작했습니다. 주인공의 이야기에 폭 빠져 찌푸리고 웃고 어이없어 하고 깔깔거렸어요. 아이의 실력도 집중력도 한층 성장한 것이 온몸으로 느껴졌습니다. 그러자 저도 아이도 더욱 집듣에 집중할 수 있었습니다. 그리고 마침내 7주 차. 아이의 집듣에 획기적인 변화를 가져온 《해리포터》의 여정을 시작했습니다. 이제 겨우 4점대로 접어든 아이의 집듣 수준을 생각하면 가능할지 걱정스러웠지만 아이의 강렬한 소망에 1권이라도 해보자, 안 되면 나중에 하지라는 마음으로 첫 권을 펼쳤습니다.

하지만 아이는 어느 때보다 책에 빠져들었고 집듣 시간 또한 이전과 비교할 수 없을 정도로 늘어갔어요. 동시에 작가별 단행본의 매력도 깨달아 하루 6~7시간이 모자라다 할 정도로 집듣에 빠져들었습니다. 장장 10주에 걸쳐 《해리포터》 1~7권을 모두 완독한 아이는 이제 《Percy Jackson》, 《Wings of Fire》를 거쳐 《Heroes in Olympus》를 집듣 중입니다. 뿐만 아니라 58일 차에 시작한 묵독을 지금까지 쭉 이어오고 있어요. 심지어 이런 말까지 하면서 말이죠. "엄마! 집듣할 땐 8시간이나 걸렸는데 혼자 읽으니 두 시간밖에 안 걸렸어! 너무 신기해!" "음원이 없어도 괜찮아요. 다음 권 사주세요!"

누리보듬님께서 말씀하신 집듣의 놀라운 효과이자 자연스러운 종착지, 특별히 단어나 독해법을 배우지 않았음에도 책을 읽는 능력을 스스로 키워가는 것. 어느새 저의 아이도 그것을 갖추어 가고 있었습니다. 어떤 교육법이 짧은 시간 동안 아이에게 이런 놀라운 변화를 가져올 수 있을까요? 집듣 시작 이제 겨우 4개월. 갈 길이 멀기에 성공 유무를 논하기엔 이르다 생각합니다. 영어로 글쓰기, 영어로 이야기하기 등, 제대로 된 아웃풋은 아직 시도하지 않고 있거든요.

하지만 이것 하나만큼은 말씀드릴 수 있습니다. 집듣 덕분에 제 아이에게 원서는 재미있는 것, 헐리웃 영화는 당연히 자막 없이 보는 것이 되었습니다. 영어로 말하고 싶어하는 열망이 생겼고 꾸준히 노력하면 할 수 있다는 자신감도 갖게 되었습니다. 그리고 이 모든 변화가 아이의 미래에 긍정적으로 작용할 것이라 믿고 있습니다.

제가 겪은 이 모든 일들이 저만의 일이 아니라는 것도 말씀드리고 싶어요. 누리보듬님 덕분에 만나게 된 인연들의 아이들 또한 지난 3개월, 놀라운 변화를 보여주고 있거든요. 그러니 망설이지 말고 도전해 보세요. 님들의 아이들에게도 영어는 어려운 것이 아닌 흥미로운 것, 내가 잘하는 것이 될 수 있습니다. 생각보다 길어진 글, 동티날까 두렵기도 하고 성공적으로 집듣을 이어가고 계신 선배맘들 앞에 주름을 잡은 것 같아 조심스럽기만 합니다. 하지만 제가 도움을 받았듯, 단 한 분에게라도 이 글이 도움이 될 수 있기를 바라며 짧다면 짧고 길다면 길었던 4개월간의 집듣 경험기를 마칩니다.

《해리포터》 원서로 읽기, 종점일까 정거장일까?

애증의 책이 있다. 《해리포터》 마지막 번역본, 《죽음의 성물》 초판본이다. 오역이 바로잡힌 수정판이 나왔지만 그 오역을 갖고 있는 의미가 작지 않아 아직도 소장하고 있다. 《해리포터》 오역의 억울함이 컸던 것은 우리 모자의 남달랐던 《해리포터》 사랑 때문이다. 《마법사의 돌》이 국내에 번역본으로 출간되었던 것이 반디가 태어난 다음해였다. 우연히 서점에서 만난 《해리포터》에 빠진 엄마는 해리와 해리의 친구들, 그들의 모험 이야기를 아이에게 동화처럼 들려주었다. 이런 엄마가 엄마표 영어를 알게 되고 아이의 영어 습득을 위해서 이 길을 선택하며 제일 먼저 꿈꾸었던 희망이 《해리포터》를 원서로 읽을 수 있었으면 하는 것은 어쩌면 당연한 수순이 아니었을까? 그 꿈이 이루어지기를 바라면서 취학 전부터 원서로 구입해 책장에 차곡차곡 모셔 놓았던 것이 다음 수순이었다.

반디가 《해리포터》 원서를 집중듣기로 읽었던 때는 4학년이었다. 초등학교 1학년에 처음 영어를 시작한 아이가 해리포터를 원서로 수월하게 만나기까지 그리 오래 걸리지 않았다는 것은 놀라우면서도 감동이었다. 강연을 다니던 초기에 아이들 영어의 최종 목표가 무엇인지 묻고 답을 기다린 적이 있었다. 더러 해리포터를 원서로 읽을 수 있었으면 한다는 답을 듣고는 했다. 한때는 나도 그것이 종점이 아닐까 했던 적이 있었으니 그 마음이 잘 전해졌다. 하지만 그것이 아니란 것을 직접 경험했기에 '너무도 소박한 목표'라 말하게 되었다. 그 정도의 소박한 목표로 엄마표 영어를 욕심부리지 말라고도 당부한다. 이 길은 그보다 많이 근사하고 매력적인 끝을 만날 수 있는 길이기 때문이다.

"《해리포터》를 원서로 읽을 수 있다는 것이 그리 오래 기다리지 않아도 가능한 일이더라." 《엄마표 영어 이제 시작합니다》를 만난 이후 제대로 엄마표 영어 방식으로 원서읽기에 집중한 친구들이 증명해주고 있다. 《해리포터》 원서읽기가 엄마표 영어의 종점이 되기에 아쉬움이 많다. 그것을 종점으로 바라보기에는 이 길에서 제대로 쌓고 있는 노력이 아깝게 느껴질 것이다. 그저 스치듯 지나가는 그저 그런 수많은 정거장 중 하나일 뿐이다. 때로 누군가는 그 정거장에서 멈춤없이 그냥 지나칠 수도 있다. 모든 아이들이 《해리포터》를 좋아하지는 않을 테니까. 《해리포터》보다 더 흥미로운 책을 원서로 접하기, 이보다 좋을 수 없이 멋진 환경이 되었으니까.

시간 확보가 난제인
워킹맘의 최선

집중듣기 한 시간, 더해서 흘려듣기 두 시간, 매일 세 시간씩 정성을 들여 쌓아준 인풋이 폭발적인 아웃풋을 가져왔던 반디의 경험을 나눈다. 그런데 각자의 실천에서 모두가 단단히 잡고 싶은 하루 세 시간이지만 도저히 감당할 수 없는 상황에 놓여 있는 이들도 있다. 강연장에서 만나는 분들 중 의외로 워킹맘이 많아 놀라고는 한다. 블로그나 책을 먼저 만나보고 반차나 월차를 내고 강연을 찾은 것이다.

워킹맘도 이 길에서 가능한지, 온전한 몰입이 불가능하다면 가능한 선에서 붙잡아야 하는 것은 무엇인지 그것만이라도 찾고 싶은 간절함이 보인다. 상황에 대한 경험이 없어서 워킹맘에게 이렇게 하라, 저렇게 하라 조언이 쉽지 않다. 그러면서도 해야 하는 것을 하지 않으면, 채워야 하는 것을 충분히 채우지 않으면 큰 효과를 기대할 수 없는 것이 이 방법이라는 것을 알기에 할 수 있는 최선을 같이 고민해 본다.

꾸준히 책과 함께하는 집중듣기 매일 1시간은, 해마다 쌓아야 하는 절대 필요량을 채울 수 있었던 반디의 실천량이다. 절대 필요량을 반드시 채워야 하는 이유는 제 학년에 맞는 '**독해력**'을 위한 리딩 레벨 업그레이드가 무난하기 위해서다. 하루 10분, 점점 늘려 30분, 이렇게 채워질 양은 분명 아니다. 흘려듣기 2시간은 아이의 귀를 완벽하게 뚫어 주는 '**청취력**' 안정을 위해 필요했던 반디의 실천량이다. 귀가 열려 있지 않다면 실질적인 대화가 매끄러울 수 없다. 말을 준비해서 의사를 전달할 수는 있지만 예상 밖으로 쏟아내는 상대방 말을 알아듣지 못한다면 다음 대꾸가 힘들어 현지에서라면 소통 절벽을 경험하게 된다.

반디는 초등학교 1학년부터 독해력과 청취력이라는 분명한 목표로 집중듣기 1시간, 흘려듣기 2시간을 채워 나갔다. 두 가지 실천이 시너지를 발휘했는지 충분히 채워졌다 생각되는 시기에 자막 없는 원음의 영상 이해가 편안해지는 청취력을 확인했고 제 나이에 맞는 독해력 또한 놓치지 않을 수 있었다.

하루 일상에서 아이와 함께 엄마표 영어를 진행할 수 있는 충분한 시간 확보가 어려운 워킹맘은 무엇을 고민해야 할까? **목표를 분명히 하는 것이 먼저일 것이다. 최종 목표를 어디에 두었는가에 따라** 붙잡고 가야 할 것이 달라질 수 있기 때문이다. 처해 있는 상황 안에서 최선으로 확보할 수 있는 시간을 어떻게 활용할 것인지 가닥을 잡아보라. 아이가 제 학년에 맞는 독해력을 꾸준히 쌓아가기를 바란다면 집중듣기에 좀 더 시간 투자를 해줘야 한다. 편안한 의사소통 정도가 노력 끝의 바람이라면 흘려듣기에 좀 더 마음을 두는 것으로 가야 하는 방향도 분명해진다.

주어진 시간은 짧은데 이것도 저것도 욕심을 부리다 보면 채워야 할 절대 필요량을 채울 수 없는 집중듣기로 또래에 맞는 독해력을 쌓아가기 힘들어질 수 있다. 분배한 짧은 시간으로 청취력 향상을 위한 채움도 충분하기 어려울 것이다. **대충 알아듣는 것과 정확히 알아듣는 것의 차이는 결코 가볍지 않다.** 독해력? 청취력? 어느 쪽이 욕심나는가? 장기적으로 아이의 학습능력 향상에도 도움될 수 있는 쪽으로 욕심을 부리고 싶은 것이 대다수 부모들의 바람이라는 것을 알았다. 깊이 없는 일상회화 정도를 욕심부릴 세상이 아니다. 인공지능 번역기 정도로는 해결되지 못할 능력은 어찌해야 얻을 수 있을까? 아이와 함께 이야기 나누고 목표를 먼저 분명히 하자. 목표가 분명해지면 가야 할 길이 보다 선명히 보일 것이다.

엄마표 영어
≠사교육을 하지 않는 것

"사교육 도움을 받고 있는데 여기에 이런 질문을 해도 되나요? 선생님 책 보고, 강연 듣고 엄마표 영어 시작했는데 사정상 사교육을 병행하게 되어 마음이 무겁습니다."

질의응답에서 종종 듣는 말이다. 엄마표 교육계획 안에 사교육이 들어가 있으면 엄마표가 아닌 걸까? 엄마표 영어를 하면서 사교육을 추가하면 안 되는 건가? '사교육을 받지 **않아도** 되는 방법' 맞다. 그런데 이 문장을 혹자는 '사교육을 받지 **않아야** 되는 방법'이라고 왜곡해서 받아들이기도 한다. 문장에서 다른 것은 토씨 하나인데 전달되는 의미 차이는 매우 크다. '사교육을 안 하기 위해서!' 이런 생각으로 엄마표를 선택한 경우 사교육 도움을 받는 것에 망설이다 못해 거부감까지 가지고 있음이 전해지기도 한다.

이 길은 사교육에서 하는 커리큘럼을 그대로 집으로 가지고 들어와, 선생님 역할을 엄마가 대신하며 아이와 함께하는 것이 아니다. 엄마표 영어와 사교육은 방향성이 유사하다 해도 쌓아가는 시간에 있어서는 결이 매우 다르다. 경험으로도 확인했고 소통으로 확인하고 있다. 이 길은 **사교육으로는 (도저히)** 성장하기 힘든 **영역까지,** 아이의 영어 내공을 탄탄히 다져 나갈 수 있는 길이다.

더불어 부수적으로 따라오는 것들도 큰 의미가 있는 길이다. 엉덩이 무겁게 안정된 수년 동안의 집중듣기 실천이 이후 다른 학습의 집중 정도에 어떤 도움이 되는지, 가까이 아이를 관찰하고 이해하고 공감하면서 가져지는 유대감이 부모 자식간 어떤 신뢰를 두텁게 해주는지, 장기간 실천해본 사람만이 공감할 수 있는 것들이다.

'사교육을 안 시키고 그보다 수월하게 할 수 있는 대안이 엄마표 영어.' 생각했다면 굉장한 오판이다. 엄마표 영어를 이 정도의 무게로 판단하고 들어선 경우 오래 꾸준하기는 어려웠다. 강연에서 이 길을 포기하는 이유가 그리 복잡하지 않더라고 전한다. 아무리 복잡하게 털어놓는 수많은 포기 이유도 두 가지로 수렴된다.

그중 첫째 이유가 '어설프게 알고 막연하게 대든다'는 것이었다. 아이의 교육을 엄마가 책임져보겠다고 큰 각오하고 선택한 엄마표일 것인데 이런 모습은 아니어야 한다. 그리 호락호락한 길이 아니다. 차라리 학원이 편했겠다 싶은, 사교육보다 훨씬 힘든 초기 몇 년의 고비를 넘어야 한다. 이 몇 년은 사교육을 피해서 시간을 확보하는 것이 그나마 수월하게 큰 고비를 넘어가는 전략이라 생각한다. 더 솔직하자면 이 고비를 넘기고 이 길에서 안정되기까지의 차고 넘치는 인풋 채움을 사교육으로 할 수 있다 생각하지 않는다.

가고자 하는 길에 대해 제대로 공부했고 제대로 계획 세워 놓았다면 전체 흐름에 있어 중요 핵심을 놓칠 리 없다. 아이들 성향이나 가정의 상황에 따라 엄마가 도저히 감당하기 힘든 부분들을 **엄마표 계획 안으로 가지고 들어오는 것을 망설이지 말자.** 그것이 사교육이라 할지라도 망설일 이유가 없다. 그 사교육이 대세에 지장을 주지는 않을 거다. 중심을 흐트러뜨리지 않는 선에서 주객이 전도되지는 않을 테니까.

　반디와 이 길에서 일상을 보냈던 예전에는 사교육이라는 것이 지금처럼 다양하지 않았다. 엄마표로 방향을 확실하게 잡은 경우 굳이 사교육에 눈 돌리지 않아도 좋았다. 그로부터 세월이 20년 가까이 흘렀다. 아이들이 책과 함께하는 일상에서 부수적으로 도움 받고 싶은 외부 도움들이 넘쳐나는 세상이다. 방법이나 선택의 폭이 동네 가까운 학원에 아이를 맡기는 것으로 한정되어 있었던 예전과 너무 달라졌다.

　코로나로 인해 세계적으로 온라인 강연이 활발해졌다. 영어가 편한 친구들은 선생님도 함께 수업하는 친구들도 모두 원어민으로 글로벌하게 만날 수 있는 화상 유료 강연 프로그램들이 폭발적으로 늘었다. 아이들 교육에 있어서는 세계가 하나 된 세상이 이미 우리 일상에 깊이 들어와 있다. 경계도 한계도 없이 지식 습득과 사고 확장을 영어로도 마음껏 누릴 수 있게 되었다.

　정상적인 자연스러운 변화로 도래된 것인지 세계적으로 전염병이 대유행하는 팬데믹 상황으로 인해 그 속도를 가속화시킨 것인지 그건 중요하지 않다. 그런 세상이 낯설지 않고 그런 변화된 세상을 마음껏 누리기 위해서 내 아이가 든든하게 무장하고 있어야 하는 것이 무엇이어야 하는지 중요한 것은 그것이다. 그동안 갈고 닦은 무기 성능(언어 능력)은 모든 선택지를 자신 앞으로 끌어당길 수 있다.

　사교육을 안 하는 것이 엄마표라며 경계할 것이 아니다. 사교육을 하게 되면 시간 분배에 어려움이 있어 중요한 것이 우선순위에서 밀리게 되는 건 아닐까? 계획에 추가된 사교육이 추구하는 아이 영어 성장에 부족했던 부분을 잘 채워줄 것인지? 그런 것들을 의심해보는 고민 끝에 꼭 필요한 시기, 꼭 필요한 만큼을 받아들이면 된다. 사교육이 방해가 되는 시기도 있고 사교육이 필요한 때도 있다. 사교육에 엄마 고민이 깊어지는 시기는 초기 몇 년 **인풋 안정에 집중하는 시기가 아니다. 그 고비를 잘 넘기고** 아이 영어 실력이 엄마 이상을 넘어서 **아웃풋 폭발 조짐이 보일 때다.**

누군가 자신이 영어로 말하는 것을 영어 그대로 받아주는 대화를 해보고 싶어한다. 어설프게라도 자신의 생각을 글로 표현하는 것을 즐거워한다. 그런 조짐을 말하기, 쓰기, 아웃풋으로 꽃피워주고 싶은데 엄마 실력으로 불가능하다면 외부 도움이 절실해진다. 이때 책을 꾸준히 읽을 시간을 지나치게 빼앗을 정도가 아니라면 아이에게 도움되는 적절한 외부 도움을 망설일 필요가 없다.

전적으로 외부 도움에 의지해서 따라간다면 어떤 결과가 나오는지 이미 오랜 세월 많은 데이터로 실망해왔다. 그런 잘못을 답습하는 것이 아니면 된다. 가정에서 할 수 있는 최선은 가정에서, 감당 안 되는 최선은 외부 도움을 받으며 보다 탄탄한 성장을 기대해 볼 수 있다. 외부 도움이 필요한 때는 차고 넘치는 임계량을 채우는 인풋 시기가 아니다. 의도하지 않아도 저절로 새어 나오는 아웃풋 조짐들이 보일 때다. 그때 아이에게 가장 잘 맞는 방법을 찾아 적용하는 것이 영어 습득을 위한 전체적인 시간 흐름에서 최적일 것이다.

인풋 채움의 기간이나 양이 같다 하더라도 **아웃풋 발현은 아이들 성향에 따라 시기도 형태도 달랐다.** 아웃풋이 말하기로 잘 발현되는 친구가 있다. 못하는 것이 아니라 성향상 말로 표현하는 것을 즐기지 않는 친구들은 생각을 깊이 담아내는 근사한 쓰기로 발현되기도 한다. 모두 다른 모습의 아웃풋 발현이지만 다르지 않은 것도 있다. 어떤 친구들도 **들어간 인풋만큼, 채워진 사고력만큼** 딱 그만큼 나오는 아웃풋이다. 오랜 시간 차고 넘치는 인풋에 마음을 썼던 이유다. 제대로 엄마표 영어, 이 길은 **그 채움을 완성하는 길이다.**

선택하지 않아도 좋을, 사서 고생

선택하지 않아도 좋을 방법이다. 하지만 선택했다면 쉽지 않은 시간 모두를 아이와 함께 오롯이 엄마의 계획과 피드백으로 제대로 채워 나가야 한다. 그래서인지 이웃들은 이 길을 '**사서 고생 프로젝트**'라 표현한다. 공감한다. 사교육에 아이 맡겨버리고 편안하고 향기로운 카페에 엄마들과 모여 앉아 나누면 나눌수록 갈증만 커지는 정보에 귀 기울이는 일상을 포기해야 한다. 세상에서 제일 어렵다는 수시로 찾아올 아이와의 밀당을 준비해야 한다. 내 아이가 어떤 책을 흥미 있어 하는지, 어떤 방법으로 접근하면 엉덩이 무겁게 앉아 있을 수 있는지, 어떤 영상에 호기심 가득 집중하는지, 산만하게 들어가는 인풋을 언제쯤 다져주고 어떻게 아웃풋으로 연결할지 생각이 많아진다.

분명히 말할 수 있다. 사서 고생이라고 생각되는 시간은 아이가 사교육에서 영어를 습득하기 위해 투자해야 하는 시간 전체와 비교하면 그리 길지 않을 것이다. 제대로 집중해서 달려주면 저학년 기준으로 2~3년 정도, 중학년 이상이면 짧아진다. 흡수력도 집중력도 이해력도 저학년에 비해 좋기 때문이다. 영어 소리와 함께하는 것이 습관을 넘어 일상이 되어 시간을 채우다 보면 엄마가 아이와 밀당하며 동반자 역할이라도 할 수 있었던 엄마표 영어의 한계가 생각보다 빨리 찾아온다.

그 이후로는 흔히들 말하는 꽃 길 걷는 아이의 뒷모습을 바라보며 흐뭇할 수 있다. 아이 스스로 힘들이지 않고 자신만의 속도로 나아갈 수 있기 때문이다. 그렇게 아이들 각자가 자신만의 길을 만들고 나아가다 보면 끝도 보인다. 제대로 사서 고생을 할 것인지 마지막 욕심 없이 학교 교육과 사교육 안에서 좀 편하게 갈 것인지는 결국 선택의 문제다.

선택하지 않아도 좋을 사서 고생이 분명하다. 하지만 망설임은 언제나 제자리 걸음일 뿐이라는 자각도 필요하다. 꽃 길 앞까지 열심히 안내해 놓았다. 안내에 따라 어디까지 갈 것인지는 각자의 몫이다. 시작하면 어떻게든 되겠지 하는 마음으로는 멀리 가지 못할 길이다. 가고자 하는 목표가 분명한 친구들이 그곳까지 갈 수 있기까지 글만으로 부족한 부분 온오프라인 소통으로 보태기하고 있으며 앞으로도 할 것이다. 세상의 많은 아이들이 영어에서 자유로워지는 그날까지!

휴먼북, 온라인 연강, 지역 소모임

지방의 1회성 강연으로 만난 인연들과 꾸준히 온라인으로 소통하기도 하지만 본격적으로 사서 고생에 들어서기 위해 좀 더 많은 시간 깊은 만남을 가진 이웃들이 있다. 2017년부터 대전 도서관에서 시작한 휴먼북과 팬데믹 장기화로 대면 강연이 불가능해지면서 온라인으로 진행한 연강 인연들이다. 10주씩 여덟 기수의 휴먼북을 진행했고 5주씩 다섯 기수가 온라인으로 진행되었다. 가라 하니 가야만 할 것 같고, 갈 수밖에 없다 생각되는 길, 그 언저리에서 서성이는 이들을 만나는 기분이다. 누구나 몰려가는 길에 대한 저항과 갈등으로 고민하며 오늘을 부모로 살아내고 있고 살아내야 하는 이들이다.

아이의 인생이 걸린 교육인데 공교육을 믿는다고 사교육에 매달린다고 해결되지 않는다는 것을 이미 자각한 이들이다. 작금의 교육 현실에 대해 깊은 사려나 저항없이 순응과 타협하기 쉽지 않은 이들이다. 감당할 수 있는 일부라도 그 길에서 벗어나고자 대안 찾아 헤매다 머문 발걸음인 것이다. 외롭고 두렵고 험한 길이란 걸 알게 되었지만 가고 싶은 절실함이 보인다. 이미 가고 있는 길이었다면 잘 가고 있다는 확신을 얻고 싶어서, 가다가 한번쯤 무릎 꺾여

주저앉아본 경험이 있다면 옳다고 믿는 그 길을 다시 시작할 수 있는 용기를 얻고 싶어서, 타이밍 딱 맞게 시작해도 좋을 시기라 믿어지면 더할 나위 없음에 감사하며 지금부터 제대로를 다짐하는 분들이다.

함께하는 시간이 길어지고 깊어질수록 마음의 무게는 천근만근이 된다. 그저 세상 흘러가는 대로 시류에 맞추어 적당히 감당할 수 있을 때까지 엄마표하고 감당하기 버거워지면 사교육 도움을 받으면서 나름의 소박한 영어 끝에 만족하면 편할 일이었다. 그런데 그 흐름에 저항하며 거슬러 올라가라 한다. 닿을 수 없을 듯 높고 멀게만 느껴지는 목표를 욕심 내라 한다.

'적당히'가 아니라 '제대로'에 빠지면 이 길에서 그 목표가 실현 가능하다는 확신을 가지라 한다. 특별한 언어 재능이 없는 평범한 아이가 보잘것없는 영어 실력을 가진 엄마와도 영어 해방의 끝을 볼 수 있다 한다. 그 실천 방법들을 이보다 자세할 수 없게 풀어놓는다. 막연함이 가시화되며 '나도 할 수 있겠다!' 돌 맞아 퍼져가는 마음속 파문이 깊이 일렁이게 만들었으니 책임이 무겁다.

선배들이 남겨놓은 글에서 '기억해야겠다' 생각되는 글이 단 한 줄이어도 전부 하드 카피해서 형광펜으로 밑줄 가득 그리며 종이가 너덜거릴 때까지 읽고 또 읽었다. 이 길을 선택한 이후 길을 잃어버리지 않으려 안간힘 썼던 20년 전 내 모습이다. 가고 있는 길이 옳다고 생각했지만 누군가를 설득할 만큼 경험도 자신도 없었으니 '나 이러고 있다' 어떤 공유 없이 8년 동안 외로웠다. 불안은 더 했다. 거짓 없이 1년 365일 중 300일을 꾸준했는데 만 3년이 지나도 보이는 것이 기대만큼 아니어서 포기할까 싶은 마음이 들 때도 지나온 시간을 정리해보고 놓친 것이 있을까 선배들 글을 다시 펼쳐보며 혼자 마음 다잡아 가야했다. **가까이 누군가와 이 길이 '옳은 길'이라는 공감을 나누며 휘청거릴 때 손 잡아주고 주저앉고 싶을 때 손 내밀어주면 얼마나 좋을까** 이런 마음이 컸다.

애쓰는 모습은 제각각이어도 만나지는 좋은 끝은 다르지 않을 것을 믿어 휴먼북을 하면서, 온라인 연강을 하면서 혼자 가기는 외롭고 함께하기는 애매한 길이란 전제를 하고 소모임을 추천했다. 함께하기 애매한 길은 맞지만 그 '함께'에서 큰 힘을 얻는 분들도 적지 않음을 알아서다. 이 길에서의 성공에 다른 누군가와의 '함께'는 필요조건도 충분조건도 아니다. 굳이 필요충분조건을 따져야 한다면 누군가와의 함께가 아니라 내 아이와 함께, 이쪽이다. 하지만 누군가와 함께하는 것도 결국 내 아이와 함께하기 위함이 되어 준다.

강연을 매개로 만들어진 함께하지만 따로일 수밖에 없는 소모임 소통 공간이 늘어간다. 의지가 필요한 부분은 서로에게 의지가 되어주지만 제각각이어야 하는 부분은 일반화나 동일화가 없는 특이한 모임이다. 아이들 성향이나 처해 있는 환경에 따라 모두 다른 모습의 진행이니 그럴 수밖에 없다. 그런데 어쩌면 그럴 수 있어서 좋은 소통 모습이다. 기수별, 학년별, 지역별 등등 여러 소모임이 만들어져 소통하고 있지만 시작부터 운영까지 어떤 개입도 하지 않는다.

누군가의 지난 경험 붙잡고 혼자 외롭게 애써야 하는 시간이 짧지 않다. 바라보는 방향이 같아서 마음 나눌 이들과 함께한다면 조금은 덜 외롭지 않을까? 그래서 시작을 위한 멍석을 깔아주는 것이 내 몫의 할 일이라 생각했다. 소모임이 만들어질 수 있는 자리만 마련해 놓으면 알아서 잘 만들고, 알아서 잘 만나고, 알아서 잘 소통했다. 만들어지고 꾸준히 소통하고 있는 소모임들이 필요에 의해 소환한다면 언제든 그 소환에 응하는 것이 또한 내 몫의 응원이다.

2

분명한 목표와
흔들림 없는 확신

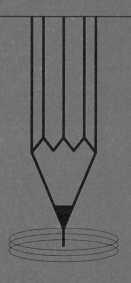

끝을 알아야
끝을 향해 갈 수 있다

아이의 영어 해방을 위한 실천 방법으로 제대로 엄마표 영어를 선택해 놓고 건너건너 들은 말만 가지고 어설프게 알고 막연하게 대든다. 이 길에 대해 엄마도 확신이 없으면서 아이는 전혀 모르는 길로 목표도 없고 장기적이고 구체적인 실천 계획도 없이 아이를 끌고 간다. 이런 마음으로 때마다 찾아오는 고비를 넘을 수는 없다. 답 찾기 쉽지 않은 아이와의 밀당을 해결할 수 없다. 엄마의 짝사랑으로 끌고 갔지만 멀지 않아 이러지도 저러지도 못하는 상황에 맞닥뜨리게 된다. 감당하기 어려워지면 그럴듯한 핑계를 찾아 포기와 타협하게 되는, 위험할 뿐만 아니라 어리석은 선택은 더 이상 없기를 바란다.

바라보는 방향이 같은 분들과 소통하고 싶었던 것은 획일화되고 표준화된 실천을 잘 만들어서 이렇게 하라, 저렇게 하라 정답 비슷한 것을 제시하고 싶어서가 아니었다. 각자의 계획과 각자의 최선으로 자신만의 길을 새롭게 만들었으면 했다. 그 길에서 긴 시간 벗어나지 않고 앞으로 나아갈 수 있도록 힘이 되고 도움되는 긍정적 데이터를 제공하고 싶었다.

중학교부터 대학교까지 10년을 영어와 씨름했지만 그 참혹한 결과를 누구보다 잘 알고 있는 부모 세대다. 그래서 자신들의 방법과는 달라야 한다는 확신은 가지고 있다. 내 아이의 영어가 한두 해의 노력으로 큰 효과를 볼 수 없다는 것도 안다. 하지만 **장기적인 계획보다는 눈앞에 보이는 것에 집착하게 만드는 현실을 외면할 수 없다.** 결국 부모 세대의 잘못을 답습하게 만들기도 한다. 이 무한루프 반복에서 벗어나기 위해서는 다른 접근을 해봤으면 한다.

그 시작은, 긴 시간 진행해 나아가며 중간중간 수시로 수정·보완하더라도 처음부터 목표 지점까지 전체적으로 큰 그림을 그려 보는 것이다. 그 그림 안에 꼭 담겨 있어야 할 내용들을 점검해보자. 내 아이의 영어 해방을 위해서 어떤 목표로? 언제부터 언제까지? 어떤 매체로? 어떤 시간을 어떻게 채워 나가야 할까? 먼저 이 질문 하나하나에 **각자의 해답**을 채워 넣을 수 있기를 당부한다. 그리고 시작해도 결코 늦지 않다.

아이가 닿길 바라는 영어 '끝'은 어디인가? 아이의 영어 최종 목표를 점검해보자. 현장에서는 이 부분 먼저 질문으로 시작한다. 아이들이 영어 습득을 위해 지금 투자하고 있는 또 앞으로 투자해야 할 비용, 시간, 노력은 어떤 모습의 성장을 바라서인가? 아이가 이루었으면 하는 영어 '끝'이 어디였으면 좋겠는가? 그것을 묻는 것이다. 한번도 생각 안 해본 물음표는 아니기를 바라지만 가지고 있던 답을 말해주는 이는 극히 드물다. 혹여 듣게 되는 답은 너무 막연하거나 너무 소박했다. 생각을 붙잡아 말로 표현하기 쉽지 않다는 것을 알기에 우리 세대에 익숙한 사지선다로 제시해본다.

1. 착실한 학원 레벨 상승과 중·고 내신부터 수능까지 모든 영어시험 만점을 목표로?
2. 더 나아가 앞서 쌓은 시간으로 TOEFL, TEPS, TOEIC 등의 영어공인인

증시험 높은 점수를 목표로?

3. 깊이는 없지만, 일상 회화 정도의 간단한 의사소통을 목표로?
4. 현장에서는 무용지물이 될지라도 취업을 위한 스펙 한 줄을 채울 수 있는 보여주기식 경험을 목표로?

이 안에 답을 가지고 있는 이들은 현장에서 만나지 못한다. 제시된 정도의 목표를 위해서 찾아야 하는 곳은 엄마표 영어 강연장이 아니고 도시마다 활성화되어 있는 학원가이기 때문이다. 이 정도의 목표가 아닌 것은 분명했다. 간혹 일상회화 정도의 간단한 의사소통이 목표라는 답을 듣기도 한다. 부모세대가 원어민이 말을 걸까 두려워 외면하고 길을 돌아가야 했던 트라우마 때문일까? 우연한 기회가 아니면 만나기도 쉽지 않을 원어민이지만 내 아이는 그들과 주고받는 잠깐의 의사소통이라도 가능했으면 하는 것이다. 그런데 앞에 보이는 덧붙임이 맘에 걸려야 한다. **깊이는 없지만!** 조금만 깊이 들어가면 바닥나는 깊이 없는 의사소통 정도의 소박한 목표라면 이 길에서 사서 고생하라고 추천하고 싶지 않다.

그럼 어떤 목표를 가져야 할까? **바라지 않는 목표는 분명한데 원하는 목표가 분명하지 않았다.** 뭉뚱그려 표현하자면 '그냥, 막연하게 영어 좀 잘했으면 좋겠다.' 그 정도를 넘어서지 않는다. 어떤 목표로 이 길에 들어설 것인지 자신만의 **해답**을 찾아야 한다. 누군가의 목표를 정답으로 따라가는 것이 아니다. 쌍둥이도 다르다는 아이들 각각의 성향, 워킹맘이나 다둥맘 등 현재 처해 있는 가정환경을 고려해서 그 안에서 각자가 할 수 있는 최선을 구체화시켜 만들어진 해답이어야 한다.

막연한 생각으로 두지 말자. 내 아이만을 위한 영어 **최종 목표를 분명한 문**

장으로 정리해서 인쇄해보자. 잘 모이는 곳에 그것을 붙여두어도 좋다. 한눈에 들어올 수 있도록 정리된 문장으로 아이의 영어, 원하는 성장의 끝이 어떤 모습인지 그 모습을 완성해줄 목표를 분명히 하자. 어떤 목표여도 좋다. 아이와 많은 이야기를 나눈 뒤 함께 합의된 목표라면 더할 나위 없다. **끝을 알아야 끝을 향해 갈 수 있다.** 목표도 없는 길고 험한 길에 아이들을 밀어넣지 말자. 흔들리며 가도 닿고자 하는 목표가 분명하면 적어도 중간에 길을 완전히 잃어버리지는 않을 것이다.

경계도 한계도
사라진 세상

한 동네처럼 느껴지는 단어 그대로 '지구촌'이 되어 버린 세계이다. 번역을 거치면서 가공되거나 변형된 지식과 정보가 아니라 본래 그대로의 온전한 것으로 접근하는데 무한 자유가 누구에게나 보장되는 세상이다. 가공되거나 변형되지 않은 원문의 지식과 정보에 접근해서 스스로의 한계 범위를 넓혀가는데 가장 강력한 도구가 되어주는 언어는 무엇일까? 아직까지는 아니 적어도 우리 아이가 살아갈 세상까지는 의심없이 영어라 생각했다.

영어를 대체할 수 있는 언어가 새롭게 부각될까? 그렇다면 그것이 언제일까? 영어만큼 강력한 힘을 갖기까지 얼마나 걸릴까? 영어를 바탕으로 존재하는 주요 정보가 그 언어로 대체되기까지는 또 얼마나 오랜 시간이 걸릴까? 우리 아이가 살아야 하는 세상, 그 안에서 이뤄질 수 있을까? 난 반디가 성장해서 맞서야 하는 세상 안에는 일어나지 않을 일이라 확신했다. 지금 이 글을 읽는 독자가 아이를 키우고 있는 부모라면 그 아이들이 만나는 근 미래도 다르지 않을 것이다.

살고 있는 세상, 또 앞으로 살아갈 세상에서 영어가 자유롭지 않다면 말 그대로 '그림의 떡'이 될 수밖에 없는 아주 일부의 것들을 이전 책에서 살펴봤다. 최근 아이들의 영어 성장이 안정적인 오랜 이웃들로부터 MOOC, 칸 아카데미 등 세계적인 비영리 교육서비스를 이용해서 수학, 프로그래밍, 코딩, 문법, 쓰기 등등 다양한 분야의 강연을 원음으로 편안히 도움 받고 있다는 반가운 소식을 전해 듣고 있다. 칸 아카데미의 수학 캠프에 참여해서 라이브로 살만 칸을 직접 만날 수 있다.

2021년 뉴베리 메달을 수상한 작품《When You Trap a Tiger》작가가 한국계 미국인이다. 그 책을 읽고 작가와 줌으로 직접 만나 이야기를 나눌 수도 있는 세상이다. 약간의 비용을 지불하면 교양 과목으로 세계 유수 대학들 단기 강좌를 듣고 수료증을 받는 것도 자연스럽다. 이 모든 경험이 멀리 있는 누군가의 '카더라'가 아니다. 블로그 이웃의 아이들이 초등 고학년이 되면서 편안해진 영어로 마음껏 누리고 있는 세상의 일부다.

세계 시장에서는 이미 교육의 패러다임이 바뀌었다. 점점 더 급속도로 변화하며 바뀔 것이다. 아이들 교육에 있어서 세계가 하나된 세상은 이미 우리 일상에 깊이 들어와 있다. 바이러스의 공격으로 처참히 무너지는 학교 교육 시스템을 경험했다. 하지만 어떤 친구들에게는 이 또한 기회가 되어주기도 했다. 편안해진 영어와 여유 있는 시간으로 온라인이라는 특성상 선생님도 친구들도 그 언어를 모국어로 쓰는 이들과 함께하며 **경계 없는 지식 습득과 정보 교류가 가능한 쌍방향 소통이 그 어느 때보다 활발해졌다.** 생각지도 못했던 외력으로도 크게 흔들리지 않고 그 변화를 빠르게 받아들이고 적응하며 시대에 맞는 경쟁력을 키울 수 있기 위해 필요한 것이 무엇인지 명확히 보였다.

지식의 개념이
달라졌다

세상은 달라졌다. 지식과 정보가 인터넷에 말 그대로 널려 있다. 며칠만 미디어나 인터넷을 멀리하면 되짚어야 하는 지식과 정보의 양은 헤아릴 수 없다. 배울 것도 많지만 배운 것이 금세 불필요해지는 세상이다. 새로운 지식이 생성되는 주기도 짧고 생성되고 소멸되는 주기, 대체 지식이 재생산되는 주기 또한 그리 길지 않다. 이러한 세상에 대처하기 위해 아이들이 장착한 무기는 위대하다. 손에 들고 있는 핸드폰 하나면 만사에 해결 가능한 실마리를 찾을 수 있다. 그런데 모두 같은 하드웨어를 소유하고 있지만 어떻게 사용하는지에 따라 가치는 상상 이상으로 다르다. 그 가치를 극대화시키는 것이 **'영어 해방'과 '검색 능력'이다.** 각자의 검색 방법이나 언어 능력에 따라 얻을 수 있는 지식과 정보에 한계와 제한은 있으니까.

20세기를 살았던 우리 세대가 지식을 습득하는 방법은 일반적이고 단순했다. 교과서에 담아 놓은 단편적인 것들을 주입식 교육으로 전달받아 그대로 기억하고 그 기억을 시험으로 평가받으며 지식을 축적했다. 과거 학교 교육의 중심 역할은 지식 전달에 있었다. 누군가가 지식이라고 판단한 이런저런 것들을 담아 교과서라 이름 붙이고 귀한 대접을 해줬다. 수십 년이 흘렀지만 학교 교육은 교과서를 이용한 지식 복사에서 벗어나지 못했다.

더 이상 지식이라 부르기 민망한 것들을 담고 있지만 교과서의 가치는 변하지 않았다. 시험으로 아이들을 줄 세워야 하는 학교에서 교과서는 공정한 시험을 위한 근거이기 때문이다. 21세기에 태어나 태어날 때부터 빠른 변화의 속도에 익숙한 아이들은 다르다. 더 이상 아이들에게 필요한 지식과 능력이 교과서에 담긴 내용을 열심히 공부해서 얻어질 것이라 믿고 있는 부모들은 없을 것이다.

예측 불가능한 근 미래를 살아내야 하는 아이들에게 지식 습득에 있어 꼭 필요한 경쟁력은 어떤 모습일까? 무차별적으로 쏟아지는 정보의 홍수 속에서 진짜를 가려낼 수 있어야 한다. 진짜 정보 중에서 자신에게 필요한 정보를 신속 정확히 취사 선택할 수 있어야 한다. 예를 들어, 꼭 필요한 최신 정보가 아직은 우리말 번역 없이 영어 원문뿐이라면 찾아낸 수십 페이지 원문에서 원하는 부분을 찾기 위해 필요한 것은 빠른 스캔으로도 가능한 독해력이다.

처음부터 밑줄 그어가며 차근차근 '해석'해야만 이해 가능한 정도의 영어가 경쟁력이 될 수 있었던 시대는 오래전 일이다. 취사 선택한 정보를 자신이 가지고 있는 지식과 사고력으로 재가공해서 새로운 정보를 창출하는 능력도 필요하다. 새로운 정보 창출이 모국어에 더해 영어로까지 가능하다면 더할 나위 없지 않겠는가.

이렇게 개념조차 달라진 지식을 습득하며 세상이 어찌 변해도 경쟁력 있는 사람으로 성장하기 위해 갖추어야 할 무기는 **깊이 있는 사고력을 바탕으로 한 논리적이고 창의적인 검색 능력이다.** 이미 인간의 뇌는 정보 자체를 기억하기보다 원하는 정보를 어떻게 하면 빠르고 정확하게 찾아갈 수 있는지 그것을 더 잘 기억하는 쪽으로 발달하고 있다고 한다. 굳이 무엇인가를 애써 기억하려하기보다는 언제 어디서든 다시 쉽게 찾아볼 수 있도록 어떻게 찾아갔는지, 그것만 기억한다. 그래서 '안다'는 것은 '검색한다'는 말이기도 하다. 당장 머릿속에 모든 것이 들어 있지 않더라도 검색을 통해서 빠르게 찾아낼 수 있다면 아는 것이나 마찬가지기 때문이다.

지식의 개념이 달라진 것이다. 그러한 지식 개념이니 **중요한 것이 바로 한계 없는 언어다.** 검색으로 찾아낸 정보가 우리말의 한계에 갇혀 있을 때와 영어라는 언어의 한계를 무너뜨렸을 때를 비교 상상해보자. 정확하고 신뢰할 수 있는 최신 정보에 가장 빠르게 접근해서 내 것으로 만들 수 있는 아이가 어떤 쪽인지 언급이 필요 없다.

이런 세상을 사는 아이들인데 영어교육 목표가 '영어 좀 잘했으면 좋겠다'라는 막연하고 소박한 기대에 머물러서야 되겠는가. 엄마표 영어의 길 끝에 닿아보고 알았다. **제대로 적기에 집중할 수 있다면 깊이 있는 사고력과 한계 없는 언어, 이 두 가지가 한꺼번에 해결된다.** 이 해결이야말로 아이들이 맞이할 예측 불가능한 근 미래를 대비하는 최선이고 최고가 아닐까?

아이들에게 정답을 가르치고 기억하라 하지 말고 찾아갈 수 있는 능력을 길러주자. 온 세상의 정보와 지식을 한 손에 움켜쥐고 사는 아이들이다. 그것을 새롭게 조직해서 내 것으로 만들어낼 줄 알아야 한다. 그런 능력을 키워가는 교육을 지금의 학교교육 시스템에서 기대하기는 어려울 것이다. 그렇다고 실망하고 포기하는 것으로 끝낼 수는 없다. 아이들에게 영어가 편안해지고 구글 검색창이 익숙해지면 다른 세상을 살 수 있다. 학위나 수료증의 활용 가능성을 떠나 배우고자 하는 사람에게는 배움의 장이 활짝 열려 있다. 특별한 누군가만 접근할 수 있는 것이 아니다. 언제든 누구에게나 한계 없이 열려 있다.

비싼 비용을 지불해야 하는 외부 도움 없이도 개인의 노력 여하에 따라 모든 것을 자유롭게 누릴 수 있는 영어 성장이 확인된 아이들은 점점 늘어가고 있다. 그런 아이들과 내 아이가 경쟁해야 한다. 치열하다 못해 처절한 경쟁에서 뒤처질 수밖에 없는 아이가 내 아이가 아니기를 바란다면 세워야 할 영어 목표는 달라져야 한다. 재미있고 거부감 없는 즐거운 영어? 그러다 보면 뭔가 되겠지? 그런 말 안 되는 환상에서 벗어나는 것이 먼저일 것이다.

불가능해 보이는 목표의
해답은 '제대로'

세상이 달라졌는데 우선 당장 눈에 보이는 욕심으로 수십 년 잘못을 그대로 답습할 수 없었다. 투자 대비 가장 비효율적이었다는 후회로 끝을 만나고 싶지도 않았다. 익숙함에서 벗어나기 위해서는 먼저 닿고자 하는 목표를 분명히 해야 했다. 취학 전, 아이에게는 의도적으로 영어에 관심을 두지 않도록 하고 엄마표 영어를 깊이 들여다보고 공부하면서 이렇게 말로 정리된 목표를 세웠다.

영어에서 완벽하게 자유로워져서 '언어의 한계'에 갇히지 않고 지식 탐구에 무한 자유를 느낄 수 있도록 평생 동반자로 함께하는 '도구'로 만들어버리자!

근사하지 않나? 너무 높아 불가능해 보일 수도 있겠다. 처음에 나 또한 어이없는 목표라 생각했다. 과연 실현 가능할지 끊임없이 의심이 들었다. 그러면서도 꾸준히 시간을 채워 나가니 높아만 보이던 목표가 점점 가까워졌다. 멀게만 느껴지던 목표가 성큼성큼 아이를 향해 움직였다. 8년의 애씀으로 손만 뻗으면 닿을 거리까지 다가왔으니 움켜쥘 수 있었다.

독자들을 만나며 엄마표 영어를 알고 있고 하고 있는데 목표가 소박한 것이 늘 아쉬웠다. 그 이유가 엄마표 영어로 어디까지 갈 수 있는지 몰랐기 때문이었다. 이런 근사한 목표를 완성해줄 믿어 의심하지 않아도 좋은 방법이 '제대로 엄마표 영어'다. 뚜렷한 목표나 구체적인 계획조차 없이 누구나 몰려가는 줄에 따라가 엉거주춤 하고 있다면 지금 당장 각자의 목표를 점검해보자. 너무 소박했다면 새로운 목표를 세워보자.

제대로 엄마표 영어의 시작은 그것부터 해야 한다. 집중듣기를 시작하고 흘려듣기를 시작하는 것보다 내 아이만을 위한 영어, 그 목표를 분명히 하는 것이 먼저다. 너무 높아 꿈 같기만 했던 이 목표 끝에 가봤다. 그 끝이 보이는 친구들이 늘어가고 있음을 소통으로 확인하고 있다. 그래서 할 수 있는 말이다. **제대로가 아니면 절대 닿을 수 없는 끝이었다. 제대로 꾸준하다면 누구나 닿을 수 있는 끝이었다.**

근사한 목표가 세워졌다. 그렇다면 그 목표에 닿기 위해 어떤 시간을 채워야 할까? 먼저 **믿고 보자 공교육?** 이것으로 도저히 불가능하다는 것은 굳이 구구절절 설명하지 않아도 알고 있을 것이다. **매달리자 사교육은** 어떨까? 시간, 노력, 비용 투자가 남달라야 하겠지만 이 안에서 영어 습득이 해결되는 아이들도 있다. 하지만 이런 경우 꼭 뒷받침되어야 하는 '남다른 비용'에서 주머니 가벼운 우리는 자유롭지 못하다. 일반화되고 획일화된 사교육 시장의 커리큘럼이 내 아이에게 맞아 떨어지는 행운도 그다지 높은 확률이 아니다.

가방 싸자 조기유학은 어떨까? 해외체류 4년 하며 보고 듣고 느낀 것이 많았다. 결론만 가져와 본다. 영어 습득이 목표라면 어디에 사느냐는 큰 희망도 걸림돌도 아니다. 어떻게 시간을 채우느냐 그것이 문제다. 현지에서 '어디에' 만족하고 '어떻게'를 놓쳐 커다란 후회를 안게 되는 사례도 어렵지 않게 만났다. 어디에서보다는 어떻게에 집중한다면 국내에서도 충분히 영어 완성은 가능하다.

공교육 믿고 사교육에도 매달리고 중간에 조기유학도 다녀오고 모든 것을 다하면 근사했던 앞의 목표를 이룰 수 있을까? 그것이 가능했다면 그런 시간을 보내고 대학에 들어간 친구들이 전공 공부의 2~3배에 달하는 시간을 다시 영어에 투자해야 한다는 지금의 사태는 없었을 거다. 사실이다. 2014년부터 격년으로 유사한 조사가 진행되어 기사화되었다. 방향 잘못 잡고 무의미하게 지나온 초·중·고 12년 학교 영어교육 뒤의 안타까운 모습이다. 이 안에서는 출구가 보이지 않는다. 그럼 어떤 시간을 채워야 할까? 그 '어떻게'에 대한 경험을 나누고 싶어 블로그도 만들었고 책도 출간했고 소통도 꾸준히 했던 거다.

엄마표 영어란
도대체 무엇일까?

　　그 '어떻게'를 부르는 이름, 엄마표 영어란 도대체 무엇일까? 먼저 말해둘 것이 있다. 엄마표 영어라는 것이 이론상으로 정립되어 있는 학문의 한 분야가 아니다. 사용하는 용어부터 실천 방법까지 다양한 해석이 공존한다. 아이들의 머릿수만큼이나 각자의 길이 만들어지기 때문에 일반화시켜 전달하기 매우 어렵다.

　　그럼에도 불구하고 의미를 짚어봐야 하는 이유는 있다. 우리 계획과 실천의 기반이 되었던 것은 2000년대 초에 회자되던 초창기 엄마표 영어였다. 강산이 두 번 바뀔 정도의 세월이니 엄마표 영어에 대한 이해도 다소 뒤틀린 느낌이다. 진행에 있어 예전의 단순함은 보이지 않는다. 넘쳐나는 정보들까지 보태지며 실천 모습은 꾸준하기가 쉽지 않을 만큼 복잡하고 산만해졌다. 그래서인지 유아기나 초등 저학년의 화려한 진행은 쉽게 찾아지는데, 제대로 엄마표 영어로 달려줘야 할 중요한 시기의 아이들 경험은 찾아보기 힘들었다. 제대로가 아닌 왜곡, 변형이 도중에 사교육으로 회귀할 수밖에 없는 이유들을 만든 것은 아닌지 안타까웠다. 떠오르는 엄마표 영어의 몇 가지 예를 살펴보자.

　　첫째, 취학 전 아이들이 엄마와 함께 집에서 즐겁게 영어를 놀이로 접하는 활동

이 엄마표 영어일까? 취학 전 워밍업 단계를 어떻게 생각하는지에 대해서는 이미 서두에 밝혀 두었으니 한 마디만 남기고 넘어가겠다. 서두르다 일을 망친다.

둘째, **초등 정도는 엄마가 감당할 수 있어! 열심히 먼저 영어 공부해서 아이를 책임지는 것이** 엄마표 영어일까? 아이 영어 성장 목표가 엄마 수준까지라면 할 말 없다. 열심히 공부해서 가르쳐보라 한다. 그런데 아이가 제대로 엄마표 길로 들어섰다면 일반적인 엄마의 영어 실력으로는 날밤 새워 공부해도 아이의 발전 속도를 절대 따라잡을 수 없다. 한두 해 지나면 앞에서 끌어주지도, 옆에서 나란히 가지도 못한다.

아이 스스로 성장하며 만들어가야 하는 길이다. 난 영어를 못하는 엄마였다. 덕분에 반디의 독립이 빠르고 쉬웠다. 거짓없는 진실이다. 아이에게 이중언어 환경을 제공할 수 있을 정도의 영어 실력이 아니라면 처음부터 손을 대지 않는 것이 낫지 않을까? 아이들이 힘들이지 않고 독립해서 스스로 성장하며 엄마 이상을 뛰어넘을 수 있기를 바란다면 말이다. 엄마가 선생님이 되어 가르치고 확인하고, 이렇게 시작한 경우 불안 때문인지 불신 때문인지 아이들을 쉽게 독립시키지 못하는 사례를 더러 보게 된다. 그만큼 가르치는 것도 가능한 젊은 엄마들의 괜찮은 영어 실력에 놀라기도 한다. 때가 되면 아이가 혼자 갈 수 있도록 손을 놓아주어야 한다. 그렇지 못하면 가르치는 사람 수준에서 아이 발목 붙들어 주저앉히는 위험을 만날 수도 있다.

셋째, **누군가의 성공을 답습하기 위해, 제공되는 계획이나 워크지 '집에서' 열심히 따라하기?** 집에서 하니까 엄마표 맞을까? 이런 나눔이 활발한 커뮤니티나 카페들이 많아졌다. 내 아이에게 맞춰진 계획이 아니다. 일반화시켜 짜여진 계획을 열심히 따라가야 한다. 이런 선택은 내 아이의 성향, 현재 우리 가정이 처해 있는 환경이 감안되지 않은 또 다른 형태의 사교육에 지나지 않는다면 지나친 억측일까? 이런 모습에 엄마표 영어를 갖다 붙인다고 탓하고 싶은 것이 아니다. 우선 당장은 눈에 보이는 결과물이 있으니 위안이 될 수 있다. 하지만 **결코 끝을 볼 수 있는 방법은 아니다.** 실제로 이런 나눔들은 취학 전이나 초등 저학년까지 활용할 수 있는 자료들로 한정되어 있는 경우가 많다. 그 이상의 성장은 이리해서는 안 된다는 것을 반증하는 것이라 본다.

마지막으로 **엄마표 영어를 깊이 들여다보지 못하고** 건너 건너 소문으로 들어는 봤던 이들이 **무작정 막연하게 집중듣기, 흘려듣기를 따라하고 있다면?** 잘 안 되면 언제든 사교육으로 갈아탈 수 있다는 대안이 든든하다. 그래서 완전히 발 들여놓는 것이 아니라 적당히 발 걸치고 비슷한 방법 흉내내기로 소중한 시간을 허비하기도 한다. 아주 위험한 선택이 아닐 수 없다. 잘못하면 그 시간이 길어지며 이도저도 아니게 되어버린다. 차라리 온전히 사교육에 집중하는 것보다 안 좋은 진행이나 결과를 만나게 될 수도 있다.

그래서 필요한 것이 제대로이다. 제대로 엄마표 영어가 무엇인지 정확하게 알아야 한다. 아이들을 가르치기 위해 앞서 영어를 공부할 것이 아니다. 제대로 엄마표 영어의 방법을 공부하는 것, 그것이 엄마가 해줄 수 있는 최선이고 전부라 할 수 있다. 영어를 직접 공부하는 것보다 훨씬 쉬웠다. 영어 못해도 할 수 있는 방법이라고 앞서간 선배들이 말했었고 경험으로 그것을 확인했다.

초창기 엄마표 영어는 이 말이 강하게 어필되었는데 이 또한 시간이 지나며 왜곡이 있었나 보다. "엄마가 영어를 못해도 할 수 있나요?" 끊이지 않고 받고 있는 질문이다. 엄마표 영어는 엄마가 영어 좀 한다는 사람들이 할 수 있는 방법이라고 믿는 이들이 많았다. 그런 분들의 성공 사례가 많아서일 것이다. 용기 내보자. 나 같은 사람도 했다. 나 같은 사람이 어떤 사람인지 현장에서 만난 이들은 영어에 있어 그 허접함에 더 큰 용기를 얻고는 한다.

향후 3년치
매체 활용 계획

어설프고 막연한 시작은 아니어야 한다고 강조했음에도 불구하고 강연을 함께하다 보면 빨리 집으로 돌아가 가지고 있는 원서를 모두 꺼내 집중듣기를 시도해보고 싶은 의욕이 앞선다. 얼마가 될지 모르는 양이지만 가지고 있는 원서들이 어떤 단계의 무슨 책들인지까지 이제는 추측이 가능하다.

매일 한 시간씩이다. 그 모두를 활용한다 해도 며칠을 이어갈 수 있을까? 며칠 가지 못해 집에 있던 책들은 바닥을 볼 것이다. 머뭇거림의 시작이다. 다음은 어찌해야 하나? 계획이 없으니 대안도 없다. 아이에게 반복을 권할 수밖에. 만일 아이가 같은 내용 반복을 싫어하는 성향이라면 알고 있는 내용의 반복이 흥미로울 리 없다. 본격적인 시작도 하기 전에 재미있는 책과 함께하는 이 방법이 지루함을 견뎌야 하는 것으로 오해를 하게 된다.

이 길에 대해 깊이 관심을 갖게 된 이들에게 이제는 익숙한 것이 또 하나 있다. **'향후 3년치 매체 활용 계획을 세워보라!'** 이것이다. 시작했다면 제자리걸음이나 뒷걸음질치지 않고 앞으로 나아가기 위한 최소한의 준비는 있어야 해서다. 적어도 지금부터 향후 3년 동안 몇 년 차, 몇 월, 몇째 주에 집중듣기를 위해 어떤 책을 활용할 것인지, 흘려듣기를 위해 필요한 수많은 영상을 어떻게 확보할 것인지를 가시화하는 만만치 않은 작업이다.

시작했다면 머뭇거리지 않고 꾸준할 수 있는 매체 확보는 해놓아야 한다. 미리 원서나 영상을 구입하라는 이야기가 아니다. 그대로 진행될 확률이 거의 없는 이 계획을 왜 세워야 하는지 말과 글로 수없이 반복했다. 그것만으로는 막막할 것을 알기에 가까운 이웃들께 공유 허락 받은 3년 계획서 샘플들을 강연에서도 소개하고 블로그 포스팅으로도 다수 공유해 놓았다.

아이가 때마다 관심 가졌으면 하는 책이 어떤 것인지, 시리즈라면 몇 권으로 구성되어 있는지, 북 레벨은 어떤 수준인지, 각 권은 물론이고 시리즈 전체의 총 음원은 몇 시간인지, 추후 그 책 확보를 위해 소장하고 있는 인근 도서관은 어디인지까지 파악이 완료된 계획서들이다. 보여지는 계획서가 전부가 아니다. 일목요연하게 정리된 계획서를 위해 조사되었을 보이지 않는 정보량도 가늠해보길 바란다. 쉬운 일도 아니며 단시일에 완성되기도 어려운 작업이라는 것은 충분이 예측 가능할 것이다. 처음 계획대로 진행될 확률은 매우 적을 것이다.

하지만 그 그림을 완성하는 과정에서 이 길에서 놓치면 안 되는 것들이 분명해지며 쉽게 포기하지 못하게 만든다. 상당한 시간과 정성을 들여 잡아본 큰 그림이라 할지라도 진행하면서 보태기 빼기를 하며 지속적으로 수정·보완될 것이다. 또 그래야만 한다. 공유하는 샘플들을 보며 강연 참석자들은 놀라움을 넘어 자기 반성을 강하게 고백하기도 한다. 이런 계획을 세우기 위해 기본이 되어야 하는 것이 무엇인지 공감하게 된다. 바로 **'원서 공부'**다.

이러한 3년치 매체 활용 계획 세우기는 '완성'보다는 '과정'에서 얻어지는 것이 많다. 진행하며 수없이 수정되어 처음 계획이 몽땅 틀어져버린다 해도 그

서툰 시작이 이 길을 제대로 들어서는 첫 걸음이 되어준다. 계획을 세우고 그 계획을 실행에 옮겨보고 옮겨진 실행을 뒤돌아볼 수 있을 때, 오늘의 애씀이 무엇 때문이었는지 자신만의 느낌표가 만들어진다.

3년 계획의 좋은 샘플들을 이것저것 마음껏 보여주는 것은 그 내용을 그대로 참고하라는 것이 아니다. 내 노력과 정성, 내 시간 투자로 만들어진 내 아이만을 위한 우리만의 실천 계획 구체화가 아니면 의미 없다. 사진으로 담고 담아도 도움될 리 없다. 내 손으로 직접 파지 않은 우물이 뭐 그리 시원할까! 다른 우물의 마중물 나눔 정도에 뿌듯해서 내 우물 깊어지는 노력과 정성을 소홀히 한다면, 결국 알고 있는 그 이상은 가지 못할 길이다.

엄마가 해야 하는 공부는 영어가 아니다

엄마표 영어의 실천 핵심인 원서읽기를 통해 영어 습득과 사고력 확장, 두 마리 토끼를 잡겠다는 거창한 목표를 세워 놓고 가장 고민되었던 것은 어떤 책을 어떻게 읽어야 하나, 그것이었다. **무엇보다 어려웠지만 또 무엇보다 중요했던 것이 내 아이에게 맞는 책을 고르는 거였다.**

아이와 엄마표 영어를 해보겠다고 용기 냈던 당시 우리 집 환경을 보면 이중언어 환경을 제공하는 것은 꿈꿀 수도 없었다. 낮밤으로 먼저 영어공부해서 아이에게 도움을 줄 수 있을 만큼 영어 기본이 탄탄한 엄마도 아니었다. 얼굴 보기도 힘들었던 아빠는 아이 교육에서 늘 열외였다. 그렇다고 포기하기에는 너무 아쉬운 길이었다. 이 길을 깊이 들여다보고 선 경험자들의 앞선 경험을 읽고 또 읽다 보니 엄마가 할 수 있고 해야만 하는 공부가 따로 보이기 시작했다. 그 공부가 영어가 아닌 것이 감사했다.

해마다 현지 또래에 맞춘 리딩 레벨 업그레이드를 위해 아이가 흥미를 가지고 읽어줄 만한 좋은 책을 고르는 공부가 필요했다. 그런데 우리말 책도 아닌 영어책을 때에 맞춰 골라주는 것이 쉬운 것은 아니었다. 2005년 당시 시내 공공도서관에 영어책 비치 정도가 지금과는 비교할 수 없는 수준이었다. 오프라인 원서 전문 서점도 변변치 않았던 지방이었다. 그렇다 하더라도 **상황이나 형편을 탓하고 있을 수만은 없었다.**

해야 할 공부가 분명해졌으니 처해 있는 상황과 형편에 맞추어 하는 수밖에 없었다. 가까이 오프라인 서점이 없다고 영어를 못한다고 방법까지 없는 것은 아니었다. 먼저 책 고르기에 적극적인 시간 투자를 해보자 마음먹었다. 우리말로 잘 정리되고 설명되어 있는 원서 전문 서점 홈페이지에 들락거렸다. 선배들 경험을 참고할 수 있는 커뮤니티 게시판의 책 정보에 적극적으로 관심을 가져봤다.

이런 곳들은 이용하는 사람에 따라 그 가치가 현저히 차이 난다. 어찌 보면 인터넷의 모든 정보가 이런 양면성을 가지고 있다 할 수 있다. 책도 블로그 글도 타이밍이 맞는 누군가에게는 큰 의미로 다가간다. 하지만 그렇지 않은 경우 관심 밖의 글로 스쳐 지나가 마음에 남지 않는다. 관심을 가지고 뒤지다 보니 누군가에게는 의미 없는 페이지일 수도 있겠지만 나에게는 의지와 희망이 되어주는 페이지들이 넘쳐났다.

여기저기 수많은 글들을 읽어보고 종합적으로 책을 고르는 기준을 정할 수 있었다. 아이의 성향을 고려해서 관심을 가지고 봐줄 만한 책이어야 했다. 아이의 나이, 정서, 사고 능력 안에서 이해가 가능한 내용이어야 했다. 한글 독서 능력도 고려해야 했다. 그 모든 것을 고려한다 해도 초기에는 일단 재미있어야 했다.

이렇게 책을 고르는 기준에 마음을 썼던 것은 그림책과 리더스북에 해당하는 것이 아니었다. 앞에서도 강조했지만 본격적인 엄마표 영어의 시작은 챕터북을 만나면서부터라고 생각했기에 책 공부 또한 챕터북부터였다. 하루이틀에 가능한 일이 아니었다. 단계별 전체를 꼼꼼하고 구체적으로 계획을 세우고 싶었지만 쉽지 않았다. 그래서 초기에는 나아갈 방향에서 큰 틀만이라도 잡아 놓는 것에 만족해야 했다.

이런 대략적인 책 공부를 토대로 원서읽기의 최종 목표인 고전읽기가 가능할 때까지 해당 시기에 활용할 책들은 아이가 집중듣기를 하는 1년 동안 한발짝 앞서 구체적인 정보를 찾아 보충하며 준비하면 됐다. 각종 온오프라인에 관심을 가지고 다음 단계에 이용할 책 정보를 양껏 수집했다. 이렇게 준비하는 동안 늘어나는 노하우도 있다. 영어 원서 전문 사이트와 사용 후기를 남긴 블로그 포스팅을 참고하면 책을 읽어보지 못했어도 아이가 책을 읽고 툭툭 던지는 말에 적극적으로 적절한 반응을 할 수 있었다. 다양한 커뮤니티의 원서 활용 후기를 참고하다 보니, 아이가 읽는 책을 또 앞으로 읽을 책을 엄마가 모두 읽어야 한다는 부담에서 벗어날 수 있었다. 실제로 아이가 읽는 원서를 번역본으로도 함께 읽은 것은 극히 일부였다. 없다고 봐도 좋을 만큼이다.

매일 1시간씩 새로운 책 읽기였다. 직접 진행해보면 오래지 않아 알게 될 것이다. 그림책이 아니다. 북 레벨 4점대, 단행본 정도에 들어서면 엄마가 아이와 같은 속도로 또는 그보다 앞서서 같은 책을 소화하기 쉽지 않다. 그것이 번역본이라 할지라도. 그래서인지 책 내용을 엄마가 이해 가능하고 확인 가능한 수준에서 머물게 하거나 리딩 레벨 업그레이드를 의도치 않게 엄마가 지연시키는 경우를 종종 본다. 성향에 맞지 않는 반복을 시키면서, 비슷한 수준의 책들만 선택하도록 강요 아닌 듯 강요하면서 말이다.

아이는 충분히 다음 단계로 나아갈 수 있는 상태지만 엄마의 불안으로 아이의 성장을 발목 잡고 있는 안타까운 경우다. 그러지 말자. 언어 습득에 뇌도 도와주는 그 시기 아이들의 능력은 엄마들이 상상하는 그 이상이다.

공공도서관 책은
내 책이다

책 출간 이후 전국 강연을 다닌 덕분에 여러 도시의 공공도서관을 둘러볼 기회가 있었다. 새롭게 방문하는 곳마다 매번 놀라움에 입이 다물어지지 않았다. 진심으로 많이 부럽고 **영어 습득을 위한 실천 중심이 책읽기가 되어야 한다는 바뀐 분위기가 반가웠다.** 반디와 본격적으로 엄마표 영어를 시작할 당시에는 꿈꾸기도 힘들었던 풍요로움에 시기심이 들기도 한다. 그림책과 리더스북을 영어 원서로 욕심부릴 수 없었던 이유가 세월 탓도 있는 것 같다. 책이 있어도 비싼 비용을 지불하지 않으면 원음 확보가 쉽지 않은 시절이었다. 그림책 읽어줄 실력도 안 되는 엄마가 욕심부릴 수 있는 선택이 아니었다. 챕터북 단계의 흥미로운 책을 알게 되었다 해도 직접 구입하지 않으면 실물 확인도 쉽지 않았다. 서울도 아닌 지방에서 오프라인 원서 서점도 드물었으니까.

지금 아이를 키운다면? 상상해봤다. 도서관 책장 가득 줄서 있는 워밍업 단계의 책들 중 원음이 확보되는 것들을 골라 책과 CD를 한아름씩 짊어지고 부지런히 도서관 문턱을 넘나들지 않았을까? 지금 그런 시간을 보내고 있는 어머니들을 알고 있다. 도서관 책장 가득 채워져 있는 책들을 내 책이려니 활용할 줄 아는 멋진 분들이다.

그들이 전해주는 이야기 중 흥미로운 것이 있다. 영어 원서 책장에서 손때 묻고 헤진 책들은 그림책과 인기 있는 리더스북 정도라 한다. 챕터북 단계의 책들은 초급 챕터북을 넘어 레벨이 조금만 올라가도 도서관 개관의 오래 유무를 떠나서 새 책과 다름없다는 거다. 엄마표 영어의 초점이 워밍업 단계에 집중되어 있기 때문일 것이다. 길고 긴 워밍업 이후를 준비하지 않으니 리딩 레벨이 중학년에 해당하는 북 레벨 3점대 이상만 되어도 대여 빈도가 현저히 떨어진다. 손때 타지 않고 깨끗한 이유다. 최고의 시설을 곁에 두고도 어떤 망설임이 있을 수 있는지 사족 모두 걷어내고 묻고 싶었다. 이 좋은 환경을 두고만 보겠느냐고! 내가 낸 세금 들여서 만들고 운영되는 근사한 시설이다.

이렇듯 대한민국은 **책 읽기를 통해 영어 습득이 가능한 최고의 환경을 이미 갖추고 있다.** 최고의 환경은 분명한데 아이들 일상은 그걸 누릴 수 있는 시간이 없다. 그것을 누리는 것만으로도 습득이 가능한데 환경만 만들어 놓고 영어 교육 시스템은 수십 년 전 그대로 요지부동 변함이 없다. 최고의 환경은 빛을 발하지 못하고 여전히 최악의 환경에서 아이들을 서성이게 만든다. 적기라는 생각에 동의했다면 이런저런 부정과 타협하는 핑계를 찾지 말고 최고의 활용 시기를 놓치지 않기 바란다. 누릴 수 있는, 누려도 좋은, 누려야 하는 때를 놓치지 말고 누리겠다 욕심부려보자.

그렇게 되면 공공도서관 책이 모두 내 책이 될 수 있다. 공공도서관 책만으로도 엄마표 영어 시작부터 끝까지 가능할 수 있다. 엄마표 영어를 제대로 못하는 이유가 원서가 없어서, 원서가 비싸서, 원서를 몰라서 이런 핑계는 더 이상 통하지 않는 시대다. 마찬가지 이유로 엄마표 영어를 하고는 싶은데 3년치 매체 활용 계획을 세울 수 없다는 것 또한 하고 싶지 않은 핑계일 뿐이다.

뇌도 도와주는
적기

엄마표 영어에 적기가 있을까? 있다면 언제일까? 이에 대해 설왕설래가 있겠지만 엄마표 영어의 실천에는 적기가 있다고 시작 전부터 믿었고 지금도 생각에 변함없다.《엄마표 영어 이제 시작합니다》가 출간되며 홍보용 카피 문구만으로 시작이 어쩌다 늦어진 것으로 오해를 받기도 했다. **초등 입학 이후라는 시작 시기는 처음부터 의도적으로 계획했던 일이다.** 덕분에 반디는 입학 전까지 다른 의미로 영어에서 완벽하게 자유로울 수 있었다. 그 어떤 시도도 없었기 때문이다.

우리말 책을 엄마 목이 아플 때까지 읽어주어야 하는 시기였다. 우리말이 탄탄한 아이가 영어도 쉽게 자리잡을 수 있다 믿었으니까. 한글을 깨우쳐 글씨를 읽을 수 있을 정도의 우리말이 아니다. 가족들과 나누는 자연스러운 대화나 엄마가 읽어주는 책을 통해 우리말의 억양이나 행간에 숨어 있는 미묘한 차이까지 느낄 수 있는 익숙함을 위해 애써 주어야 하는 시기였다. 그래서 그 어떤 시기보다 아이와 눈 마주치며 많은 말로 소통해야 하는 시기 또한 이때였다.

영어 시작은 빠르면 빠를수록 좋을까? 이 부분도 논란이 있지만 시작에 있어 최적기는 7~8세라고 생각했다. 책에도 소개해 놓은 영상 '또 하나의 우주

뇌'는 유튜브에서 볼 수 있는 다큐이다. 시작을 초등 입학으로 미룬 이유는 이 영상의 내용과 닿아 있다. 서둘러 영어 노출을 시작한 아이들에 대한 국내 연구 내용도 들어 있다. 영상에 들어 있는 언어 습득 시기와 연관되는 내용이다.

뇌에서 언어 기능과 연상 사고를 담당하는 측두엽의 한 영역 성장률이 4세부터 6세까지 0~20% 활성화되고 7세부터 12세까지 80~85%로 최고의 성장률을 보이며 12세부터 16세까지 0~25%로 현저히 감소된다고 한다. 언어인 영어를 시작하고 몰입하기 최적의 시기를 어디에 두어야 하는지 보이지 않는가.

적기 이외의 시기와 효율면에서 4배의 차이가 보인다. 적기가 아니었을 때 4시간을 해야 하는 노력이 적기에는 1/4인 1시간이면 가능하다는 의미와 통하지 않을까? 최고의 성장률을 보이는 12세까지가 언어 습득의 적기라는 것에 대해 별도로 뒷받침이 되는 문헌도 찾아졌다. 12세 이후로 새로운 언어를 받아들이는 뇌 영역의 변화에 대한 연구 내용이다.

이 또한 결론만 가져오면 모국어를 배우는 것처럼 자연스럽게 언어를 '습득'하는 방법인 제대로 엄마표 영어는 12세 이전이 효과적이라는 이야기다. 엄마표 영어의 최적기가 초등 6년이라 말하는 이유다. 이 안에서 해결해야 하고 해결 가능한 영어다. 적기에 대한 긴 이야기 결론이다. 영어 습득을 위해 엄마표 영어를 초등 입학 전후에 시작해서 **최선을 다할 수 있는 시간에 최선을 다하면 뇌도 도와준다.**

제대로가 통하는 유일한 시기, 초등 6년

아이들이 대입이라는 한 고비를 넘을 때까지 겪게 되는 학교교육은 초·중·고 12년이다. 그것을 반으로 나눠 전반전과 후반전이라 표현해보자. 중학교부터 홈스쿨을 했으니 반디는 전반전 뛰고 후반전을 포기한 경우다. 우리나라 학교 교육 시스템상 물러서지 못하는 배수의 진을 치고 제대로 엄마표 영어에 집중 몰입할 수 있는 유일한 시간은 전반전인 초등 6년뿐이다.

그 황금기를 우왕좌왕 이도저도 아니게 보낼 수는 없다. 우리 의지로 어찌해볼 수 없는 시기가 성큼 다가오기 때문이다. 대입이라는 한 가지 목표만 바라보고 끌려다니고 휘둘려야 하는 후반전 6년이다. 이미 영어가 중요한 시기가 아니기도 하다. 영어조차도 상급학교 진학에 영향을 미치는 내신 점수를 무시할 수 없다. 세부적인 '학습'으로 방향을 틀어야 한다. 엄마표 영어 같은, 내 맘대로 길에서 헤맬 시간도 여유도 없다.

그렇다면 초등 6년 동안 애쓰면 영어가 완성되는 걸까? 묻고 싶을 것이다. 초등 6년을 엄마표로 공들였다고 영어 완성을 논하기에는 무리가 있는 애매한 시기는 맞다. 제대로 저질러 보낸 시간이라도 후회는 있을 것이다. 하지만 그 정도라는 것이 적어도 **알고도 행동으로 옮기지 못해 강력하게 남는 후회만큼은 아닐 것이다.** 제대로 엄마표 영어로 전반전을 달렸다면 그 어떤 후반전을 마주하더라도 지난 시간에 후회는 없을 것이다.

그렇게 다져놓은 내공은 어쩔 수 없는 후반전 6년을 보낸다 해도 제대로 써먹을 수 있는 기회를 만나면 빠르게 끌어올려져 발현되는 쉽게 무너지지 않을 내공이다. 어정쩡하게 사교육과 타협하며 보냈던 시간과는 비교할 수 없는 반석이었음이 확인될 것이다. 진짜 엄마표 영어가 욕심난다면 제대로 저질러보자. 전반전이 끝나기 전에. 아이들의 노력이 제 값 받을 수 있도록.

이쯤되면 아직 적기를 놓치지 않았다 안도하며 제대로 저질러보고 싶다 욕심나지만 뭘 어째야 하는지 막연하다. 그 방법과 실천의 핵심은 이것이다. **임계량을 채울 때까지 문자와 소리에 충분히, 차고 넘치게 노출시키기!** 간단하다. 또 익숙한 이야기일 것이다. 여기서 임계량이란 연쇄반응을 계속하는 데 필요한 최소한의 질량을 의미한다. 하나 들어가 하나 끄집어내는 방법이 아니다. 이 부분의 기다림이 지치고 불안하여 포기하게 된다는 것을 잘 안다.

차고 넘치게 채워지면 말 그대로 연쇄반응과 함께 어마어마한 폭발력을 가지고 아웃풋은 저절로, 지속적으로 터져 나온다. 그걸 목표로 해야 한다. '나무를 베는 데 한 시간이 주어진다면 도끼를 가는 데 45분을 쓰겠다'던 에이브러햄 링컨의 말을 다시 한 번 상기해보라. 영어에서 해방되는 데 한 시간이 필요하다 했을 때 45분의 노력이 어떠해야 하는지 의미가 잘 전달되었기를 바란다.

영어,
잘못된 첫 만남

그런데 도대체 영어가 무엇이길래 아이가 영어에서 해방되기를 이토록 간절하고 절실하게 원하는 걸까? 영어, 그 실체를 파악해 보자. 단순한 사람이다. 고민이 생기면 가장 근본적인 정의부터 시작하는 버릇이 있다. 나는 내 아이가 영어에서 자유로웠으면 좋겠어! 그래? 그렇다면 **도대체 영어가 뭔데?** 거기서부터 시작했다. **영어란 무엇일까?** 아무리 달리 생각해보려 해도 이 질문에 찾은 정의는 한 단어로 요약되었다. **영어는 언어다.** 그럼 언어란 무엇일까? 언어는 생각, 느낌 따위를 나타내거나 전달하는 데에 쓰는 음성, 문자 따위의 수단이라 정의되어 있다. 주목해야 할 단어가 바로 '수단'이었다. 이 부분 말을 바꿔 평생 아이가 가지고 갈 삶의 **'도구'**라고 이야기한다.

언어인 영어, 즉 소통의 수단이자 도구인 영어를 지금 아이들은 어떻게 상대하고 있을까? 영어에 대한 호기심을 가지기도 전에 왜 배워야 하는지도 모른 채 언제부터인지 아이들에게 영어는 의무가 되어버렸다. 교구를 이용한 방문지도, 영어 학습지, 영어 유치원, 원어민 회화, 영어학원이나 과외, 화상영어, 집에서 즐겁게 엄마표 영어 등등 영유아기 더러는 태교부터 빨라도 너무 빨라진 영어 노출이다.

예전 우리 세대와는 달리 아이들은 영유아기부터 다양한 분야에서 '선생님'을 만나고 있다. 하지 않으면 손해 같은 누리과정 혜택까지 더해졌다. 취학 전에 보육기관에 아이를 맡기는 것은 의무가 아니라 선택이었다. 그런데 아이들이 합법적으로 가정과 분리되는 경험을 이른 시기부터 하게 되는 요즘이다. 단체 생활이니 원활한 통제를 위해 지켜야 하는 수많은 규칙들에 자신을 가두어야 한다. 하고 싶은 일보다는 하지 말아야 할 일이 우선인 분위기를 받아들여야 한다. 새로운 것을 알기 위해서는 누군가 가르치고 그것을 배워야 한다 생각하는 **수동적 상황에 익숙해진다. 새로 만나는 인연에 선생님이 너무 많다.**

이런 환경의 익숙함으로 안 그래도 선생님이 지겨울 수 있는 아이들에게 엄마조차도 선생님이 된다면? 그래서 위에 나열된 방법 중에 잘못 접근했을 때 가장 위험한 것이 엄마표 영어가 아닐까 생각했다. 영유아기에 너무나 중요한 엄마와의 관계 형성에 나쁜 영향을 미칠 수도 있겠다 걱정되었다. 엄마가 그냥 엄마일 때 아이들이 가장 행복하니까.

영어 시작을 초등 입학 이후로 미루고 아이와의 관계 형성에 마음을 쓰는 취학 전이었다. 올바른 '자아 존중감'을 형성해 나갈 중요한 시기라 믿었기 때문이다. 아이를 보육기관에 맡기는 것이 원하면 선택이 될 수 있었던 이 시기만큼은 아이가 일상에서 넘치게 존중받고 사랑받고 있다고 느꼈으면 했다. 영어뿐만 아니라 그 어떤 새로운 시도나 도전을 고민할 때마다 성취감을 빨리 느낄 수 있는 느린 시작을 선택했다. 아이 스스로 자신이 능력 있는 사람이라는 자신감을 얻어 자존감이 높아졌으면 해서다.

규칙에 매여 획일화되지 않고 생각이 자유로울 수 있는 시기, 해야 하는 일이 아니고 하고 싶은 것을 하고 싶은 만큼 빠질 수 있는 시기는 생각보다 길지 않았다. 취학 전 말고는 다시없을 기회이고 시간이었다. 그 귀한 시기에 해야 하는 것들의 우선순위에서 영어 노출은 다소 멀리 있었다. 결과적으로 하지 않아도 좋은 것이 되었다. 많이 게으른 사람이다. 그 게으름에 대한 변명 같은 말을 좋아한다. 이 시기에 어울리는 말이다. '서두르다 일을 망친다.'

처음부터 이런 마음으로 아이를 키우지는 못했다. 아이 데리고 서두르다 완전 일을 망칠 뻔한 시행착오도 있었다. 네 살 때, 귀 얇은 초보 엄마, 거액을 들여 교재 및 교구를 구입하고 당시 유명했던 한 영어 프로그램 방문 지도를 시작했었다. 미리 사 놓은 교재를 이렇게 저렇게 아이가 잘 가지고 놀길래 예의 누구들처럼 영어에 '거부감'이 없어 보인다 안심했다.

나도 대한민국 엄마다. 조기 영어 교육에 관심 있었고 귀도 얇았으니 아이가 원해서가 아니고, 아이에게 지금 꼭 필요하다는 확신도 없었지만 남들 다 하니 우리 아이도 해야 하는 거구나 그렇게 시작했다. 잘 가지고 놀던 교재였고 교구였기에 기대도 높아졌다. 영어 못하는 엄마가 아니고 전문가와 재미있게 접근하면 잘 받아주고 영어 또한 쑥쑥 성장하겠지 기대했던 것이다.

그런데 매주 한 번뿐인 20분 정도의 짧은 시간임에도 수업시간 내내 눈도 안 마주치고 그 어떤 반응도 하지 않았다. 어린 나이에 할 수 있는 저항의 방법이었나 보다. 혹시나 해서 업체에서 선생님을 바꾸어주셨지만 베테랑 선생님들조차 기막혀 하시며 수업 자체를 포기하셨다. 한 달 넘게 버티다 두 달을 채우지 못하고 완전하게 마음 접었다. 얼마 있다 다시 시도하고 그런 거 아니었다. 교재조차 눈에 띄지 않게 없애버렸다.

거액의 교재 값 아까운 마음에 지속시키자 또는 조금 쉬었다가 다시 시도하자 미련 떨었다면 아이와의 관계는 나빠졌을 것이다. 취학 전부터 영어에 대한 안 좋은 기억을 깊이 남길 수도 있었다. 진짜 뭔가를 시도해야 할 때가 되기도 전에 영어에 대한 나쁜 선입견을 심어줄 수 있는 위험한 선택을 하고 싶지 않았다. 뭐가 잘못이었을까? 모두가 좋아한다는 선생님과의 영어 수업을 왜 흥미 있어 하지 않는 걸까? 고민하고 다른 방법을 찾기 시작하다 우연히 만난 것이 엄마표 영어였다.

타고난 능력을 묵히고
썩힐 것인가!

영어와의 잘못된 만남 또 다른 문제는 언어인 영어를 다른 교과목처럼 누군가 일방적으로 주입해서 가르쳐야 하고 그렇게 배워야 한다는 그릇된 접근 방법이다. 영어는 깊이 배우고 연구해야 하는 학문이 아니다. 소통의 수단으로 도구가 되어주는 언어이다. **영어를 학문으로 생각하고 공부로 접근하면 안 된다는** 것이 이 방법의 핵심이다. 시작부터 가르치고 배우는 것이 아니고 스스로 익혀야 하는 것이다.

우리가 무엇인가를 배워서 익힌다는 말을 '학습'이라 한다. 학습學習을 한자로 풀자면 '배울 학'에 '익힐 습'이다. 그런데 지금 우리 아이들의 학습하는 모습을 보면 배우는 시간은 많은데 배운 것을 스스로 익히는 시간은 턱없이 부족하다. 배우는 것은 단시간에 억지로 우겨 넣어서라도 가능하다. 하지만 배운 것을 익히기 위해서는 얼마의 시간 동안 스스로의 노력이 반드시 필요하다. 특히 언어는 배우는 쪽보다는 익히는 쪽에 훨씬 무게를 두어야 한다.

아이들이 우리말을 배우는 과정을 생각해봤다. 영아기부터 부모가 아이에게 하는 일방적 수다를 시작으로 좀 더 자라면 부모가 읽어주는 다양한 책과 주변의 소리, 사람들의 대화, TV나 비디오 소리 등을 흘려들으며 오랜 시간 익히는 단계가 필요하다. 아이가 우리말 말문이 트였다 생각될 때 쏟아내는 말은 부모가 반복해 가르쳐서 배운 말만 하는 것이 아니다. 나이에 비해 어렵다 생각되는 말도 상황에 따라 미루어 짐작할 수 있게 된다. 아이는 자연스럽게 오랜 시간 하나의 특별한 언어로 다양한 소리에 노출되며 그 언어로 소통하는 법을 스스로 배워 나간 것이다.

아이들 모두가 본래 가지고 태어나는 능력이다. 특별한 문제가 없는 한 평범한 환경에서 자라는 누구나 비슷한 시기에 말문이 트인다. 마음껏 타고난 능력을 발휘한 것이다. 그런 능력이 언어에만 있는 걸까? 신체 능력도 마찬가지 아니었나? 뒤집기, 일어나 앉기, 기어다니기, 일어서기, 걷기 등등 모두 부모가 직접 이렇게 저렇게 뒤집어라 앉아라 기어라 시범 보이지 않았을 것이다. 아이 스스로 배워 나가 얼굴 빨갛게 힘주며 뒤집고, 베개를 기대 놓지 않아도 꼿꼿해진 허리로 앉기 시작하고, 화장대를 붙잡았던 손을 떼고 뒤뚱거리며 몇 발자국을 걷다 주저앉는 연습을 포기하지 않는 자연스러운 성장을 지켜봤을 것이다. 서두르지 않고 다 때가 있다 생각하며 열심히 응원하고 기다려주었을 것이다.

그런데 말귀를 알아듣는다 싶으면 왜 가르치지 못해서 안달일까? 언어뿐만 아니라 모든 면에서 환경을 만들어주면 스스로 배우고 완성해 갈 수 있는 습득 능력 만렙의 우리 아이들이다. 이런 능력이 모국어에만 해당되는 것이 아니라는 것이 이 방법의 희망이었다. 미국의 언어학자 노암 촘스키의 '생득주의 이론'이 그것이다. 증명이 쉽지 않아 일부 논쟁이 있기도 하지만 모국어 이외의 언어를 습득하는 능력 또한 선천적으로 누구나 가지고 태어난다는 것이다. **특별한 누군가에게만 통하는 방법이 아니라는 거다.** 그래서 지극히 평범한 내 아이도 가능했구나 믿어지는 내용이었다.

그의 주장에 따르면, 인간의 뇌 속에는 언어 습득에 중심적 역할을 담당하는 가상장치 LAD^{Language acquisition device}가 존재하고 그 안에는 모든 언어에 필요한 기본 원칙이 담겨 있다 한다. 때문에 유아들은 모국어를 사용하는 환경에 노출되면서 자연스럽게 모국어를 습득할 수 있다. 뿐만 아니라 적절한 입력을 받기만 하면 그 어떤 언어도 습득이 가능하다는 이론이다.

이렇게 선천적으로 타고나는 언어 습득 능력은 해당 언어를 사용하고 연습하는 환경 속에서만 발현된다. 흥미롭지만 안타까운 것은 이런 능력이 어린 나이에만 작동되며 **일정 시기**(사춘기라는 의견도 있다)에 접어들면 현저히 저하된다는 것이다. 아이를 키우면서 가장 큰 깨달음은 타이밍이었다. 즉 때를 놓치지 말아야 한다는 것인데, 모국어 이외 **언어 습득 또한 '때'가 중요한 변수였다.**

이렇듯 인간 모두는 신체 능력뿐만 아니라 언어까지도, 모국어가 아닌 다른 언어들까지도 **일정 시기에 제대로 된 환경을 만들어주면** 자연스럽게 스스로 익혀 나갈 수 있는 능력을 선천적으로 가지고 있다는데, 여기에서 일정 시기를 강조하는 이유가 있지 않을까? 앞서 제대로 엄마표 영어의 '적기'에 대한 내용을 기억해보자. 언어 기능을 담당하는 뇌기능의 활성화가 어느 시기에 최고조를 이루고 어느 시기에 현저히 떨어지는지. 언어 습득에 있어 뇌도 적극적으로 도와주는 그 적기가 일정 시기일 것이다.

이런 능력을 가지고 태어나는 아이들에게 누군가 가르쳐야만 배울 수 있다는, 잘못된 학습으로 접근하는 것은 **아이들이 본래 타고난 언어습득 능력을 사용하지도 않고 묵히고 썩히는 꼴이 된다. 결국 때를 놓치면 피워보지도 못하고 사라지게 만들 수 있다.** 무섭고 겁나는 결론이다. 물론 희망이 없는 것은 아니다. 적기가 아니라 해도 적기에 비해 4배 이상의 노력을 기울이면 가능하지 않을 일은 아닐 테니까.

욕심부려야 하는 것은
두 번째 토끼

현재 전 세계에서 사용하는 언어는 7천 개가 넘는다고 한다. 수많은 언어 중 왜 유독 영어를 잘하고 싶은 절실함이 큰 걸까? 중고등학교 내신 만점, 수능 만점, 공인인증시험 높은 점수, 간단한 회화, 취업 스펙 등등? 그런 거 만족하려고. 그만큼의 영어 실력을 위해. 그렇게 오랜 시간. 그토록 처절한 노력을 하고 있는 것은 아니지 않을까? 절대 아닐 것이다. 아니어야 한다. 그렇다면 '왜?'가 궁금하다. **언어는 지식 습득과 사고 확장의 도구가 되어주기 때문이다.** 지식을 습득하고 사고를 확장해 갈 수 있는 언어로 모국어에 더해 영어를 활용하는 것이 자유로운 내 아이를 상상해 보라. 그것을 가능하게 해주는 이 길을 놓칠 수는 없을 것이다.

흥미로운 사실이 있다. 우리가 도구로 만들고 싶어하는 언어가 이미 도구로 편안한 이들도 있다. 모국어가 영어인 현지인들이다. 그런데 그런 나라들이라고 노숙자가 없는 것이 아니다. 현지의 길거리에 살림 차리고 구걸하는 이들도 장문의 피켓을 영어로 쓰고 자연스러운 영어로 말을 건다. 우리의 숙원과도 같은 영어 해방이 기본 설정값인 그들인데 삶의 질은 천차만별이다. 지식과 지혜 또한 천차만별이다.

20년 가까이 모국어인 한글로 같은 시스템으로 같은 교육을 받은 아이들이, 같은 날 같은 시험지를 가지고 치르는 대학입시에서 천차만별의 실력을 보이는 이유와 다르지 않을 것이다. 언어를 배우고, 그 언어로 지식을 습득하고 사고를 확장해 나가는 과정과 정도의 차이가 있기 때문이다. 과정과 정도를 가르는 중요 핵심이 책이었다. 물론 과정과 정도의 차이가 책만은 아니라는 것을 앞서 언급했다. 그렇다 하더라도 지식 습득과 사고 확장에서 빠질 수 없는 것이, 빠져서는 안 되는 것이 책이었다.

그 책 이야기를 잠깐 해보고 싶다. 우리말을 배우고, 사고를 확장하기 위해서 최우선순위로 꼽는 것이 책이라면 영어도 마찬가지 아닐까? 영어를 대함에 있어서 **단편적인 지식을 전하는 글에서 벗어나 사고를 키울 수 있는 책 읽기를 해야 한다.** 그런데 주입식 학교교육에 익숙한 우리가 가지는 영어교육에 대한 오해가 있다. 영어도 가르치고 배우기에 알맞은 '교재'가 있어야 한다고 생각한다. 책 내용을 문장 단위로 조각조각 분리해서 의미를 파악하라 한다. 새로 등장하는 단어는 그때그때 일대일 의미를 대응시켜 스펠까지 암기해야 하고 문장구조에 대한 문법적 해석을 덧붙여 분석하고 이해해야 안심이 된다. 이렇듯 허술한 구성의 책을 가지고 학습으로 잘못 접근하고 있으니 아이들은 주어진 내용을 기억하기도 벅찬 영어학습에 싫증을 느끼고 쉽게 지치고 포기하게 된다. 영어이기 때문에 포기하는 것이 아니라는 거다.

학교에서 하는 국어 학습도 마찬가지 이유에서 대다수 학생들이 힘들어하고 멀리하고 포기하며 수능 언어영역(현재는 국어영역)에서 상위권 아이들에게 최고의 변별력 과목이 되지 않았는가. 직접 그 글을 쓴 작가도 풀 수 없는, 문제를 위한 문제를 위해 책이 존재하는 것은 아닐 것이다. 실제로 수능이나 모의고사에 출제된 시나 소설 기타 등등이 원작자도 정답을 찾아내기 쉽지 않다

하니 이게 뭘까 싶다.

반디가 중고등 과정 학습을 홈스쿨로 진행하며 좋았던 것이 인문학쪽 공부 방법이었다. 빈약한 내용의 교과서에 밑줄 그으며 해석을 덧붙여 시나 소설을 읽지 않아도 좋았다. 작가조차 자신의 작품에 감추어 두지 않았다는 숨은 뜻을 시험을 위해 찾아 암기하지 않아 좋았다. 시도 소설도 수필도 그 어떤 글도 읽고 나서 받은 느낌 그대로 간직하면 그만이었다.

영어 학원은 어떨까? 아이들 가방에서 영어 학원 교재를 꺼내 살펴본 적 있을 것이다. 단편적인 지식의 짜깁기에 지나지 않는 보이는 공부를 위한 짧은 호흡의 학습서가 대부분이다. 아이들의 사고 확장에 큰 도움이 되어줄까 의심해봐야 한다. 우리 아이는 학원에서 원서읽기 수업을 병행하고 있다고 말하고 싶은가?

한두 시간이면 읽어버리고 말 책 한 권을 학원에서 학습을 위한 교재로 얼마 동안 어떤 방식으로 활용하고 있는지 깊이 관심 가져보자. 그리고 아이가 그 책을 호기심과 흥미로 대하는지 읽어내야 하는 숙제로 대하는지 꼭 파악해보기 바란다. 재미있는 책이 학원에서 공부해야 할 또 하나의 학습 교재가 되는 것은 아이에게도 지켜보는 엄마에게도 섭섭한 일이다.

왜 이리 장황하게 이런저런 이야기를 하는 것일까? 우리가 지향하고 제대로 실천하는 엄마표 영어의 영향력을 보다 임팩트 있게 전달하기 위해서다. 왜 이 길을 욕심부려야 했는지 그 확신을 전하기 위해서다. 아이 5세 후반에 처음 엄마표 영어에 대해 알게 되었지만 곧바로 실천에 옮겼던 것이 아니었다. 2년 반 동안 엄마표 영어에 대해 깊이 들여다보고 공부해보니 이 길에서 최선을 다하면 두 마리 토끼를 잡을 수 있겠다는 확신이 생겼다.

이 길은 필요로 하는 정보나 지식이 변형되거나 가공되지 않은 원문으로 접근하고 받아들이기 위해 도구가 되어 주는 언어, 즉 **영어를 습득할 수 있는 방법이었다.** 또한 이 길은 받아들인 내용을 스스로 분석하고 가공해서 자신이 필요한 지식으로 재생산하는 과정을 가능하게 하는 **사고력 향상을 기대할 수 있는 방법이었다.** 진심으로 이 길에서 욕심이 났던 것은 바로 두 번째 토끼, 사고력 향상이었다. 제 또래에 맞는 영어 사고력 향상은 이 길이 아니면, 이 방법이 아니면 안 될 것 같았다.

취학 전이라면 무럭무럭 사고력을 키워주기 위해서 책보다 중요한 것들이 더 많았다지만 취학 이후에는 꾸준히 제 나이에 맞는 사고력 향상을 위해서 때를 놓치지 않고 쌓아야 하는 독서력 뒷받침이 무엇보다 중요했다. 저학년이면 저학년에 맞는 책을 읽고, 고학년이면 고학년에 맞는 책을 읽고, 중학생이면 중학생에 맞고, 고등학생이면 고등학생에게 맞는 책을 읽어주면서 차곡차곡 사고할 수 있는 힘을 쌓아가야 한다.

어느 순간 책을 소홀히 하게 되면 사고할 수 있는 능력은 그 수준에 머물거나 성장이 더딜 수밖에 없다, 우리말뿐만 아니라 영어도 마찬가지라 생각했다. 영어로 제 나이에 맞는 사고력을 향상시키고 싶다면 **영어책 또한 때에 맞는 독서력을 쌓아야 한다.** 우리말이 되었든 영어가 되었든 독서의 중요성이 여기에 있지 않은가. 사고력 향상! 우리말과 영어, 두 언어로 제 나이만큼 사고할 수 있는 성장이 가능한 방법이었다.

우리만의 전략이
필요했다

이렇듯 영어 습득 또한 답이 책이라 믿었다. 그래서 영어 습득을 위한 8년 실천의 핵심이자 전부는 책 읽기, 즉 원서읽기가 되었던 것이다. 반디는 책이 좋아 책 속으로 빠지는 아이가 아니었기 때문에 책이 좋아 책과 함께 한 아이들에 비해 읽어준 원서의 양은 미미하다. 그럼에도 불구하고 끝을 만날 수 있었던 우리만의 전략은 분명했다. **제 나이에 맞는 책으로 좋은 문장을 담은 책을 골라 매일매일 꾸준히!** 우리의 실천에서 굳이 별다름을 찾고 싶다면 이 문장이 될 것이다. 끝에 닿을 수 있었던 성공 키워드가 여기에 다 들어 있다.

제 나이에 맞는 책을 읽기 위해 **원어민 또래에 맞춰 리딩 레벨을 해마다 업그레이드**하는 것이 중요했다. 고학년이 되었지만 원서 독해력이 그만큼의 사고에 미치지 못해 그림책이나 리더스북을 만날 수밖에 없다면? 생각해보라. 흥미롭지 않은 이야기로 지루한 시간이 될 텐데 꾸준함을 기대할 수 있을까? 채우고 채운다 해도 그림책과 리더스북 수준 이상의 영어 실력이나 사고력을 기대할 수 있을까? 영어니까 그 정도면 되는 거 아닌가 생각할 수 있다. 하지만 그 정도 수준에서 타협하는 것이 목표라면 힘들고 외로운 이 길을 선택할 이유가 없었다.

좋은 문장을 담은 책을 고르기 위해서 제대로 엄마표 영어 **이 길에서 엄마가 할 수 있고 해야 하는 일, 원서 공부**를 열심히 했다. 내 아이의 성향과 맞아 호기심을 가지고 엉덩이 무겁게 집중할 수 있는 책이 어떤 것인지, 재미를 넘어서 아이에게 때마다 보충해야 하는 부분은 무엇인지 알아야 했기 때문이다. 분명한 것은 좋은 문장을 욕심부려야 할 책이 워밍업 단계에서 활용하는 그림책이나 리더스북이 아니라는 것이다. 적어도 북 레벨이 4.0 이상의 단행본을 보기 시작하면서 각별히 마음을 써야 하는 부분이었다.

이 정도 레벨의 원서읽기가 편안해지는 아이들이 빠지기 쉬운 책들은 판타지나 만화이다. 책을 많이 좋아해서 양으로 승부를 볼 수 있었다면 달랐을 수도 있다. 하지만 적은 책으로 원하는 효과를 봐야 하는데 사고력 향상에 그다지 도움되지 않는 책을 되는대로 선택할 수는 없었다. 좋은 단어, 좋은 문장, 좋은 주제를 담은 책들을 욕심부려야 하는 때였다. **매일매일 꾸준히!** 독자들이 가장 부담스럽다고 말하는 하루 세 시간 영어 노출이다. 왜 세 시간이 필요했는지 앞에서 자세히 이야기했다.

책이 답이라는 확신과 함께 이 길에서 이런 모습으로 최선을 다하면 영어 습득은 물론 책을 통한 사고력 향상도 기대할 수 있다는 믿음이 생겼다. 그런 확신으로 아이에게 맞는 영어 습득을 위한 장기 계획을 완성할 수 있었다. 초등학교 중학년까지는 우리말 책을 접하는 것도 소홀히 할 수 없었다. 고학년 이후 본격적으로 단행본 원서읽기가 익숙해지면서 책이 미치는 영향은 우리말과 영어 두 영역 모두라는 것을 알 수 있었다. 영어 원서를 보아도 우리말 책을 보아도 그 책으로 인한 사고 확장은 두 언어로 동시에 성장하고 있었다.

아이는 어떤 책이 되었든 그것을 직접 쓴 작가의 글로 접근하고 받아들이고 사고를 키워갈 수 있게 되었다. 어느 순간 아이에게 책은 그냥 책일 뿐 영어 책, 우리말 책을 구분하지 않았다. 학교 교육이나 사교육 현장에서 영어 학습을 위한 교재로 사용되고 있는 책들로 이런 성장이 가능할까? 그런 접근으로는 기대할 수 없는 효과라 생각한다.

책을 즐기는 아이도 못 되었고 고학년이 되면서 시간도 여유롭지 않아 책과 함께할 수 있는 시간은 더 줄어들었다. 아이에게 맞는 전략이 필요했다. 이 시기부터 비문학 쪽은 우리말 책으로, 문학 쪽은 영어 원서로 무게를 분산시켰다. 학년이 차면서 일부러 만들지 않으면 확보하기 쉽지 않은 시간이 책을 읽는 시간이었다. 다행히도 집중듣기 습관 덕분에 매일매일 꾸준히 책과 함께하는 시간은 일상이 되어 있었다. 그 시간만큼은 문학책을 원서로 집중하며 뉴베리를 충분히 만날 수 있었고, 그로 인해 고전에 도전할 수 있었던 거다. **두 언어가 뇌의 한 영역에 들어갈 수 있어서 가능한 분산이었다.**

장기계획은
한 줄로 충분했다

엄마표 영어에 대해 열심히 공부한 끝에 반디의 영어 습득을 위해 세워놓은 장기계획은 한 줄로 충분했다. **문자와 소리에 충분히 익숙해지기!** 우리말이 안정적인 초등 입학 이후를 시작 시기로 잡았다. 1차적인 목표로 차고 넘치게 듣고, 읽기에 시간을 투자하는 것이었다. 수단과 방법도 분명해졌다. 책과 함께하는 집중듣기 그리고 영상과 함께 하는 흘려듣기였다. 허술하기 그지없지만 장기계획의 전부였다. 그런데 이것만 붙들고 가도 넘어야 할 산 8부 능선은 오를 수 있었다.

언어 습득이란 어떤 의미일까? 해당 언어에 대한 듣기, 읽기, 말하기, 쓰기가 자유로울 때 습득되었다고 본다. 모국어는 태어나 일정기간 듣기에 익숙해지면 자연스럽게 말을 할 수 있게 되고 문자를 익혀 읽게 되며 마지막으로 쓰기가 되면서 습득의 완성을 보인다. 하지만 모국어가 아닌 이상, 이중언어 환경이 아닌 가정에서 듣기에 이어 말하기가 자연스러워지는 것을 기대할 수는 없었다. 이미 문자에 익숙해진 초등 입학 후에 모국어가 아닌 언어를 습득하기 위해서는 순서를 달리해야 할 것 같았다.

대부분의 선 경험자들이 인풋이 차고 넘치게 들어가면 아웃풋은 억지로 끄집어내려 애쓰지 않아도 자연스럽게 이어질 수 있다 했다. 엄마표 영어를 깊이 들여다보니 그럴 것 같은 믿음이 생겼다. 그래서 인풋에 해당하는 듣기와 읽기에 우선적으로 많은 시간을 갖기로 했다. 아웃풋은 자연스러운 방법으로 연결 가능할 때까지 무조건 기다리기로 마음먹었다. 그랬더니 인풋만 4~5년이 걸렸다. 쉽지 않았다. 중간중간 자연스럽게 나타나는 아웃풋이라 믿고 싶은 현상들에, 충분히 채워지지 않았음을 알면서도 끄집어내고 싶은 욕심이 마구마구 생기기 때문이다.

임계량을 채우려면 열이 들어가야 한다. 그래야 연쇄 폭발 아웃풋이 가능하다. 두세 개쯤 들여보내 놓고 어거지로 끄집어내고 싶은 욕심을 참아야 했다. 기대하는 아웃풋이 안 된다고 안달하며 불안해하지도 말아야 했다. 아이에게 영어가 공부해야 할 학문이 아니라 써먹을 수 있는 도구가 될 수 있게 해주고 싶었다. 제대로 엄마표 영어를 정확하게 실천하면 지식을 습득하고 사고를 확장해 나갈 수 있는 언어로 우리말에 더해 영어가 평생 함께할 수 있을 것 같았다.

평생을 함께하며 삶을 윤택하게 만들어줄 도구가 되어주는 영어 해방의 길이 분명히 보이니 욕심 나지 않을 수 있을까? 길이 보이니 욕심을 넘어 간절했고 절실하게 원하게 되었다. 그래서 영어 해방의 길이라 믿어졌던 이 길에서 한눈팔지 않고 전력 질주할 수 있었다. 수시로 흔들리고 싶은 유혹이 있었지만 처음부터 가지고 있었던 확신은 곧바로 제자리 찾을 수 있도록 해주었다. 이 길에서 크게 벗어나지 않을 수 있는 힘이 되어주었다.

오랜 시간 실천 방법이 심플할 수 있었던 이유도 학문으로 보고 공부로 접근했던 것이 아니었기 때문이다. 도구로 만들기 위해서는 시간과 정성을 들여야 했다. 영어 습득을 위해 쏟아야 하는 시간과 정성이 워크지 채우고, 학습서 풀고, 단어 외우고, 문법 공부하는 것이 아니었다. 놓치지 말아야 할 그 분명함은 **충분한 소리 노출**, 바로 그것이었다. 깊이 파고들어 공부할 학문이 아닌 언어였으니 아이들이 타고난 능력을 믿었다. 그 능력이 제대로 발휘될 수 있는 환경을 만들어주어 지속적으로 유지해 나간 것, 그 이상도 이하도 아닌 8년이었다.

실천에 앞서 아이를 이해시키고 설득하라

자, 이제 영어 끝에 대한 분명한 목표도 완성되었고, 영어는 언어일 뿐이다 실체도 파악했다. 영어를 지식 습득과 사고 확장의 도구로 만들기 위해 어떻게 해야 하는지도 분명해졌다. 그랬으니 당장 아이 끌고 집중듣기, 흘려듣기 시작하면 될까? 엄마가 가야 할 길에 대해 깊이 알지도 못하고 확신도 없으면서 '좋다니까 해라!' 한다면 아이는 엄마보다 더 모르는 길이니 목표도 의지도 없이 '그래. 하라니까 한다!'가 되어버린다. 얼마 못 가서 끌고가는 엄마도 끌려가는 아이도 지쳐버린다. 각자의 핑계를 찾아 포기하고 싶은 유혹이 강해진다. 그런 핑계와 포기가 끼어들 수 없게 하자. 그러기 위해 직접 실천에 들어가기 전에 꼭 해야 하는 사전 작업이 있었다.

엄마가 먼저 확신으로 무장하고 **그 확신으로 아이를 이해시키고 설득해야 했다.** 어떤 기대 때문에 힘든 시간을 쌓아가야 하는지 아이가 상상할 수 있는 미래의 자신 모습에 희망을 심어줬다. 끊임없이 칭찬하고 응원하면서 그것을 완성할 수 있는 노력이라는 확신을 심어주었다. 실천 방법 또한 엄마보다 아이가 더 잘 알 수 있게 아주 자세히 설명해 주어야 했다. 그리고 해야 하는 일을 게을리하지 않겠다는 약속도 손가락 걸고 했다. 이 길에서 오랜 시간 직접 실천을 해야 하는 사람은 엄마가 아니고 아이이기 때문이다.

아이가 이 길에 대해 가장 잘 알 수 있게 해주는 것, 실천보다 앞서 반드시 해야 하는 일이었다. 엄마표 영어는 엄마만의 짝사랑으로 결코 오래 지속할 수 없다. 시작이 늦었던 이유 중에 하나이다. 아이와 이런 대화가 필요해서 말이 통하는 시기까지 기다려야 했다. 선택도 아이 몫! 실천도 아이 몫! 욕심까지도 아이 몫으로 키워주어야 했으니까. 이 길을 선택함에 있어 확신 갖기가 중요한 아주 현실적인 이유들도 있다.

막연함으로 끌고간 것이 아니었음에도 매순간 수없는 대화와 타협으로 아이와 밀당을 해야 했다. 엄마의 확신은 아이를 이해시키고 설득할 수 있었다. 반디의 성향이 자신의 능력을 벗어나거나, 시간에 쫓긴다거나, 자신에게 맞지 않는 방법을 강요하면 단호하게 거부하는 아이였음에도 타협이 안 되는 부분이 무엇인지 깨닫게 되는 것이다. **'해야 하는 것을 게을리하지 않는 것!'** 절대 타협할 수 없었다.

엄마의 흔들리지 않는 확신을 아이들은 정확히 알아차린다. 자신이 하고 있는 활동에 대해 믿음이 생기고 안정이 된다. **미리 계획을 이야기해주고 예측 가능한 생활 패턴을 유지해주면 아이들은 흔들리지 않는다.** 빠르게 습관화될 수 있으며 일상으로 받아들일 수 있다. 3~4년 습관을 넘어 일상으로 이어지면 어느 순간부터는 아이 스스로도 지금의 노력이 제 값으로 돌려받을 것이라 믿어진다. 이 길에서 벗어나는 것을 겁내게 된다. '자꾸 게을러지면 학원으로 갈 수밖에 없어!' 이 말을 무서워하면서 학원 보내버릴까봐 열심히 했다는 아이였다.

고학년이 되면서 감출 수 없는 영어 내공이 우연한 기회에 학교에서 드러나며 영어 쪽으로 유명해졌다. 친구들이 학교로 가져온 학원 숙제를 도와주고는 했다는데 그런 숙제에 치여 힘들어하는 친구들을 안 됐어 했다. 자신이 얼마나 편안하게 영어를 해왔는지 알게 되었다는 말도 아이가 스스로 하는 말이었다. 계획도 없고 패턴이라 할 정도의 꾸준함도 유지하지 못한다면 엄마가 먼저 흔들린다. 오늘은 이랬다 내일은 저랬다 흔들리는 엄마라면 아이들은 믿고 따라 주기 힘들다. 엄마의 확신 없는 흔들림 또한 아이들은 금방 알아차린다. 엄마가 흔들리면 아이들도 함께 흔들린다. 왜 확신 갖기가 중요한지 공감되었으면 좋겠다.

3

집중듣기
톺아보기

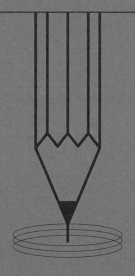

20년 전에도, 지금도, 20년이 지나도 통하는 방법

초등학교 저학년부터 학교에서 영어 교과목 교육이 시작되고 영유아기 영어 노출이 더없이 빨라질 만큼 세월이 흘렀지만 공교육도 사교육도 영어 습득에 대안이 아니다 생각되는 불안은 더욱 깊어졌다. 우연한 인연으로 우리의 경험이 공감되어 일찍이 사서고생을 선택한 가정을 많이 알고 있다. 공교육과 사교육의 영어 학습법과 결이 다른 초등 6년의 애씀으로 아이들의 실질적인 영어 성장이 기대 이상으로 확인되는 사례가 점점 늘고 있다.

많아진 만큼 일부러 보려 하지 않아도 자꾸만 눈에 띄게 되니 엄마표로 영어 시작을 계획하고, 하고 있던 사교육을 접고 엄마표 영어로 방향 전환을 하는 가정들도 심심치 않게 목격된다. 늘어만 가는 관심에 다양한 고객의 니즈를 맞추려는 다양한 기획이 엄마표라는 이름을 달고 쏟아져 나온다. 단순해도 좋을 엄마표 영어가 자꾸만 복잡해진다. 좋다 하는 것들이 이것저것 보태지며 해야 할 것들은 늘어만 간다.

영어 습득을 위한 장기전에 알고 '만' 있는 많은 정보, 물질적 풍요로움, 그것들로 인한 다양한 시도들, 진짜 중요한 것은 이런 것들이 아니다. 감당하기 쉽지 않은 무게의 중요함은 어제도 오늘도 내일도 변함없이 이 길에서 꼭 필요한 실천들을 위해 꾸준히 시간을 쌓아가는 것이다. 첫 책이 출간되고 독자들은 8년간의 흐름이나 실천 모습이 생각보다 많이 단순했다는 것에 놀라워했다. 복잡할 것이 없는 엄마표 영어였고 그리 복잡하지 않아도 좋을 실천이라는 생각은 처음도 그랬고 지금도 변함없다.

흥미로운 것은 **20년 전 방법인데 지금도 통하는 방법이라는 거다. 세대와 환경이 달라지며, 사회적 분위기에 따라 영어 습득을 위한 접근 방법은 변할 수 있어도 영어 자체가 변하는 것은 아니기 때문이다.** 앞으로 20년이 지나도 크게 변하지 않을 영어다. 그러하니 그 끝을 보기 위한 최선의 방법 또한 변하지 않을 것이다. 그 최선으로 정성 들여야 하는 몇 가지 안 되는 실천 중 가장 핵심인 **집중듣기**, 그 8년의 이야기를 샅샅이 살펴보겠다.

누리보듬식
집중듣기

제대로 엄마표 영어의 중요 실천 중 하나가 책과 함께하는 집중듣기다. 여기서 책은 당연히 영어 원서를 말한다. 반디의 영어 해방에 만세를 부르는 순간까지 사랑하고 사랑했던 집중듣기다. 반디가 사랑했다고 보기는 어렵다. 매일매일 해야 하는 일이 된 영어 원서읽기가 긴 시간 편안하고 자연스러울 수 있었던 것이 집중듣기 덕분이었음을 인정하는 정도다.

그렇다면 시작부터 끝까지 엄마의 무한 애정을 받은 집중듣기란 무엇일까? 우리가 8년 동안 실천한 집중듣기는 정확히 정의 내릴 수 있었다. 하지만 같은 단어로 유사한 활동을 하고 있는 아이들이 많다는 것을 모르지 않았으니 의미상 전달을 분명히 하고 싶어 정의부터 찾아보았다.

그런데 커뮤니티마다 그 의미가 조금씩 달랐다. 검증된 학문으로 정립된 분야가 아니므로 **다양한 해석이 공존**한다는 것을 알았다. 어느 곳에서는 소리와 텍스트를 함께 하는 것을 집중듣기라 한다. 다른 곳에서는 책을 읽어주는 오디오 소리나 영상에서 흘러나오는 소리를 귀를 쫑긋 세우고 집중해서 듣는 것을 집중듣기라 말하기도 한다.

어떤 해석이 맞고 어떤 해석이 틀리다 말할 수 없다. **내가 선택한 방법에 대**

한 확신을 가지고 믿고 실천하는 것이 중요하다. 8년 동안 믿고 실천했던 집중듣기의 의미를 정확히 해보겠다.

'**원음의 소리에 맞춰 단어 단위로**
텍스트 하나하나를 따라가며 책을 보는 방법'.

누리보듬이 하고 있는 말과 글에서 만나는 집중듣기라는 단어는 바로 이런 의미를 담고 있다.

워밍업을 위한 포인터는 엄마가

8년 동안 실천했던 반디의 집중듣기 방법은 **활용 매체에 따라 크게 두 파트로** 분류할 수 있다. 첫 번째 파트는 영어 첫 시작이었던 1년 차, 초등 1학년 워밍업 시기다. 이때 활용 매체는 멀티미디어 동화 사이트(Little Fox 등)였다. 두 번째 파트는 2년 차 이후부터 끝을 만날 때까지 7년이다. 활용 매체는 꾸준히 같은 방법으로 읽어 나간 챕터북이다. 시리즈부터 작가별 단행본, 뉴베리 수상작, 오리지널 고전까지 워밍업 이후 이어지는 모든 책의 형식은 '챕터북'이었다. 간혹 오해가 있는데 집중듣기를 1~2년 하다 그만둔 것이 아니다. 집중듣기는 영어 해방을 선언하는 그날까지 **정도의 차이만 있을 뿐** 8년 내내 지속되었다.

1년 차, 초등 1학년 집중듣기는 첫 걸음마 단계라 할 수 있지만 그 어떤 시기보다 중요했다. 아이에게 습관으로 정착시켜야 하는 시기였다. 성공과 실패를 미리 예측할 수도 있는 무서운 1년이다. 낯선 언어 영어의 첫 시작인 이 시기에는 일반적으로 그림책과 리더스북을 주로 활용한다. 우리는 조금 다른 선택으로 멀티미디어 동화 사이트를 이용했다. 움직이는 동화책 느낌이다. 영상과 함께 원음의 소리를 들으면서 하단에 나오는 텍스트의 단어 하나하나를 손으로 짚어나갈 수 있었다. 시력 보호를 위한 거리 확보와 컴퓨터 모니터 보호 차원에서 길다란 미술 붓을 포인터로 활용했다. 아이가 들기도 했지만 거의 엄마가 들고 있었다.

해본 이들은 공감할 것이다. 생각보다 팔도 아프고 집중도 꽤 필요한 동작이다. 초등 1학년 아이 스스로 포인터 움직임을 제대로 제어하는 것이 쉽지 않을 것이다. 집중듣기 하는 한 시간 가까이 제대로 따라가고 있는지 시시때때로 묻고 싶고 확인하고 싶었다. 그것을 꾹꾹 눌러 참으며 아무 말없이 곁을 지켜줘야 하는 엄마에게 포인터 붓은 묘한 안정감을 주었다. 아이가 눈으로 잘 따라간다 싶어도 멀뚱히 옆에 앉아 있느니 포인터라도 잡아주자 했었다.

동화 사이트의 현재 서비스 모습은 2005년 당시 우리가 활용할 때와는 많이 달라졌다. 단계에 따라 때로는 단어 단위로 때로는 문장 단위로 노란색 하이라이트 바가 원음의 소리에 맞춰 움직여준다. 왜 이렇게 바뀌었을까? 이렇게 소리와 텍스트를 맞추어 나가는 것은 이미 아이들이 원서를 보는 방법으로 잘 알려져 있거나 효과가 있다고 생각해서 아닐까?

휴먼북과 온라인 소모임들에게 전해 듣는 진행에 공통점이 보였다. 노란색 하이라이트 바가 소리에 맞춰 자동으로 텍스트를 가리켜준다 해도 초기에는 추가적으로 포인터를 활용했다 한다. 눈만으로 따라가기보다는 포인터로 텍스트를 가리키며 따라가는 것이 아이의 집중을 유도하는 데 보다 안정적이고 효과적이라는 긍정적 데이터가 나온 것이다. 소리와 함께하는 텍스트를 놓치지 않고 따라가는 것이 익숙해졌다 믿어지면 포인터는 더 이상 필요 없다. 이 시기 또한 아이마다 다른데, 반디의 포인터 활용은 6개월 정도였다.

무거운 엉덩이 힘
기르기

말과 글에서 자주 강조한다. 제대로 엄마표 영어의 본격적인 시작은 챕터북을 무리 없이 만나면서부터이며 그 이전은 단지 챕터북을 만나기 위한 워밍업일 뿐이다. 이 부분 동의가 힘드신 분들도 있겠지만 결론적으로 그런 **워밍업에 힘 빼지 말자. 비용도 무리하지 말자.** 이것 또한 우리의 1년 차 계획 중 하나였다. 1년 차 워밍업으로 멀티미디어 동화 사이트를 선택한 것은 비용 절약 차원 말고도 몇 가지 이유가 더 있었다. 그렇다 해도 최상위 종이 질에 올 컬러의 그림책이나 리더스북은 구입 가격이 만만치 않았으니 비용 절약 차원이 가장 컸을 것이다.

집중듣기 한 시간을 채우기 위해 그림책과 리더스북이 몇 권 필요했을까? 반복을 싫어하는 성향의 아이와 대여 시스템도 여의치 않았던 2005년이었다. 지금과 달리 대전 공공 도서관에서 영어 원서를 찾아보기도 쉽지 않았다. 당시 매일매일 한 시간을 위해 그 많은 양의 새로운 책을 확보하기란 불가능했을 것이다. 그렇다고 몇 권의 책으로 싫어하는 반복을 지속적으로 요구했다면 안 그래도 낯선 언어가 지겹기까지 했을 것이다. 반디가 태어난 이후 줄곧 남편 혼자 외벌이였다. 단지 워밍업 단계에 불과한 그 시기를 위해 무리한 비용을 지불할 마음은 눈곱만큼도 없었다.

그렇다고 매체 확보를 충분히 준비해놓지 않는다면 나아가는 걸음이 될 수 없는 방법이었다. 의욕 넘쳐 시작했다 해도 제자리걸음이거나 망설임이 많은 걸음이 되다가 중도포기하게 되리라는 것을 방법을 깊이 공부하면서 깨달았다. 세월이 흐르며 상황은 많이 개선되었다. 성향에 따라 워밍업을 위해 동화 사이트보다 실물 책을 선호하는 친구들도 있다. 지역별 공공 도서관 원서 비치 현황이 좋아져 도서관 대여도 이용할 만하다. 원서의 중고 거래도 활발해져서 반값 이하의 가격으로 구입도 쉬워졌다. 온라인 대여서비스도 활성화되어 있다. 워밍업 단계를 실물 책으로 만나기 위해 비용 면에서 어느 정도 자유로울 수 있게 되었다.

그럼에도 불구하고 동화 사이트 활용을 고려한다면 서둘러 결제하고 시작할 일이 아니다. 2005년 우리가 선택했던 리틀팍스Little Fox 외에 유사한 콘텐츠를 제공하는 사이트가 많아졌다. 각 사이트마다 보이는 장단점을 비교해보자. 내 아이와 합이 맞춰줄 만한 곳이 어느 곳인지 여러 곳을 둘러보고 결정했으면 한다.

성공을 이야기하는 누군가가 활용한 사이트라 해서 내 아이를 위한 정답이 되어주지 않는다. 그 어떤 실천도 다른 사람이 만들어놓은 그 사람의 느낌표를 쫓지 말고 각자의 해답을 찾기 위한 물음표가 먼저라는 것을 잊지 않기를 당부한다. 이렇게 워밍업 단계에 실물 책이 아닌 멀티미디어 동화 사이트를 이용했기 때문에 우리 집 책장에서는 영어 그림책이나 리더스북을 찾아볼 수 없었던 거다.

1년 차 워밍업에 멀티미디어 동화 사이트를 활용했던 것이 경제적인 이유만은 아니라 했다. 또 다른 이유들을 살펴보자.

첫째, **그림만으로도 내용 이해가 가능했기 때문이다.** 취학 전에 의도적으로 영어 노출을 피했던 아이였다. 알파벳 스물여섯 글자를 쓰는 것은 고사하고 정확히 기억해서 구분하지 못하는 상태에서 시작했다. 그렇다 해도 들려오는 낯선 소리 전부가 단지 소음일 뿐이면 안 됐다. 화면만으로도 내용 이해가 되면 엉덩이가 덜 들썩일 것 같았다.

둘째, **이미지와 소리를 매칭시킬 수 있었다.** 화면의 이미지에 단어를 매칭시키고 화면에서 나오는 상황에 문장을 매칭시켜 보고 듣는 것이다. 같은 맥락으로 그림 카드 등을 이용해서 이미지를 이용한 단어 기억법을 이 시기도 선호하는 분위기였다. 이제 막 영어를 시작한 아이가 단어를 그림에 문장을 상황에 매칭시키며 받아들이기 좋은 매체라 생각했다.

셋째, **장기적 흥미 유지를 위해 동적인 부분이 시선을 붙잡기 유리했다.** 그림책이나 리더스북은 안 움직이니까. 한 시간을 엉덩이 무겁게 집중하는 습관을 들여주는 것이 중요한 워밍업이었다. 선택 가능한 상황이라면 아이가 더 재미있어 하고 매일매일 해도 덜 지루해서 흥미를 유지할 수 있는 매체여야 했다.

이렇게 시작한 1년 차, **첫 해의 집중듣기 워밍업 목표는 크지 않았다.** 아이가 동화 내용을 이해하는 것을 목표로 한 것이 아니다. 단어를 기억하고 문장을 따라 말하는 것이 중요하지 않았다. **집중듣기 한 시간을 습관을 넘어 자연스러운 일상으로 만들기가 목표였다.** 2년 차부터 본격적으로 어떤 집중듣기로 이어져야 하는지 이미 계획되어 있었다. 그 실천이 무난하기 위한 워밍업이어야 했다.

2년 차 무난한 실천을 위해 엉덩이 무겁게 앉아 글자와 소리에 익숙해지는 것, 첫해 정성 들여 자리잡아야 하는 목표였다. '공부는 머리로 하는 것이 아니라 무거운 엉덩이로 하는 것이다.' 많이들 알고 있고 공감하지 않을까? 아이가 학년이 올라가며 엉덩이가 무거운 편에 속했다. 그 습관에 영어 집중듣기 매일 매일 1시간이 상당히 영향을 주었을 거라 생각한다.

이렇게 그림책과 리더스북을 활용하는 단계인 워밍업은 멀티미디어 동화 사이트 1년 활용으로 끝을 봤다. 실력 바닥인 엄마가 엉터리 발음으로 영어책을 읽어줘야 하는 건가 고민하지 않아도 좋을 매체였다. 덕분에 단 한번도 아이에게 영어 원서를 그림책조차 읽어준 적이 없다. 엄마의 영어 실력이 평범에도 못 미치는 바닥이어도 할 수 있는 방법이라는 것이 엄마표 영어에 대해 공부하면서 가장 매력적인 유혹이었다. 고백하건대 아이는 엄마표 영어 8년으로 영어 해방을 이루었지만 그 8년을 함께 했던 엄마의 영어 실력은 손톱만큼도 나아지지 않았다. 본래부터 영어에 애정 없는 사람이었고 뇌가 도와주는 시기는 이미 오래 전에 지나버렸는데 노력으로 이겨낼 만큼의 열정도 없었나 보다.

아이와 사전 약속,
했으면 지키자

1년 차 반디의 집중듣기 실천 모습이다. **약속한 1시간 동안 아이는 혼자가 아니었다.** 그 시간만큼은 만사 제쳐두고 나란히 아이 곁을 지켰다. 약속한 한 시간은 엄마와 함께였고 이후 더 보고 싶거나 게임이나 동요로 놀고 싶으면 혼자 얼마든지 허락했다. 분명히 계획되어 있는 실천으로 동화를 보는 시간만 1시간이었다. 게임이나 동요 등 놀이로 접근하는 것은 집중듣기에 포함시키지 않았다. 그런데 반디 같은 경우 혼자 두면 놀이로 접근하는 것들도 오래 집중하지 못했다. 아이 성향인지 컴퓨터는 늘 엄마와 함께하던 습관 때문인지 열심히 장단 맞춰주는 엄마 없이는 이것저것 몇 번 클릭하다 금방 흥미를 잃어버리고 전원을 꺼버렸다.

간혹 알파벳도 모르는 아이가 처음부터 동화를 죽 이어가며 집중듣기 1시간을 꼼짝 안 하고 채울 수 있는지 물어오는데 처음에는 그렇게 무자비한 방법이 아니었다. 엄마가 옆에 앉아 중간중간 이런저런 이야기를 아주 짧게 나누며 주의 환기를 시켜주었다. 이때 나눌 이야기는 보고 있는 동화 관련 영어 이야기가 아니어야 했다. 이제 막 영어를 처음 접한 아이였다. 아는 것이 아무것도 없으니 확인을 할 만한 것도 없었고 집중듣기를 하며 그 어떤 질문도 확인도 하지 않겠다고 방법을 아이에게 설명할 때 약속했기 때문이다.

이 약속 끝까지 잘 지켜준 엄마였다. 처음에는 참아야 했고 나중에는 몰라서 못했다. 중간에 하는 이야기는 학교 이야기, 친구 이야기 그렇게 서너 마디 정도였다. 그리고 다시 다음 동화에 집중. 이런 진행으로 아이의 엉덩이 움직임이 덜 하게 만들어주는 것이 초기에 해야 하는 엄마의 역할이었다.

동화를 보고, 듣고, 짚어 나가는 이외의 활동은 하지 않았다. 이것도 시작 전에 아이와 한 약속이었다. 지금처럼 많지는 않았지만 동화마다 부가 서비스 활동이 있었는데 대부분 관심 두지 않았다. 단어장이 있었던 것으로 기억하는데 의도적으로 피했다. 왜 피했는지, 그렇게 피해도 되는 때가 있고, 반드시 잡아가야 하는 때가 있다 생각해서 적절한 시기 실천했던 단계별 단어학습법은 〈PART 05 어휘확장 톺아보기〉에서 자세히 다루었다. 퀴즈는 정확하지 않지만 있었던 것 같은데 의무가 아니어서 접한 기억이 없다.

학년이 어느 정도 올라갔을 때 새롭게 나온 높은 단계를 방학을 이용해서 단기로 한꺼번에 만나고는 했는데 그때는 퀴즈를 풀었다. 엄마가 풀어라 하지 않아도 풀고 싶어졌는지 아이 스스로 풀어보았다. 아주 간혹, 누군가 그걸 풀지 않았다 하니 안 풀어도 된다는데 풀고 있는 시간 아깝다 생각 들어 아이가 스스로 하겠다는 의지를 막고 있다는 소식도 들려 놀랐다.

계획한 소리 노출 시간에 방해가 되지 않는 선에서 적절한 시간 분배로 아이 성향에 맞춰 융통성을 발휘하면 될 일이다. 단, 매일의 집중듣기 계획된 시간 안에 이것도 저것도 그것도 집어넣어서 소리 노출 집중에 방해가 된다면 고민과 타협이 필요할 것이다.

워밍업용 매체활용은
짧고 굵게

6개월 이상 매일 1시간씩 무작정 보고, 듣다 보니 단계가 빠르게 높아졌다. 아이 성향상 반복도 거의 못하는 진행이었다. 당시는 사이트에 800편 정도의 동화가 수록되어 있었는데 6단계에 들어가니 어렵다 했다. 어렵다는 아이 무리하지 않기 위해 **처음으로 돌아와 원문 인쇄해 놓은 것으로 복습**을 시도했다. 대부분의 동화를 그림없이 원문만 인쇄해서 제본해 놓았던 것을 활용하는 시기였다. 어떤 모습인지 첫 책에 사진으로 담았다.

꾸준히 소통하고 있는 이웃들의 데이터를 참고하자면 모든 경우는 아니지만 리틀팍스를 전적으로 활용하는 경우 유사한 단계에서 워밍업이 마무리되고 있음이 보인다. 리틀팍스 기준으로 5단계까지의 꽉 찬 워밍업이면 챕터북으로 넘어가는데 무리가 없었다. 그 이상의 단계는 1학년이 소화하기에는 글밥도 내용도 벅찬 수준이라는 것을 이용하시는 많은 분들과 공감했다.

1학년 시작을 기준으로, 매일 1시간씩 집중듣기 워밍업을 전적으로 리틀팍스를 이용하는 경우 1단계부터 차근차근 단계를 밟아가도 가장 짧게는 6개월이면 5단계까지 진행이 완료된다는 데이터도 나와 있다. 단, 아이들의 성향에 따라 또 그 5단계까지를 어떻게 채웠는지에 따라 이후 진행에 다양한 변수가 나타난다는 것도 알게 되었다. 그 모든 변수에 적절한 대처는 아이를 가장 잘 알고 있고 모든 시간을 함께했던 엄마만이 해답을 찾을 수 있었다.

그렇다 해도 여러 사람이 나누는 긍정적 데이터는 충분히 참고가 되었다. 반복을 어찌 할지, 단계는 차례대로 할 것인지 무작위로 오르락내리락 할 것인지, 부가 서비스 활용은 어디까지 할지 또 리틀팍스가 아닌 다른 매체를 활용하거나 리틀팍스와 다른 매체를 혼합해서 워밍업을 하는 경우 챕터북 진입 이전의 워밍업 단계를 어찌 봐야 하는지 등등. 집집마다 제각각 모두 다른 모습의 실천이다. 100명이 엄마표 영어를 하고 있다면 100명이 모두 다른 길을 만들어 나아가고 있다는 말이 그냥 하는 말이 아니라는 거다. 여럿이 함께 진행을 공유하고 이야기를 나누다 보면 "이것이 정답이다 이렇게 하면 된다" 일반화시킬 수 없지만 다수가 공감하는 긍정적 데이터가 어떤 것인지는 잡혔다.

다시 반디의 예전 이야기로 돌아와서. 제본한 책을 이용해서 화면 없이 텍스트만으로 원음과 함께 집중듣기 복습에 들어갔는데 **초기 단계 짧은 동화를 아이가 더듬거리며 읽기** 시작했다. 엄마가 시킨 것이 아니었는데 스스로 읽을 수 있다는 것이 신기했는지 신나게 읽더니 얼마 못 가서 힘들다고 하지 않았다. 그렇게 소리 내서 책을 읽는 것을 음독이라 한다. 2년 차에 약간의 강제성을 가지고 음독을 시도했지만 아이가 강하게 거부했다. 결국 소리 내서 책을 읽는 모습을 보았던 것은 이때 잠깐뿐이었다.

이렇게 1년 차 하반기에는 원문 인쇄해 놓은 것으로 앞서 보았던 동화를 복습했다. 반복을 싫어하는 아이였음에도 방식을 달리해서였는지 아무것도 몰랐던 처음과 달리 보이고, 달리 들려서였는지 텍스트만으로 반복하는 것에 크게 저항하지 않았다.

이런 진행으로 멀티미디어 동화 사이트 활용은 1년 차, 1년 동안 **'집중듣기**

워밍업' 용도였다. 리틀팍스를 흘려듣기 매체로 활용하는 것에 대해 종종 질문을 받는다. 이미 그리 활용하고 있는 가정이 많았다. 그 또한 각자의 선택일 것이다. 그런데 개인적으로 나라면 그런 선택은 하지 않을 것이다. 단순하게 생각하자면 구어체와 문어체의 차이도 있겠지만 **일상에서 만나는 다양한 상황에 맞는 적절한 문장 노출**에 익숙해지기 위한 흘려듣기인데 동화를 읽어주는 영상으로 그런 상황을 만나기는 부족하지 않을까 해서다.

또 한 가지, 멀티미디어 동화 사이트를 1년 이상 지속하는 것을 추천하지 않는다. 워밍업 단계 이후에 활용하기에는 일부분 아쉬움이 있기 때문이다. 이런 사이트들의 부가서비스 제공은 욕심낼 만하다. 아직 아이가 접하기에 무리 있는 단계의 동화들까지 원문으로 오디오와 함께 다운로드 가능하다. 이후에 학년에 맞게 추가적으로 활용하기 위해 사전 확보할 수 있다. 엄마가 조금 부지런해지면 1년만으로도 제공되는 콘텐츠를 넉넉히 누릴 수 있다.

제대로 엄마표 영어 실천의 핵심은 **텍스트 위주로 구성된 책다운 책을 제 나이의 사고에 맞게 읽어 나가 원어민 또래만큼의 영어 자체 사고력을 쌓아가는 것**이다. 가능하면 현지에서 충분히 검토되어 출판되고 좋은 책으로 인정받은 것들을 만나야 하지 않을까? 영어 실력 좋은 엄마들이 주시는 후기로도 참고될 만한 사항이 있었다. 일부 멀티미디어 동화 사이트의 이야기 흐름이나 문장 구성이 현지의 문화와 언어가 충분히 녹아 있는 제대로 절차 거쳐 나온 현지 출판물과 차이가 있다는 거다. 챕터북으로 자연스럽게 넘어가기 위한 워밍업 단계 활용인데 긴 시간을 허비할 건 아닌 것 같다. 물론 워밍업을 7년이나 5년, 3년 등 길게 잡았다면 할 말 없다. 다만, 워밍업 단계를 길게 멀티미디어와 함께 했을 때 영상에 의지하려는 마음이 지나치게 강해지는 경우 텍스트 위주의 책으로 무난히 넘어가지지 않는 부작용도 생각해봐야 한다.

빠른 시작으로 길어진
워밍업 부작용

아이에게 영어 노출을 언제부터 시작할 것인지, 텍스트 위주로 편집된 챕터북으로 진입하기 전의 워밍업 단계를 몇 년으로 계획하는지는 모두 개인 선택이다. 영어 노출은 빠르면 빠를수록 좋다는 것이 전반적인 대세였으니 서둘러 시작해서 길고 긴 워밍업 기간을 거쳐온 친구들이 많아졌다. 워밍업 단계에서 챕터북으로 옮겨가는 시기의 매체 변화는 아이들에게도 엄마들에게도 이 길에서 넘어야 할 큰 고비 중 하나로 긴장하는 지점이다. 지금까지는 짧은 원문의 동화를 그림이나 영상과 함께 했지만 이제는 온전히 텍스트로만 편집된 호흡이 긴 책을 만나야 해서다.

챕터북으로 넘어가야 하는 시기만이 아니라 워밍업 단계에서도 집중듣기를 하는 아이가 **텍스트 집중이 원만하지 못하다**는 하소연을 많이 받는다. 원인이 되는 변수는 하나가 아니다. 아이들마다 지나온 시간에 따라 다른 변수들을 가지고 있다. 유사한 질문을 반복해서 받게 되고 지난 시간을 깊이 이야기 나누다 보면 어려움의 원인으로 공통점이 잡히기도 한다. 같은 변수가 소수에서 보일 때는 아이들 성향에서 오는 것이 대부분이다. 그런데 그것이 소수를 넘어간다 생각되어 좀더 깊이 들어가보면 참고가 될 만한 데이터가 나온다. 그것을 블로그에 공유했을 때 의외로 공감이 큰 주제가 있다. 이 주제가 그랬다.

어떤 계기가 되었든 꾸준한 원서읽기를 통해 또래에 맞는 독해력을 쌓으며 사고력을 키워야 하는 길이라는 공감이 크면 '지금부터 제대로다!' 다짐도 하고 각오도 하며 아이를 설득하고 실천에 들어간다. 책에 써 놓은 방법대로 진행하는 것이 글만으로 볼 때는 쉽게 느껴진다. 그런데 실질적인 실천에서는 글에서 보이지 않던 자잘한 시행착오들을 만나게 된다. 하고 있는 활동이 낯설기만 한 아이가 생각만큼 따라주지도 않으면 이래도 되나 싶은 불안과 의심이 곧 따라붙는다. **소리와 텍스트를 매칭시키는 집중듣기**에 들어갔는데 힘들어하고 집중하지 못하며 이런 말을 하는 친구들이 있다.

"소리만 들어도 다 알아들을 수 있는데 왜 자꾸 글씨를 같이 보라고 하냐? 그냥 소리만 듣겠다. 글씨 같이 보는 거 싫다. 물어봐라. 무슨 말인지 다 안다."

어머님들 반응이 흥미로웠다. '우리집에 CCTV 달아 놓은 것 같다', '이거 우리집이다', '어제 아이와 집중듣기 하다가 다툰 이유다' 등등. 같은 변수에 아이들 반응이 다르지 않다는 것을 알 수 있다. **너무 길었던 워밍업으로 인해 보이는 부작용일 수 있다.**

텍스트에 집중하지 못하고 소리로만 이해하려는 친구들이 많아졌다. 어떤 친구들일까? 영상으로 책으로 영유아기부터 영어 노출이 많이 된 친구들이다. 아이가 하는 말이 거짓이 아니다. 그림책이나 리더스북을 읽어주면 통으로 해석도 할 수 있다. 그런데 같은 책을 텍스트만 주었을 때 읽을 수 있는 단어나 문장이 없거나 드물다. 모두가 그렇다는 것이 아니다. 길었던 워밍업이 본격적인 진행에 도움되는 친구들도 많다.

이런 문제가 영어가 재미있고 거부감 없이 해결되는 취학 전 친구들에게 보이는 것이라면 걱정이 되지 않는다. 문제는 학교라는 공간에서 교육을 받기 시작한 학생인 경우다. 더 이상 미루거나 소홀히 할 수 없는 것이, 우리말도 영어도 좋은 책을 읽으며 사고력을 키워 나가는 것이다. 책을 읽는다는 것은 소리를 듣고 이해하는 것이 아니다. 텍스트를 보고 이해하는 것이 책 읽기다.

본격적으로 원서읽기가 들어가 주어야 하는 시기인데 소리에는 익숙하지만 텍스트에 익숙하지 않으니 그것이 어렵다. 어렵겠다 인정하고 지켜보자니 정체기가 오고 제자리 맴돌고 있다 느껴지는 시간이 길어진다. 해답을 찾다 만난 책이 《엄마표 영어 이제 시작합니다》.

"지금까지 본 엄마표 영어 관련 책이 몇 권이고, 관련 커뮤니티에서 정보를 얻어온 것이 몇 년인데 다를 것이 없네."

덮어지면 그만인데 '워밍업'이라는 말이 자꾸 맘에 걸린다. 수년을 아이와 애써온 시간이 본격적인 시작도 전, 워밍업일 뿐이라니! 열정 가득 길었던 시간을 그리 인정하는 것이 쉽지 않다. 여기서 선택이 갈라진다. 빠른 시작으로 긴 워밍업이 되면서 귀가 먼저 예민해졌음을 인정하고, 쉽지는 않겠지만 이 길에서 텍스트와 친해질 수 있도록 갖은 전략을 세워 앞선 시간을 반석으로 만들 것인지, 텍스트와 친해지지 않아도 되는 다른 방법을 도모할 것인지. 전자로 무사히 텍스트에 안착해 성장해가는 친구들이 많다. 엄마가 더 많이 애태우고 더 자주 아이를 이해시키고 설득했다고 했다. 왜 더 많이 더 자주였을까? 처음부터 그랬어서 그러려니 하는 것보다 익숙했던 방법이 아닌 방향 전환이 더 힘들기 때문이다.

이런 변수를 공유하는 것은, 모르고 당하며 길게 제자리걸음 하게 되는 것이 안타까워서다. '이런 경우도 있구나' 공감을 통해 아이의 지난 시간이나 성향을 고려해서 가정이 처해 있는 상황에 맞는 대안을 시간 많이 허비하지 않고 찾아내기를 바라는 마음에서다. 실제로 이런 상황을 마주했을 때, "지금까지 잘하다가 이건 왜 안 되는 거니?" 아이를 다그치며 진 빼는 일은 없기를 바란다. 지금, 이른 영어 노출 선택으로 영유아기지만 아이와 영어를 매개로 즐거운 시간을 가지고 있는데 혹시 내 아이도 저런 상태를 만나지는 않을까 미리 걱정하지 말기를 당부한다.

공감했다면 적절한 완급 조절로 피할 수 있는 부작용이고 피하지 못했다 하더라도 바로잡아야 하는 분명한 이유를 알고 있으니 크게 헤매지는 않을 것이다. 오지 않을 상황을 미리 상상하며 당겨 하는 걱정은 부질없다. 그런 걱정 대부분은 일어나지 않을 확률이 90% 이상이다. 하고 있는 영어 노출이 워밍업으로 좋은 바탕이 되어줄 수 있도록 본격적인 진행을 위한 계획을 구체화시키고 아이가 무리 없이 실천하며 성장해가는 좋은 상상을 추천한다.

어느 시기가 되면 너무도 당연하게 음원의 도움 없이 텍스트만으로 책을 읽어야 한다. 책뿐만 아니라 초등학교 고학년 이상에서 만나는 다양한 텍스트들 대부분이 음원 도움을 받기 어렵다. 어떤 텍스트가 되었든, 읽기의 끝판왕인 오리지널 고전이라도 **음원 도움 없이 음원 속도보다 빠른 독해가 가능한 것!** 이 길에서 우리가 바라고 목표로 하는 읽기 능력이다. 영어를 '도구'로 써먹을 수 있는 내공이다. 그럴 수 있는 연습이 단기에 쉽게 해결된다면 영어교육을 놓고 이러니 저러니 고민할 필요 없다.

하지만 그러기 위해서는 장기적으로 쉽지 않은 노력이 필요하다. 어떤 노력이 필요한지 모르지 않는 엄마들이 그 틀을 잡아줄 수 있을 때 잡아주기 위해 이 길을 선택하고 애쓰고 있다. 우리가 이 길에서 애쓰는 이유는 귀가 트여 '의사소통은 된다'에서 만족하는 영어 실력을 위해서가 아니다. 깊이 있는 고등교육 학습으로까지 연계될 수 있고 아이의 미래 도전에 걸림돌이 아니라 디딤돌이 될 수 있을 정도의 실력을 바란다면 **피해서는 안 되는, 피할 수도 없는 '텍스트'**라는 것에 공감했으면 한다.

받고 받고 또 받는 질문들

《엄마표 영어 이제 시작합니다》책을 만난 뒤 멀티미디어 동화 사이트를 이용한 집중듣기에 새롭게 도전하는 가정이 많다는 것을 반복되는 유사한 질문으로 알게 되었다. 원서를 구입해야 하는 것도 아니고 인터넷으로 가입만 하면 바로 할 수 있으니 **시작이 너무 쉽다.** 그런데 글만큼 만만한 실천이 아니니 아이와 트러블이 잦아진다. 엄마가 이 길을 깊이 들여다보는 사전 공부 없이, 막연하고 어설픈 시작이었다면 아이를 설득하기도 힘들다. 선택한 방법에 대한 의심과 불안이 커지며 쏟아내는, 이제 막 새롭게 시작하는 집중듣기 관련 반복되는 질문이 두 가지로 추려졌다.

첫 번째, 집중듣기 방법은 원음의 소리에 맞춰 텍스트를 따라가야 하는데 아이의 눈이 자꾸 그림에만 머물고 있다는 거다. 두 번째는 반복을 해야만 좀 더 알아들을 것 같은데 반복없이 진행하는 것이 맞는 건가?였다. 이 부분《엄마표 영어, 7주 안에 완성합니다》에 질의 응답으로 자세히 풀어놓았다. 짧게 전하자면 첫째는 너무도 당연한 현상이다. 그런 상황에서 어떻게 문자에 좀 더 집중하게 만들지 곁을 지키는 엄마가 도움 주어야 하는 일이다.

불안함을 감추기 위한 꾸짖음이 아니고 인정할 건 인정해주고 차츰 나아질 수 있다는 격려와 작은 변화에도 칭찬을 아끼지 않으면서 시간을 함께 쌓아보자. 쌓은 시간이 충분해지면 분명 시선의 변화는 찾아오게 되어 있다. 화면에 머무는 시간이 많았던 아이가 화면과 텍스트를 오가는 시선이 바빠지고 어느 순간 화면보다 텍스트에 더 오래 시선이 머물게 된다. 그것이 하고 있는 실천의 옳은 방법이라는 것을 지치지 않는 엄마의 설득으로 익숙해졌을 테니까.

두 번째, 반복 패턴은 아이의 성향을 우선 존중해 주어야 한다. 하지만 지나친 반복인 경우 원인을 잘 파악해서 다양함으로 유도해주는 것이 장기적 진행에 도움도 되고 효과적이라 생각한다. 굳이 같은 것을 반복하지 않아도 매일매일 꾸준한 집중듣기와 흘려듣기가 누적되다 보면 자연스럽게 여기저기서 셀 수 없는 반복을 만나게 되는 진행이다.

지나친 반복의 원인이 무엇 때문인지도 시간을 되짚어 살펴보면 좋겠다. 혹시 완벽하게 이해되지 않으면 새로운 책으로 관심을 두지 못하는 아이 성향이 그런 방식으로 유도했던 엄마의 선택 때문일 수도 있어서다. 아이들이기 때문에 경험이 성향을 만들기도 한다는 것을 오랜 소통에서 유사한 상황들을 함께 이야기 나누며 깨닫게 되었다.

아직도 영어 시작은 파닉스부터라고?

최근 추세의 엄마표 영어에 익숙하다면 그것과 거리가 있는 우리의 실천 8년을 정리하는 몇몇 문장에 쉽게 동의되지 않아 마음 복잡해진다는 후기들을 자주 받는다. 그중 하나가 파닉스Phonics다. 반디의 영어 시작은 파닉스가 아니었다. 서둘러 영어교육에 들어서는 유아기 아이들이 첫 시작을 위해 선택하는 방법이 왜 파닉스일까 생각해봤다. 유아기가 아니더라도 파닉스가 영어의 시작이라고 믿게 된 이유가 무엇일까 고민도 해봤다.

고민 끝에 파닉스가 먼저가 아니어도 된다는 개인적 확신을 얻었다. 그 확신으로 옳다고 선택한 방법으로 1년 차 하반기, 늦게 시작해서 짧고 가볍게 해결한 파닉스에 대한 이야기는 《엄마표 영어 이제 시작합니다》에 하나의 챕터를 할애해서 아주 자세히 담아 놓았다.

초등학교 1학년이었던 반디에게 어떤 방법으로 파닉스를 '이해시켰는지' 모두 풀어놓았다. 단어의 뜻을 기억하게 하거나 스펠을 암기하지는 않았다. 이미 우리말에 충분히 익숙했던 아이에게 한글의 자모음과 연결해서 발음 규칙을 설명해준 것이다. 익숙한 단어들을 **아이가 직접 입으로 소리 내서 발음해보며** 각 글자가 가지고 있는 소릿값을 이해하도록 했다. 책에 그렇게 활용한 단어들이 수록되어 있다. 살펴보면 알겠지만 어려운 단어들이 아니다. 집중듣기 6개월을 통해 아이도 이미 알고 있는 쉬운 단어들이었다.

'파닉스를 1년 했다' 또는 '2년째 하고 있다.' 서두른 시작에 길어지는 파닉스 교육에 불만인지 자랑인지 구분이 애매하다. 알파벳 26글자와 그것들의 조합으로 무수히 많은 파닉스 규칙들이 존재한다. 그것들 중 매우 기본적인 일부만을 다루는 것이 국내에서 보편적으로 하고 있는 파닉스 교육이다. 재미와 흥미를 위해 동요나 챈트를 활용하니 아이들의 흥얼거림도 보이고 누군가는 이것을 아웃풋이라고도 한다. 기억을 위한 반복까지 보태져서 그 연령에게 맞는 최소한을 다루는데도 시간도 꽤 걸리고 비용 또한 영어 사교육이기에 무시못할 수준이다.

컬러풀한 양질의 워크북 위에다 선 긋기가 되었든 단어 쓰기를 위해 알파벳 그려보기가 되었든 보여지는 것이 있고 모두가 그리하고 있으니 나만 아닐 수 없게 돼버렸다. 파닉스를 장기적으로 붙잡고 있는 이유는 미취학이기 때문일 것이다. 한글도 영어도 텍스트에 익숙할 연령이 아니다. 그런 활동이 아니면 시도해볼 만한 여타 활동이 여의치 않다. 비용을 지불하는 부모들에게 보여지는 것은 있어야 하고 본격적인 텍스트 교육을 하기도 일러서 선택한 최선이라 생각한다.

《엄마표 영어, 7주 안에 완성합니다》에도 질의응답 형식으로 파닉스에 대해 추가해 놓았다. 파닉스와 음독에 대해서 생각의 전환을 가져온 2011년 학술 논문 하나도 소개했다.[1] 반디가 영어 완성을 이 길에서 확인하고 한참 뒤인

---

1 https://www.otago.ac.nz/humanities/news/otago073434.html "New way of thinking about learning to read"

2015년에 우연히 찾아진 논문이다. 논문에서의 결론은 파닉스나 음독 등의 의도적인 **발음 중심 어학 교수법이 독서 능력을 키워주는 데 도움되지 않는다는** 것이었다. 독서 능력 향상을 위해 필요한 것은 발음 중심 어학 교수법이 아니라 꾸준한 책 읽기이며, 그것이 읽기 속도와 단어 인식도 높여주고 새로운 단어를 더 빨리 배우는 데 도움되었다는 거다.

유사한 의견이 최근 2022년 1월에 영국의 정론지 중 구독자가 많기로 대표적인 《The Guardian》의 기사에서도 확인된다.[2] UCL's Institute of Education의 연구원들이 초등학생들의 읽기 교육에 파닉스를 도입한 것이 기대한 것과 달리 성공적이지 않았으며 오히려 피해가 되었다는 주장을 교육부 장관에게 전달했다. 교육부 대변인은 파닉스 교육이 전 세계적으로 아이들에게 읽기를 가르치는 데 있어 효과적인 방법으로 증명되었다고 말하지만 원론적인 뻔한 대응이었다.

이에 반해 비평가들은 파닉스 교육이 파닉스 시험을 잘 볼 수 있도록 도와줄 뿐 **읽기에 익숙해지고 읽기가 좋아지게 하는 데는 아무런 도움을 주지 않았다고** 말한다. 아이들에게 텍스트를 읽고 이해하는 것을 가르치는 것이 인생에서의 기회를 향상시키는 데 있어 굉장히 중요하며, 이는 초등학교 및 유아기 시절의 가장 중요한 과제 중 하나라는 말에 깊이 공감한다. 이 기사에 대한 독자들의 반응도 기사화되었다.[3] 대부분 새로운 주장에 대해 찬성하고 있었다. 파닉스가 읽기를 가르치는 선생님들의 강력한 무기 중 하나였지만, 다른 수많

---

2 https://www.theguardian.com/education/2022/jan/19/focus-on-phonics-to-teach-reading-is-failing-children-says-landmark-study "Focus on phonics to teach reading is 'failing children', says landmark study"

3 https://www.theguardian.com/education/2022/jan/21/fixating-on-phonics-will-not-help-young-readers "Fixating on phonics will not help young readers"

은 **효과적인 읽기 교육 방법 역시 존재한다. 우리는 그중 하나인 '제대로 엄마표 영어'를 선택한 것이다.**

반디의 영어 습득 과정에서 파닉스나 음독에 마음을 두지 않았던 이유를 이렇게 전한다. 궁극적인 영어 목표가 유창한 발음으로 영어책을 소리 내서 읽는 것이 아니었다. 우리의 목표는 제대로 원서를 읽어 나가며 제 나이에 맞는 독해력을 쌓아가서 영어 자체로 사고할 수 있는 능력을 키워가는 것이었다. 독해력을 기르기 위해서 반드시 소리 내서 책을 읽어야 하는 것은 아니라고 생각했다. 묵독이어도 충분했으니 파닉스와 음독에 정성을 들이지 않아도 된다.

이렇게 결론 내렸었는데 우리의 실천이 나쁜 선택이 아니었음을 다 지나고 나서 때때로 위로 받고 확인 받는 기분이다. 오해하지 않기를 바란다. 무조건 이렇게 하라는 것이 아니다. 우리는 이리해도 좋을 만큼 시작이 늦었다. 이미 한글의 구조를 알고 있는 아이였기에 설명으로 이해시켰던 것이다. 그리고 이후에 집중할 집중듣기에 대한 믿음이 분명했다.

파닉스가 해결되니
사이트 워드가 문제?

파닉스가 시작이 아니어도 아이들이 단어를 읽고, 문장을 이해하고, 책을 읽는 것이 편안해진다는 것은 이웃 아이들의 성장에서도 확인되고 있다. 이런 경험 공유와 전문 자료들로 늦게 시작해서 짧고 가볍게 해결한 파닉스에 대한 공감은 커졌다. 그런데 파닉스가 해결되니 새로운 고민이 등장했다. 사이트 워드sight words다. 사이트 워드를 정의하자면 일상 대화에서나 읽기에서 가장 빈번하게 등장하는 단어들이라 할 수 있다.

"sight words를 별도로 떼어서 공부하는 것이 어떨까요? 한 커뮤니티에서 sight words 익히기 몇 주 플젝이 있는데 아이가 힘들어할 것 같아 걱정이지만 sight words를 공부하면 읽기에 도움이 된다 해서 해볼까 합니다. 어떻게 생각하나요?"

반복해서 받고 있는 질문인데 드리는 답의 첫 문장은 이렇다.

"이 길에서 제대로 시간 쌓고 있다면 불필요한 활동이 아닐까 합니다."

사이트 워드는 집중듣기 하는 동안 수없이 반복해서 만나게 되는 단어들이다. 따로 떼 놓으면 의미 잡기도 애매한 단어들이 사이트 워드에 많이 포함되어 있다. **문장 안에서 쓰임이나 의미를 파악해야 하는** 단어들이다. 반디도 그랬지만 휴먼북을 포함해서 온라인 연강 전국단위 소모임에서도 확인되었다. 제대로 집중듣기 6개월에서 1년 안에 자연스럽게 습득되는 것이 사이트 워드였다. 습득되었다는 것은 단어를 보면 소리를 알고 문장에서의 쓰임이나 의미를 알아차린다는 거다. 1대 1로 한글 의미를 매칭시키거나 스펠을 암기할 수 있다는 것은 아니다. 사이트 워드 또한 집중듣기를 제대로 할 것이 아니라면 따로 떼어서 열심히 학습해서 익히는 것이 옳은 방법일 수 있다. 매 순간 각자만을 위한 옳은 선택을 위해 고민하고 고민해야 하는 길고 험한 길이다.

간혹 집중듣기를 열심히 했는데 사이트 워드도 읽지 못해 불안하다는 하소연도 듣는다. 스스로 의심을 키우는 분들은 파닉스를 안 해서, 사이트 워드를 별도로 공부하지 않아서 영어책을 읽지 못한다는 것으로 왜 때문에의 결론을 내리기도 한다. 1년 이상을 제대로 집중듣기 하며 시간을 쌓은 아이가 영어책을 전혀 읽지 못한다면 점검이 필요하다. 하지만 그 원인이 과연 파닉스와 사이트 워드에만 있을까? 같은 시간의 같은 노력에도 제각각 아이 성향에 따라 성장을 눈으로 확인하는 것에는 차이가 있다는 것도 인정해야 한다. 쌓은 시간이 계획대로 정직했는지 지난 시간 기록을 꼼꼼히 살펴보아야 한다.

정직했다면 오래 기다리지 않아도 곧 읽게 된다는 것을 믿어보았으면 한다. 그리고 그런 믿음을 애쓰고 있는 아이에게도 보여주자. '파닉스를 하지 않아서 또는 사이트 워드를 별도로 공부하지 않아서 영어 책을 읽지 못한다!' 가까이 모든 시간을 지켜봤던 **엄마가 이런 불안을 아이에게 들키게 되면** 엄마 못지않게 흔들릴 수밖에 없는 아이는 하고 있는 실천에 자신이 없어지고 불안을 넘어 싫증을 느끼게 된다.

만일 책을 읽지 못하는 원인이 사이트 워드를 공부하지 않아서라고 결론 내리고 '누가 뭐라 하든 나는 해야겠다' 생각 든다면 챙기는 것을 미루지 말아야 한다. 이미 1년이라는 시간 집중듣기를 진행해온 바탕이 있으니 가벼운 정리 정도로 짚어주어도 아이는 어렵지 않게 받아들일 수 있다. 몇 개월을 붙잡고 학습으로 접근하는 것이 아니라 이후 진행의 수월함을 위해서 짧은 기간 꾸준한 듣기 시간 이외 추가해도 좋을 만큼으로.

반디도 처음 계획에서는 파닉스를 간단히 정리한 뒤에 사이트 워드 또한 그 못지 않게 간단히 정리해야 하지 않을까 해서 준비해 놓았던 방법도 있었다. 그런데 아이가 사이트 워드가 무엇인지도 모르면서 문장 안에 등장하는 사이트 워드를 무난하게 읽어주었다. 의미를 우리말로 매칭시키거나 스펠을 암기하지는 못하지만 쓰임이 명확한 단어들 또한 등장 위치나 이어서 붙어 다니는 단어들까지 어느 정도 인지가 되어 있음이 확인되어서 준비해 놓은 자료는 모두 이면지와 쓰레기가 되었다.

사이트 워드 익히기 활용을 위해 필요한 자료들은 인터넷에서 손쉽게 구할 수 있다. 우리가 사이트 워드로 알고 있는 단어 목록이 돌치 워드 리스트Dolch Word List라는 이름으로 처음 등장한 것은 1936년 한 잡지 기사를 통해서였다. 에드워드 윌리엄 돌치Edward William Dolch라는 사람이 그 시대 아동 도서를 바탕으로 정리한 이 목록에는 그가 생각했을 때 1936년 당시 영어를 유창하게 읽기 위해서 **쉽게 인식되어야 하는 단어들** 220개를 선정했다. 220개 단어 이외 별도로 명사 95개 리스트도 있다. 이것이 사이트 워드의 유래라 할 수 있다. Dolch Word List는 학년별로 분류되어 있다.

Pre-K(40 words)

Kindergarten(52 Words)

1st Grade(41 Words)

2nd Grade(46 Words)

3rd Grade(41 words)

Nouns(95 Words)

이후 1950년대로 확인되는데 발생 빈도에 따라 100개씩 10개의 그룹으로 분류한 1000개의 프라이 인스턴트 워드 리스트[Fry Instant(or Sight) Word List]가 에드워드 프라이Edward Fry에 의해 만들어졌다. 첫 그룹, 100개 단어가 영어에서 최고의 빈도로 등장하는 단어들이라 한다. 1980년에 업데이트된 것으로 확인되는 프라이 리스트Fry List 1000개 단어를 모두 학습하면 어린이가 일반적인 책이나 신문 또는 웹사이트에서 약 90%의 단어를 읽을 수 있다고 알려져 있다. 그런데 이 어린이를 어느 연령까지 봐야 하는지는 정확히 찾아지지 않는다.

우리가 알고 있고 아이들에게 학습시키고 싶어하는 사이트 워드가 어디까지일까? 아마도 이 1000개의 단어를 공부하고 있는 것은 아닐 거다. 예측하건대 돌치 워드 리스트Dolch Word List 정도를 목표로 하지 않을까 싶다. 위키피디아 Wikipedia 분류로 한눈에 확인하는 돌치 리스트Dolch List를 살펴보라. **집중듣기를 꾸준히 하는 친구들에게 왜 별도로 공부하지 않아도 괜찮다 하는지 공감이 될 것이다.**

안정적인 제대로 엄마표 영어 실천이라면 별도로 떼어서 공부하지 않아도 좋을 것이 사이트 워드다. 하지만 아이들 성향에 따라 별도 학습이 필요하다 싶으면 시간 많이 걸리지 않고 전문가 도움 필요없이 엄마가 정리해줄 수 있다. 대부분 사이트 워드 익히기는 플래시 카드^{Flash Cards}를 많이 활용한다. 플래시 카드를 Full page, Half page, Quarter page 등 원하는 형태를 선택해서 인쇄 가능하고, 돌치 리스트는 학년 분류 단위로, 프라이 리스트는 그룹 분류 단위로 로그인 필요없이 모두 PDF 파일로 다운 가능한 링크는 블로그에 있다.

책을 소리내서 읽어야 리딩일까?

또 하나 동의도 공감도 쉽지 않은 문장 하나는 반디의 8년 실천에서 '음독을 하지 않았다'는 거다. 우리는 포기했던 음독, 즉 책을 소리내서 읽는 활동은 반디에게는 흥미를 유지하기도 꾸준하기도 잘하기도 쉽지 않은 활동이었다. 음독뿐만 아니라 연따(연속해서 따라 말하기)나 문장 단위 따라 읽기 등등 아이가 모두 강하게 거부했던 활동이었다. 안 하겠다는 아이와 타협하기 위해 엄마는 핑계가 필요했다. 만약 핑계가 찾아지지 않았고 꼭 해야 하는 활동이라는 결론이 났다면 어떤 방법으로든 아이를 설득했을 것이다. 그런데 이런저런 음독 관련 자료들을 찾아보니 우리의 계획에서 도저히 포기할 수 없을 만큼 중요한 활동은 아니라는 판단이 섰다. 어떤 핑계가 찾아졌을까?

먼저 묻고 싶다. 리딩Reading을 어떻게 정의하는가? 소리를 내서 책을 읽어야만 리딩일까? 내가 생각하는 리딩의 정의는 이렇다. **'처음 만나는 새로운 문장을 바르게 읽고 이해할 수 있다'.** 여기에서 바르게 읽는 방법이 반드시 음독일 필요는 없다. 묵독이어도 충분하다. 텍스트 읽기는 오랜 집중듣기를 통해 자연스럽게 터득 가능하다. 잘 찾아진 핑계였다. 그래서 과감히 포기할 수 있었다.

미련을 두지 않기 위해 음독의 장단점도 찾아봤다. 한국어에 특화되고 익숙한 혀와 입의 근육을 영어 쪽으로 발달시킬 수 있다. 입으로 읽는 소리가 귀의 감각을 일깨우고 소리의 진동을 통해 온몸이 반응해서 온몸으로 기억 가능하다. 내가 읽은 영어 소리를 귀로 들을 수 있어 리스닝에 도움이 된다는 장점이 있는 반면, 읽기 연습을 위해 단순하게 글자를 읽는 음독은 집중이 분산되어 의미를 잡는데 방해가 된다. 소리를 내야 하는 에너지를 의미 파악으로 집중하는 것이 글의 내용 이해에 효과적이다. 글 밥이 많아지고 문장 단위 호흡이 길어지면 힘에 부쳐 책 읽기 자체에 싫증을 내기 쉽다는 단점도 찾아졌다.

안 하겠다는 아이였다. 장점을 담은 긍정은 포기하고 단점을 담은 부정은 반갑게 하지 않는 것으로 결론을 내렸다. 그런데 일부 아이들 중 음독이나 미믹킹Mimicking을 즐기는 경우도 많다. 음독은 분명 장점도 많은 활동이다. 즐기면서 하겠다는 아이라면 말리지 말라는 거다. 누군가의 경험에서 보고 싶은 것만 보고 듣고 싶은 것만 듣지 말자. 안 해도 된다니까 안 하는 것만 좇지 말고 안 해도 되겠다 싶을 만큼 다음을 준비해야 한다.

파닉스나 음독에 깊이 정성들이지 않아도 집중한 집중듣기가 구멍을 만들지 않겠다 생각했다면 구멍 안 생길 정도로 집중듣기에 정성을 들여야 한다. 안 하는 것만 좋아서 안 하고 집중듣기에도 정성을 들이지 않는다면 결과는 더 나빠질 수 있다. '그것 봐라! 파닉스 안 하고 음독 안 하니까 영어책 못 읽잖아.' 도돌이표 후회를 만날지도 모른다.

이 음독과 관련해서도 첫 책에 아주 자세히 풀어놓았다. 그런데 아직까지도 꾸준히 지치지도 않고 물어주는 질문이 **"음독을 꼭 해야 하나요?"** 이것이다. 음독이 내 아이가 꼭! 반드시! 해야 하는 활동이라는 확신이 있다면 아이를 설득하고 아이는 설득되어 진행될 테니 해결되었을 의문이다. 집중듣기는 꼭 해야 하나요? 흘려듣기는 꼭 해야 하나요? 사실 이런 질문을 받아본 적은 없다. 해야 한다는 확신을 가진 부분이니 해야 하는지 의문이 들지 않기 때문일 것이다.

'음독'은 잘잘못의 문제도 아니고 옳고 그름의 문제도 아니다. 단지 문제가 있다면 할 것인지 말 것인지 선택의 문제일 것이다. 다른 사람이 던져준 느낌표에 의해 떠밀리는 선택이 아니라 내 아이를 놓고 스스로 던졌을 수많은 물음표에 대한 해답을 찾아서 불안을 끌어안고 엄마의 확신으로 할 수밖에 없는 선택이라는 거다.

흔들림 없는 확신으로 중심 잡아 놓지 않는다면 이후 지속적으로 등장할 또다른 성공 사례들로 인해 또다시 갈등하고 흔들리고 갈팡질팡하게 된다. 수없이 흔들리며 가는 길은 분명하다. 그리고 그 유연성이 지속 가능한 수정·보완을 찾아주는 것도 맞다. 하지만 수없이 흔들려도 부러지거나 꺾이지 말아야 하는 중심은 있어야 한다. 그 중심은 자신이 옳다고 믿는 것에 최선을 다하는 것이라 본다.

누군가(예를 들면 누리보듬 같은) 선 경험자가 '음독을 안 해도 되더라!' 아무리 강하게 유혹해도 음독이 내 아이에게 도움이 되고 필요한 활동이라 생각된다면 반드시 해야 한다. '필요한 활동인 것 같은데 안 해도 된다니… 뭐…!' 이렇게 결정해버리면 이후 아이의 영어 성장 과정에서 보이는 시행착오나, 구멍이라 느껴지는 모든 것의 핑계로 '음독을 안 해서!'를 끌어오게 된다. 시작부터 완성까지 긴 시간 엄마표 영어를 진행하며 해야 하는 수많은 크고 작은 선택들을 누군가의 떠밀림에서 결정하게 된다면 그런 것들이 나중에 실패와 포기의 핑계가 되어버린다.

긴 시간 애써 놓고 그 핑계로 위로 받고 끝낼 수는 없지 않은가. 단 한시도 지켜보는 것을 게을리하지 않았을 '엄마'라는 것을 안다. 아이의 성장을 위한 실천 방법의 선택에 있어 가부 결정이 어디 그리 쉬운 일일까? 누군가에게 떠밀려서 하는 결정이 아니라 머리 싸매고 날밤 새우며, 가고 있는 길을 다시 들여다보고 또 들여다보며, 새로운 것들을 리서치해서 고치고 또 고치면서, 불안을 잠재웠을 수많은 시간이 있었다면, 그 시간의 고민이 보태진 결정이라면 그 결정이 가장 최선이 되어줄 거라 믿어도 좋지 않을까?

발음이 좋아야
잘하는 영어일까?

파닉스와 음독을 중요시하는 이유는 두 가지 정도로 추려진다. 말을 하거나 글을 읽는 것에 막힘없이 자연스러운 유창성과 좋은 발음에 대한 기대 때문이다. '어리면 어릴수록 좋다. 서둘러 영어 노출을 해야 발음이 좋아진다'는 꽤 근거 있는 믿음도 익숙하다. 흥미로운 것은 이 발음에 대한 고민은 영어를 영어답게 '습득'의 방법을 욕심부릴 수 있는 초등까지가 전부였다.

내신과 수능을 위한 '학습'으로 하나의 과목에 지나지 않는 영어가 되는 중등교육에 들어서면 발음은 더 이상 걱정거리 축에도 들지 못한다. 중요하게 생각했던 발음이 중등교육에 들어서며 별로 중요하지 않게 된 것은 일찍 시작한 덕분에 원하는 발음으로 영어가 완성되어서일까? 아니면 발음을 걱정할 정도의 영어 실력이 되지 못했기 때문일까? 그 발음에 대해 이야기해보겠다.

아이의 영어 습득을 위한 방향을 엄마표 영어로 잡고 관련된 정보를 찾기 위해 웹사이트를 돌아다니며 자료를 모으던 때가 2000년대 초중반이었다. 동네마다 하루가 다르게 영어 유치원이며 신생 대형 어학원들이 줄지어 들어섰다. 언론과 출판에서는 연일 글로벌을 외치며 영어에 한 맺힌 부모들의 불안감을 부추겨 영어 사교육 붐이 일던 시기였다. 이명박 대통령이 당선인 신분이었던 2007년 말에 있었던 웃지 못할 해프닝도 기억한다. 인수위원회에서 '영어 몰입교육'을 계획하며 '오렌지가 아니라 아륀지로 가르쳐야 한다' 했다가 곤혹을 치르고 흐지부지 없던 일이 되었지만 아이들 발음 걱정에 기름만 들이부은 꼴이었다.

당시 언론에서 심심치 않게 다루었던 기사가 있었다. 아이들의 영어 발음을 좋게 만들기 위해서, 구체적으로 말하자면 정통 발음이니 고급 발음이니 하면서 무리하게 특정 발음(주로 미국의 동부 발음을 선호하는 경우가 많았다)을 욕심부려 아이들에게 이런저런 물리적 조치를 취하는 수술이 감행되고 있다는 무섭고 어이없는 이야기였다. 그렇게 영국식 발음이 어떻다더라. 미국식 발음이 어떻다더라. 말도 많고 탈도 많았던 시절, 아이가 초등학교를 다니고 있었다. 세월이 흘렀지만 자주 등장하는 질문으로 발음 걱정은 지금도 현재진행형이라는 것을 소통으로 알게 되었다.

"엄마표를 하고 싶은데 옆에서 도움을 주어야 하는 엄마가 영어 발음이 나빠서 망설여진다."

이 질문에서는 엄마표 영어를 하기 위해서는 엄마가 영어를 잘해야 한다는 왜곡된 믿음이 엿보였다. 아이에게 영어 그림책 한 권을 읽어주지 못했던 영어 실력을 가진 엄마이기에 공연한 걱정일 뿐이다 말하고 싶다.

"발음이 좋지 않은 학원(과외) 선생님을 만나서 아이 발음이 엉망이 되지 않을까 걱정이다." 또는 "화상영어를 하려 하는데 미국, 캐나다 원어민과 동남아 쪽 가격 차이가 너무 많이 난다. 발음 생각해서 비싼 대가를 지불해야 할 것 같다."

이 질문들에서는 아이들이 단시일에 단시간 만나는 선생님의 발음을 배울 것이라는 가장 불필요한 고민이 엿보인다. 아이를 맡겨야 하는 선생님에게 기대해야 하는 것에 좋은 발음보다 중요한 것들이 있다. **아이들과 함께하는 것을 정말 좋아하는 분인지, 언어 습득이 어떤 과정으로 이루어지는지를 잘 이해하고 있는 분인지, 아이에게 책 읽기를 권장할 수 있는 선생님인지** 그런 확인이 필요하다.

"좋은 발음을 익히기 위해서는 무조건 빨리 영어를 시작했어야 했는데 시작이 너무 늦어서 나중에 아이 발음이 나쁘면 어쩌나 걱정이다."

이와 같은 질문이 6~7세 아이를 두고 하는 고민이라는 것이 놀랍기만 했다. 얼마나 빨리 시작해서 얼마 만에 어떤 모습이어야 영어 발음이 '완성'된 것이라 할 수 있는지 깊이 생각해 봤을까 궁금했다.

제 나이만큼의 영어 자체 사고력을 채우고 **생각 그대로를 망설임 없이 바닥 모르게 말로 쏟아내는 것이 가능한 아웃풋 시기가 되었을 때,** 오렌지를 아륀지로 발음해야 한다는 흉내내기 정도의 미믹킹을 넘어 자신만의 고유 발음을 완성해 나갈 수 있다. 거기까지 상당한 시간과 엄청난 양의 소리 노출에 마음 쓰는 것이 먼저다. 좋은 발음이 욕심난다면 자신만의 발음을 완성할 때까지 어떤 시간을 어떻게 쌓아가는지가 중요하지 시작이 언제인지가 중요한 것은 아니라는 거다.

4학년, 4년 차까지도 누구와 대화를 영어로 주고받는 기회가 없었던 반디의 말하기 발음이나 억양은 많이 부자연스러웠다. 의식하지 않아도 쏟아내는 혼잣말 영어를 지켜보던 때다. 일방적이지 않고 상대방을 배려하며 공통 관심사를 두고 차근차근 주고받는 대화는 가능하지 않을까 하는 기대는 했지만 확인할 방법이 없었는데 종종 차 마시고 식사할 기회가 있었던 교포 이웃에게 부탁해서 시간을 가질 수 있었다. 이때의 인연으로 정성을 들여 6년 차 아웃풋 도움을 받게 되었던 것이다.

두세 차례 선생님댁으로 찾아가 대화의 기회를 가진 뒤 전해주신 아이의 발음에 대한 선생님 평가가 아직도 기억에 선명하다. 아이는 하고 싶은 말도 많고 적극적으로 대화에 참여해서 무난하게 소통이 가능한데, 어디에서도 들어본 적이 없는 독특한 발음을 가지고 있다고 했다. 그동안의 시간이 궁금하다 하셔서 책과 영상을 함께 했던 4년을 말씀드리니 호탕하게 웃으며 독특한 아이 발음의 이유를 알겠다 하셨다.

반디의 발음이 오디오북을 읽어주는 성우의 소리와 유사하다는 것이었다. 영상과의 만남도 많았지만 그 또한 조금은 과장된 억양이었으니 일반적인 일상 대화의 자연스러움이 아니었던 거다. 걱정이 되어서 혹시 발음을 교정해야 하는지 물었다. 선생님 답을 그대로 옮겨본다. '전혀 문제가 아니다. **아이가 하고 싶은 말이 없거나 하고 싶은 말이 넘쳐도 표현이 되어 나오지 않는 것이 문제이지,** 대화의 기회가 많아지면 발음이 제자리를 잡는 것은 그리 어려운 일이 아니다'.

그 어떤 답보다 명쾌했다. 선생님의 응원은 영어 아웃풋에서 중요한 것이 무엇인지 다시 한 번 깨닫게 해주었다. 생각이 그대로 말과 글이 될 수 있는 사고력을 채우는 것이 우선이라는 확신은 더욱 단단해졌다. 선생님과 본격적으로 아웃풋 수업이 들어갔던 6학년, 앞선 경험이 있었기에 궁금한 것이 발음이었다. 예전보다 자연스러워졌다는 처음 답변 후 한두 달도 걸리지 않아 수업시간 끝없는 수다 덕분인지 매우 안정된 좋은 발음으로 빠르게 자리잡더라는 확인도 해주셨다.

'집중듣기 도움을 받을 오디오가 영국식 발음뿐인데 미국식 발음을 구할 수 있는지, 반디는 어떤 발음으로 그 책을 집중듣기 했는지 궁금하다'

이런 질문도 꽤 받는다. 만났던 오디오북 원음이 미국식 발음이 많았던 것은 맞다. 의도를 가지고 미국식 발음을 유도했던 것은 아니었다. 원서의 오디오북도 영상도 대부분 거대한 미국 시장의 영향을 받았기 때문이지 소리 노출 과정에서는 어느 '식' 발음에 크게 마음 쓰지 않았었다. 반디가 미국식 발음으로 말을 한다는 것을 확인한 것은 호주에 들어가서였다.

호주는 자체적으로 고유의 억양을 가지고 있지만 식으로 따지자면 영국식 발음에 가까웠다. 영어를 습득하기 위해 노출되는 과정에서 익숙하게 많이 들어왔던 것이 그랬기에 자신만의 발음이 완성되었던 시기, 미국식 발음에 가까웠던 반디였다. 그렇다고 일상으로 사용해야 하는 언어가 된 영어 발음이 현지와 달라 그것 때문에 불편함을 겪었다거나 어려움이 느껴지지는 않았다 한다.

세계 각국의 다문화, 다민족과 어울려야 하는 상황에서 상대방과 소통에 발음을 탓할 수는 없다. 소통에 있어 발음은 크게 중요한 것이 아니었다. 아이들의 오디오북을 어떤 발음으로 선택해야 하는지 그 역시 고민하지 않아도 좋을 것 같다. 오히려 여러 발음을 경험하는 것도 나쁘지 않다 생각된다면 원서도 영상도 특별히 구분해서 선택하기보다 되는대로 만나며 한쪽으로 치우치지 않는 것도 괜찮지 않을까? 적어도 현지에서 정식 출판 과정에 제작된 오디오라면 검증은 이미 끝난 것이라 봐도 좋을 것 같다. 어떤 선택이 되어도 긴 시간 많이 만나지는 쪽은 정해져 있는 방법이기는 하다.

아이들의 영어 발음을 걱정하는 이 모든 변명, 핑계는 아이가 영어 습득을 위해 하는 노력이 엄마가 읽어주는 책이 전부이고, 선생님과 수업하는 것이 전부라서 이외의 것은 하지 않는다는 조건이라면 충분히 걱정해야 할 일이다. 하지만 꾸준히 오랜 기간 충분한 시간을 투자하여 집중듣기와 흘려듣기를 통해 제대로 된 좋은 발음과 억양을 듣고 익히며 영어 습득을 진행해 나갈 아이들이다. 제대로 좋은 발음을 접할 수 있는 돈 안 들이고 손 쉬운 방법들이 무궁무진한 시대이다. 잠시 잠깐 거쳐가는 이런 활동들이 자신만의 발음을 형성하는 데 크게 영향을 미치지는 못할 것이다.

4년 동안 반디와 머물며 일상이 되었던 호주는 이민 정책이 활발한 다문화, 다민족들이 어울려 사는 나라였다. 현지에서 피부로 직접 느끼고 확인했다. 발음은 미국식, 영국식만 있는 것이 아니었다. 호주식, 인도식, 필리핀식, 중국식, 한국식, 남미식, 중동식, 유럽식 기타 등등. 지역으로 구분하기도 하지만 각 지역에 있는 각각의 나라 이름을 붙이기도 한다. 그렇게 영어로 의사소통을 하는 모든 나라의 '식'이 존재했다.

더 나아가 볼까? 영국식도 하나가 아니다. 잉글랜드 억양, 스코틀랜드 억양, 아일랜드 억양. 미국식도 마찬가지로 동부, 서부, 남부 등등. 같은 의미지만 사용하는 단어도 발음도 억양도 스펠도 다른 경우가 많다. 나누자고 들면 끝이 없다. 지구촌이라 불리는 글로벌한 시대에 국제 무대에서 자신의 경쟁력을 키우고 다지기 위해 의사소통의 수단으로 영어를 사용해야 한다. 그런 사람이 나는 ○○식 발음으로 영어를 익혔으니 ○○식 발음을 하는 사람들만 만나야지. 할 수 있을까? 나는 ○○식 발음으로 영어를 배웠으니 &&식으로 발음하는 당신과는 대화를 못하겠네요. 할 수 있을까!

2021년 아카데미 여우 조연상을 비롯해서 40개가 넘는 연기상을 각국에서 수상한 윤여정 배우님 수상 소감이 화제가 되었다. 때마다 자리마다 언중유골, 촌철살인 위트 있는 수상 소감들은 세계인들의 감탄을 자아냈다. 혹자는 생존 영어에 불과하다, 전혀 영어스럽지 않은 발음이다 폄하하기도 하지만 솔직하고 분명한 것에 더해 재치까지 담아 상대가 공감하고 감동할 수 있는 마음을 전달하는 것에 그 어떤 영어 전문가의 유창하고 매끄러운 발음보다 의미가 깊이 들어왔다.

정통식 고급스러운 발음을 사용할 수 있다는 것만으로 그 사람의 언어구사 능력을 판단할 수는 없다. 물론 품위 있고 교양 있는 언어구사 능력을 가진 사람이 발음까지 고급스럽다면 더할 나위 없겠지만 발음보다 중요한 것이 있다. 영어를 소통을 위한 도구로 사용하면서 상대방이 전달하려는 의미나 의도를 왜곡없이 받아들이고 자신의 의사를 정확하게 전달할 수 있는 것을 넘어서서, 가지고 있는 의견을 논리 정연하게 펼쳐 상대방을 설득하여 일을 관철시키고 더 나아가 상대의 마음에 감동까지 선사할 수 있는 언어 능력이 특정 발음에서 나오는 것은 결코 아니라는 거다.

언어를 습득함에 있어 좋은 발음에 대한 부담이나 욕심보다는 우리말이 되었든 영어가 되었든 또 말이 되었든 글이 되었든 낯선 발음일지라도 상대에게 열심히 귀 기울이고, 서툰 발음일지라도 나의 진심을 전달할 수 있다면 물 흐르듯 유연한 발음이 아니더라도 따뜻한 소통은 충분히 가능하다.

제대로 엄마표 영어
성공 키워드

앞서 언급했듯이 집중듣기는 매체 활용에 따라 1년 차와 2년 차 이후, 이렇게 두 파트로 분류된다. 멀티미디어 동화 사이트를 매체로 활용했던 1년 차 집중듣기를 살펴봤다. 지금부터는 2년 차부터 영어 해방 그날까지의 집중듣기를 살펴보겠다. 각별히 마음 쓰며 습관으로 일상으로 잘 자리잡는 첫 해 1년이 지나고 2년 차부터 끝을 선언하는 그날까지 집중듣기 방법은 한결같았다.

매체의 변화 없이 제 나이의 사고와 흥미에 맞는 주제와 문장이 좋은 책으로 매일매일 꾸준히, 해마다 리딩레벨 업그레이드를 위한 절대 필요량을 채워나가는 원서읽기를 위해 정도의 차이만 있을 뿐 집중듣기는 계속되었다. 눈치 빠른 이들은 이제 보이는 것이 있을 것이다. 이 문장에 이 길에서의 성공을 위한 핵심 키워드가 모두 들어 있다. 놓쳐서는 안 되는 것들이다.

제 나이의 사고와 흥미에 맞는 책, 그래서 현지 또래와 같은 리딩 레벨로 지속적인 업그레이드가 필요했다. 워밍업에서 이어지는 초기 챕터북은 일반적으로 북 레벨 2점대가 시작이었다. 그래서 1년 차 워밍업을 마치고 2년 차, 2학년이 챕터북 진입 시기가 되었던 것이다. 이후에는 꾸준히 학년에 맞춰 리딩 레벨을 업그레이드하며 책을 읽어 나가야 했다. 이런 진행을 계획했으니 본격적인 시작이 챕터북을 만나면서부터가 되었던 것이다.

좋은 문장을 담은 책을 고르기 위해 이 길에서 엄마가 해야 할 일이 바로 원서 공부였다. 엄마표 영어를 위한 자료는 넘쳐나는데 꾸준한 실천이 지속적으로 유지되기 위해서는 무엇을 준비해 놓아야 할까? 시작했다면 제자리걸음이나 뒷걸음질치지 않고 앞으로 나아가기 위한 최소한의 준비, 어떤 책을 언제 활용할 계획인지 매체 확보는 되어 있어야 했다. 생각나는 책이 있으면 하고 없으면 안 하는, 되는 대로는 아니어야 하니까.

해마다 리딩 레벨을 업그레이드할 수 있는 절대 필요량을 채워야 하는 진행인데 매체 활용 계획도 없이 막연한 진행이 가능할까? 관심과 검색에 시간 투자를 많이 했다. 그렇게 쌓아 놓은 원서 정보를 바탕으로 몇 년 차, 몇 월에 어떤 책을 활용할 계획인지 구체화시킬 수 있었던 것이다. 물론 공부하고 고민해서 준비했다 해도 그 계획대로 실행될 확률은 극히 적다. 아이의 진행이나 상황, 관심에 맞게 지속적으로 수정·보완되어야 한다. 수정·보완은 나아가면서도 가능하지만 수정·보완할 기본 자료도 준비하지 않는다면 제자리걸음일 뿐인 진행이 될 수밖에 없다. 그래서 진심으로 이 길이 욕심난다면 매체 활용을 위한 3년치 계획 세우기는 꼭 해보라 당부하는 것이다.

마지막 강조는 가장 부담스럽지만 이 길의 핵심 중 핵심으로 **매일매일 꾸준히** 해야 한다는 거다. 적지 않은 시간을 쌓아야 가능한 절대 필요량이었으니 노출 시간 또한 만만치 않아야 했다. 적당히 하루 10분, 조금씩 늘려 30분으로 채워질 절대 필요량이 아니었기 때문이다. 이렇게 세 가지가 우리가 실천했던 **'제대로 엄마표 영어'**의 핵심이자 성공 키워드로 2년 차부터 영어 해방의 그날까지 꼭 붙들고 가야 할 것들이었다.

실천 계획을 준비하면서 처음에는 쉽지 않은 구체화였기에 꾸준해야 하는 집중듣기를 위한 책 선택에 있어 큰 그림을 그리고 **해마다의 기준**을 먼저 명확히 해놓았다. 1년 차, 1학년 멀티미디어 동화 사이트를 이용한 워밍업 이후 2~3학년은 챕터북 안정을 위해 북 레벨 2점대에서 3점대까지 챕터북 시리즈를 몰아보고, 4학년이 되면 북 레벨 4점대의 좋은 단어와 문장, 주제가 담긴 작가별 단행본을 읽어야 한다 계획하고, 5~6학년은 북 레벨 5.0 이상의 뉴베리 수상작에 집중하자는 큰 그림이었다.

진행은 상황과 사정에 따라 조금씩 수정되었다. 예정에 없었던 미국 교과서도 들어가고 아이의 성향이 반영된 비문학도 추가했다. 하지만 어떤 책을 선택하게 되었든 리딩 레벨은 이 기준에서 크게 벗어나지 않았다. 조금씩 수정된 내용은 첫 책의 단계별 실천에 자세히 담아 놓았다. 전체적인 진행에 있어 가장 중요한 핵심은 해마다 책의 레벨을 업그레이드하는 것이었다. 제 학년에 맞는 책으로 꾸준히 독해력을 쌓아가기 위해서다.

리딩 레벨을 잡기 위한
세 가지 전략

리딩 레벨을 잡아야 한다는 것은 독해력과 연령의 차이를 없애는 것을 이르는 말이다. 그러기 위해서 반드시 지켜야 하는 세 가지가 있었다. 첫째, **해마다의 절대 필요량을 채워야** 했다. 절대 필요량은 리딩 레벨을 학년에 맞게 무리 없이 업그레이드하기 위해 한 해에 듣고, 읽어야 하는 필요량으로 전달을 쉽게 하기 위해 만든 용어다. 3~4학년만 되어도 우리말 책도 제 나이만큼 독서력을 쌓기 힘들어지는 일상에서 일부러 의도하지 않으면 노출도 쉽지 않은 영어로 채워야 하는 필요량이다.

반디의 경우 해마다 새 학년 3월이면 북 레벨을 조정했다. 현지 또래에 맞춘 레벨 업을 엄마가 임의적으로 했다는 거다. 아이가 높아진 레벨을 눈치챌 수 있을까? 매체의 변화없이 챕터북 형태의 책을 보고 있는 아이다. 레벨 업을 하고도 한참이 지나서야 책이 두꺼워지고 글씨가 작아졌다는 것만 알아차릴 뿐 레벨의 변화를 인지하지 못했다. 그 변화에 크게 마음 쓰지도 않았다.

예를 들어보자. 3학년 한 해 동안 아이가 만나는 원서들은 북 레벨 3.0부터 3.9까지의 책이다. 영어를 모국어로 사용하는 현지 3학년 아이들 사고와 흥미, 언어적 교육에 알맞게 출간된 책들이라 할 수 있다. 3학년 학기초 3점 초반

대 책으로 시작해서 3학년 말에 3점 후반대 책까지 읽어가다가 4학년 3월에 4점대 초반 책으로 리딩 레벨을 업그레이드하는 것이니 그 작은 차이를 아이가 알아차리기는 힘들다. 레벨업을 예민하게 준비하고 시도하고 안도감에 가슴 쓸어내리는 것은 엄마 혼자였다.

아이는 어제도 그랬고 오늘도 그랬고 내일 또한 원서를 그렇게 읽어 나가는 것이 그저 일상이었다. 학기초에 원서 수준을 레벨 업했는데 일상으로 하던 활동을 무리 없이 이어간다면 앞선 해에 채워야 하는 절대 필요량을 잘 채운 것이라 인정했다. 그렇게 학년이 올라가면 원서 또한 업그레이드된 레벨의 제 학년에 봐야 할 책으로 고르고 선택해서 다시 한 해 동안 다음해의 레벨 업을 위한 절대 필요량을 채우는 것이다.

그렇다면 도대체 절대 필요량이란 얼만큼인 걸까? 절대 필요량이 채워졌는지 어떻게 확인할 수 있을까? 모든 아이들에게 적용되는 절대 필요량은 이만큼이다 일반화할 수 있을까? 궁금하겠지만 이 또한 아이들마다 다르다는 데이터만 확인되었다. 반디의 절대 필요량은 일요일을 제외하고 매일 집중듣기 1시간으로 책을 보는 양이었다. 1년간 자신에게 맞는 북 레벨의 책을 꾸준히 읽어 나가며 채웠던 반디만의 절대 필요량이다.

온오프라인 소통을 통해 확인된 것은 어떤 책을 어찌 보는지에 따라 아이들마다 절대 필요량이 다르다는 것이다. 챕터북 안정기까지는 단행본보다 시리즈를 추천하는 이유도, 같은 시간이라 해도 가랑비 전략보다는 소낙비 전략을 추천하는 이유도, 절대 필요량을 좀 더 효율적으로 채울 수 있는 전략이 아닐까 해서다. 한두 해 스스로 자잘한 시행착오를 겪으며 각자만의 절대 필요량을 찾아야 한다.

절대 필요량이 제대로 채워지지 않은 경우는 어찌 확인될까? 엄마의 임의적인 레벨 업에 아이가 예민하게 반응하는 경우 점검이 필요하다. 한 시간 긴 호흡이 무난하던 아이가 중간중간 물을 찾고 화장실을 오가며 집중이 흐트러지고 이해도가 급격히 떨어진다면 지나온 시간을 되짚어 원인을 파악해 보아야 한다. 대부분이 채워야 하는 양을 제대로 충분히 채우지 못한 경우였다. 소리와 텍스트 노출의 양을 채울 만큼 채워야 다음 단계의 레벨 업에 무리가 없는데 절대 필요량을 채우지 못하게 되면 학년과 북 레벨의 차이는 점차 벌어질 수밖에 없다.

그렇게 벌어지기 시작하는 간격은 저학년이 아닌 이상 중학년만 되어도 획기적인 실천이 아니면 따라잡기 힘들어지는 상황으로 급격히 벌어지기도 한다. 이것저것 욕심부리면서 한눈팔 여지없이 듣기 시간 확보에 주력하며 매일 한 시간 집중듣기가 습관을 넘어 일상이 되어주어야 하는 이유였다. 절대 필요량을 채워 해마다 제 학년에 맞게 리딩 레벨을 업그레이드해야 했으니까.

두 번째, **아이의 자생력을 믿어야** 했다. 제대로 엄마표 영어를 진행하다 보면 어느 순간 아이의 독립이 필요하다는 것을 깨닫게 된다. 초기 2~3년의 안정만 찾아주면 이후 진행은 아이 스스로 채워 나가야 하는 시간이다. 아이의 자생력을 믿을 수밖에 없었던 또다른 이유도 있다. 내 영어 실력의 한계를 내가 너무 잘 알고 있었다. 아이는 해마다 꾸준히 업그레이드하면서 현지 또래만큼의 레벨을 유지해 가야 하는데 직접 가르치기 위해 날밤 새워 공부해도 아이의 발전 속도를 따라가지 못할 것은 너무도 자명했다.

잘못 손대면 독립해서 혼자도 충분히 나아갈 수 있는 아이를 엄마가 감당할 수 있는 수준에서 발목 잡게 되거나 엄마가 확인 가능한 선에서 레벨 스테이가 지속되는 무서운 상황이 벌어질 수도 있을 것 같았다. **아이가 엄마만큼의 영어 실력을 가졌으면 하는 것이 목표가 아니었다.** 차라리 처음부터 손을 대지 말고 아이의 자생력을 믿어보고 싶었다. 자생력으로 꾸준히 레벨 업을 이어갈 수 있도록 절대 필요량을 채우는 소리 노출이 가능하도록 일상을 도와주는 것이 엄마가 할 수 있고 해야 할 일이었다.

리딩 레벨을 잡기 위해 세 번째로 필요한 것은 **가랑비 전략이 아닌 소낙비 전략이었다.** 하고 싶은 것도 많고 해야 하는 것도 많은 아이들이다. 어쩔 수 없으니 학원 다녀와 다음 학원 가는 사이, 시간 날 때마다 틈틈이? 이렇게 가랑비에 옷 적시는 방법으로 한 시간을 채울 수도 있을 것이다. 그런데 가랑비에 옷을 흠뻑 적시려면 시간도 오래 걸릴 뿐 아니라 중간에 잠시 소홀하면 금세 말라버릴 수 있는 위험이 있다.

이런 과정이 반복되다 보면 아이들의 리딩 레벨은 앞으로 몇 발자국 다시 뒤로 몇 발자국 또는 제자리걸음 하면서 초등 3~4학년만 되어도 현지 또래들과 차이가 분명해진다. 꾸준히 했다고 했는데 리딩 레벨 업그레이드가 자꾸만 늦어지게 되고 사고 수준에 맞지 않는 책과 함께해야 하니 아이는 흥미를 잃어간다. 영어라서 힘들고 재미없는 것이 아니다. 사고와 맞지 않은 책 내용 자체가 재미없는 것이다. 이런 진행이 익숙해져 자연스러운 것이 되어버리면 **아이도 지켜보는 엄마도 스스로도 깨닫지 못하는 사이 서서히 지치게 된다.**

리딩 레벨은 일단 벌어지기 시작하면 획기적인 실천 변화 없이 그 간극을 좁히기가 매우 어렵다. 그래서 필요한 것이 소낙비 전략이다. 집중해서 한 자리에서 한 시간, 그것이 **매일 같은 시간이라면 좋겠다.** 그 한 시간이 쫓기는 일상 틈에 끼어 있는 것이 아니어야 한다. 시작 전도, 마치고 난 뒤도 몸도 마음도 편안할 수 있는 여유까지 확보할 수 있다면 더 좋겠다.

우리는 그랬다. 습관을 넘어 일상으로 자리잡기 위한 시간 투자였다. 이렇게 쏟아 부은 소낙비 전략은 잠깐 한눈팔아도 쉽게 마르지 않을 내공을 키워준다. 독자들 표정이 상상된다. 와, 장난 아니다! 맞다. 우리에게는 장난일 수 없는 시간이었다. 모국어 이외의 언어를 정복하자는 목표였다. 되는대로 실천은 아니어야 했다. 무엇을 '얼마나'도 중요하지만 '어떻게'도 챙겨야 했다.

'리딩 레벨을 잡아야 영어가 잡힌다'. 이 또한 출간 초기에는 쉽게 공감되지 않아 마음이 복잡해진다는 문장 중 하나였다. 우리말 사고력도 쉽지 않은데 영어로 그것도 엄마표 영어로 거기까지 가능하다 생각지 못했다는 거다. 그래서인지 나름의 엄마표 영어로 수년간 시간을 쌓아 고학년이 된 친구들이 이 부분을 놓쳐서 긴 시간 애써 왔음에도 만족할 만한 성장 확인이 어려웠다는 것을 보기도 하고 듣기도 해서 아쉬움이 많았다.

챕터북 안정을 위해
시리즈를 공략하라[4]

챕터북 안정을 위한 2~3년 차 진행에 있어 시리즈를 몰아보겠다 계획을 세웠던 이유가 있다. 그림책, 리더스북도 마찬가지지만 멀티미디어 동화 사이트 또한 한 편을 집중듣기 하는데 단위 시간이 그리 길지 않다. 약속된 한 시간을 채우기 위해서는 꽤 여러 편을 보아야 한다.

그런데 챕터북 시리즈는 책 한 권으로 매일 집중듣기 한 시간 가까이를 채울 수 있었다. 구성 또한 수십 권씩이니 매일 집중듣기를 위해 필요한 많은 책 확보에도 유리했다. 또 시리즈만의 특징은 등장인물은 같고 에피소드는 변화하면서 내용 진행도 비슷한 패턴으로 반복된다. 반복적이고 익숙한 상황들 속에서 같은 단어나 문장도 빈번하게 반복 등장한다. 의도하지 않아도 자연스러운 반복 효과를 기대할 수 있었고, 아이는 주인공의 또 다른 이야기를 궁금해했다. 같은 내용인 듯 다른 내용인 시리즈의 누적으로 뒤로 갈수록 이해도 상승에 효과적이었다.

챕터북 첫 시리즈를 집중듣기 시작하며 **첫 책의 이해 정도에 대한 불만족**

---

4 부록 2: 챕터북 시리즈 참고

은 어찌 보면 당연히 만나야 하는 과정이며 넘어야 할 고비라고 생각했다. 그런 불만족이 불안으로 이어지며 진행을 머뭇거리거나 다시 아래 단계로 내려가는 경우를 종종 본다. 아이가 집중듣기 한 시간을 크게 흐트러짐 없이 한 호흡으로 집중해서 진행할 수 있다면 그건 아주 좋은 시작이라 칭찬해도 좋지 않을까? 1년 차에 세워둔 목표가 이루어진 거니까. 1시간 가까운 음원 길이의 챕터북 한 권을, 시작해서 끝날 때까지 멈춤없이 한 호흡으로 그렇게 소화할 수 있는 무거운 엉덩이의 힘은 길러졌으니까.

첫 책 내용 이해가 50% 정도라 할지라도 불안해하지 않았으면 한다. 엉덩이 무거운 습관만 되어 있다면 매일매일 새로운 책으로 시리즈를 이어나가며 시리즈 전체의 절반을 진행했을 때, 시리즈의 마지막 권을 진행했을 때 이해도 차이를 확인할 수 있다. 처음 시작 단계에서 아이에게도 이런 과정을 인지할 수 있도록 설명을 잘 해주고 그 어떤 시기보다 작은 변화에도 칭찬을 아끼지 말아야 하는 시기다.

이렇게 한 편의 시리즈에 들어가면 한동안은 특별히 책 선정이나 반복에 대한 고민 없이 자연스러운 진행을 기대할 수 있었다. 하나의 시리즈물에 빠져 번호 순서대로 차곡차곡 시리즈가 끝날 때까지. 이런 진행은 습관을 넘어 일상이 되어주는 안정도 빨리 찾을 수 있었다. 바꿔 생각해 보자. 시리즈물이 아닌 단행본으로 매일 한 시간 집중듣기를 위해 반복도 싫어하는 아이의 성향에 맞춰 새로운 책을 확보하기 쉬웠을까? 지금처럼 도서관에서 영어책을 만나기도 쉽지 않은 예전에.

2년 차,
매체 변화로 인한 긴장

집중듣기의 활용 매체가 너무도 달라지는 2년 차 또한 1년 차 못지않게 중요했다. 1년 동안 크게 지루하지 않은 멀티미디어 동화 사이트로 집중듣기 워밍업을 충분히 했으니 **본격적인 책 읽기를 위해 텍스트 위주의 챕터북으로 갈아타야 하는 시기다.** 아이가 멀티미디어 사이트나 그림책을 좋아한다고 또 영어는 무조건 재미있어야 한다고 **책으로 넘어가야 하는 시기를 미루거나 놓치는 건 위험하다.** 학년과 리딩 레벨의 차이가 벌어지는 위험의 시작이 될 수 있다. 챕터북 위주로 진행한다고 그림책과 담쌓고 지내는 것도 아니다. 이 길에서의 목표가 영어권 현지에서 출판된 좋은 원서를 제 또래에 맞는 독해력을 위해 제때에 이용해야 한다는 것을 잊으면 안 되었다.

반디의 챕터북 시작은 초등 2학년이었다. 그런데 최근 소통으로 경우에 따라서 7세에 본격적인 워밍업으로 쌓은 시간의 정성에 따라 1학년 초에도 챕터북 진입이 무난한 친구들이 늘고 있다. 워밍업으로 어떤 시간을 보냈는지에 따라 챕터북 진입 시기는 달라진다는 것이 확인되었다. 반디의 그맘때보다 접근 방법이나 매체의 다양함은 물론이고 인지 발달면에서도 요즘 친구들이 빠르다는 것을 인정하게 된다.

언제가 되었든 본격적인 시작인 챕터북으로 갈아타야 하는 시기, 이때 마주해야 하는 불안과 의심은 각자 해결해야 한다. 싸워 이기든지 친구 삼아 같이 가든지 둘 중 하나이다. 싸워 이길 자신 없어서 그냥 친구처럼 끝까지 같이 갔다. 8년 내내 확신을 비집고 불쑥불쑥 불안과 의심이 고개를 내미는데 어쩔 수 없었다.

챕터북은 어떤 책일까? 허접한 종이 질에 흑백에 글씨만 가득하고 삽화는 몇 페이지 건너 하나씩인데 오디오 소리만 가지고 텍스트를 맞춰 나가야 한다. 그것도 **한 시간 가까이 멈춤없이 한 호흡으로,** 할 수 있을까? 어려워하면? 지겨워하면? 별별 불안이 다 생기는 시기다. 아이가 때에 맞춰 페이지는 잘 넘기고 있는지 도대체 얼마나 이해를 하고 있는 것인지 끝없는 의심이 마구마구 커지는 시기다. 그 의심 줄여보자고 이 시기 집중듣기 모든 시간을 아이와 함께 했다.

그런데 문제는 아이가 아니라 엄마였다. 머릿속이 복잡한 엄마는 제대로 따라가지 못했다. 지속적으로 잡생각의 공격도 모자라 졸다깨다를 반복했으니 아이에게 많이 미안했다. 그럼에도 불구하고 압박인지 응원인지 모호했지만 1년 가까이 챕터북 집중듣기하는 아이 곁을 지켰다. 아이가 싫어했다면 그 시간에서 빨리 해방됐을 것이다. 하지만 졸고 있는 엄마라도 옆에 있는 것이 좋았는지 집중듣기 할 준비가 완료된 후에는 엄마를 찾아 댔다.

가르치려 하지 말고
함께하자

매일매일 장기간 채워야 하는 시간이다. 누구도 관심 가져주지 않는데 이해 정도도 빈약한 초기에 많이 지루할 그 시간을 혼자 견뎌내기란 쉽지 않았을 것이다. 내 미래를 위해 도움되는 일이다. 힘들어도 단단히 마음먹고 열심히 해야 한다. 이런 동기부여를 스스로 가져주기를 기대하기에는 이른 나이였다. 해야 하는 활동이 아이가 주체가 되어야 하는 것은 분명하다. 그렇다 해도 가까이에서 지켜 봐주고 응원해준다 느껴지면 견디기 좀 낫지 않을까? 그래서 긴 시간 정성 들여야 하는 활동들을 직접 가르치는 것은 못했어도 곁에서 같이 하는 것은 잘했던 엄마였다. 그것만 해주면 됐으니까. 이 길을 깊이 공부해보고 할 수 있겠다 마음먹었던 가장 큰 이유가 이것이었다. 영어 실력이 바닥인 엄마였기 때문에 **가르치는 것이 아니라 함께 하는 방법이라서 선택할 수 있었다.**

두 번째 출간된《누리보듬 홈스쿨》에 담아 놓은 악기 이야기가 있다. 아이의 피아노 익히기 또한 배워본 적이 전혀 없는 엄마가, 몰라서 참견 못하고 그저 곁을 지켜준 8년이 있었다. 그런데 그 시간이 영어 실력 없이도 곁을 지켜주는 것만으로 영어 끝을 만날 수 있었던 8년과 많이 닮아 있었다. '피아노 연습해!' 하고 아이 혼자 피아노 있는 방으로 등 떠미는 것이 아니었다. '연습하자' 같이 들어가서 수시로 틀려서 짜증 왈칵왈칵 올라와도 매일 40분씩 연습 내내 곁을 지켜주었던 이유가 있었다.

혼자 연습하는 아이, 무슨 재미가 있을까? 잘 하고 싶다는 생각이 들까? 시간은 죽어라 안 갈 텐데 몰라서 참견 못하는 엄마가 아무말 없이 열심히 귀기울여 자기 연주를 들어주면 그래도 좀 낫지 않을까? 그런 과정에서 놀라운 경험도 했다. 피아노를 배워본 적 없는데 4년쯤 지나니 아이가 연주하고 있는 쇼팽, 베토벤, 바흐 등의 악보를 연주의 흐름에 맞추어 정확하게 볼 수 있었다. 8년이 지나 아이는 스스로 악기를 즐길 줄 아는 아이가 되었지만 그 악보가 엄마에게는 다시 콩나물 무더기로밖에는 보이지 않는다는 것 또한 신기한 경험이었다.

아이가 나중에 지친 일상을 마주해야 하는 날들, 음악이 위로가 되고 친구가 되어주길 바라는 마음이라면 장기적으로 정성을 들여야 하는 것 또한 악기일 것이다. 그 기대가 현실이 되기 위해서는 영어만큼 시간과 정성을 쏟아야 한다. 남들 시키는 거 따라하다 적당할 때 그만둘 게 아니라면 악기도 습관을 넘어 일상이 되어주는 연습 시간이 필요하다. 그런 면에서 영어와 많이 닮았다 생각했다. 그렇게 정성들인 시간 나란히 8년이었다.

영어가 편안한 아이, 음악과 악기 연주가 위로가 되어주는 삶, 지금의 반디 모습이다. 영어 실력이 바닥인 엄마와 함께해도 가능한 영어 해방이었다. 피아노를 배워본 기억이 전무한 엄마와 함께해도 편안하게 즐기는 연주가 위로가 돼줄 수 있는 오늘이 되었다. **가르치는 것이 아니라 함께하는 방법을 선택했던 덕분이다.**

고정된 시간에
하루 한 권씩 한 호흡으로

2년 차 집중듣기 몰입 시기의 실천은 30권 이상 되는 챕터북 시리즈 다섯 세트를 활용했다. 대부분의 책이 100페이지가 넘지 않았고 오디오 시간은 1시간 내외였다. 이때 읽었던 시리즈 다섯 세트에 대해서는 첫 책에 자세히 소개되어 있다. 150권 정도로 어떻게 1년을 채웠을까? 반복을 싫어하는 아이의 성향을 고려해서 곧바로 반복은 하지 않았다. 두세 시리즈 끝내고 난 뒤 선택에 따라 한 번 더 반복한 세트도 있고 아이가 원하지 않아 한 번으로 끝낸 세트도 있다.

1년 차에 원문 인쇄해 두었던 멀티미디어 동화 사이트 동화들을 추가했다. 1년 차에 어렵다 생각되었던 글 밥 많은 상위 단계를 이 시기에 활용한 것이다. 유료 가입은 이미 끝났지만 원문도 원음도 확보해 놓았으니까. 열심히 인쇄하고 음원 다운 받아 놓은 것을 이때 챕터북 시리즈와 같이 읽었다. 단행본인데 여러 편으로 나눠 게시된 것을 한꺼번에 제본해서 한 권의 책으로 만들어 놓으니 2년 차 집중듣기로 활용하기 적당했다.

당시는 공공 도서관에서 영어 원서를 찾기 힘들 때였기에 이리했다. 하지만 지금은 굳이 동화 사이트 상위 단계 제본에 애쓰지 않아도 도서관 책 활용만으로도 충분할 듯하다. 도서관에 비치되어 있는 챕터북 시리즈 같은 경우 북 레벨이 조금만 올라가도 손 많이 타지 않은 새 책에 가깝다 한다. 도서관에서 대여가 활발한 원서들은 대부분이 워밍업 단계의 책들이다.

북 레벨이 안정적인 3~4학년만 되어도 상태 최고의 도서관 챕터북들을 내 책이려니 마음껏 활용할 수 있다. 도서관 부지런히 이용하면서 진행중인 이웃들이 전해주는 경험담이다. 책으로 시작해서 책으로 끝나는 엄마표 영어가 대세인 것이 분명하다. 공공 도서관에 원서 또한 넘쳐난다. 그런데 그 정도의 레벨을 무리 없이 즐기는 친구들이 그다지 많지 않다는 것은 놀라우면서도 안타까운 일이다.

우리 집만의 집중듣기 철칙이 있었다. **매일 책 한 권씩, 일단 시작하면 한 번에 쉬지 않고 끝까지!** 초기에 활용한 챕터북은 전체 내용이 45분 이상 60분 안쪽으로 한 시간을 채우기 힘들었다. 챕터북 시작 단계에서는 1시간을 채우는 욕심보다 **책 한 권을 한 호흡으로 가는 안정을 우선시했다.** 짧지만 한 권으로 집중듣기를 마치는 진행이었다. 이렇게 한 시간 가까운 집중듣기가 습관화되니 이후 오디오 시간이 두세 시간 되는 책들을 볼 때도 집중듣기 시간은 늘 한 시간이었다. 재미있으면 더해주려나 엄마는 기대했지만 기막히게 시간에 맞춰 챕터를 나누어 듣고 끝내던 반디였다. 집중듣기 시작을 준비하며 한 시간을 예측해서 색종이로 간지를 끼워 들어가고는 했는데 신기하게도 그 예측에 오차가 그리 크지 않았다.

그런데 또 이것이 습관화되니 집중듣기 하는 한 시간은 그 어떤 주변의 어수선함에도 흐트러짐 없이 완벽한 집중을 보였다. 몸도 마음도 편안하고 중간에 아빠 퇴근으로 방해받지 않아도 되는 하루 중 가장 **집중하기 좋은 시간을**

고정해 놓았다. 습관을 유지하기 위한 좋은 방법이었다. 이 시기에 아빠의 퇴근이 늘 늦었던 것이 고마웠다. 초기에는 1년 차 집중 시기처럼 저녁식사 전이었다가 좀 더 차분한 집중을 위해 어둠이 내린 저녁식사 후로 고정 시간을 이동했고, 그 시간은 아이의 일상에 꾸준히 녹아들었다.

2년 차부터 저녁 7시에서 8시가 고정된 집중듣기 시간이었다. 당시 아이의 일상이 단순했기 때문에 뭘 하는지는 잘 모르지만, 그 시간이 엄청난 집중이 필요한 시간이라는 것쯤은 아빠도 알게 되었나 보다. 어쩌다 퇴근 후 귀가가 그 시간 중간 어디쯤일 것 같으면 아예 사무실에서 시간을 더 보내고 들어왔다는 이야기를 나중에 들었다. 유일하게 아빠가 아이의 영어 습득을 위해 도움 주었던 부분이라고 인정했다.

요즘 아빠들은 어떨까? 아이 하나 가지고도 쩔쩔맸던 나와는 달리 다둥맘 가정에서 전쟁과도 같은 일상 안에서 큰아이의 엄마표 영어가 안정을 찾아가는 분들이 전해주시는 이야기다. 초기 진행에서는 엄마 혼자 아이 어르고 달래며 책 정보 찾기까지 이리 뛰고 저리 뛰는 동동거림을 뻔히 보면서도 '뭐하는 짓이냐. 차라리 학원을 보내라' 부정적인 반응을 보이던 아빠들이, 아이의 실천이 일상으로 안정되고 영어 성장도 눈에 보이기 시작하면 큰 아이에게 집중이 필요하다 느껴지는 시간 동안 조용히 동생들을 데리고 밖으로 나간다거나 방해되지 않은 활동으로 아이들을 돌봐주면서 큰 아이의 집중을 위해 애써주는 아빠로 변신하기도 한다.

아빠들? 처음부터 설득하기 힘들다. 아이를 설득해야 하는 것만도 너무 힘든 초기에 아이보다 고집 세고 살아온 세월로 이해가 쉽지 않을 남편을 설득하려다 진 다 빠지는 수가 있다. 두고 보자! 오기를 가지고 아이 성장을 확인한 남편이 아내에게 미안해질 그날을 기다려보자. 그런가 하면 정보 찾기에 익숙한 요즘 젊은 아빠들은 이 길에서 도움될 만한 이런저런 자료들을 잘 찾아주는 것으로 실질적인 도움이 되어주는 경우도 많아졌다. 간혹은 엄마표 영어에 대해 먼저 알고 강연을 들어보라 추천하는 아빠로 인해 참석했다는 엄마들도 만난다. 아이의 영어 습득을 위해 엄마표를 넘어, 온 가족이 애쓰며 아이의 노력을 격려하는 모습이 참 좋다.

한결같이 꾸준하다면
만나게 될 고전

3년 차가 되었다고 크게 달라질 집중듣기는 아니었다. 2년 차 이후 끝을 만날 때까지 집중듣기 모습은 한결같았다. 3년 차부터는 책의 레벨만 높아지며 글 밥이 늘어나는 것일 뿐 매체가 달라지는 것이 아니다. 책의 형태 변화가 없다는 거다. 2년 차 활용했던 챕터북 시리즈를 포함해서 이후에 만나게 될 책 모두는 시리즈물도 작가별 단행본도 뉴베리 수상 작품도 하다못해 고전까지 모두가 챕터북 형식이다. 때문에 **2년 차에 챕터북이 안정되면 이후에는 매체 변화에 대한 부담 없이** 해마다의 절대 필요량을 채우는 소리 노출로 리딩 레벨을 차근차근 업그레이드하면 되었다.

제 나이만큼의 영어 자체 사고력을 위한 독해력 향상으로 책으로 시작해서 책으로 끝을 볼 수 있다는 이 길, 그 끝에서 만나게 되는 고전 원서는 어떤 책일까? 훌륭한 문장으로 쓰여진 좋은 책들이 시대를 초월해 읽히면서 100년 이상 살아 남아 제목만으로도 고개를 끄덕일 수 있는 책들이라 정의 내릴 수 있다. 대부분의 고전은 역사와 전통이 있는 책이어서 그 두께나 문학적 문장에 쉽게 마음을 주기 어렵다.

그런 고전들을 잘못 접근했기 때문에 책 제목은 익숙하지만 그 속에 담겨 있는 진짜 이야기를 모르는 경우가 많다. 《톰소여의 모험》, 《80일간의 세계일주》, 《걸리버 여행기》, 《로빈슨 크루소》, 《레미제라블》, 《올리버 트위스트》, 《오만과 편견》, 《이성과 감성》, 《폭풍의 언덕》 등등.

이런 책들이 담고 있는 본래의 내용은 세계명작동화 수준이 아니다. 고전으로 분류되는 책들은 줄거리 따라가자고 읽는 책이 절대 아니다. 아동용으로 쉽게 풀어 쓰거나 심한 축약본으로 접하다 보면 작가가 의도했던 내용을 대충이라도 따라가기 턱없이 부족하다. 원서도 번역본도 그렇게 변형된 책들로 가볍게 만나기보다는 좀 늦더라도 이해력과 사고력이 얼마간 성숙했을 때 변형되지 않은 본래의 문장으로 만나주기를, **그것이 가능하면 원서일 수 있기를** 바랐다.

엄마표 영어에 대해 잘 알고 있고 꾸준한 노력으로 아이의 상당한 성장을 확인한 가정에서조차도 이 길이 고전을 원서로 만나는 것까지 가능하다는 것에 많이 놀라워했다. 축약하거나 시대 또는 연령에 맞게 다시 쓰여진 것이 아닌 오리지널 고전읽기가 원서로 자유롭다면 그 어떤 형태의 원문 텍스트도 문제될 것이 없지 않을까? 원문의 고전이 편안하다는 것은 독해력에 있어 진정한 영어 해방이라 생각했다. 8년 차에 그 희망이 실제로 가능한 일이라는 것이 확인되었다.

아동도서계의 노벨상
뉴베리

처음에는 고전은 꿈조차 꿀 수 없어 계획에도 넣지 않았던 영역이다. 아이가 고학년 시기에 뉴베리에 빠지면서 욕심이 생기기 시작했다. 아동도서계의 노벨상으로도 불리는 뉴베리상은 그림책 분야의 칼데콧상과 함께 아동 문학상의 최고봉으로 불린다. 칼데콧은 그림을 그리는 삽화가에게 뉴베리는 글을 쓴 작가에게 상을 준다는 차이가 있다.

뉴베리상은 1922년부터 미국 도서관협회에서 해마다 어린이 문학에 지대한 공헌을 한 작품의 작가를 선정하여 수여되는 상이다. 100년 되었으니 예전 수상작들은 고전 같은 느낌이다. 해마다 한 권의 위너상Newbery Medal과 위너상을 놓고 경합을 벌였던 작품들에게 아너상Newbery Honor 을 수여한다. 선정의 주요 요건은 문학성이다. 문학성! 전해지는 느낌이 만만한 책은 아니겠다 싶었다.

반디가 뉴베리 수상작을 십여 권쯤 읽었을 때 했던 말이 잊혀지지 않는다. "왜 뉴베리 수상 작품 속의 주인공들은 모두 고난과 역경을 겪을까? 평범한 가족은 찾아보기 힘들다. SF도 미래를 이야기하는데 대부분 과학이 크게 발전하는 것을 안 좋게 사용하는 경우가 많다."를 비롯해서 어떤 책은 다 읽고 난 뒤에도 정확히 무엇을 이야기하고자 하는지 잘 모르겠다는 경우도 있었다. 책의 주제나 문장이 가볍지가 않으니 생각 없이 글씨만 읽어서 될 책은 아니었던 거다. 초등 고학년 이상을 추천 연령으로 하는 책들이 많은 이유가 인권, 종교, 사회문화, 역사적 배경을 가지고 풀어가는 이야기가 많아서다.

그렇기에 뉴베리 작품 중 아이에게 권할 만한 도서목록을 만드는 데 고민이 많았다. 먼저 뉴베리 작품을 시도했던 선배들의 경험담을 찾고 찾아 얼마간 검증이 되었다 생각하는 책들 중 아이의 독서 취향을 고려해서 관심을 가져줄 만한 것으로 선택하는 것이 중요했다. 아이는 그렇게 엄마가 심혈을 기울여 조사하고 권하는 책 목록을 들여다보고 가리고 선택해서 가능하면 오디오와 함께, 오디오가 없는 책은 혼자서 묵독으로 정독하며 꾸준히 읽어 나갔다.

당시 아이에게 권할 만한 뉴베리 수상작품 목록을 만들기 위해 많은 날을 검색하며 모았던 자료들 덕분에 첫 책에 뉴베리 수상작품 각각의 정보와 함께 책 표지까지 세세히 담을 수 있었다. 2020년 뉴베리 북클럽을 기획하며 100년 가까운 수상 작품 전체에 대해 전반적으로 정보를 보완해보는 기회가 있었다. 최신 작품들만이 아니라 첫 책에 담긴 150여 편 이외 다양한 주제의 좋은 책들이 누락되었음이 보였다. 2022년 수상작까지 보완된 300여 편의 리스트를 이 책의 부록에 담아 놓는다.[5]

주제가 분명하고 좋은 단어를 사용한 문학적 표현, 아름다운 문장으로 만날 수 있는 책 뉴베리라면 고전문학으로 넘어가기 위한 훌륭한 가교 역할을 해줄 수 있겠다. 이것이 5~6학년때 뉴베리 수상 작품을 주로 읽어 나가던 아이를 보며 생겨난 기대였다. 그런 가능성이 보여 욕심부리게 된 것이 고전이었다. 그때부터 아이가 읽어줬으면 하는 고전 목록을 만드느라 또 검색과 함께하

---

5 부록 4: Newbery Winners and Honor Books : ATOS Book Level Order

는 일상이었다. 그렇게 만들어진 목록에서 책을 고르고 골라서 원문으로 고전을 만나기 무난하다 싶었던 중학교 2학년 나이, 엄마표 영어 8년 차에 고전도 원서로 읽는 것이 가능하다는 것을 확인했다.

또래만큼의 영어 자체 사고력을 꾸준히 성장시켜 나가는 원서읽기가 어디까지 갈 수 있는지 해보면서 알게 되었고 신기했다. 강한 확신을 가지고 '리딩 레벨을 잡아야 영어가 잡힌다' 설득할 수 있게 된 것도 원서의 끝판왕이라 할 수 있는 고전까지 가는 길에 **때마다 갖추어야 할 것이 무엇인지** 알게 되어서다. 8년 차에 만났던 고전 이야기는 아이가 읽었던 책 리스트와 함께 첫 책에 자세히 담아 놓았다.

서두르지 않아도 좋을 책, 뉴베리

대전 도서관 휴먼북을 비롯해서 온라인 연강을 함께하신 분들이 지역별, 학년별로 소모임을 만들어 그들만의 소통을 이어가고 있다. 스치듯 1회성 강연이 아니라 최소 5주 이상 길게는 수개월까지 매주 다른 주제로 깊이 있는 만남을 함께하고 제대로 사서고생 작정하신 분들이다. 앞으로 계획들도 구체적으로 방향이 잡혀 있고 매체 활용 계획도 꼼꼼히 리스트화해 놓고 실전 중이다. 이런 이웃들이 조언을 구하며 공유해주시는 매체 활용 계획을 찬찬히 들여다볼 기회가 많다. 일반적인 특징이라 해야 할까? 4학년 실천 계획 안에 뉴베리 수상작이 상당수 들어 있다. 그런 계획의 원인에 Newbery Book Club^{NBC}이 영향을 주었다는 걸 알았다.

NBC를 기획한 것은 2020년 여름이었다. NBC 기획은 오랜 독자들의 하소연이 시작이었다. 수년간 채워진 인풋으로 고학년에 들어서며 굳이 의도하지 않아도 새어 나오는 아웃풋 조짐이 반가웠지만 채워진 만큼을 Speaking과 Writing으로 적절히 발현시키고 다져줄 수 있는 외부 도움을 찾기 어렵다 했다. 의외였다. 대형 어학원부터 사설학원, 공부방, 개인과외까지 영어 습득을 돕는 외부 도움이 차고 넘치는 세상인데?

코로나로 인한 대면 강연 불가로 Zoom 소통이 활발해지며 유사한 고민을 하고 있는 이웃들에게 도움될 수 있는 기획이 떠올랐다. 억지로라도 집어넣을 수 있는 인풋 수업이 아니다. 채워진 만큼 끄집어내는 아웃풋 발현 유도 수업이다. 사고력이 바탕이 되지 않는 아웃풋은 금방 바닥이 드러나게 되어 있는데 선정한 책들은 북 레벨도 주제도 만만치 않은 뉴베리 수상작들이다.

일주일에 한 권씩, 한 기수에 24권을 함께하는 것이 NBC다. 모집 대상 연령은 처음부터 초등 4학년 이상이었다. NBC 1기가 한여름에 시작되었으니 학년이 무르익었을 시기였다. 이후에도 NBC 참여를 위한 최저 학년 대상을 4학년으로 하고 아무리 원서 리딩 레벨이 높다 해도 학년에 예외를 두지 않았다. 이것은 NBC가 지속되는 한 앞으로도 지켜질 약속이다.

뉴베리를 잘 읽을 수 있다는 것을 확인하는 수업이 아니다. 함께 읽고 함께 생각을 나눠보자고 시작한 수업이다. 뉴베리 수상 작품들의 여러 특성 중 하나는 적당히 씹어 삼켜도 소화가 되는 책이 있는가 하면, 꼭꼭 씹어야 제 맛을 알 수 있는 책도 있다는 점이다. 생각없이 글씨만 읽어서 될 책은 아니니 책에 들어 있는 풍성한 영양분을 마음껏 빨아들여 흡수할 수 있는 소화력을 갖추고 있어야 했다.

원서를 읽으며 영어 실력이 성장하는 아이들이 반디 예전 초등 때와는 비교할 수 없을 만큼 많아졌다. 성장 속도도 당시와 비교도 안 되게 빨라지고 있다. 그런 속도를 뒷받침해줄 수 있는 좋은 환경도 부럽다. 그런데 예전과 달라진 이 모든 경우를 인정하면서도 뉴베리 수상 작품들을 빨리 만나는 것을 마냥 반가워해도 좋을까, 최근에 드는 고민이다. 배경이나 주제에 대해 그 책을 잘 알고 있는 사람이 중심 잡아주는 도움 없이 내용만 따라가기에는 우울하고 어둡고 어려운 배경이 많은 것이 뉴베리 수상작들이다.

기승전결의 긴 서사를 따라가 고난과 역경을 이겨낸 감동을 공감하며 받아들이기에는 초등학교 4학년도 편안한 사고 수준이 아닐 수 있다. 아이들이 재미있고 밝은 책을 많이 읽어도 좋은 때, 굳이 무리해서 뉴베리를 욕심부리지 않았으면 한다. 혼자 읽는 뉴베리라면 좀 더 학년이 차서 보는 것이 나을 수도 있다.

반디의 경우 대부분 혼자 읽는 것이어서 5학년 하반기부터 뉴베리에 집중했었다. 책을 읽고 가끔은 엄마와 읽은 책에 대해 이야기를 나누기도 했지만 아이가 읽고 있는 뉴베리 작품을 번역본으로도 단 한 권 완독한 기억이 없는 엄마다. 마주앉아 아이의 생각을 눈 마주치며 들어주고 그 안에서 반응해줄 수 있을 정도로 대략적인 책 관련 정보들을 검색해서 미리 파악해 놓는 준비는 되어 있었다.

아이는 혼자 책을 읽고 생각 정리 또한 혼자 해야 했다. 6년 차에 들어서면서 생각 정리 방법 중 하나가 책을 읽은 뒤의 Writing이었다. 완독이 끝난 책은 내용 요약이 되었든, 인상적인 캐릭터에 대한 이야기가 되었든, 본인의 특별한 소감이 되었든 풀어내도록 했다. 누군가의 수정 첨삭이 없었으니 쓰고 보관이 끝이었다. 그런데 학년이 있고 쌓아온 시간이 있으니 그렇게 혼자서 쏟아내는 것이 가능했다.

뉴베리 전 단계에서 많이 보는 책이 작가별 단행본이다. 무겁지 않은 밝은 분위기로 진행되며 재미도 있고 감동도 있는 책들이 정말 많다. 별로 없더라 하시는 분들은 원서 공부를 다시 해보길 권한다. 예전에는 작가별 단행본 시장도 풍요롭지 않았다. 지금은 훌륭한 작가의 좋은 단행본들이 넘쳐나니 주체가 안 되어 선택장애가 생길 정도라 하는데 굳이 서둘러 우울모드로 아이를 밀어 넣지 않아도 좋지 않을까? '지금' 뉴베리를 읽을 수 있다는 것이 중요한 것이 아니다. 서두르지 않아도 엄청난 양의 뉴베리를 읽을 수 있다. 깊은 감동이 전해질 수 있을 만큼의 정서도 성장했는가, 그것이 보다 중요하다.

수상 작품들 전체를 공부하다 보면 정서적으로 우리와 다른 부분들도 보인다. 소재나 배경 등에 별도 이해가 필요한 작품들도 있다. 주제에 있어서도 유사성이 많이 보이는 것이 100년 역사를 가진 뉴베리 수상작들이다. 돌도 씹어 삼켜 소화 가능한 소화력(사고력)을 길러 놓고 좋은 영양분을 쑥쑥 빨아들이며 편안하게 볼 수 있는 때, 그때 집중해도 넘치고 넘치게 볼 수 있다.

뉴베리 수상작과 관련해서 남다른 기억이 있는 이웃이 있다. 2018년 부산 강연장에서 몇 차례 뵙고 꾸준히 블로그로 소통하고 있는 분이다. 아이가 어떤 책을 어떻게 읽으며 성장하고 있는지 몇 년의 과정을 지속적으로 전해주셨다. 100% 완벽하게 이 길에서 집중한 친구다. 4학년 때로 기억한다. 읽고 있는 책들을 보면 충분히 뉴베리 수상 작품들이 소화되고도 남을 리딩 실력이었다.

그런데 지속적으로 **의도를 가지고 미루고 또 미루고 있음이** 어머님이 주시는 글에서 전해졌다. 충분히 또래 이상의 북 레벨을 욕심부려도 좋을 상황이지만 **한 권의 책에서 아이가 느끼고 생각하는 것이 더없이 풍성할 수 있을 '때'를 기다리는 편안함이** 매우 인상적이었다. 그 마음에 진심으로 공감했고 서두르지 않는 그 기다림이 훨씬 좋은 성장으로 연결될 것이라 믿어졌다.

이 친구의 본격적인 뉴베리 읽기 시작은 5학년이 많이 무르익었을 즈음이었다. 대부분은 도서관 책을 활용했다. 이 정도 리딩 레벨까지 도서관 책을 이용하는 것이 익숙한 친구들은 도서관 책이 곧 내 책이다. 이 정도 리딩 레벨의 책은 대여 빈도가 낮으니 새 책 느낌의 책으로 대여할 수 있다. 읽고 싶은 책을 도서관에 희망도서 신청하면 1차로 빌릴 수도 있다. 그런 책읽기가 가능한 좋은 환경이 되었다는 것이 무엇보다 반갑다.

　겨울방학이 지날 무렵이었으니 뉴베리 수상작을 본격적으로 읽기 시작한 지 6개월이 안 되었을 때인 것 같다. 60여 권이 넘는 뉴베리 수상작들을 완독했다는 놀라운 소식을 전해 들었다. 놀랍고 반가운 마음에 어떤 책들일까 궁금하다 했더니 거의 도서관 책을 활용하느라 사진으로 남길 생각을 못했다며 기록을 찾아 주르륵 책 목록을 보내주셨다. 눈에 익은 제목들, 표지 이미지까지 막 떠올라 혼자 흐뭇해 하다가 아이를 칭찬하고 싶은 마음에 읽은 책의 모든 표지를 찾아 정리해서 포스터로 만들어 전달했다. 현재 초등학교 6학년이다. 다른 시도 없이 오로지 이 길에서 책과 함께했다. 어떤 모습으로 어떻게 제대로 엄마표 영어 6년의 시간이 갈무리될지 연말에 주실 소식이 기대된다.

디지털 네이티브 세대와 멀어지는 고전읽기

엄마표 영어를 '제대로' 하고 싶다면 내 아이만을 위한 실천계획 구체화를 위해 최소 3년 이상의 매체 활용 계획을 세워보라 한다. 매체 활용 계획을 세우다 보면 세부적이지는 않더라도 초등 6년의 원서읽기 흐름이 정리된다. 중심 흐름이 잡힌 독자들께 장기계획을 공유 받고는 하는데 초등학교 6년 계획 마지막에 고전이 등장하기도 한다. 엄마표 영어로 그림책 원서를 열심히 읽다 보면 챕터북 정도는 읽어주겠지 하던 수년 전과 분위기가 달라졌다.

엄마표로 고전을 원문으로 읽을 수 있다고? 어떻게 그게 가능해? 의문을 가졌는데 챕터북을 엄마표 영어의 본격적인 시작으로 놓으니, 학년이 올라가며 단행본의 매력에 빠지고, 고학년에 들어서 조금 무겁고 어렵지만 뉴베리 수상작으로 사고를 단단히 하면 고전을 원서로 읽는 것 또한 가능한 일이란 것에 공감하지 않을 수 없다. 그러니 장기계획 마지막에 고전을 원문으로 읽기가 들어가는 것은 어찌 보면 당연하다 할 수 있다.

출간 후 수십 년에서 수백 년 동안 역사 속에서 꾸준히 평가되며 현재도 가치가 충만하다 인정된 책들을 우리는 '고전'이라 부른다. 이야기의 주제, 배경에 있어 지금은 공감이 힘든 시대적 윤리나 가치관의 차이도 클 뿐 아니라 텍스트의 구조나 문체 등도 낯선 것이 또한 고전이다. 읽기 힘든 책이어서인지 고전이 한때 학교생활기록부의 기록용 책으로 회자되던 때가 있었다. 그런 책들을 얼마나 읽었는지가 상급학교 진학을 위한 학생의 평가 수단 중 하나였던 것이다.

2019년 11월 교육부는 2024학년도 대입부터 상급학교 진학 시 '독서활동 상황'은 제공하지 않는다 결정했다. 학생생활기록부(생기부)에 독서활동 기재를 금한 것이다. 교사가 학교 밖에서의 독서활동을 확인할 수 없으니 독서에도 사교육이 개입될 수 있어서 생기부 공정성 유지를 위한 선택이라 하는데 반가워해야 할까? 독서활동이 생기부에 빠지면 대학 입시에 독서가 불필요하다는 인식이 확산되고 과도하게 입시에 쏠린 한국 교육의 불균형이 더욱 심화될 것이라는 전문가들의 의견에 불안해야 할까? 중학생만 되어도 자아가 분명해질 우리 아이들이다. 결국 읽을 아이는 생기부에 들어가지 않아도 읽을 것이고, 안 읽을 아이는 생기부에 들어간다 해도 읽지 않을 것이다.

이 길에서 고전읽기를 놓고 고민되는 것은 입시와는 다른 차원이다. 뉴베리 수상작에 가장 정성을 들여 책 읽기를 진행했던 것은 원서읽기의 최종 목적지인 고전읽기가 가능했으면 해서였다. 이 길에서 애쓰고 있는 친구들의 원서읽기 최종 목표가 고전이었으면 하는 기대는 지금도 변함없다.

그런데 끈기 있게 고전을 읽고 이해한다는 것이 요즘 친구들에게는 어려운 일이 되어가고 있다. 시대적 윤리나 가치관의 큰 차이도 문제지만 화자(또는 주인공)의 복잡한 심정을 구체적으로 묘사하고, 배경이나 상황이 상세하고 장황하게 서술되어 있는 것이 고전의 특징인데, 그 묘사에 공감하고 그 배경과 상황을 상상하며 따라가야 하는, 마침표가 보이지 않은 만연체의 호흡 긴 문장들이 요즘 친구들에게는 많이 낯설기 때문이다.

간단히 말해 가독성이 너무 떨어진다. 고전이 그렇게 쓰여진 이유는 책이 쓰여진 시대에서 이해할 수 있다. TV, 라디오, 잡지, 영화, 광고 등등의 매스미디어 발달 이전의 책들이기에 텍스트로 이미지를 구현하던 시대에 쓰여졌기 때문이다.

1897년 허버트 조지 웰스H. G. Wells는 《우주전쟁War of the Worlds》에 등장하는 외계 침략자들을 독자들이 상상할 수 있도록 얼마나 많은 텍스트를 써야 했을까? 1864년 쥘 베른Jules Verne은 현대 과학에 대입해보면 말도 안 되는 이야기지만 《지구 속 여행Journey to the Centre of the Earth》의 지구 속 세상을 이미지화시키기 위해 얼마나 많은 텍스트를 써야 했을까?

하지만 우리는 지금 그것을 굳이 텍스트를 빌려서 상상하지 않아도 되는 세상에 살고 있다. 우리 아이들은 태어나면서부터 그런 세상이 익숙한 세대이다. 톰 크루즈가 가족을 구하기 위해 고군분투하는 영화 예고편 한 컷만으로도 《우주전쟁》의 외계 침략자 이미지를 머릿속에 '영구저장'할 수 있다. 상상도 힘든 지구 깊은 곳 또다른 세상의 이미지를 할리우드 블록버스터 영화의 컴퓨터 그래픽CG 덕분에 텍스트 없이도 넋 놓고 감탄하며 즐길 수 있다.

태어나면서부터 디지털 기기를 접한 디지털 네이티브Digital Native 아이들에게 익숙하지 않은 텍스트 구조와 생생한 묘사, 장황한 서술 등, 구구절절 이미지 구현을 위한 설명형 문체는 쉽게 친해지기 어려울 것 같다. 중고등학교 친구들에게 물어보면 고전이 흥미롭지 않은 이유 중에 하나로 '지루하다'를 꼽는다. 중요 흐름만 뽑아 놓으면 꽤 흥미로울 것 같은데 실제로 책을 읽기 시작하면 딱히 풀이할 필요가 없는 사안까지도 진지하게 설명되어 있어 더딘 진행으로 지루하다는 것이다.

그렇다고 고전을 내용 파악 정도의 목적으로 연령대나 시대에 맞게 축약되거나 다시 쓰여진 책으로 내용 정도 알았으니 됐다 수준으로 만족할 수 있을까? 고전을 이해하기 위해서는 사건도 중요하지만 사건이 벌어진 그 시대의 전반적인 상황, 책 속에서 그 당시를 살고 있는 인물들에 대한 시대적 공감, 이야기를 그렇게 풀어가는 작가의 삶에 대한 이해도 필요한데 그건 축약본으로 얻기 힘들다.

고전은, 읽을 때가 되었으니 읽어라! 그런 느닷없음으로 읽을 수 있는 책이 아닌 것 같다. 고전의 이해가 편안해지는 시기까지 꾸준한 책읽기로 탄탄히 다져진 바탕이 필요하다. 가독성이 떨어져 행간을 생각하느라 읽는 속도가 마음에 차지 않는다 하더라도 어느 시기부터는 가볍고 편하게 읽히는 책에 더해서 '좋은 책'을 욕심부려야 하는 이유도 그런 탄탄함을 다지기 위해서다. 반디에게 고전은 어느 날 느닷없이 들이민 책이 아니었다. 이전까지 편하고 흥미롭게 읽을 수 있었던 책과는 다른 뉴베리를 집중적으로 만난 뒤 꾸준히 원서를 읽던 습관의 연장선상에서 그럭저럭 고전까지 읽을 수 있었던 것이다.

차근차근 또래에 맞고 또래에 필요한 단계를 밟으며 초등 고학년에 욕심부린 것이 뉴베리였다. 그리고 그것을 바탕으로 중학교 2학년 나이에 그 또래에 소화 가능한 고전을 찾아 읽을 수 있었다. 고전을 공부해보면 알겠지만 중2 나이에 읽기 적절한 고전도 그리 많지 않다. 그래서 초등 6학년에 고전읽기를 계획에 넣은 독자들의 장기계획이 혼자 염려가 되기도 했다.

그런 염려를 굳이 개별적으로 전하지 않는 것은 아이마다 다른 성장이라서 그것이 가능한 친구도 있을 것이고 진행하며 가능하지 않다 판단되면 얼마든지 수정하고 보완해 나갈 엄마들이라는 것을 믿어서다. 이 길에서 애써주고 있는 친구들이 진심으로 고전까지 읽었으면 좋겠다. 원서읽기의 종착지가 고전읽기가 되어준다면 텍스트 독해력은 더 이상 고민하지 않아도 되는 진정한 영어 해방이니까. 하지만 시대적으로 그것이 무난하지 않을 것이란 의심도 가져보자. 그래서 더욱 마음 써야 하는 것이 무엇인지 그 고민도 잊지 말자. 반디도 디지털 네이티브 세대로 태어나 지금 엄마표 영어를 하고 있다면 과연 고전까지 무난했을까 생각해보고는 한다. 솔직히 장담을 못하겠다.

초등 6년 다음은
투 트랙 Two Track 전략

제대로 엄마표 영어의 핵심 흐름은 원어민과 다르지 않은 수준으로 연령(학년)에 맞는 원서읽기를 꾸준히 이어가는 것이다. 한 페이지 한 줄 동화부터 시작해서 성인이 되어 일반 베스트셀러가 원서로 편안하기까지 아이들이 만나게 되는 책 분류를 큰 카테고리로 나누면 다음과 같다.

워밍업(그림책&리더스북) → 챕터북 시리즈 → 단행본 → 뉴베리 → 고전&베스트셀러

뉴베리 북클럽NBC 참여를 원하는 친구들에게 최근에 흥미롭게 읽었던 원서 10권의 리스트와 어제 읽었던 책 제목을 부탁한다. 과정을 디테일하게 알 수 없으니 피상적으로나마 지나온 시간과 현재의 상태를 가늠해보기 위해서다. 보이는 것이 전부가 될 수 없어서 추가로 인터뷰를 진행한다. 접수 시작과 동시에 남겨지는 수십 명의 신청 댓글들에 반가움을 넘어 놀라고는 한다. 기수가 더해질수록 원서 독서 내공의 정도와 깊이가 반디 그맘때와 비교할 수 없이 근사해서다. 바듯이 제 학년 레벨의 책으로, 바듯이 읽어야 할 만큼만 읽었던 반디였으니까.

이미 원서읽기가 일상에서 자연스럽고 또래의 정서나 수준, 흥미에 맞는 책이 편한 초등학교 고학년 이상 친구들이다. 책과 함께 영어 성장이 안정된 이런 친구들은 중학교에 들어가서도 원서읽기는 이어진다. 초등 6년처럼 전력 질주는 힘드니 투 트랙Two Track 방식으로. 두 길이 다시 하나가 되는 그날까지.

엄마표 영어로 초등 6년을 전력 질주했어도 현실적인 학교교육 중고등학교 6년 동안은 특별한 기회 없이는 잘 드러나지 않을 내공이다. 어쩌면 그래서 초등 중학년 넘어서며 중간 이탈이나 포기가 많은 길이기도 하다. 학교 내신도 완벽히 커버하지 못하는 영어 내공이 그리 매력적으로 보이지 않을 시기니까.

초등 6년을 전력 질주하고 중학교부터는 투 트랙 전략이 필요함을 인정하고 묵묵히 견디어 무사히 대입을 치룬 이후가 되어서야 영어를 영어답게 써먹을 상황을 자주 만나게 된다. '이제 드디어 학교 시험과 상관없이 영어를 영어답게 배워도 좋은 때가 왔다. 영어는 그렇게 배워야 한다.' 대입을 마친 친구들이 이런 기특한 생각들로 스무살에 처음부터 다시 시작하는 영어, 흔하고 흔한 일이다. 그래서 안타까운 일이다.

그때, 그들과 다른 경쟁력을 '이미' 가지고 있는 우리 아이들 모습을 상상해보라. 어쩔 수 없이 수년 동안 바닥에 가라앉아 때만 기다리던 내공이 빠르게 치고 올라오며 탄탄히 다져 놓은 영어 자체 사고의 힘이 배신없이 빛을 발하는 시기다. 이 길에 들어서 애쓰고 있다면 그려보아야 하는 큰 그림은 최소 여기까지다. 중고등학교 내신, 수능, 공인인증시험 등의 고득점을 위해 엄마표 영어를 하는 것이 아니라면 말이다. 과정 중에도 또래만큼의 '진짜' 영어 실력으로 생각지 못했던 기회들을 만날 수 있다. 준비된 자만 잡을 수 있는 그런 기회를 잘 살려 각자가 누리게 되는 다양한 경험들은 투 트랙의 한쪽이 전혀 새로운 방향으로 이어지기도 한다.

이 길에서 초등 6년을 집중했다면 북 레벨 6점대 원서도 무난한 리딩이 가능하다. 사고 자체도 어느 정도 영글어 있을 연령이다. 그래서 **읽어야 할 책이나 읽고 싶은 책의 북 레벨 경계나 한계는 사라진다.** 7점대, 8점대, 그 이상의 북 레벨도 끌어올 수 있다. 이런 책들과 투 트랙으로 들어서는 것이니 책 선정에 있어 다시 한 번 고민이 필요하다. 이제는 북 레벨이 중요한 것이 아니다. 내용이나 주제가 연령에 소화불량은 아닌지도 중요하다. 시대적 배경이나 이야기가 펼쳐지는 공간적 배경 등에 사전 이해가 필요한 책들도 많아진다. 이때부터 책 선택에 있어 보다 신경을 써야 하는 것은 단순 수치로 보여지는 북 레벨보다 추천 연령이다. 중학교 들어서면 원서 추천이 더 힘들어지는 이유다.

르네상스의 AR Bookfinder 홈페이지의 여러 지수 중 IL(Interest Level)은 추천 연령(학년) 참고 지수다. Lower Grades(LG K-3) / Middle Grades(MG 4-8) / Middle Grades Plus(MG+ 6 and up) / Upper Grades(UG 9-12)로 구분된다. 국내 중학교 필독 도서로 만나는 많은 고전들이 대부분 UG, 즉 9학년에서 12학년을 추천 연령으로 하는 책들이다. 중학생들을 위한 유명 (우리말)논술학원의 추천도서들을 살펴보니 반가운 제목들이다.

《동물농장Animal Farm by George Orwell》, 《변신The Metamorphosis by Franz Kafka》, 《프랑켄슈타인Frankenstein by Mary Shelley》, 《지킬박사와 하이드The Strange Case of Dr. Jekyll and Mr. Hyde by Robert Louis Stevenson》, 《달과 6펜스The Moon and Sixpence by William Somerset Maugham》, 《수레바퀴 아래서Beneath the Wheel by Hermann Hesse》, 《파리대왕Lord of the Flies by William Golding》, 《앵무새 죽이기To Kill a Mockingbird by Harper Lee》, 《19841984 by George Orwell》, 《멋진 신세계Brave New World by Aldous Huxley》, 《위대한 개츠비The Great Gatsby by F. Scott Fitzgerald》, 《데미안Demian by Hermann Hesse》 등등. 시대에 맞게, 연령에 맞게 Retold, Rewrite, Abridged edition이 아니라 Unabridged로 번역되

었을 책들이라면 상당한 우리말 독서 내공을 요하는 고전들이다.

최초로 쓰여진 영어를 모국어로 하는 나라에서 이 책들 대부분은 YA^{Young Adult}로 분류되어 있다. YA의 연령 기준이 명확하지는 않지만 일반적으로 UG로 분류되어 9학년에서 12학년을 추천 연령으로 한다. 반디의 경우 중학교 2학년 나이에, 나열된 책들 중 절반 좀 넘게 원서로 읽었다. 당시도 읽어주었으면 하는 고전을 검색하면서 북 레벨은 걱정이 안 되는데 시기적으로 적절한지에 대한 고민이 많았었다.

오랜 인연의 이웃 아이들이 투 트랙이 필요한 시점에 들어섰거나 다가오고 있다. 뉴베리도 읽을 만큼 읽었는데 고전으로 넘어가기는 애매한 시기여서 책 선택에서 유사한 고민을 하게 된다. 아이가 시의적절한 좋은 책과 함께할 수 있도록 돕기 위해, 이놈의 책 공부는 언제까지 지속되어야 하는 것인지. 그래도 마다 않고 한발짝 앞서는 길 안내자 마음으로 즐겁게 책 공부를 해줄 엄마들인 것을 알아서 걱정은 안 된다. 그 공부에 도움되는 자료들을 부록으로 정리해 놓았다.[6]

---

6 부록 5: Two Track 전략을 위한 YA(Young Adult) 추천도서 목록

아이의 독립은
엄마가 영어를 못할수록 빠르다

실천 방법에서 1년 차는 2년 차 챕터북으로 집중듣기가 원활해지기 위한 워밍업이었다. 엉덩이 무겁게 1시간을 소리와 텍스트에 집중할 수 있는 힘을 길러주는 시기다. 본격적인 엄마표 영어의 시작은 2년 차 챕터북을 만나면서부터다. 2년 차 이후에는 큰 변화없이 꾸준함만 유지하면 되었다. **2년 차 챕터북 집중듣기 안정이 중요했던 이유다.** 집중듣기 실천에서 왜 유난히 1년 차와 2년 차를 강조하는지, 왜 가장 중요한 시기라 하는지 맘에 와닿았으면 한다.

그렇게 2년쯤 정성을 들여놓으니 **3년 차부터 집중듣기는 습관을 넘어 일상이 되어주었다.** 곁을 지켜주지 않아도 굳이 시간을 따져 챙기지 않아도 고정되어 있는 그 시간에 집중듣기 한 시간은 완전 자동으로 굴러갔다. 반드시 해야 하는 하루 일과 중 하나가 되었으니 빨리 끝내버리면 편하다는 것도 알게된다. 드디어 아이가 독립해서 혼자 뚜벅뚜벅 걸어가기 시작하는 시기다. 스스로 길을 만들어가는 아이표로 넘어간 것이다.

오랜 시간 매일매일 실제로 실천해야 하는 사람은 엄마가 아니고 아이다. 아이가 해야 할 일로 받아들일 수 있도록 이해시키고 설득해서 해보겠다는 동의를 받아야 한다. 집중듣기가 무엇인지 흘려듣기가 무엇인지 얼만큼을 어떻게 왜 해야 하는지 실천 방법 또한 아이가 가장 잘 알 수 있게 아주 자세히 설명해주어야 한다. 이 길은 엄마만의 짝사랑으로 오래 지속할 수 없기 때문이다. 집중듣기를 처음 시작하기 전, 우리가 진행할 방법에 대해 많은 이야기를 나누었다.

그때 약속한 것이 있었다. 시작 후 차츰 늘려간 것이 아니고 처음부터 한 시간이었으니 사전 타협이 꼭 필요했다. '책만 보면 되는 거야. 아무런 추가 활동 없고, 숙제도 없고, 단어 공부도 따로 하지 않아도 되고. 그렇지만 하루 게으름 피우면 이틀 뒤로 물러난 상태가 되니 매일 한 시간씩은 꼭! 해야 하는 거다.' 한두 번, 많게는 대여섯 번 반복으로 설득될 아이들이 아니다. 100번을 했는지 1000번을 했는지 기억에 없지만 얼마나 귀에 못 박히게 했는지 다녔던 초등학교 계단에 붙여 놓은 명언으로 엄마의 세뇌가 떠올랐다는 아이다. 이후 모자가 엄마표 영어를 함께 하며 늘 주문처럼 외우게 되었다. '**오늘 걷지 않으면 내일 뛰어야 한다!**'

책을 읽고 나서 엄마는 의미 파악 정도를 확인하지 않았다. 아이는 집중듣기가 끝난 뒤 책을 덮고 곧바로 자기 느낌이나 생각을 이야기하는 성향이 아니었다. 집중듣기가 끝나면 그것으로 그만이었다. 같은 책을 두 번 연이어 보는 일도 없었다. 그러다 어느 날 문득 며칠 전에 읽었던 책 내용에 대해 뜬금없이 이야기를 꺼내고는 했다. 기다렸다는 듯이 그 말에 적극적으로 대꾸해주는 것이 중요한 엄마의 역할이었다.

그런데 아이들은 왜 꼭 엄마가 한참 바쁠 때 그러는 것인지. 그럼에도 불구하고 아이와 눈 맞추고 읽었던 책 이야기를 해볼 수 있는 유일한 시간이었으니 하던 일을 멈추고 만사 앞이어야 했다. 그런 시간을 통해 즉시 확인하지 않아도 주고받는 말 속에서 아이가 어느 정도 의미 파악이 되었는지 미루어 짐작이 가능했다. 물론 엄마는 책에 대한 내용을 자세히까지는 아니더라도 줄거리 정도는 이미 파악이 끝난 상태였다.

3년 차부터 레벨이 높아지며 집중듣기 하는 아이 곁을 지키는 것이 엄마에게 곤혹스러운 일이 되어버렸다. 결국 3년 차부터는 함께하지 못하고 아이 혼자 가야 했다. 하지만 영어를 몰라도, 집중듣기를 함께하지 못했어도 아이가 읽는 책에 관심만 가지면 되었다. 전문 서점이나 선 경험자들의 친절한 블로그를 통해 쉽게 찾을 수 있는 내용을 참고하면 충분히 가능한 대화들이었다. 이 시기부터는 영어 습득을 위해 애쓰는 아이와 함께해주는 시간은 이런 모습에 불과했다. 꾸준히 일상으로 시간을 채우는 것이 완벽하게 아이 몫으로 넘어간 것이다. 장담하건대 엄마가 영어를 못할수록 아이의 독립은 빠를 것이다. 내가 산 증인이다.

음원 속도보다 빨라진 묵독 속도

집중듣기, 음독, 묵독. 이 길에서 영어 원서를 읽는 방법은 다양하다. 첫 책에 '집중듣기는 읽기다' 정의했었다. 이 정의를 얻은 것이 초등 저학년은 아니었다. 북 레벨 안정을 찾아가던 **초등 3학년까지는 오디오 없는 책은 제외했다. 음독도 묵독도 강요하지 않았다.** 집중듣기로 책을 본 뒤 아이가 원할 때 읽은 책 이야기를 나누며 이해 정도를 확인하는 선에서 잘하고 있다 믿어주었다.

4학년에 들어서며 아이의 관심으로 **보고 싶은 책**이나 엄마의 계획으로 **봐야 할 책**들 중에서 오디오가 없는 책들이 섞이게 되었다. 작가별 단행본을 주로 읽었던 시기였는데 모든 단행본이 음원과 함께 출간되지 않았다. 책을 고르면서 오디오가 없는 책이라는 것을 아이도 알아서 묵독으로 읽어야 하는 것을 자연스럽게 받아들였다. 묵독 초기에는 책을 완독하기까지 집중듣기보다 훨씬 더 시간이 걸렸다. 하지만 **속도가 더딜 뿐이지 책을 이해하는 정도는 집중듣기를 하든 묵독을 하든 차이가 없었다.**

그렇다면 묵독도 편안 아이에게 지속적으로 집중듣기를 권한 이유는 무엇 때문일까? 집중도를 높이고 읽어 나가는 속도를 높여 전체 시간을 줄이기 위해서다. 왜 전체 시간을 줄이는 것에 신경을 썼을까? 해마다 아이의 사고와 흥미에 맞는 책을 보기 위해 현지 또래와 같이 자신의 연령에 맞는 독해력을 유지해 나가는 것이 중요했다. 차근차근 무리 없는 레벨업을 위해서는 해마다 채워야 하는 듣기, 읽기의 절대 필요량이 있다고 생각했다.

혼자서 읽느라 더뎌지거나 또는 게을리하느라 그 양을 채우지 못하면 학년과 원서 독해력의 차이가 점점 벌어질 것이 분명했다. 모국어가 아닌 새로운 언어였다. 제 학년에 맞는 책으로 1년 동안 적지 않은 시간을 쌓아야 가능한 채움이다. 간혹 묵독으로 읽은 것과 집중듣기 방법으로 읽은 것의 비율을 물어보는데 정확히 나누어 이야기할 수 없다. 그때그때 책 구성에 따라 묵독을 하기도 하고 집중듣기 방법으로 하기도 했는데 1년 전체를 놓고 본다면 반반 정도 아니었을까 한다.

차츰 묵독이 안정되며 **정상적인 음원 속도보다 스스로 묵독하는 속도가 더 빨라졌다.** 그럴 때 아이의 선택이 오디오가 있는 책을 자신의 묵독 속도에 맞게 배속을 조절하는 거였다. 소리는 단지 거들 뿐인 이때부터 '집중듣기는 읽기다' 확신하게 되었던 거다. 자신에게 맞게 오디오 속도를 조절하는 것은 아이 스스로였다. 오디오에서 나오는 속도가 답답하다고 느낄 때 이해 가능한 속도의 정도를 앞부분 한두 페이지 정도면 스스로 찾아내고 맞춰 듣기가 가능했다. 이렇게 타협하기까지 에피소드가 있었다.

어느 날, 혼자 집중듣기를 하는 아이의 방에서 이상한 소리가 들렸다. 들어가 살펴보니 집중듣기를 위해 틀어 놓은 오디오 소리가 많이 뭉개져서 들렸다. 아이에게 '이게 뭐하는 짓이냐' 조금은 화가 나서 물었다. 집중듣기를 하는 거다. 내가 혼자 책을 읽는 속도보다 오디오가 너무 느려서 지루하고 집중이 안 돼서 소리를 빠르게 해서 듣는 거라 했다. 그렇다면 혼자서 묵독을 하면 되지 왜 굳이 집중듣기 방법으로 책을 보는 거냐고 되물었다. 아이와 한참을 이야기했던 기억이 있다. 그 당시 아이 대답을 정리하면 이랬다.

"혼자 책을 보다 보면 자꾸 딴 생각이 든다. 읽었는데 안 읽은 것 같아 앞으로 다시 갔다 오기도 한다. 그러다 보면 한 시간이 지났는데 많이 읽지 못했다. 그래서 오디오가 있는 책은 오디오 속도를 빨리해서 읽어봤다. **집중도 잘되고 오히려 더 재미있었다. 빨리빨리 책장이 넘어가니까.** 소리가 없어도 책은 볼 수 있지만 시작부터 끝까지 똑같은 속도로 집중해서 책을 보기 위해 그렇게 한 거다. 소리는 내가 읽는 속도에 박자를 맞춰주는 거다. 속도가 빨라도 내용 이해에는 어려움이 없다. 뭉개지는 소리도 그다지 귀에 거슬리지 않을 정도로 조정 가능하다."

책에 푹 빠지지 못하는, 책을 그다지 좋아하지 않는 아이라는 것을 때마다 상기하게 만드는 에피소드 중 하나였다. 아이의 말에 충분히 공감했기에 혼자서 묵독이 가능했지만 이후 새로운 책을 고를 때 원음 확보가 된 경우 묵독보다 집중듣기를 권하기도 했다. 책을 많이 좋아하지 않아 양으로 승부 보기 힘든 아이의 성향에 최고의 집중력으로 원서를 읽어 나갈 수 있는 방법이라 생각해서다. 어쩌면 아이 성향상 혼자서 묵독만으로는 절대 필요량을 채우기 힘들었을 수도 있다. 필요한 만큼을 놓치지 않고 채워 나가는데 도움되었던 방법이 묵독이 편안한 시기에도 병행했던 집중듣기였다.

아이에 따라 책을 많이 좋아하고 원서 또한 제 나이에 맞는 레벨의 책을 활용해서 묵독만으로 절대 필요량을 채울 수 있다면, 그런 아이가 집중듣기 방법을 싫어한다면 절대 필요량을 채우는 방법으로 묵독이 편할 수도 있다. 이 또한 아이 성향에 맞게 선택할 일이다. 다만 고유명사가 많이 등장하는 비문학·논픽션이 배경이 되는 책은 정확한 발음 인지를 위해서라도 음원의 도움을 받는 것을 추천하고는 한다.

학년이 높아지며 읽기 레벨도 음원 속도도 따라 업그레이드된다. 같은 한 시간이지만 당연히 그 한 시간에 소화하는 양도 질도 차이가 있었다. 책을 읽는 방법이 다를 뿐이지 그 방법으로 인해서 책을 이해하는 정도가 차이 나지는 않는다는 것. 중요한 것은 이것이다. 일부 친구들의 진행에서 집중듣기 하는 책과 묵독하는 책의 북 레벨에 차이를 두거나 북 레벨을 낮추어 묵독 연습을 별도로 하고 있는 경우를 본다. 옳고 그름으로 판단할 문제가 아니다. 우리는 묵독조차도 4학년 전에는 크게 마음 쓰지 않아서 읽는 방법에 따라 북 레벨을 달리해본 적은 없었다. 그럴 필요를 느끼지 못했던 거다.

언제까지 집중듣기로
책을 읽을 것인가?

워밍업에서 챕터북으로 갈아타야 하는 시기, 적지 않은 어머님들이 지나치게 영상을 의지하다 텍스트로 전환이 매끄럽지 못한 아이들과 꽤 험난한 고비를 맞이하기도 한다. 비슷한 맥락으로 원서읽기 안정을 위해 음원 도움을 받는 집중듣기 방법에 지나치게 의지하다 보면 본래의 책 읽는 방법인 묵독으로 자연스럽게 연계되는 것이 어려워지는 고비도 만날 수 있다.

요즘은 엄마들의 자료 찾기 능력치 향상으로 어지간한 책은 전부 음원을 구할 수 있어서일까? 음원과 함께하는 집중듣기가 편안해진 아이들을 위해 가능한 모든 책을 음원과 함께하기도 한다. 정품 음원이 없으면 유튜브, 그것도 아니면 특정 앱이나 PDF 소리 내어 읽기 기능 등등. 책이 있다면 음원은 못 구하는 게 이상할 정도의 세상이다. 아이가 묵독을 해주길 바라면서도 매체 활용 계획의 책 리스트에는 음원이 있는 책들을 우선한다. 음원이 없어 아쉽다 포기하며 **아이의 한계를 엄마의 불안으로 미리 선 긋는 경우도 있다.** 몇 년 동안 영어 원서는 음원과 함께였으니 음원 없는 책에 대한 부담으로 스스로 읽기를 아이가 거부하기도 한다.

너무 좋아진 세상으로 지나친 음원에 대한 의지가 **스스로 책 읽는 속도를 찾아가기 어렵게 만들 수도 있겠다는 노파심이 든다.** 책이 넉넉하지 않았고 북레벨 어느 이상에서는 음원 없는 책들이 많았던 예전과 달리, 못 구할 것이 없는 세상이니 의도를 가진 계획과 시도로 적절한 균형에 마음을 써야 할 것 같다. **고학년으로 올라가는데도 모든 책을 음원에 의지해서 읽을 수는 없다.**

집중듣기를 왜 하는지 그 목적을 상기해보자. 또래에 맞는 독해력을 쌓아가기 위해 낯선 언어로 쓰여진 책을 읽는 것이 초반 얼마 동안은 어려움이 있다. 그래서 집중듣기 방법의 도움을 받는 것이다. 궁극적으로 원하고 필요한 독해력이 음원에 의지하는 독해력은 아니다. 언제 어떤 텍스트를 만나더라도 **스스로 묵독하며 스캔 수준의 속도로 독해를 하는 것이** 이 길의 완성에서 닿을 수 있는 성장의 목표임을 기억하자.

종국에 편안해져야 할 읽기는 묵독이다

아이가 이 길에 들어서 5년 차, 5학년에 자막 없이 보는 원음의 영상이 다큐까지 편안해졌다. 집중듣기와 흘려듣기 두 가지 방법으로 소리 노출에 집중했던 앞선 시간을 지켜보면서 흘려듣기에 익숙해지는 단계가 있음을 알게 되었다. 오랜 시간 노출되는 소리가 **자연스럽게 누적되며** 경계가 모호한 이런 단계를 지나면서 화면에 나오는 상황을 이해하고 그 상황에 맞는 소리의 의미를 잡아갔다. 단어 하나도 알아듣지 못해 소음 같기만 했던 소리가 **어떤 단계를 거쳐 '알아듣기'가 되는지** 첫 책에 언급했다.

첫 책 출간 당시 흘려듣기는 이런 단계가 잡혔는데, 집중듣기는 성장 단계가 리딩 레벨로 가늠이 되어서 어떤 모습이 단계라 정리될 만한 것이 없었다. 그런데 많은 어머님들과 오래 소통하며 아이들이 고학년에 이른 경우가 많아지면서 개인적 경험에 다양한 데이터가 추가되니 집중듣기도 단계로 정리될 만한 기준이 잡혔다. 구체적인 실천과 속도는 모두 다르지만 집중듣기 전체 흐름에서 단계 아닌 단계들이 보였다.

첫 번째 단계는 **'글자와 소리 맞추는 연습'**을 주목적으로 하는 집중듣기 워밍업 기간이다. 이 길에서의 성공과 실패를 미리 예측할 수 있는 무서운 1년이

더라고 워밍업 단계의 중요성을 앞서 강조했다. 초등학교 1학년 첫 집중듣기 시작은 알파벳 26글자가 겨우 인지된 수준에서였다. 의미 파악이 안 되는 것은 당연하다. 텍스트와 소리를 제대로 맞춰 나가는 연습을 하며 무거운 엉덩이 습관 들여주기 1년이었다.

초등학교 2~3학년 집중듣기 실천에서 보이는 두 번째 단계는 **'보이는 그대로를 이해로 따라가는'** 집중듣기다. 이때 보게 되는 책들이 대부분 북 레벨 2~3점대 챕터북이다. 보이는 문장을 보이는 그대로 이해하는 것만으로도 재미있는 시기다. 밝고 유쾌한 분위기의 일상, 코믹, 추리, 모험 등. 주제나 내용 자체가 흥미 위주의 어렵지 않은 책들이기 때문이다. 대부분을 시리즈로 만나며 북 레벨의 안정을 도모하는 시기다. 책 선택에 있어 아이의 〈호:불호〉에서 '불호'보다는 '호'에 집중해도 좋을 때다.

세 번째 단계라 할 수 있는, 음원 속도만큼 **'사고가 같이 따라가주는'** 집중듣기는 반디의 경우 초등 4학년 상반기 모습이다. 혼자서 묵독이 가능했지만 집중듣기 속도에 비해 묵독 속도가 많이 느려서 원음 확보가 된 경우 묵독보다 집중듣기가 편한 시기였다. 앞서 언급했듯이 전체를 읽는 속도가 차이나는 것이지 책을 이해하는 정도의 차이는 없었다. 책 선택에 있어 아이의 〈호:불호〉에서 '호'도 중요하고 '불호'지만 봐야 할 책들도 각별히 마음 써서 균형을 잡아주어야 했던 시기다.

유사한 패턴이 반복되는 시리즈가 아니다. 하나의 이야기가 하나의 책으로 끝맺음이 되는데 긴 서사에 작가가 담고자 하는 주제가 들어 있으며 두께가 꽤 되는 책들이다. 책을 읽고 말이나 글로 그 주제를 분명히 요약할 수 없지만 뜬금없이 며칠 뒤에 읽었던 책 이야기를 하며, 그 책의 주제와 유사한 글이나 말을 전혀 다른 곳에서 가져와 연관 지을 수 있었다. 그런 모습에서 보이는 대로 글씨만 읽고 그만큼만 이해한 것은 아니구나 안심할 수 있었다. 읽고 있는 책이 가지고 있는 사고와 연계되는 시기다.

마지막 네 번째 단계는 **'사고가 음원 속도를 앞지르는'** 집중듣기로 다시 말해 집중듣기 속도 이상으로 묵독 속도가 나오는 시기다. 반디는 4학년 하반기 어느 시점에 확인되었다. 이후에 책에 따라 편차는 있었지만 집중듣기 방법으로 읽는 책들은 오디오 배속이 정상 속도는 아니었다. 책과 함께 정식으로 제작한 음원들이었다. 출판사에서는 북 레벨 표시를 하는 것과 마찬가지로 음원 또한 추천 연령에서 이해 가능한 속도로 녹음을 해 놓았을 것이다. 음원이 있는 책을 집중듣기 방식으로 읽는데 그 속도가 답답하게 느껴지면 자신이 이해 가능한 속도로 음원 배속을 높였다. 이것이 아이가 그 책을 이해할 수 있는 묵독 속도라 생각했다. 당연히 소리가 많이 뭉개지지만 소리에 의지한 책읽기가 아니었다. 묵독 속도 박자를 맞추어주는 역할로 음원을 활용한 것이다. 단지 소리는 거들 뿐! 여기서 나온 말이다.

이렇게 음원 속도를 높이는 것에 저학년은 위험을 경고하기도 한다. 저학년은 영어라는 소리에 충분히 익숙해지지 않은 경우가 많다. 속도를 높여 뭉개지는 소리에 노출되는 것은 전반적인 영어의 인토네이션에 익숙해지는 것에도, 단어나 문장의 정확한 발음에 익숙해지는 것에도 도움되지 않더라는 경험을 다수 공유 받았다. 경우에 따라 잘하던 의미 파악에 구멍이 생길 수 있다. 음원 배속을 높이는 것은 원서읽기의 완벽한 안정기를 넘어서서 아이가 원하는 경우 충분히 상의한 뒤 결정했으면 한다.

한 페이지에 한 줄 문장이 전부인 동화를 시작으로 8년 차 오리지널 고전을 원서로 읽기까지 이렇게 집중듣기 하는 모습은 변화했다. 고전이 읽는 책의 주를 이루었던 8년 차, 이때도 책 읽는 방법에서 집중듣기는 병행되었다. 정식 음원이 없는 책들이었지만 전자책 온라인 도서관, 프로젝트 구텐베르크Project Gutenberg에서 제공하는 자원봉사자들이 녹음한 음원들을 활용할 수 있었다. 그런데 읽고자 하는 책의 음원을 모두 구할 수 없었고 봉사자들에 따라 도움이 안 되는 음원들도 많아서 방법적 균형에서 묵독 쪽이 무겁기는 했다. 이 또한 자연스럽고 당연하게.

이렇게 집중듣기는 1~2년 하다 그만둔 것이 아니라 8년 동안 정도의 차이만 있을 뿐 계속되었다. 그것이 내 아이에게 가장 잘 맞았기 때문이다. 영어 원서를 읽는 방법은 집중듣기, 음독, 묵독 등 다양하지만 **종국에 편안해져야 할 읽기 모습은 묵독이다.** 우리말 텍스트에서 문해력을 걱정하고 영어 텍스트에서 독해력을 걱정하는 것은 단순하게 보이는 글씨를 읽을 수 있다는 것을 읽기라 말할 수 없어서다. 글을 읽고 이해하는 사고 정도에 따라 묵독 속도가 달라지는 것은 비단 영어책만은 아닐 것이다. 우리말 책이 되었든 영어 원서가 되었든 자신만의 속도를 찾아 편안하게 묵독이 되기까지 무엇을 해야 하는지 알고 있다는 것은 참 다행이다.

원서읽기는
목표가 아니라 수단이다

엄마표 영어의 시작부터 완성까지 8년 동안 집중듣기가 어떤 모습으로 진행되었는지 풀어놓았다. 책으로 시작해서 책으로 끝을 볼 수 있다는 말은 이런 모습의 8년이었기 때문이다. 그런데 엄마표 영어를 깊이 들여다보지 못한 경우 간혹 심각한 오해를 하는 경우도 있다는 것을 알게 되었다. 집중듣기 이야기를 마치며 마지막으로 당부하고 싶은 것이 있다.

우리의 엄마표 영어는 원서읽기 자체가 목표가 아니었다. 원서읽기는 원하는 최종 목표에 닿기 위한 수단이었다. 간절히 이루고 싶은 욕심나는 목표에 닿기 위해 해야 하고 정성을 들여야 하는 것이 원서를 제대로 읽으며 나아가는 것이었다. 필요한 때에 맞추어 필요한 만큼 나아가기 위해서 어떻게 읽어야 하는지 그것이 중요했다. 사고가 활짝 열리게 될 청소년기는 물론이고 성인이 되어서도 제 나이만큼을 영어 자체로 사고할 수 있는 것이 진정한 영어 해방이니까.

강연이라는 적극적 소통에서 안타까움에 마음이 무거워지기도 했다. 이 길의 큰 틀이 무엇인지는 모르지 않는데 왜 그것이 큰 틀이어야 하는지 분명히 하지 못한 진행들을 만날 때다. 수년 동안 애를 쓰며 영어 책과 함께한 아이들인데 또래만큼의 영어 사고력이 채워지지 않은 경우다. 엄마표 영어가 영어 원서와 함께하는 것이 핵심이다 보니, 원서읽기, 그 자체가 목표인 것처럼 왜곡되어 전달되었던 것 같다.

아웃풋은 가지고 있는 영어 자체 사고력만큼 나오게 되어 있다. 제 학년보다 많이 낮은 정도의 영어 사고력으로는 아웃풋도 그만큼 이상을 기대하기 어렵다. 이 부분을 간과하고 있는 이들이 의외로 많았다. 적지 않은 진행자들이 지나온 시간의 '길이'만으로는 불가능한 아웃풋을 막연하게 기대하고 있었다. 들인 정성의 시간에 비해 아웃풋이 잘 안 나온다는 하소연은 빠지지 않는 질문의 서두였다.

현장에서 뒤늦게 놓쳐서는 안 되는 것을 놓쳤다는 것에 공감이 깊어지는 이들은 아이들과 이미 수년을 엄마표 영어로 애써왔던 엄마들이다. 초등학교 중학년 이상, 때로는 적기의 끝이라 생각되는 초등 6년의 마무리를 앞두고 있기도 하다. 그런 경우 지난 시간에 대한 아쉬움은 눈덩이처럼 불어난다. 깊은 한숨을 넘어 참으려 해도 참기 힘든 눈물을 보이기도 한다. 돌아가 생각이 복잡해진 이들이 남겨 놓은 후기에서 자주 만나는 내용이다.

"하루빨리 강연을 들었더라면 얼마나 후회가 되던지요. 아이의 학년에 맞게 리딩 레벨을 업시켜주라는 말이 그때 당시 책을 읽을 땐 그런가보다 했습니다. 물론 책을 통해 읽었지만 직접 강연에서 듣게 되니 더 확 와닿더라고요. 나름 엄마표 영어 방법으로 수년을 진행해왔지만 선생님 책처럼 원어민 연령대에 맞는 리딩 레벨을 업시킬 생각은 전혀 못했습니다. 어디에도 그런 내용의 책을 못 읽어본 거 같아요. 아님 무의식적으로 그냥 넘겼을지도 모르겠네요."

아무래도 글로 전하는 것에는 한계가 있는 것 같다. 처음 책을 출간하면서는 중요한 핵심이 잘 전달될 수 있도록 자세히 풀어놓았다 생각했는데 아니었다. 겨우 내 경험에 갇혀 있는 지극히 편협한 글이었다는 것을 소통하면서 깨달았다. 글을 쓴 사람도 이럴진데 글만으로 그 경험을 들여다보는 이들은 긴 시간 중심이 되어준 한 줄을 가늠하기 쉽지 않았음을 뒤늦게 알게 되었다.

그래서 얼굴 마주보는 시간 동안 최선을 다하자 싶어 강연에 마음 썼던 것이다. 질의 응답이 깊어지며 가장 놀라웠던 것이 또래에 맞는 리딩 레벨에 마음을 쓰지 못한 진행이 많다는 것이었다. 2002년부터 엄마표 영어를 공부하면서 구체적인 목표에서 이것이 붙잡아야 하는 최고의 핵심이라 생각했다. 아무리 많은 시간 영어와 함께 한다 해도 이걸 놓치면 원하는 성장이 힘들겠다는 것이 너무 잘 보였기 때문이다. '리딩 레벨을 잡아야 영어가 잡힌다'는 말은 그래서 나온 것이다.

영어 습득을 완성하기 위해 되는대로 원서를 읽어도 되는 길이었다면 영어 사교육은 엄마표를 상대로 힘을 쓰지 못해 이미 사향세이거나 사라졌을 것이다. 그뿐일까? 이 길에서 끝을 만난 친구들은 넘쳐났을 것이다. 돈 안 들이고도 마음껏 누릴 수 있는 원서 접근이 이보다 좋을 수 없는 세상이 된 지 꽤 되었으니까. 엄마표로 영어를 시작하는 가정은 헤아릴 수 없을 만큼 많고 엄마표 영어 역사 또한 결코 짧지 않으니까. 영어 습득의 완성을 목표로 한 원서읽기라면 '무엇을 얼마나'도 중요하지만 '어떻게, 왜 그렇게'도 반드시 챙겨야 한다. 되는대로 읽다가 안 될 것 같으면 포기하려는 그런 걸음이 아니라면 말이다.

목표를 분명히 하자. 그 목표를 완성할 수 있는 방법을 공부하고 실천을 계획하고 아이들과 공유하고 설득하고 희망도 함께 나눠보자. 그런 뒤에 **목표의 욕심만큼 실천도 욕심부려야 한다.** 시작이 중요한 것이 아니다. 시작은 언제나 할 수 있다. **적어도 아이의 뇌에 확실하게 영향을 미칠 만큼 꾸준한 노력이 필**

요한 방법이다. 부모로서 아이의 영어에 어떤 욕심을 가지고 있나? 아이들은 자신의 미래를 함께 할 영어에 어떤 욕심을 품고 있나? 목표에 대한 욕심은 큰데 실천에 대한 욕심이 따라주지 않는다면 목표를 조정하는 것이 현명한 선택이다. 영어는 포기해도 아이와의 좋은 관계는 지킬 수 있다.

그런가 하면 어정쩡하게 흘려보내면 다시 기회 없을 초등 6년이다. 아이의 영어 습득력에 있어 뇌도 도와준다는 유일한 이 시기가 '적기'라는 것을 믿어보자. 습득의 방법이 통하는 이 시기에 엉뚱하게 학습으로 몰아가는 건 아이들의 타고난 능력조차 사장시키는 억울한 일이다. 적기가 지나면 사라질 능력이라는 것도 믿어보자. 그런 믿음들로 욕심부릴 수 있을 때 제대로 욕심껏 채우고 키워 놓으면 그 끝에서 무얼 만나든 결코 후회는 없을 것이다.

레벨 테스트 수치가
아이의 진짜 실력일까?

첫 책에 꾸준히 또래에 맞는 원서를 읽어 나가는데 참고했던 북 레벨Book Level에 대해 언급하며 AR, Lexile 두 지수를 소개했다. 반디가 초등 저학년일 때 일부 대형 어학원에서 AR 프로그램을 커리큘럼으로 병행하고 있다는 것을 알고 있었다. 당시는 특별한 기회나 비용 지불이 아니면 접근하기 어려워 구경도 활용도 쉽지 않았던 시스템이었다. 8년 동안 직접 경험해볼 기회는 없었다.

1980년대 중반 르네상스 러닝Renaissance Learning에서 출시한 ARAccelerated Reader은 본래 리딩 수업을 수준별 그룹으로 진행해야 하는 교사들을 위해 개발된 프로그램이다. 40년 가까운 세월 동안 쌓인 엄청난 데이터의 힘으로 지금은 공신력 있는 독서관리 프로그램으로 인정받고 있다. 미국은 물론 국내에서도 다수의 교육기관에서 활용하고 있는 것으로 확인된다. 르네상스 러닝이 운영중인 주요 프로그램은 리딩 레벨 진단 테스트 SRStar Reading, 도서별 이해도 평가를 위한 AR Quiz, e-라이브러리 등이 있다.

프로그램의 전반적인 흐름을 보면, 먼저 SR 테스트로 현재 아이의 리딩 레벨GE: Grade Equivalent[7]을 진단한다. 그 결과를 바탕으로 개인 목표를 설정한 뒤 적정범위ZPD: Zone of Proximal Development에 있는 도서를 자유롭게 선택해서 개별 독서를 할 수 있게 한다. 읽은 책에 대한 이해도를 AR Quiz로 평가해서 포인트를 누적하면 다양한 리포트를 통해 피드백을 받을 수 있는 **독서관리 프로그램이다.** 단순하게 레벨 테스트를 하는 시스템이 아니다.

예전과 달리 레벨 테스트가 편리해졌다. 공공 도서관의 무료 이용을 비롯해서 개인 구입까지 마음만 먹으면 언제든 수시로 아이들의 상태를 체크해볼 수 있게 되었다. 최근 공공 도서관에서 누구나 무료 이용이 활발해진 것이 SR 테스트다. 제대로 엄마표 수년간의 꾸준함을 이어가고 있는 이웃 아이들의 만족스러운 SR 테스트 결과지를 공유 받고 있다. **진단 결과가 체계적인 AR 프로그램으로 연계되는 공공 도서관을 만나기가 쉽지 않다는** 것은 아쉬운 일이다.

모든 불안과 의심을 끌어안고 애쓰면서 기다렸던 아이들의 성장을 직접 눈으로 확인할 수 있는 수치는 매력적이기도 하고, 때로는 맥이 빠지기도 한다. 하지만 그런 수치 놀음에 일희일비하지 않을 정도의 중심은 갖고 있는 분들이다. 그런데 시스템 접근이 가까이 쉬워서인지 잦아지는 아이들의 상태 체크가 걱정되기 시작했다. 꾸준한 실천을 1~2년도 해보지 않은 시작 단계에서도 수시로 시도되고 있는 레벨 테스트는 안타깝기까지 하다. 당연히 만족스러운 결과도 아니며 결과 또한 제대로 참고가 될 만한 데이터라 할 수 없다.

강조했지만 아이들의 영어 성장 그래프는 들어간 것이 곧바로 확인되는 사선형이 아니다. 계단식 그래프로 표현된다. 어느 계단에서 수평선을 그리는 긴

---

7 GE는 미국 동급 학년과의 리딩 실력을 비교하는 수치로 SR 테스트 결과 GE가 4.6으로 나왔다면 미국의 4학년 6개월 차 '평균 리딩 레벨' 수준이라는 것을 의미한다.

시간 동안 보이지 않지만 쌓이는 힘을 믿고 기다려주어야 한다. 그런 기다림으로, 채워진 만큼 채워졌을 때 아이의 변화가 눈에 들어온다. 알아차리지 못했지만 이미 수직의 상승계단을 올라서 다음 계단의 수평선 어디쯤의 모습이 확인되는 것이다.

들어간 것들이 영어 성장으로 연결되어 눈에 띄게 드러나 보이는 시기가 취학 전이나 저학년은 아니다. 초반 수평계단이 가장 길게 그려지는 이유다. 쌓았던 시간이 바탕이 되어 사고까지 성숙하고 영글어진 이후 성장은 굳이 수치가 아니어도 자주 쉽게 확인할 수 있다. 다음 계단을 올라서기 위한 기다림이 신기할 정도로 점점 짧아지기 때문이다.

엄마의 필요에 의한 확인이 아니길 바란다. 엄마들은 아이들의 상태가 어떠할 때 레벨 테스트를 하고 싶어할까? 놀랍게도 많은 분들이 아이의 진행에 뭔가 시행착오를 만나거나 성장이 정체기 같아 불안할 때였다. 원인을 파악하고 진행을 수정, 보완하고 싶어서라는 것을 모르지 않는다.

하지만 원인 파악과 해결책은 테스트 결과로 찾아지지 않는다. 테스트를 받고자 찾아가는 기관의 시스템이, 아이와 지나온 시간의 독특함이 반영되지 않는다면 문제를 키워 혼란스러움을 가중시킬 수도 있다. 《엄마표 영어 이제 시작합니다》에서도 언급했지만 아이의 진행상황에 문제가 있다고 생각할 때 절대로 해서는 안 되는 것이 이런 확인이다. 시행착오를 만났거나 정체기 같아 불안할 때 필요한 것은 레벨 테스트가 아니다. **아이와 지나온 시간의 기록을 정리하고 들여다보라. 그 안에 원인도 해결책도 모두 들어 있다.**

반디의 진행에 있어 AR에 관심을 가졌던 이유는 단순했다. AR 시스템을 만든 회사가 제공하는 ATOS Book Level을 참고하기 위해서다. 출판사나 전문가들이 미리 판단해서 제공하는 수치인 '도서 지수Book Level'다. 텍스트의 난이도, 어휘의 양, 문장 길이, 주제 등을 참고해서 어떤 수준의 학생에게 적합한 책인지 가이드해준다. 학년에 맞는 책을 고르기 위해 중요한 데이터였다. AR 지수와 ATOS BL을 동일하게 받아들이기도 하지만 이 두 용어의 개념은 다르다.

결론적으로 아이의 현재 상태, 레벨 확인을 위한 관심은 아니었다. 원서에 무지했던 엄마가 또래에 맞는 원서읽기를 계획했으니 때에 맞는 적절한 책을 골라주기 위해 북 레벨^{ATOS Book Level} 확인이 가능한 AR Book Finder 홈페이지를 이용하는 선이었다. 이곳 홈페이지에서는 단순히 텍스트 자체의 난이도뿐만 아니라 어떤 연령에게 적합한 책인지 IL^{Interest Level}을 확인할 수 있었다. 책의 주제나 내용을 바탕으로 판단한 인지 발달에 적절한 연령대를 표시하는 지수다.

큰 맘먹고 아이를 달래고 설득해서 일정한 비용을 지불하고 공신력을 인정할 수 있다 믿어지는 어학원에 방문해야 아이들 성장을 수치화된 데이터로 확인할 수 있는 예전이 아니다. 필요에 의해 아이들 영어 성장 상태 체크가 쉬워진 것 또한 진행에 어떤 긍정적 데이터로 참고할 수 있는지 생각해보자.

여러 이웃들의 결과지를 공유받고 2013년에 발간한 〈르네상스 리포트 Renaissance Report〉를 살펴보며 그들의 진단 결과 피드백에서 중요하게 참고해야할 부분이 무엇인지 알게 되었다. 테스트 결과를 바탕으로 이후 각자의 실천과 계획에 도움되는 참고는 현재 상태 GE가 아니다. 결과지 하단에서 확인되는 ZPD^{Zone of Proximal Development}에 주목했으면 한다. **권장독서 범위로** 이해할 수 있다.

학생들은 SR 테스트 결과를 기반으로 각자 ATOS 북 레벨 점수로 표현된 ZPD 범위를 부여 받는다. 이는 학생들이 자신의 현재 리딩 성취 레벨에 맞게 너무 쉽지도, 너무 어렵지도 않은 책을 읽는 것을 격려하는 데 의미가 있다. 각자에 맞는 ZPD 범위 내에서 책을 읽는 것은 학생들로 하여금 처음 보는 단어의 의미를 유추하고 텍스트의 특정 부분을 활용하여 주제나 컨셉을 이해하는 활동들을 더 활발하게 할 수 있도록 유도해준다. 다시 말하자면, 최적의 리딩 성과를 달성하도록 제안하는 도서의 난이도 범위다. 책 선택에 있어 절대적인 학년보다는 각자의 리딩 성취 레벨을 더 고려할 것을 추천하기 위한 데이터라 할 수 있다.

아이에게 지금 어떤 책이 도움이 되는지 판단이 어려운 부모들이라면 필요한 데이터다. 그런데 이런 디테일한 수치로 상태를 자주 확인하고 이런 지표들을 수시로 안내 받아야 리딩 레벨을 잡을 수 있는 것은 아니다. 해마다 학년에 맞게 절대 필요량을 채워 나가는 실천에 익숙하다면 무리 없는 레벨업이 가능하다는 것을 경험으로 소통으로 확인했다. 누군가가 일반화시켜 놓은 테스트 기준보다 이 길에서 수년간 아이 곁을 지키며 관찰했던 엄마의 판단이 더 정확한 길, 그래서 엄마표다.

렉사일 코드Lexile Code에 담겨 있는 배려

책을 고르는데 참고하고 있는 또 하나의 지수 렉사일Lexile은 미국 교육연구 기관 메타메트릭스MetaMetrics에서 개인의 독서 능력과 수준에 맞는 도서를 골라 읽을 수 있도록 책의 난이도를 측정하고 분류한 평가지수다. 현재 100만 권이 넘는 도서에 렉사일 지수가 부여되어 있으며 **텍스트 자체의 수준을 나타내는 것으로 책의 주제나 내용의 난이도 등이 반영된 것은 아니다.** 미국의 K-12 학년 학생 절반 이상이, 50개주 3,500만 명 이상이 매년 렉사일을 측정해 그 결과를 독서 및 학습에 적용될 수 있게 하는데, 본인의 렉사일 측정값보다 +100에서 −50 범위의 읽기 자료가 이해력을 유지하면서 이상적인 독서 수준을 제공해줄 수 있다고 한다.

2012년에 정의된 일반적인 읽기 자료의 텍스트에서 요구되는 학년별 렉사일 지수는 홈페이지에서 확인 가능하다.

반디 진행에서는 참고를 고려하지 않았던 지수였는데, 요즘은 ATOS BL과 함께 책 선택의 주요 기준으로 활용된다. 렉사일 지수는 일반적으로 680L, 720L과 같이 숫자로 표시되는데, 일부 책에는 AD, NC, HL, IG, GN, BR, NP 등 **두 글자의 코드가 붙는 경우가** 있다. 이 코드는 일반적이지 않은 텍스트의

Text Ranges for College and Career Readiness

Grade	Beginning of Year	End of Year
K	BR40L	230L
1	190L	530L
2	420L	650L
3	520L	820L
4	740L	940L
5	830L	1010L
6	925L	1070L
7	970L	1120L
8	1010L	1185L
9	1050L	1260L
10	1080L	1335L
11 & 12	1185L	1385L

형태나 쓰임에 있어 추가적인 참고가 필요한 사항들을 전달하는 목적으로 사용된다. 그 렉사일 코드에 대해 정리해본다.

렉사일 홈페이지에 있는 정의를 살펴보면 다음과 같다.

AD는 그림책picture books 앞에 많이 등장하는 코드로 독립적으로 읽게 하는 것보다 선생님이나 부모가 소리 내어 읽어주는 것을 권하는 책에 붙는다.

IG는 백과사전 또는 소사전encyclopedia or glossary 같이 참조용으로 사용되는 논픽션 자료로 이야기책처럼 전체를 읽기보다는 참고자료로 사용되며, 이러한 텍스트는 이해력이나 발달 적합성에 영향을 미치는 것은 아니다.

GN은 보이는 그대로 그래픽 소설 또는 만화책graphic novel or comic book에 붙는다.

BR은 렉사일 측정값이 0L 미만인 책들로 BR 다음의 숫자가 낮을수록 난

렉사일 코드

AD	Adult Directed	Better when read aloud to a student rather than having the student read independently.
NC	Non-Conforming	Good for high-ability readers who still need age-appropriate content.
HL	High-Low	Content to engage older students who need materials that are less complex and at a lower reading level.
IG	Illustrated Guide	Nonfiction materials often used for reference.
GN	Graphic Novel	Graphic novels or comic books.
BR	Beginning Reader	Appropriate for emerging readers with a Lexile reader measure below 0L.
NP	Non-Prose	Poems, plays, songs, recipes and text with non-standard or absent punctuation.

이도가 높으며 숫자가 클수록 텍스트가 덜 복잡해서 쉽다는 의미다.

NP는 시, 연극, 가곡집, 레시피poems, plays, songs, recipes 등 50% 이상 비산문적 텍스트로 구성된 책으로 렉사일 지수 없이 NP로만 표시된다.

우리가 추구하는 제대로 엄마표 영어는 '또래에 맞는 독해력을 유지하며 영어 자체 사고력도 쌓아가기 위해 학년에 적절한 책을 보는 것'을 목표로 하고 있다. 그래서 **특별하게 눈에 들어오는 렉사일 코드가 NC와 HL이다.** 리딩 레벨에서 많이 앞서가는 아이들과 많이 뒤처지는 아이들을 위한 배려코드 느낌이다.

독자들에게 받는 아이들 성장 소식에서 또래보다 많이 앞서가는 리딩 레벨을 가지고 있음이 확인되는 경우가 종종 있다. 제 나이 평균을 따라가기도 벅찼던 반디에 비해 놀라운 일이지만 그럴 수 있는 좋은 환경에 그럴 수 있도록 도움 주는 어머님들의 애씀을 알아서 그 실력이 의심되지는 않는다. 문제는 책을 고를 때 아이의 리딩 레벨에 맞추다 보면 내용이 연령과 어울리지 않는 정서인 경우를 만나게 된다.

저학년들인 경우 렉사일 도서 지수Lexile text measure는 높게 확인되었지만 그 측정값을 가진 책들은 내용상 저학년에 무리가 있을 수 있다. NC는 연령에 비해 읽기능력이 월등하게 뛰어나지만 연령에 맞는 콘텐츠가 '여전히' 필요한 high-ability readers에게 적합한 책 앞에 붙는 코드다. 예를 들어 NC900L이 있다면, 이 책은 저학년이 보기에는 어려운 렉사일 지수를 가지고 있지만, 내용면에서 저학년도 적절해서 평균 이상의 높은 읽기 능력을 가진 친구들에게 도전할 수 있다고 안내해주는 것이다.

HL은 NC와 반대 상황을 위한 코드라 할 수 있다. 연령대의 평균 읽기능력보다 많이 낮아서, 덜 복잡하고 읽기 수준이 낮은 자료가 필요한 고학년(렉사일 홈페이지에서는 7학년 이상) 이상을 유도하는 콘텐츠에 붙게 된다. High-Low는 높은 관심high-interest과 낮은 난이도low-readability를 합친 표현이다. 읽기능력이 떨어지는 고학년이지만 내용면에서 성숙한 발달 시기에 흥미를 느낄 수 있게 디자인된 책을 의미한다. 예를 들어 430L은 렉사일 지수로 보면 2학년에 적합하지만 주인공들이 청소년으로 그 또래의 정서에 맞는 경험과 고민을 다루고 있다면 HL430L로 코드를 부여하는 거다.

차근차근 학년에 맞는 리딩 레벨 업그레이드를 중요시해야 하는 이유가 분명히 보인다. 또래에 비해 리딩 수준이 앞서가는 것에는 큰 염려가 없지만 또래 평균을 따라가지 못해 많이 뒤처진다면 책 선택에 문제가 있다. HL코드가 부여한 책보다는 일반적으로 숫자만 표시된 책들이 대다수다. 특별히 읽기 능력이 낮은 고학년 이상에게 독서의 흥미를 가질 수 있도록 코드를 부여한 책을 찾는 것이 쉽지는 않다는 거다.

렉사일 테스트 결과만으로 낮은 단계의 책을 보게 된다면 정서적인 면에서 흥미는 떨어진다. 유치하게 느껴진다면 읽기 자체가 지루할 것이니 재미없는 영어가 더 재미없어진다. 코드 배려 없이도 흥미로운 책을 읽으며 즐거울 수 있기 위해 다시 한 번 상기해보자. 리딩 레벨을 잡아야 영어가 잡힌다.

레벨 테스트보다 명확하고
효과적인 중간 점검

"아이의 진행 상황에 문제가 있다고 생각할 때는 절대로 해서는 안 되는 것이 레벨 테스트다."

첫 책에 담긴, 레벨 테스트는 언제 해보는 것이 좋을까에 대한 답이었다. 독자들에게는 뜻밖의 예상치 못한 답이었다는 후기를 자주 접한다. 테스트 시기에 대해 기존에 가지고 있던 생각과 상충되는 문장이었다는 것이다. 많은 경우 정반대 상황일 때 해보고 싶은 것이, 하고 있는 것이 레벨 테스트였기 때문이다. 레벨 테스트는 아이 컨디션이 가장 좋을 때, 아이가 스펀지처럼 잘 흡수하고 있다는 생각이 들 때, 필요하다면 그때 확인해보자. 어디에서도 중요하다. 지나온 시간이 잘 반영될 수 있는 테스트 시스템을 골라야 한다.

정식 예약과 일정 비용을 지불하지 않으면 아이 상태 파악이 어려웠던 2006년에 아이의 첫 레벨 테스트를 위해 선택한 곳은 이름도 낯선 신생 어학원이었다. 영어를 처음 시작하고 1년 6개월이 지났을 때였다. 당시, 이미 자리 잡아 익숙한 이름의 대형 어학원이 아니라 리딩에 포커스를 맞추어 문을 연지 얼마 되지 않는 어학원이었다. 이유가 있었다. 지나온 모든 시간은 책을 들고, 읽는 것에 집중했다.

아직은 불필요하다 생각해서 의도적으로 시도하지 않았던 어휘 학습이나 아웃풋(말하기, 쓰기)을 놓고 이러쿵저러쿵 지적질, 훈수질에 마음 상하고 싶지 않았던 거다. 아이도 엄마도 선택한 길에 대한 확신을 더욱더 견고히 할 수 있는 용도로 '이용'했던 것이 레벨 테스트였다.

최근 아이들의 레벨 테스트 후기를 자주 전해 듣는다. 원하면 언제든 가볍게 해볼 수 있는 공립도서관 SR 테스트도 있지만 학년이 올라가면서 정식으로 대형 어학원 레벨 테스트 경험을 하는 이웃들도 많아졌다. 농담처럼 당부한다. "상담 선생님이 그동안 어떻게 영어 공부를 했는지 물으시면 절대 '엄마표 영어를 했다'고 답하면 안 된다". 예전 반디 초등 시절과 달리 엄마표가 일부 어머님들께는 영어교육에 있어 대세로 자리잡았다는 것을 모를 리 없는 어학원이다.

엄마와 아이를 자신들의 커리큘럼으로 끌어들이기 위해서는 부족한 영역을 강조해야 한다. 그분들은 전문가다. 엄마표로 성장하는 친구들이 시기적으로, 어쩔 수 없이 보이게 되는 구멍이 무엇인지 누구보다 잘 알고 잘 보일 것이다. 엄마도 모르지 않고 각오도 했던 선택이지만 지적당하고 훈수 받게 되면 불안이 몰려오고 흔들릴 수 있다. 스스로의 선택을 지켜낼 수 있는 단단함이 없다면 말이다.

이렇게 외부 도움을 받는 레벨 테스트보다 효과적인 중간 점검도 있다. 시행착오를 만났거나 정체기 같아 불안할 때 진짜 필요하고 중요한 것은 레벨 테스트가 아니다. 아이와 지나온 시간의 기록을 정리하고 들여다보는 것이다. **그 안에 원인도 해결책도 모두 들어 있다.** 누군가 일반화시켜 놓은 테스트 기준보다 수년간 아이 곁을 지키며 관찰했던 엄마의 판단이 더 정확한 길, 엄마표다. 아이의 실천과 관찰을 기록하지 않았다면 이 중간 점검이 힘들다. 그래서 기억은 기록을 이길 수 없으니 기록을 하라 강조하는 거다.

중간 점검, 원인 파악을 펼쳐 놓고 아이와 함께 수정·보완을 의논해보라. 근거가 있으니 그 어떤 설득보다 효과적이며 해야 할 일에 강력한 동기부여가 되어줄 수 있다. 모두가 이런 중간 점검이 필요한 것이 아니다. 해놓은 기록은 그냥 기록일 뿐 되돌아 짚어보지 않아도 되는 친구들도 많다. 아이의 진행에 크게 걱정거리들이 잡히지 않고 무난히 원하는 성장이 확인된다면 불필요한 점검이다. 이 길에 들어서 2년 이상의 진행을 놓고 아이 실천을 기록한 것을 바탕으로 **빡세게 중간 점검**해본 엄마의 고백이다.

"애들 재워 놓고 밤마다 작업이 쉽진 않았지만 지금 아니면 언제 또 할 수 있을까 생각하니 이 악물고 하게 되었습니다. 기록을 통계 내기 전에는 이렇게까지 시간을 못 채운 줄 몰랐습니다. 그런데 숫자로 확인을 하고 정말 한동안 머리가 멍 했습니다. 나름 열심히 한 것 같은데 '적당히'였구나라는 생각에 아이가 못 따라온다 애 잡을 것이 아니라는 반성 많이 했습니다. 아이를 믿으라고, 엄마가 잡고 있지 말라고, 아이는 앞으로 갈 준비가 되어 있다고 하시던 선생님 말씀이 제 이야기가 될 줄은 꿈에도 몰랐습니다. 그 말이 무슨 말인지 정말 잘 안다고 생각한 저였는데, 내 아이에겐 왜 적용이 안 되었을까요? 아이를 못 믿은 엄마의 문제겠지요. 매일 3시간을 어찌 채우나, 가능할까? 생각했는데 요즘 맘 다잡고 해보니 안 될 일은 아니었습니다. 간절하니 없는 시간도 만들어 하게 됩니다.

오랜 시간 영어 하라고 붙잡아 놓는 것이 미안하고, 놀 시간 빼앗는 거 같아 미안하고, 그런 것이 미안할 일이 아니었습니다. 고생을 안 한 것도 아닌데 이런저런 이유로 적당히 하게 해서 억울하게 흘려보낸 시간, 제대로 채우지 못해 가야 할 길 우왕좌왕하게 했던 그 시간이 미안할 일이라는 걸 뼈저리게 느끼는 시간이었습니다. 작년에 깨달았다면 얼마나 좋았을까? 살짝 아쉽지만 지금이라도 알고 바꿀 수 있는 것도 행운이라 생각하려 합니다."

주신 글에 들어 있는 '고생을 안 한 것도 아닌데' 데자뷔 느낌이 강하다. 지역 도서관에서 오프라인 강연이 활발할 때 초등학교 중학년 이상 어머님들 질문의 서두에 많이 등장하는 '하느라고 했는데'와 참으로 닮았다. 하느라고 했는데 성장이 기대에 미치지 못했다는 생각이 들면 그 또한 엄마의 책임 같아 죄책감이 엿보여서 안타까웠다.

중간 점검에서는 어떤 문장을 만나도 괜찮다. 방향과 계획을 점검하고 보완하기 위한 중간 점검이다. 하느라고 하고 고생을 안 한 것도 아니면서, 만나면 안 되는 시기에 이 문장들을 다시 결과로 만나지 않기 위해 해보는 것이 중간 점검이다. 엄마표이기에 누구보다 정확하게 엄마가 아이의 성장을 확인하고 점검할 수 있다. 그 어떤 레벨 테스트보다 명확하고 확실한 중간 점검이다.

무턱대고 많이보다는
올바른 방법으로

한때 유행처럼 회자되는 말이 있었다. "1만 시간의 법칙". 1993년 미국의 심리학자 안데르스 에릭슨이 발표한 논문에서 처음 등장한 개념으로 2009년 말콤 글래드웰이 저서 《아웃라이어Outliers》에서 에릭슨의 연구를 인용하며 대중에게 널리 알려졌다. 어떤 분야에서 성공하기 위해서는 1만 시간의 노력이 필요함을 이르는 말이다. 1만 시간은 대략 하루 3시간씩, 일주일로 따지면 스무 시간씩, 10년을 한결같아야 하는 만큼이다.

아이러니한 것이 작가는 1만 시간을 **'주변 환경이 따라주는 경우 자연스럽게 겪게 되는 시간이지만, 주변 환경이 따라주지 않는 경우 엄청난 노력이 필요하다'**는 주장의 논거로 사용했는데 노력과 끈기의 중요성을 강조하는 말로 부각되며 환경적 요인을 배제한 의미로 사실과 다르게 해석되는 경우가 많았다. 국내에서도 상업적으로 이용될 때 무조건적인 시간 투자로 오해할 수 있는 마케팅이 다수였다.

1만 시간의 법칙을 처음 논문에서 언급했던 안데르스 에릭슨은 자신의 연구 내용에 대해 독자들이 잘못 이해하고 있다며 2016년 《1만 시간의 재발견;

노력은 왜 우리를 배신하는가》를 출간해 오해를 바로잡고자 했다.[8] 1만 시간의 법칙 핵심은 '얼마나 오래'가 아니라 '얼마나 올바른 방법'인지에 달려 있다고 강조한다. 무턱대고 오랜 시간을 열심히 하는 것이 아닌, 다르게 열심히 하기가 더 중요하니 시간만큼 중요한 것이 그 시간을 보내는 방법과 질이라는 거다. **"노력과 성실함에도 전략이 필요하다"**는 말에 공감했다. 그 소제목의 마무리가 인상적이어서 가져왔다.

여러분이 어떤 산에 오르려 한다고 가정해보자. 얼마나 높이 올라가고 싶은지도 스스로도 명확하지 않다(정상까지 가면 물론 좋겠지만 너무 멀어 보여서 엄두가 나지 않는다고 하자). 그렇지만 현재 상태보다 높이 올라가고 싶다는 것만은 확실하다. 가능성이 보이는 어떤 길이든 택해 산을 오르다 보면 어떻게든 되겠지 하고 생각할 수도 있다. 그러나 그렇게 해서는 그리 멀리 가지 못한다. 한편으로 정상에 다녀온 적이 있어서 최선의 길을 알고 있는 가이드에게 의존하는 방법도 있다. 그럴 경우 어느 정도까지 오르기로 마음 먹었든 가장 효과적이고 효율적인 방식으로 산을 오를 수 있게 된다. 산을 오르는 최선의 길은 '의식적인 연습'이고, 이 책이 바로 여러분을 이끌어줄 가이드다. 이 책은 여러분에게 정상까지 오르는 길을 알려줄 것이다. 그 길을 따라 어디까지 갈지는 여러분 각자에게 달렸다.

이 책의 내용이 언어 습득에 대한 이야기는 아닌데, 글을 읽으며 나와 독자들의 관계도 보이고 끊임없이 하고 있는 잔소리도 보여서 흥미로운 문단이었

---

8 Peak: Secrets from the New Science of Expertise

다. 아이와 함께 엄마표 영어의 길로 들어설 때 원하는 목표가 분명했다. 그 목표에 맞게 내 아이만을 위한 구체화된 방법을 계획했다. 그것이 올바른 방법이 되어야 해서 긴장을 늦추지 않으려 공부하고 또 했다. 언어 습득을 위해서라면 올바른 방법으로 절대적인 시간 투자는 필요하다 각오도 했다.

환경을 마련해주는 것은 엄마 몫의 일이었다. 끈기 있는 꾸준한 노력은 아이 몫의 해야 할 일이었다. 되는대로 하다 보면 어떻게든 되겠지가 아니었다. 필요한 때 필요한 만큼을 채우기 위한 전략이 필요했다. 이 전략을 세우고 계획을 준비하고 실천을 격려하고 피드백으로 수정 보완하는 모든 일에 엄마의 깊은 개입과 정성이 들어간 길이 제대로 엄마표 영어였다.

아이가 영어를 습득하기 위해 노력한 시간은 8년이었다. 1만 시간(10년)은 못 된다. 분야의 최고 수준을 위한 노력은 아니었다. 그저 하나의 언어를 습득하기 위한 투자였다. 그래서 8년이라는 시간으로도 충분했나 보다.

"우리도 매일 세 시간씩 정말 열심히 했는데 왜 리딩 레벨 업그레이드가 안 되는 걸까요?' 아기 때부터 10년 가까이 열심히 매일 듣고 읽으며 3시간을 채우려 아이와 노력했는데 고학년을 앞둔 아이가 혼자 읽을 수 있는 책이 초급 챕터북 정도입니다."

투자한 시간과 노력에 비해 기대만큼의 성장이 보이지 않아 불안한 이웃의 하소연이다. 최선을 다한 다년간의 시간에 비해 부족한 성장의 아쉬움으로 저절로 토해지는 깊은 한숨에도 익숙해졌다. **숫자 '3'을 물리적인 수치로 집착하거나 원서읽기 자체를 목표로 했다면 성실함이나 노력 부족이 아니라 전략 부족이 원인일 수 있다.**

원하는 성장에 닿지 않았다 판단된다면 무엇을 놓쳤는지 점검해 보자. 나는 내 아이의 절대 필요량을 알고 있는가? 지난 한 해 그만큼을 충분히 채웠는가? 채우지 못했다면 그 원인은 무엇인가? 찾아진 원인은 핑계인가 시행착오인가? 그 원인 해결을 위한 해답을 스스로 찾을 수 있을 만큼 이 길에 대한 확신이 나에게 설득되어 있는가? 등등. 목표를 위해 구체화되어 있을 실천 계획과 실제 아이의 매일매일 실천 기록을 토대로 수많은 질문들을 스스로 던져보고 솔직하게 답해봐야 한다. 혹시 전략 부족으로 '잘못 채워진 지난 시간'이 확인되면 늦지 않았음에 감사하며 바로잡으면 된다.

영어 습득을 위한 노력의 경험을 풀어놓은 책이나 강연에서 '아웃풋을 위해 필요한 최소한의 인풋 임계량이 3천 시간'이라는 이야기가 공감을 얻는다 한다. 3천 시간은 매일 3시간씩 3년이라는 계산이 나온다. 단순 숫자놀이로 반디의 시간을 계산해봤다. 집중듣기와 흘려듣기 두 가지 실천을 위해 한눈팔 겨를 없이 무모할 정도로 쏟아 부었던 시간을 정리하는 말이 있다. 매일 3시간씩 무조건 듣기! 안 들려도 듣기! 들려도 듣기! 시간 많아도 듣기! 시간 없어도 듣기! 아주아주 지겹게 듣기! 더 이상 보태고 뺄 말없이 정말로 딱 이런 모습이었다. 만 4년 동안 1년 365일 중 300일은 지켰던 약속이다.

간혹 꾸준함에 대한 의문으로 명절이나 여행 중에도 해야 하지 않을까 고민하시는 분들께 이리 답을 한다. **"할 수 있을 때 최선을 다하면 된다. 할 수 있을 때 게을리 한다면 안 해도 되는 때 안 하는 것이 불안해지는 것이다. 안 해도 되는 때를 빼도 365일 중 300일은 할 수 있는 날이 있다. 그 할 수 있는 때가 일상이면 충분하다."**

만 4년의 듣기 집중 몰입 이후 아이는 집중듣기를 통해 원어민 또래만큼의 독해력과 영어 자체 사고력의 안정을 찾았다. 다양한 원음의 영상과 함께 하는 흘려듣기를 통해 귀가 활짝 열려 자막 없는 영상을 만화뿐만 아니라 시트콤까지 마음껏 즐길 수 있었다. 매일 3시간의 소리 노출 만 4년을 꽉 채운 뒤 만나는 성장이었다.

300일 × 3시간 × 4년 = 3,600시간

이때까지의 노출시간 계산 결과다. 귀가 열려 영상에서 나오는 소리를 자막 없이 이해하고 누군가 자신이 하는 말을 마주 받아주면 유창하지는 않지만 하고 싶은 말을 영어로 할 수 있는 것이 가능했던 시기가 4학년 하반기였으니 '아웃풋을 위해 필요한 최소한의 인풋 임계량이 3천 시간'이라는 말과 어울리는 성장이라 할 수 있겠다.

그런데 이렇게 아웃풋이 나오기 시작하는 시기의 실력 정도가 우리가 원하는 목표가 아니었다. 3천시간은 아웃풋이 나오기 시작하는 그때까지 필요한 최소한의 임계량일 뿐이었다. 그렇게 나오는 아웃풋이 이 길에서 원하는 성장 끝이 아니었으니 이제야 겨우 영어 완성을 욕심 부릴 수 있는 기본기를 다졌다 해야 할까? 진짜는 그때부터였다.

초등학생이 영어로 비문학을?
지금 왜?

"영어로 비문학·논픽션을 언제 얼만큼 추가해야 할까요?"

많이 받는 질문 중 하나다. 이야기책을 또래에 맞게 따라가는 것도 버거웠는데 놀라운 일이다. 먼저 비문학과 논픽션의 정의를 찾아봤다. 비문학은 문학이 아닌, 객관에 근거하여 쓴 글로 신문기사, 칼럼, 논문, 보고서 따위가 있다. 논픽션은 상상으로 꾸민 이야기가 아닌, 사실에 근거하여 쓴 작품으로 수기, 자서전, 기행문 따위가 있다. 소설이나 허구의 이야기가 아닌 전기·역사·사건 기록 등도 여기에 속한다.

정의를 찾아봤지만 솔직하게 비문학이 논픽션인지 논픽션이 비문학인지 두 분류에 명확한 차이를 두어야 하는지도 잘 모르겠다. 책육아가 육아의 공식처럼 되어버린 요즘 일반적인 관념으로 두 분류의 책을 문학책의 반대로 이해하는 경우가 많다. 따지자고 들면 문학도 시, 소설, 수필, 희곡 등등 갈래가 세부적이니 정확한 분류는 아니다.

지금부터 시작하는 글은 엄마표 영어 진행 과정에서 책을 선택할 때 통용되는 아주 좁은 개념의 문학과 비문학으로 통칭해서 쓸 것이다. 아이에게 원문의 텍스트가 조금 편안해지면 엄마들의 책 선택에 자꾸 비문학이 추가된다. 고학년이 아니어도 요즘 추세가 비문학을 선호하는 분위기도 전해진다. 이유는 있다. 비문학 영어 원서는 건조한 문체지만 지식과 정보전달 성격이 강한 글을 담고 있다. 아이가 영어로 '공부'할 수 있다 기대되는 책이다. 영어로 지식 습득이 가능한 책이라는 멋진 유혹이다.

사교육에서 가장 다루기 편한 수업 방식이 비문학 교재를 활용하는 것이다. 영어로 공부를 하고 있다는 확인을 부모님께 명확히 전달할 수 있다. 책 선택의 무게가 문학보다 비문학(학습서)에 기울 수밖에 없다. 원서읽기를 병행하고 있다지만 학습을 위해 추가되는 또 하나의 교재가 되어버리기도 한다.

미취학 연령부터 시작해서 좋다 하는 사교육으로 성실하게 열심히 공부했는데 실용적인 면에서 기대만큼 성장하지 못하는 영어 실력 원인이, 짧은 호흡의 학습서를 공부로 접근하는 수업 커리큘럼 때문이라 생각했다. 단편적인 지식의 짜깁기에 지나지 않은, 보이는 공부를 위한 책들이 주된 교재였으니까. 20년이 지난 지금 얼마나 달라졌는지 알 수 없다.

사교육에서는 꾸준한 원서읽기를 통해 쌓아가는 영어 자체 사고력을 목표로 커리큘럼을 잡기 힘들다. 호흡이 긴 이야기책을 읽으며 성장해가는 사고력 향상은 더디기만 하고 눈으로 확인도 쉽지 않아서다. 빠른 시간에 성장을 확인할 수 없는 수업에 고가의 수업료를 지불할 수요자는 없다. 사교육 기관에서도 책읽기가 영어 습득을 위한 옳은 길이라는 것을 알지만 가기는 어렵다. 그래서 궁여지책이지만 독서관리 프로그램으로 스스로 책읽기를 격려하고 있는 것이 아닐까?

이런 상황이니 시대가 변했다 해도, 영어교육에 투자하는 비용이 기하급수적으로 늘어났다 해도 아이들의 실질적인 영어 실력 향상에 크게 도움되지는 못했다. 수십 년 실패에 대한 불안과 불신으로 내가 선택했고, 엄마들이 선택하고 있는 방법이 이 길이다. 사교육에서 해주지 않는, 해줄 수 없는 조금 다른 부분을 욕심부릴 수 있어서 긴 시간 책(문학)과 함께하는 계획을 세웠다.

반디가 8년 동안 읽었던 책을 살펴보면 비문학 원서를 많이 읽은 친구가 아니다. **논픽션 배경이 되는 책들도 가능하면 스토리가 중심**이 되는 책들을 읽었다. 또 가능하면 여러 권으로 된 시리즈로 골랐다. 책에 등장하는 단어나 정보가 중요한 것이 아니었다. 이야기를 따라가는 것에 배경이 되는 논픽션들을 이야기 흐름에서 가볍게 만났으면 했다.

저학년에 만났던 비문학 책도 주제와 관련된 추가정보를 어떻게 찾을 수 있는지 그 방법에 대해 아이와 이야기 나누는 매개체로 활용하는 데 더 의미를 두었다. 더 이상은 알고 있는 것이 지식이 될 수 없는 세상이었다. 찾아갈 수 있는 방법을 아는 것이 진짜 지식이라 생각해서 반디가 처음 접한 비문학 책《Let's read and find out_Science》시리즈를 어떻게 활용했는지 첫 책에 소개했다.

본격적인 비문학 글은 초등 3학년에 어휘 학습서를 병행하면서 만났다. 4~5학년에는 흥미 있는 최신 소식이 담긴 영자 신문을 구독했다. 매일 꾸준히 읽는 책은 문학으로 중심 잡고 주 2~3회, 길지 않은 시간 단어 학습서나, 영자 신문을 활용했다. 비문학 원문 텍스트는 그렇게 만나는 것으로 충분하다 만족했다. 대한민국을 벗어날 생각이 전혀 없었던 때였다. 이 길의 끝이 어디인지 정확히 몰랐지만 이 길에서 붙잡아야 하는 두 마리 토끼가 무엇인지는 분명히 했었다. **진짜 욕심나는 두 번째 토끼는 비문학과는 거리가 있다고 생각했다.**

지금 내 아이에게 영어로 비문학 공부가 필요한 이유를 누군가에게 묻지 말고 스스로 찾아 글로 정리해보자. 그 답이 타당한지 고민해보자. 조만간 아빠 발령으로 해외 국제학교 입학을 준비해야 하는 경우라면 해야 할 원문 텍스트 공부에 비문학도 중요하다. 중학교 진학에서 영어 특성화를 고려하고 있다면 그 또한 중요하다 할 수 있다.

그렇지 않고 국내에서 일반적인 상급학교 진학으로 학교교육을 받고 있고 앞으로도 받을 친구들이 엄마표가 되었든 사교육이 되었든 비문학을 차근차근 영어로 어디까지 학습할 수 있을까? 내년도, 후년도, 그 이후도 학년에 맞게 우리말로도 만만치 않은 비문학 공부를 영어로 꾸준히 해나갈 계획이 세워져 있는 걸까? 그런 계획은 무엇을 목표로 해서인가? 이도 저도 아니면 잠깐 저학년에 해당하는 원문의 비문학 용어 정도 맛보기 하는 것이 목표일까?

학교 시험이나 수능의 비문학 지문에 등장하는 단어들이 어려워서 미리 배워야 한다 생각하나? 그렇게 배워서 익힐 수 있는 비문학 단어들이 얼마나 한정적일까? 책이나 시험지의 지문에 등장하는 단어들이 암기한 것만 나오는 것도 아닌데? 그럼 또 새롭게 등장한 비문학 단어를 골라내 모두 암기하는 그런 악순환을 반복해야 하는 걸까? 폐를, 간을, 구석구석 뼈의 이름을, 활석을, 화강암을, 전두엽을, 측두엽을 영어 단어로 암기한다고 그 단어들을 아이들은 얼마나 써먹을 수 있고 얼마나 오래 기억할 수 있을까? 우리말 단어로 잘 연계해서 학교공부에 도움이 되기는 할까? 이런저런 질문들에 자신만의 답을 찾아보기 바란다. 그것이 **해야 하는 것의 타당성을 높여줄 것이다.**

반디의 진행에 있어 논픽션 배경을 접하고 알아가는 방법은 따로 있었다. 비문학 영어책을 가지고 어려운 단어를 암기하고 해석해서 공부하는 것보다 훨씬 좋았다 판단되는 이 방법은 아이의 선택이었다. 고학년에 들어서며 원어 만화 TV채널에 흥미가 떨어졌다. 디스커버리 채널, 애니멀 플래닛, 히스토리 채널 등 다큐 채널 프로그램들을 즐겨 보기 시작했다.

전문 용어(단어)의 한글 의미가 명확하지 않아도 자막 없이 다큐 전체가 이해될 정도로 이미 귀가 활짝 열려 있어 할 수 있는 선택이었다. 채널마다 이름만으로도 특정 비문학 영역의 전문임이 보이지 않는가. 영상에서 나오는 모르는 단어들을 골라내서 문제를 만들어 풀고 단어를 스펠까지 암기하는 공부를 위해서가 아니다. 재미있는 이야기 흐름에서 비문학 배경을 영어로 확장해주기, 전문 다큐 채널의 다큐 프로그램들이 최고였다.

건조하고 재미없는 비문학 텍스트를 가지고 영어로 비문학을 '공부'하는 것이 지금 내 아이에게 정말로 중요하고 필요한 일인지 판단해보자. 영어로 된 상당한 양의 **비문학 지문을 제대로 이해할 수 있는 배경이 모국어로 다져져 있지 않다면** 잠깐 맛본 비문학 영어 원서가 얼마나 도움될까? 이것은 더 깊이 고민해야하는 물음표다.

모국어로 학교교육 교과과정의 비문학 공부도 탄탄히 하지 않으면서 영어로 비문학 공부 욕심을 부린다는 것은 이해가 어려운 선택이다. 사상누각도 이런 사상누각이 없다. 고학년에 귀가 활짝 열려 있다면 과학 다큐, 역사 다큐 등으로 비문학 배경을 원음으로 자연스럽게 접하며, 학습은 우리말로 수학, 과학, 역사, 세계사를 탄탄히 공부하는 것이 어떨까?

영어 자체 사고력이 안정된 초등 고학년 이상 친구들이 학교 교과목으로 비문학 공부도 열심히 했다면 영어가 비문학으로, 비문학이 영어로 매칭되는 것은 그리 어려운 일이 아니다. 왜? 뇌의 한 영역에 두 언어가 함께 들어가 있으니까. 이걸 바라보고 우리가 이 길에서 장기간 애쓰고 있는 것이 아닌가 말이다.

뜬금없이 단어 하나를 툭 던지고 우리말로 뜻이 뭐냐고 물어보면 모르는 것이 당연하다. 일대일로 한글의 의미를 매칭시키는 단어시험에는 문제가 있을 것이다. 그런 시험에 좋은 점수를 목적으로 하는 영어교육이라면 이 길에서 서둘러 벗어나는 것이 옳는 선택이다. 하지만 지문을 읽고 앞뒤 맥락을 이해하면 낯선 비문학 단어의 뜻은 우리말로 가지고 있는 배경지식으로 충분히 유추 가능하다. 원문 전문을 읽고 이해하는 것에 어려움이 없다는 거다. 영어 자체로도 사고할 수 있는 힘을 단단히 했으니까.

당신은 미국 과학 교과서도 보지 않았는가? 그래놓고 우리더러는 하지 말란다 생각할 수도 있겠다. 반디가 미국 과학 교과서를 활용했던 때는 홈스쿨로 중학교 과정의 과학공부를 혼자 했던 중1 나이였다. 당시 공부 방법을 정리하면 이렇다.

먼저, 우리나라 중학교 교과과정에 충실한 EBS 인강으로 개념을 이해한다. 그런 다음, 관련 문제를 스스로 꼼꼼히 풀어 그 이해를 소화한다. 인강에는 개념 설명과 문제가 가득한 교재가 딸려 있어서 그걸 이용했다. 한 단원이 마무리될 때까지 단원 단위로 우리말로 전체에 대한 개념을 잡고 문제를 풀어본 후 미국 초등학교 고학년 과학 교과서 관련 부분을 읽어봤다. 우리말 배경이 영어로 어떻게 매칭되는지 쉬운 원문으로 책 읽듯이 읽으며 정리해본 것에 불과하다. 그 안에 등장하는 단어를 별도로 공부하거나 하지는 않았다. 비문학 미국 교과서조차도 책 읽듯 읽었던 것이다.

수학을, 과학을, 세계사를 한 번도 영어로 누구에게 배워본 적 없는 아이였다. 그런데 영어가 모국어만큼 편안해지고 우리나라 교과과정으로 다루고 있는 엄청난 비문학 공부 양을 무사히 소화했더니 어떤 비문학 원문 텍스트도 무리 없이 편안히 받아들일 수 있다는 것을 확인했다. 그럼에도 불구하고 '나는 비문학을 체계적으로 해야 속앓이를 않겠다' 이런 마음이라면 해야 한다. 이 또한 개인의 선택이니까.

비문학은
만국 공통 개념이다

4학년 2학기에 이 길에서 영어를 시작한 반디 친구가 첫 책의 아웃풋 부분에 등장한다. 늦어도 많이 늦은 영어 시작이었지만 획기적인 계획과 실천으로 제대로 쌓아 놓은 독해력, 사고력 내공이 어떻게 연결되었는지 뒷이야기를 강연에서 전하고는 한다. 제도교육 안에서 고등학교 내신경쟁으로 고전을 하기도 했지만 배우는 영어가 아니라 **써먹는 영어가 되었을 때** 중고등학교 6년 동안 잠시 가라앉아 있던 진짜 영어 실력이 어떻게 빠르게 치고 올라왔는지 직접 확인했다. 그중 이 꼭지에 해당되는 에피소드가 있다.

친구는 완벽한 이과 전공이다. 전공 관련 원서를 가지고 그룹으로 모여 스터디를 해야 하는 상황이었다. 함께하는 친구들보다 서너 배 이상 빠른 속도로 독해가 가능하니 친구들이 지정된 텍스트를 소화하는 동안 여유 있는 시간으로 서머리도 하고 추가 리서치까지 할 수 있었다 한다. 함께 스터디 하는 친구들은 녀석의 믿기 힘든 독해 속도가 어떻게 만들어졌는지 궁금해했지만 진심으로 해줄 말이 없었다고 한다. 초등학교 때 원서 많이 읽었던 것이 영어 공부의 전부였다는 아이 말이 설득력을 가지기는 힘들었나 보다.

친구들을 놀라게 한 비문학 전공 서적의 **빠른** 독해 속도가 비문학 책을 원서로 많이 보아서였을까? 늦은 만큼 엄청난 양의 원서를 엄청난 시간을 투자해서 읽어내며 반디가 5년 동안 읽은 원서를 어쩌면 그 이상을 1년 6개월에 따라잡은 친구다. 이후 지속적으로 아웃풋 파트너로 고전까지 함께 했었다. 반디와 달리 공교육의 길에 들어섰지만 영어만큼은 사교육을 받은 적이 거의 없었다. 그 친구가 읽었던 영어책 대부분은 문학이었다.

2년 전쯤 최근 추세가 아닐까 싶을 정도로 어머님들의 관심이 비문학 원서에 많다는 것을 알게 되고 반디에게 물었던 적이 있다. 수학도 과학도 영어로 공부해본 적 없이 유학을 가서 전혀 다른 언어로 대학과정을 그것도 비문학 전공을 공부하는 것에 어려움이 없었는지. 다 늦게 궁금해하는 엄마를 의아해하면서 들려준 반디의 답을 정리해본다.

"수학이나 과학을 비롯한 대부분의 비문학은 만국 공통 개념이다. 교수님들이 모든 나라에서 통하는 개념 A를 전혀 다르게 B라고 설명할 리는 없다. **영어가 모국어만큼 편하다면** 모국어로 새로운 개념을 배우는 것과 다를 게 없다. 다만 이전 고등과정까지의 개념 용어들을 우리말로밖에는 기억하지 못했으니 교수님 설명에서 나오는 개념 단어들을 잘 챙겨야 했다. 그러기 위해 그 단어나 개념까지 미리 영어로 공부해야 하는 것은 아니다. 가장 편한 우리말로 수학을 수학답게 과학을 과학답게 논리로 접근해서 만국에서 통하는 개념을 단단히 해놓았다면 설명을 따라가지 못할 것이 없다.

영어라는 언어의 특징상 개념과 관련된 용어들은 한자어가 많은 우리말보다 쉽게 들어왔다. 단어 하나가 뚝 떨어져 불쑥 튀어나오는 것이 아니다. 상위 개념을 위한 설명 중간에 들어있으니 충분히 의미 유추도 가능했다. 그렇게 유추된 단어를 강의 후에 다시 한번 분명히 정리해 놓으면 그때부터는 영어가 일상이니 이전 개념들조차도 영어로 익숙해지게 된다.

유학 첫해 수학 클래스가 베이직, 인터, 어드밴스드로 나누어져 있었는데 전공 특성상 어드밴스드를 들어야 했다. 한 학기 지나니 반 이상 Fail을 하고 재수강을 위해 인터로 내려갔다. 해외 대학의 무자비한 Fail이 이런 거구나 실감했다. 로컬뿐만 아니라 유학 온 국제 학생들도 많았는데 이놈의 수학은 만국이 어려워하는 과목이구나 싶었다. 인터로 내려간 친구들 수학 과제나 시험준비 도와줄 때가 많았는데 영어가 문제가 아니었다.

로컬들은 대학 들어오기 전까지 학교에서 수학을 영어로 공부한 친구들이다. 영어가 나보다 편했지만 수학적 개념에 있어 공부가 부실했으니 고전하는 것이었다. 국제 학생들 중에는 수학 개념이 탄탄하지만 영어가 조금 서툰 경우가 있었다. 오히려 그런 친구들이 영어로 차근차근 설명을 해주면 훨씬 빨리 잘 알아듣고 자신의 모국어와 바르게 매칭하면서 '유레카'를 외치더라.”

엄마들과 소통하면서 영어로 비문학 공부에 관심이 많은 것이 느껴진다 했더니 '초등학생인데?' 바로 되물었다. 그리고 좀 뜸을 들이다 하는 말은 이랬다.

“초등은 잘 모르겠고 중고등학교 과정에서 우리나라처럼 비문학 학습량이 많은 나라도 드물 거다. 그런 학습량을 열심히 따라가서 잘 받아들여 개념을 탄탄히 해놓으면 언어와 상관없이 그게 진짜 실력이 된다. 그런 친구들이 언제 어떤 언어가 되었든, 영어가 아니라 독일어, 프랑스어, 스페인어 무엇이 되었든 다른 언어로 공부해야 하는 실제 상황을 만났을 때 필요한 언어가 완전히 편하다면 가지고 있는 비문학 진짜 실력은 금방 그 언어로 연결될 거다. 그래서 우리나라에서 대학입시를 빡세게 준비해봤던 친구들이 필요한 언어가 편하면 외국 대학에서 성적이 잘 나오고 현지 공부가 쉽다는 소리를 하는 것이다.

비문학 문장이 어려울 것 같은가, 문학 문장이 어려울 것 같은가? 나는 문학 문장이 훨씬 어려웠다. 비문학 문장들은 생각 안 하고 보이는 그대로 받아들이면 되니까 어려울 것이 없는데, 문학적 문장은 어휘도 문법도 문장구조도 쉽지 않아서 은유적인 표현이나 행간을 이해하기 위해 생각을 많이 해야 한다. 시작부터 끝까지 서사를 따라가서 마지막에 가서야 아! 하고 전체를 받아들일 수 있으니 쉬울 수가 없다. 그런데 좋은 책을 보며 기분이 좋아지는 것은 비문학이 아니라 문학이었다."

이상, 우리가 지금 이야기하는 방법으로 영어 습득의 완성을 보고 영어를 모국어로 하는 나라에서 제대로 써먹어봤던 친구의 개인적 경험을 바탕으로 한 개인적인 의사표현이었다.

학습서,
득이 될까 해가 될까?

일반적으로 비문학 논픽션을 이야기할 때 학습서를 함께 묶기도 하는데 개인적으로 두 부류를 완벽하게 분리해서 생각한다. 이야기의 배경으로 논픽션을 다루거나, 같은 주제로 여러 권을 묶어 놓거나, **책과 연관된 학습적 시도가 보이지 않는 책들이 비문학**이라면 지금부터 이야기하는 학습서는 순수 학습을 목적으로 만든 책들이다. 아이의 성향과 적용하는 때에 따라 **영어 습득에 득이 될 수도 있지만 독이 되기도 하는 것이 학습서가 아닐까** 생각했다. 성향에 맞고 때도 잘 맞아주면 긍정적 발전을 기대할 수 있는데 성향도 아닌 아이에게 때도 잘못 맞추면 영어하고 점점 멀어지게도 만들 수 있는 책이어서다.

학습서의 내용이나 구성은 가르치는 사람과 그것을 확인하는 엄마들이 선호하고 안심이 되는 책이다. 영어로 된 글을 읽고, 영어로 된 문제를 풀고, 곧바로 정답 채점이 가능한 눈에 보이는 '공부'가 확인되는 책이기 때문이다. 글밥 많고 호흡 긴 이야기 책을 읽게 하자니 내용을 얼마나 이해했는지 확인도 잘 안 되고 눈에 보이는 독서의 효과를 기대하기에는 너무 긴 기다림이 있어야 하니 부담이 된다. 그래서 처음 시작도 본격적인 진행 시기에도 공부로 접근해서 다양한 학습서에 몰입하는 위험한 선택을 하는 경우가 종종 있다.

이것도 원서다! 안 될 것이 뭐 있냐? 틀린 말은 아니다. 하지만 영어 습득을 위해 원서를 활용하면서 '책보다 학습서'라는 주객이 전도되는 상황을 피하기 위해 제대로 알고 접근해야 했던 것이 또한 학습서다. 사교육으로 시간, 비용, 노력을 어마어마하게 투자해도 아이들의 실질적인 영어 실력이 기대에 미치는 못하는 이유 중 하나는 책보다 학습서라는 커리큘럼 때문이 아닐까 한다.

우리가 영어 습득을 위한 실천 방법으로 원서읽기를 하는 이유가 짧은 호흡의 학습서를 풀어내는, 말 그대로 공부를 위해서가 아니었다 했다. 영어를 습득이 아닌 학습으로 접근하면 안 되는 이유도 설명했고, 영어 습득과 사고력 향상이라는 두 마리 토끼를 잡기 위해 어떤 책을 어떻게 보아야 하는지도 설명했으니 학습서를 아무리 열심히 풀어낸다고 영어 습득도 사고력 향상도 크게 기대할 수 없다는 것은 이미 눈치챘을 것이다.

먼저 어떤 학습서들이 있는지 살펴보자. 영역별로 정말이지 다양한 학습서들이 있었다. 여러 영어 원서 전문 서점의 학습서 카테고리 중 가장 구체적으로 나눠 놓은 것을 보면 이렇다. 파닉스Phonics, 코스북Course Book, 단어&어휘Vocabulary, 읽기&독해Reading, 문법Grammar, 쓰기Writing, 듣기Listening 말하기Speaking. 영역별로 다양한 시리즈가 나와 있으며 시리즈마다 단계가 세분화되어 있다. 유치 단계부터 시작해서 성인 대상 공인 인증시험용까지 아이의 수준에 맞게 선택 가능하다. 이 많은 영역별 학습서 중에서 관심을 가졌던 학습서는 어떤 것이었을까?

파닉스는 짧고 가볍게, 우리만의 해결 방법이 있었으니 관심 밖의 교재였다. 코스북은 이어 자세히 설명 예정이니 우선 넘기고 결론적으로 이 또한 관심두지 않았던 영역이다. 듣기나 말하기를 학습서로 익힐 수 있을까? 아니라는 쪽이었으니 이것도 관심 밖이었다. 쓰기는 차고 넘치는 인풋 뒤에 생각해도될 일이었으니 제대로 쓰기를 위해 만들어진 좋은 학습서를 활용도 못할 엄마가 어설프게 접근해서 어거지로 끌고 가다 역효과 날까봐 피했다. 바라는 듣기, 읽기, 말하기, 쓰기의 수준은 이런 학습서를 무지막지하게 풀어낸다고 향상시키기 힘들다는 것을 시작 전에 알아버렸으니, 이거 피하고 저거 피하다 실제로 8년 동안 반디가 활용한 학습서 영역은 어휘와 간단한 문법 정도였다.

학습서
시작에 적기가 있을까?

그렇다면 학습서도 시작에 있어 적기가 있을까? 이 또한 개인적 경험의 결론으로 모든 것이 그랬지만 시작 시기를 각별하게 마음 썼던 것에 영어 학습서도 있었다. 엄마표 영어에 대해 깊이 들여다보며 계획을 세우며 처음부터 영어 시작이 학습서가 아니어야 한다는 원칙 같은 것이 생겼다. 1~2년 차는 매일 듣기 세 시간이라는 시간 확보와 꾸준한 실천이 습관으로 안정되기가 너무도 중요한데 그런 것에 마음 쓸 만큼 여유로울 수가 없었다. 그래서 이 시기는 낱장의 간단한 워크지도 관심 두지 않았다. 다양한 경로로 확보해 놓았던 워크지를 모두 이면지로 만들고 말았다.

취학 전이나 영어를 처음 시작할 때 많이 활용하게 되는 초급 단계의 학습서 내용은 대부분 읽고 이해가 필요한 장문의 지문을 다루지 않는다. 쉬운 단어와 아주 짧고 간단한 일상 회화 한두 마디 주고받기를 근사한 컬러 그림과 함께 다루고 있다. 매일 듣기를 세 시간씩 하다 보면 수없이 반복해서 만나게 되는 단어와 문장들이니 그 정도의 학습서에는 처음부터 마음을 두지 않았다.

이런저런 이유로 학습서의 첫 시작을 적어도 아이가 **주제가 분명한 일정량의 지문을 누구의 도움 없이도 스스로 읽고 이해할 수 있을 정도의 인풋 안정이**

되었을 때로 계획했고 실천했다. 반디가 북 레벨 3점대의 책을 무리 없이 듣고 읽을 수 있었던 3년 차, 3학년에 학습서를 처음 시도한 것은 그때 그것이 가능해서였다.

아이들이 가장 먼저 만나게 되는 학습서는 파닉스인 경우가 많고 그 다음으로 활용하게 되는 것이 코스북이다. 파닉스 이야기는 앞서 자세히 풀어놓았으니 취학 전이나 영어를 처음 접하는 초등 저학년들이 많이 활용하는 '단계별 코스북'에 대해서 짚어보겠다. 스스로 학습할 수 있는 책 같아 보이지만 실제로는 가르치고 배우는 '영어 수업'에 알맞은 교재다. 영어를 공부로 접근하기 좋은 책이다. 어학사전에서도 코스북을 (강좌용)교과서textbook라고 정의해 놓았다. 엄마는 전혀 그럴 의도가 아니었지만 영어를 열심히 공부해야 하는 하나의 과목으로 만드는 잘못된 시작의 첫 걸음이 되어버릴 수도 있다.

코스북이 어떤 구성으로 판매되는지 검색해봤다. 한 유닛에 아주 짧고 간단한 일상 회화 한두 마디 등장하지만 본 책은 올 컬러의 화려함과, 비록 흑백이지만 다양한 워크지들을 한꺼번에 묶어 놓은 워크북에 오디오, 교사용 자료, 학부모 가이드까지 얼마나 친절하게 따라붙는지 세트 구성을 보면 알겠지만 가격이 만만치 않다. 거기에 아주 간단한 몇 마디 대화를 가지고도 언어의 4가지 영역을 고르게 발달시킬 수 있을 것 같은 다양한 활동들을 몇 페이지에 걸쳐 나열해 놓으니 듣기, 읽기, 말하기, 쓰기 모든 영역의 성장을 기대하게 만드는 책이다. 그 모든 활동들을 제대로 활용하는 데 걸리는 시간도 상당하다.

요즘에는 어떤 코스북이 인기 있는지 '영어 코스북'으로 검색해 보니 몇몇 시리즈가 반복해서 눈에 들어왔다. 유아기와 초등 저학년들이 어떻게 활용했는지 경험을 나누는 블로그를 비롯한 카페 등등의 포스팅이 말 그대로 넘쳐났다. 그런데 이미지와 함께 올라와 있는 긴 포스팅을 열심히 집중해서 읽어 나가다 마지막 한 줄이 맥 빠지게 하는 경우가 많았다. '본 포스팅은 교재와 소정의 원고료를 받고 작성된 것입니다'.

이런 책들의 유혹에 쉽게 넘어가는 경우는 대부분 엄마표 영어 홈스쿨링을 하고 있는 가정이었다. 영어 사교육은 하지 않겠다, 엄마가 집에서 아이들 영어를 가르치겠다 파이팅 하신 경우다. 그래서인지 홍보 또한 '엄마표 영어 홈스쿨링' 가정을 타깃으로 하고 있었다. 실제로 유아기와 초등 저학년 시작단계 가정의 활용 기록을 많이 만날 수 있었다.

블로그 시작 초기에 엄마표 영어란 무엇일까? 그 정의를 찾아보려고 엄청나게 뒤져보다가 초창기 엄마표 영어의 변형, 왜곡을 걱정하게 된 이유도 이런 포스팅들을 너무 많이 만났기 때문이었다. 만일 코스북으로 접근하는 것이 아이 성향에 맞다고 생각해서 시도했다면 코스북답게 다음 단계를 차근차근 밟아 진행해서 해당 시리즈가 가지고 있는 최소한의 장점만이라도 얻었어야 한다.

그런데 그렇게 진행한 경우는 확인이 안 되었다. 블로그를 다 뒤져봐도 첫 단계 책을 끝까지 했는지도 확인이 안 되기는 마찬가지였다. 교재 소개 단계에서 그치는 경우가 대부분이었다. 사실 궁금한 것은 단계별 코스북이기 때문에 같은 시리즈로 최소한 몇 단계 이상을 진행해보고 아이가 받아들이고 성장한 정도와 그 교재가 가지고 있는 장단점 등에 대한 견해이다. 그 정도를 전할 수 있다면 그 또한 엄마표 영어의 한 방법이라고 인정하겠는데 그런 경우를 찾을 수가 없었다. 그래서 의심하기 시작했다. 이러한 학습서 또한 엄마가 감당되는 선에서 하다가 감당이 안 되면 사교육으로 갈아타면 그만이라 생각하고, 장기적이고 구체적인 계획 없이 남들이 하니까 따라 하는 건 아닐까? 부디 그건 아니기를 바랄 뿐이다.

코스북에 관심이 없었던 것은 장기계획이 학습이 아닌 습득에 맞춰져 있었기 때문이다. 영어 습득을 위해 추구하는 방법이 이런 접근이면 안 된다는 것을 시작 전부터 알아서였다. 세워놓은 목표가 그렇게 접근해서, 죽어라 하는 공부로 달성 가능한 만만한 것이 아니었기 때문이다. 이 정도의 코스북을 붙잡고 투자해야 하는 긴 시간을 어디에 집중해야 하는지 분명했다.

누군가 그렇게 생각하고 실천했다고 그것이 정답은 아니라는 것을 이제는 강조하지 않아도 알 것이라 생각한다. 다양한 코스북 시리즈가 지속적으로 등장하고 꾸준히 사랑받고 있다. 아이들 성향에 따라 코스북 형태의 학습서가 맞을 수도 있어서 아닐까? 누군가가 말하는 경험담이나 일반화에 맞추지 말고 아이의 성향을 잘 파악한 후 목적에 맞게 계획하고 실천하기 바란다.

영문법
언제, 어떻게?

이 길에서 다룰 수 있는 마지막 학습서가 영문법이다. 영문법에 대한 이야기는 엄마표 영어로 자란 아이가 성장해, 지금의 엄마표 영어 홈스쿨 키즈를 위해 2022년 6월에 출간한 영영문법책 《English Grammar for Matriductive Learners》에 수록된 유일한 우리말 '누리보듬의 서문Foreword'으로 대신한다.

책의 저자 AJ는 뉴베리 북클럽 선생님이다. 책 전체는 영어 원문으로 쓰여졌다. Matriductive라는 단어는 이 책이 출간되기 전에는 존재하지 않는 단어였다. 원문으로 쓰여지는 저자의 서문에 언급될 '엄마표 영어'를 영어로 어떻게 표현하면 좋을지 함께 찾아보고 고민해봤다. 엄마표 영어를 표현하는 영어식 고유명사는 없었다. 'Mother's way' 또는 'English with Mother'가 일반적이었다.

그런데 이 표현들이 '제대로 엄마표 영어'를 담기에는 아쉬움이 많았다. 저자의 서문에 언급되었는데 Matriductive Way의 핵심은 아이들이 영어를 습득하는 과정에서 아름다운 영미문학과 함께하는 것이다. 그럴 수 있도록 아이를 가장 잘 알고 있는 엄마가 전체적인 계획과 실천에 도움을 주는 방법임을 내포하기 위해 AJ가 새롭게 만든 어휘다(Matri- = mother; -duc- = to lead).

우리말뿐만 아니라 영어도 시대의 흐름에 따라 수많은 단어나 어휘들이 새롭게 만들어진다. '엄마표 영어'라는 말이 처음에는 낯설고 어색했겠지만 지금은 그것이 무엇을 의미하는지 익숙해졌듯이 영문법책 제목으로 등장한 Matriductive라는 용어가 엄마표 영어를 영어로 표현하는 고유명사가 될 수 있기를 꿈꿔본다.

영문법, 어디까지 해야 하나? 영문법을 꼼꼼히 배워야만 영어 습득이 완성되는 걸까? 《엄마표 영어 이제 시작합니다》에 영문법에 대한 언급은 이 두 문장이 전부다. 언급할 무엇이 없었기 때문이다. 원서를 읽고 원음의 영상을 즐겨보는 것 이외 이렇다 할 학습 경험이 없었다. 영문법까지도 깊이 만나지 못하고 영어를 모국어로 쓰는 나라의 대학에 입학하게 되었다.

그런데 끊임없이 글을 써서 제출해야 했던 에세이나 리포트, 프레젠테이션에서 문법적 오류를 지적 받는 일은 거의 없었다. 유학 1년 차 어느 즈음부터는 막연함이 아니라 정확한 오류의 이유까지도 문법적으로 설명 가능했다. 신기하지 않은가? 모든 시간을 지켜봤던 엄마는 신기했다.

혼자만의 느낌표였다면 위험하거나 무모한 선동이겠지만 오랜 소통은 긍정적 데이터를 넘어 또 하나의 확신으로 이어졌다. **엄마표 영어를 하는 친구들에게 최고의 약점으로 보이기도 하지만 최고의 강점이 영문법이다.** 좋은 책에 담긴 좋은 문장을 또래의 사고에 맞게 꾸준히 읽으며 초등학교 고학년에 이른 친구들이라면 별도로 떼어서 학습하지 않아도 자연스럽게 체득되는 것이 문법이기 때문이다.

수년간 매일매일 원서를 읽고 원음의 영상을 즐기다 보면 그 속에서 보고, 듣고, 읽어왔던 문장들 안에서 반복해서 만나지는 문법적 요소들에 자연스럽게 익숙해진다. 의식하지 않아도 오류에 대한 부자연스러움을 눈치채고 피할 수 있게 된다.

"문법적 설명은 불가능해도 문법에 오류가 있는 문장은 쉽게 알아차린다." 엄마표 영어로 앞서간 선배들이 전해주었던 이 문장을 공감을 넘어 경험으로 확인했다. 같은 경험으로 같은 확인을 하고 있는 친구들이 늘어가고 있다. '좋은 책(원서)'을 강조하는 이유는 무엇 때문일까? 되는대로 아무 책이나 영어로 쓰여진 책이면 되는 일은 아니기 때문이다. '초등학교 고학년에 리더스북이나 초급 챕터북을 읽을 수 있다.' 이 정도 수준에서는 바라기 힘든 눈치다.

아이의 영어교육이 좋은 성적을 위한 '학습'이 목표가 아니어야 했다. 영어로부터 완벽한 자유를 위한 '습득'이 목표였다. 가르치기보다는 더디더라도 아이 스스로 익혀 나가는 길을 선택했다. 하지만 그럴 수 있는 방법을 공교육에서도 사교육에서도 찾을 수 없었다. 그래서 선택한 것이 엄마표 영어였다. 과정은 모국어에 익숙해지는 것과 다르지 않았다. 이런 익히는 시간의 꾸준함을 놓치지 않는다면 우리말로 말을 하고 글을 쓸 때 문법적 어색함을 스스로 눈치채듯이 그런 어색함을 피할 바탕을 다질 수 있다고 믿었다.

연령만큼 영어 자체 사고력 향상을 위해 '해마다 또래에 맞게 리딩 레벨을 업그레이드하는 진행이었다. 아이의 흥미와 사고에 맞는 영어책 이해가 우리말 책과 다름없이 편안해지기까지 만 3년이 걸렸다. 4학년에 북 레벨 4점대 이상의 단행본 소설을 읽기 시작하며 아이가 읽을 책을 고르는데 각별히 마음을 썼다. 좋은 어휘, 좋은 문장, 좋은 주제를 담은 책과 함께한다면 문법적 요소가 잘 녹아져 있는 정확하고 좋은 문장들, 그리고 그 구조들에 익숙해질 수 있을 거라는 기대에서였다. 5학년 이후 '문학성'을 선정의 핵심 요건으로 삼는 Newbery 수상작에 집중했던 이유이기도 하다.

가르치려 하면 할수록 습득하기 어려운 것이 언어이며, 문법은 문법책으로 이해하기가 가장 어렵다는 것을 우리 세대는 뼈아프게 경험했다. 원서 학습서가 되었든 우리말로 된 학습서가 되었든 서둘러 영문법을 '공부' 하는 것을 권하지 않는다. 모국어와 마찬가지로 영어 또한 꾸준히 책을 읽는다면 기본적인 문법들은 자연스럽게 체득된다. 하지만 그 자연스러운 체득으로는 한계가 있다. "자연스럽지 않은 것이 틀린 문장이더라." 이 막연함이 통하는 것은 가벼운 소통에서다. 만일 가벼운 의사소통 정도가 아이 영어 교육의 최종 목표였다면 굳이 영문법을 고민하지는 않았을 것 같다.

언어 습득이 완성에 가까워 자신의 의사를 설득력 있게 말이나 글로 표현해야 하는 시기, 그때는 체득된 문법에 더해 어기지 말아야 규칙, 그 규칙의 살짝 벗어남으로 인한 파워 있는 전달력까지 보다 분명하게 알아야 할 것들을 알고 있어야 한다. 그러니 문법을 공부하지 않아도 되는 것은 아니다. 때가 되면 공부해야 하는 것이 문법이다. 하지만 그때가 언어를 배우고 익히는 시기는 아니다. 해당 언어를 소통의 '도구'로 써먹을 수 있는 시작 어디쯤, 그때가 적기라 생각했다.

이 정도의 바탕을 먼저 두텁게 해놓고 좋은 어휘와 구조, 정확한 문법 등으로 아름다운 문장을 엮어 나간 깊이 있는 책들을 꾸준히 읽고, 더불어 생각을 쏟아내는 글 또한 꾸준히 쓰다 보면 모국어처럼 편해진 언어에 대한 문법도 안정되지 않을까? 그럴 수 있다 생각했는데 그럴 수 있구나 확인된 것이다.

출처: AJ,《English Grammar for Matriductive Learners》, 누리보듬 Foreword

영어, 잘하고 싶다면
읽어라!

영어교육의 방향을 학습이 아니라 습득으로 잡고 이 길에서 애쓰고 있는 친구들이 많아졌다는 것은 반가운 일이다. 수년 동안의 꾸준한 원서읽기로 영어라는 언어를 '도구'로 사용할 수 있겠다 기대될 정도의 친구들이 늘어가고 있다. 그렇게 터를 잘 다져 나가고 있는 친구들을 만나는 행운은 Newbery Book Club[NBC]을 진행하면서였다.

NBC를 기획하며 아웃풋 발현도 이 방법이 옳다는 확인을 하게 된다면 이 길에서 확인하고 싶은 마지막 파트 English Grammar_English Only Class를 욕심부려보겠다 했었다. 어머님들 또한 영어 습득의 마지막 단계라 할 수 있는 문법에 대한 고민은 깊었다. 특히나 중학교에 진학을 했거나 진학을 앞두고 있는 고학년들이니 학교 교육에 맞는 영문법 준비를 가벼이 여길 수 없는 시기였다. 때가 되면 시험을 위한 영문법 학습도 필요한 교육제도이니까. 그렇다고 지난 노력과의 괴리감이 너무 큰 접근을 그저 타협하고 받아들이는 것도 쉽지 않았다. 가지고 있는 영어 실력이 그러기에는 아쉬움이 많은 친구들이었다.

고민을 나누고 의견을 수렴하고 몇 개월을 리서치하며 NBC 친구들을 위한 마무리, 문법 수업 방향을 잡아봤다. 완성된 커리큘럼은 처음에 내가 생각했던 것과 많이 달랐다. 그저 '영문법을 영어로'라는 생각만 했지 이 정도 내공의 친구들에게 진짜 필요한 영문법이 무엇인지 감도 잡지 못했던 것이다. 생각에 발전이 없는 옛날 사람임을 반성했다.

장기간 아이들과 직접 함께했던 NBC 선생님은 나누는 대화에서, 제출 받은 Writing 과제에서 문법에 대해 공부해본 적 없는 친구들이지만 영문법 기본 규칙들이 올바르게 쓰여지고 있음이 확인되었다 한다. 본인도 영문법을 누구에게 배워본 기억이나 스스로 깊이 학습해본 적 없지만 원문의 글을 많이 읽고 많이 쓰면서 자연스럽게 체득된 것이 문법이라 생각했는데 그런 모습이 NBC 친구들에게 보였던 것이다.

이런 친구들에게 필요한 영문법은 어떤 것일까 고민해봤다. 시험문제에서 틀린 영문법을 골라내기 위해 배우는 문법은 아니었다. 그런 도움을 위한 영문법 학습서는 원서도 한국어 버전도 단계별로 너무 많이 나와 있다. 유튜브 강연도 넘쳐난다. 인터넷은 그 모든 것을 품고 있다. 언제든 검색하면 원하는 데이터를 참고할 수 있다. 그래서 수업 방향은 영어로 좋은 글을 쓰기 위해 반드시 알아야 하는 문법들 다져놓기였다.

다양한 타깃으로 영문법 책이 나오고 관련 웹페이지들은 넘쳐나는데 **책을 읽으며 영어 실력을 성장시켜온 친구들에게 도움이 될 만한 정리된 원문의 텍스트가 보이지 않았다.** 상당히 많은 문법책을 살펴보았지만 NBC 친구들의 문법수업에 적절한 책을 찾기 어려웠다. 결국 교재 없이 수업이 진행되었고 3개월 과정으로 마무리되었다. 한 번의 수업으로 영문법이 정리되는 것은 아니라는 것을 알았지만 터무니없이 짧은 시간이었다. 매주 수업을 녹화해서 복습 가능하도록 제공했지만 두고두고 참고할 수 있는 주요 내용이 정리된 텍스트가 없다는 것이 못내 아쉬웠다. NBC 선생님께 수업 내용 모두를 텍스트로 정리해줄 것을 요청했다. 이 책의 시작이었다.

글을 잘 쓰고 싶다면 먼저 좋은 글을 많이 읽어야 한다. 꾸준한 원서읽기는 영어 습득을 위한 방법으로 대세를 넘어 가장 빠르고 옳은 길이라는 것이 입증되고 있다. 뉴베리 수상 작품이 원서로도 편안한 친구들은 더 높은 수준의 영어 완성을 위해 힘 있는 글을 쓸 수 있을 정도의 좋은 터를 다져 놓았다 할 수 있다. 기본적인 영문법 또한 이미 숙달되어 있다.

이제는 많은 글을 써볼 때가 되었다. 자신이 쓰는 글에 부자연스러움을 줄이고 보다 힘 있는 글을 쓰기 위한 연습이다. 진짜 문법 공부가 필요한 때가 된 것이다. 좋은 글이 되기 위해 지켜야 하는 규칙들, 어기지 말아야 할 주의사항, 전달력 좋은 함축적 어휘 활용 등 보다 멋진 글을 쓸 수 있는데 도움되는 것들을 한 권의 이야기 책을 읽듯이 편하게 만나주었으면 하는 기대로 이 책을 엮게 되었다.

미리 밝혀둔다. 이 책은 영문법을 누구에게 배워본 경험도 없고, 학습서를 가지고 스스로 깊이 있게 공부해본 경험도 없는 사람이 정리한 글이다. 더 유의해야 하는 것은 시험을 위한 문법 교육이 주를 이루는 대한민국의 중고등학교 학교 교육에 속했던 경험도 없는 사람이다. 뿐만 아니라 영어를 포함해서 다른 학과목에서도 일반적인 사교육과 거리가 많이 멀었던 학창 시절이었고 NBC 시작 전까지 누군가를 가르치는 일도 낯설었던 사람이다. 해서 학교 문법시험을 위해 도움되기를 원한다면 피해야 하는 책이다.

원문의 텍스트가 편안할 친구들에게 말을 걸 듯 구어체로 쓰였지만 일정 수준, **적어도 북 레벨 5점대 원서읽기가 편안하지 않다면 전문이 원문으로 쓰여진 것 또한 부담일 수 있다.** 지금 이 책이 필요하고 도움되는 친구들은 대한민국에서 영어 습득을 위해 일반적이지 않은 선택을 한 소수일지도 모른다.

하지만 머지않아 이 책이 도움되는 친구들은 점점 늘어갈 것이다. 영어 습득에 있어 "Why?"라는 질문의 답으로 "The limits of my language mean the limits of my world." 이 문장에 공감이 깊은 이들은 그 한계를 무너뜨리기 위한 방법, "How?"가 무엇인지 모르지 않으니까.

출처: AJ,《English Grammar for Matriductive Learners》, 누리보듬 Foreword

흘려듣기
톺아보기

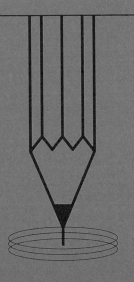

흔들리지 않는
실천을 위한 다짐

짧지 않은 시간 꾸준해야 하는 남다른 듣기 사랑을
계획하며 흔들리지 않는 실천을 위해 나만의 다짐이 있었다. 아이에게 주의가
필요한 것이 아니었다. 엄마가 다짐 또 다짐해야 했던 것들이다.

첫째, 한눈팔지 않기! 아웃풋에 해당하는 말하기, 쓰기는 들어간 만큼 나올
것이라 믿었다. 연쇄 폭발 아웃풋을 욕심부렸으니 아웃풋은 충분한 인풋 다음
에 생각하기로 했다. 진짜 영어 공부 같아 보여 욕심나는 어휘나 독해, 문법을
위한 학습서도 눈 질끈 감았다. 듣기 이외 어떤 것에도 한눈팔지 않기였다. 다
시 강조하지만 언어 쪽으로 특별하게 재능이 보이지 않았던 평범한 아이였다.
이런저런 욕심을 다 챙기고 가기 쉽지 않았을 거다. 해마다 현지의 또래에 맞
춘 레벨 업을 위해 듣고 읽어야 했던, 소리 노출의 절대 필요량을 충분히 채우
지 못했을 것이다. 초기에 듣기 3시간을 자리잡기가 그리 호락호락하겠는가.

둘째, 곁가지들 미련 없이 쳐내기! 절대 필요량을 채우기 위해 최소 3년은
매일 3시간씩 영어 듣기를 위한 시간 확보가 최우선이었다. 학교에 있는 시간
전체가 영어 노출이 가능한 영어권 나라에 유학을 간 경우, 아이들이 최고의
흡수력을 보인다는 전제를 하더라도 준비 없이 시작해서 또래만큼의 영어에

자유로워질 수 있기 위해서는 2년이 걸린다고 했다. 그런데 국내에서는 일부러 만들지 않으면 기회 없을 노출 시간이다. 적어도 하루 3시간은 채워야 하지 않을까? 당시, 앞서 이 길 갔던 선배들이 임계량을 채우기 위해 3년 동안 매일 3시간은 필요하다고 강조했었다. 그렇게 매일 소리 노출로 채워야 하는 기준 시간이 3시간이 되었다.

아이가 다른 무엇인가 해야 할 일에 쫓기는 불안감 없이 편안하고 여유로운 3시간을 확보하기 위해 쳐내야 할 곁가지는 엄마의 욕심만큼 많았다. 때마다 학년마다 '이때는 이걸 꼭 해야 한다. 이 시기를 놓치면 안 된다!'라는 것이 왜 그리 많았는지, 지나고 나니 해도 그만이고 안 해도 그만인 것들인데 과감하지 않으면 쳐낼 수 없는 곁가지들이었다. 무모할 정도로 과감히 무시했다.

아이는 그다지 관심도 없는데 혹시나 잠재력 테스트로? 아니면 남들보다 먼저 잘하고 싶은 욕심으로? 이것저것 시켜 보는 것에 눈 질끈 감았다. 그 무엇도 꾸준함이 아니면 어영부영하다가 무의미해질 수도 있는 시간이었다. 그 시간을, 절대로 무의미해질 수 없는 시간 투자라 믿어지는 이쪽으로 집중했다. 엄마표 영어 실천만큼은 어영부영하지 않을 자신도 있었다. 아이의 영어 해방에 대한 기대는 절실하고 간절했으니까.

셋째, 좀 더 빠른 길이 있지 않을까 조바심 내지 않기! 수많은 광고 문구에 현혹되지 말아야 했다. 짧은 시간에 영어를 잘할 수 있게 만들어준다는 각종 교재나 프로그램들이 믿어지지 않았다. 언어만큼은 우직함이 되었든 노하우가 되었든 쌓아야 하는 시간이 그리 짧아서 해결될 만만한 것이 아니라는 것을 빨리 깨달았던 것 같다. 언제부터인가 유행처럼 엄마표 영어에 따라다니는 단어가 생겼다. '기적'이다. 엄마표 영어 관련 책을 두 권 출판하며 임팩트 있는 책 제목 선정과 홍보를 위한 콘셉트를 계획하는 출판사 입장에서는 좀 더 확실하고 뾰족한 전달이 필요해지는 분위기라며 방향을 '기적' 쪽으로 잡았으면 했지만 그건 아니라는 장황한 설득을 해야 했다.

언어 습득을 위해 기적까지 필요하지는 않은 것 같다. 기적을 바랄 수 있는 엄마표 영어도 아니다. **해야 하는 노력을 해야 하는 만큼 해야 얻어지는 무지하게 '정직함'이 필요한 길이기** 때문이다. 온오프라인 인연으로 본격적으로 발을 담그고 안정을 찾아가고 있는 이웃들이 먼저 전해주는 말이 있다. "엄마표 영어에 기적은 없다! 아이와 함께하는 모든 시간 의심과 불안을 끌어안을 수밖에 없지만 꾸준히 쌓은 시간, 그것도 제대로 쌓았을 때만이 수년이 지나서야 기적이 아닌 분명한 기대가 보이는 길이더라". 그 길에서 시작과 끝을 만난 사람으로서 진심으로 깊이 공감한다.

마지막으로 **모든 영역에서 골고루 성장해 가는 듯 보이는 친구들 곁눈질 안하기!** 몇 년 동안 인풋에 해당하는 듣기, 읽기에만 집중하다 보면 이 부분에서 많이 흔들린다. 사교육 도움을 받는 친구들은 듣기, 읽기뿐만 아니라 말하기, 쓰기까지 나란히 성장하는 듯 보이니 미칠 노릇이다. 그럴 때마다 혼자 되뇌고 되뇌는 말이 있었다. 우리가 바라는 Speaking 목표는 대여섯 마디에 바닥 드러나 깊이 있는 대화가 불가능한 일상회화 정도가 아니다. 우리가 바라는 Writing 목표는 문법을 신경 쓰고 문장 구조를 고민해서 시간 걸려 간신히 만들어지는 짧은 영작 수준이 아니다.

이 길을 선택한 이유는 단순히 언어를 습득하기 위함만이 아니었다. 더 중요하고 욕심나는 **사고력 향상**까지 기대할 수 있어서였다. 언제가 되었든 제 나이만큼 영어 자체로 사고할 수 있는 능력, 그 무기 장착이 가능해서였다. 그래서 제대로 읽고 제대로 들어야 했다. 그렇게 습득된 언어와 그렇게 키워진 사고력으로 **영어를 소통을 위한 도구로 사용하게 되었을 때 기대되는 아웃풋**이 있었기 때문이다.

언제 어떤 상황을 만나게 되어도 상대방이 전달하려는 의미나 의도를 왜곡 없이 받아들이고 자신의 의사를 정확하게 전달할 수 있어야 하는 것은 물론이고 의견을 논리 정연하게 펼쳐 상대방을 설득하여 일을 관철시키고 더 나아가 상대의 마음에 감동까지 선사할 수 있는 말과 글이 되기를 바랐다. 이것이 진심으로 바라는 아웃풋, 말하기와 쓰기 모습이었다. 들어간 것도 부실한 상태에서 섣부르게 끄집어내려 애쓰지 않아도 우리가 채우는 성실한 시간은 이런 아웃풋 기대를 충족시켜줄 수 있다는 확신이 있었기에 곁눈질 안 해도 좋았다.

이런 다짐을 새기고 새기며 두 가지 듣기에 집중 몰입해서 투자한 시간은 4년이었다. 미련할 정도로 매일 집중듣기 1시간 + 흘려듣기 2시간씩 묵묵히 채웠다. 4년 동안은 크게 흐트러짐 없이 이 시간을 채울 수 있었다. 5년 차부터는 자의 반 타의 반으로 부족한 채움이었다.

아이의 언어적 재능이나 엄마의 영어 수준에 기댈 수 없는 형편이었으니 남들보다 더 노력해야 함을 시작 전부터 각오했었다. 하지만 선배들이 말하는 3년을 넘기고도 보여야 하는 부분이 보이지 않아 매우 불안했다. 그렇다고 되돌리기에 너무 멀리 와 있었다. 할 수 있는 한 해보자 믿고 가는 것 말고 달리 수가 없었다. 만 4년을 채우고 영어 사고력 안정과 자막 없이도 편안한 청취력을 확인했을 때 3년으로는 눈에 보이지 않았던 성장, 그 이유도 정리가 되었다.

아이의 언어 습득 능력 부족도 있겠지만 앞선 3년은 겨우 저학년 3년이었다. 어쩌면 영어였기 때문이 아니라 실질적인 경험도 부족하고, 가지고 있는 배경도 약하고, 표현력도 덜 발달하고, 생각의 깊이도 너무 얕고 등등. 그 학년에서 기대할 수 있는 언어 수준은 우리말도 영어도 한계가 있었다는 결론이다. 그렇다고 애써봤자 보이지 않는 성장이라고 저학년 3년을 소홀히 여길 수 있을까? 그 시간 차고 넘치는 인풋이 없었다면 4년 차가 되었다 해도 성장 확인은 불가능했을 것이다. **눈에 보이는 성장이 확인되지 않아도 쌓이는 시간의 힘을 믿어야 한다**는 것은 이런 이유 때문이다.

그 믿음은 내가 선택한 길에 대해 잘 알아야 가질 수 있는 확신이다. 영어 성장은 사선의 그래프에서 확인되는 것이 아니다. 계단형 그래프를 그려 나갈 수밖에 없다. 보이는 것이 없지만 쌓이는 힘을 믿고 묵묵히 기다려야 하는, 수평선을 그리는 시간은 초반 몇 년이 가장 길기도 하고 더디게 느껴진다. 우리에게는 이 시간이 3년 이상이었던 거다. 완벽하게 안정된 이후에는 수평선의 기다림보다 수직의 성장이 신기할 정도로 잘 보였다.

누리보듬식
흘려듣기

8년 동안 애정 듬뿍 쏟았던 집중듣기에 대해 이야기했다. 이제 그 못지 않았던 영상과 함께하는 흘려듣기 차례다. 그냥 흘려듣기가 아니다. **'영상과 함께하는'** 이 부분에 주목해주기 바란다. 먼저 흘려듣기의 의미를 짚어보자. 흘려듣기란 무엇일까? 흘려듣기도 집중듣기와 마찬가지로 커뮤니티마다 의미 차이가 있어 정의를 내려봤다. 책과 블로그에 쓰인 흘려듣기라는 단어가 담고 있는 의미는 바로 이것이다.

**'영화나 TV 등 화면에서 영상과 함께 흘러나오는 소리를
텍스트 없이 보며 듣는 것!'**

일부에서는 아이들이 다른 놀이를 하거나 차량으로 이동중일 때 배경으로 흘러 다니게 하는 소리 노출을 흘려듣기라 말하기도 한다. 옳고 그름이 아니라 어떤 방법이 내 아이에게 맞는지가 중요하다. 우리의 실천 방법은 학년에 따라 조금씩 다르기는 했어도 한 가지 중심은 분명했다. 반드시 영상과 함께했다. 그것이 반디가 원하는 것이었고 잘 받아주었던 방법이었다.

이런 흘려듣기 방법이 전해지며 많은 독자들이 유사한 고민을 하고 있음을 반복되는 질문으로 알게 되었다. 지나친 영상 노출에 대한 염려였다. 너무 빨리 또는 많은 영상 노출을 피하기 위해 TV를 두지 않는 가정도 많았다. 그런데 최근 몇 년 사이 다양한 매체의 영상 유혹이 너무도 강해졌다. 지금은 영상이 TV에서만 나오는 것이 아니지만 반디 어려서는 TV가 아니면 영상 노출이 쉽지 않았다. 공공장소에서 아이들의 산만함을 달래기 위해 휴대폰이나 패드 등을 이용해서 영상으로 관심이 집중되게 하는 부모들도 많이 눈에 들어오는데, 20년 전만 해도 그런 일상은 상상도 할 수 없었다. 아이와 집에서 함께하는 시간 중 무료한 시간을 달래기 위해서는 고민해서 비용을 지불하고 구입해 놓은 비디오 하나를 선택해서 비디오 플레이어에 넣고 스타트 버튼을 누르기까지의 정성이 필요했다.

《누리보듬 홈스쿨》 책에서 고백했다. 아이 5세때 우리 모자의 일상을 넘어 인생이 달라지게 만든 우연한 인연을 만나기 전까지 아이를 아이답게 키우지 못한 엄마였다. 그 시간 안에 영상과 함께하는 시간도 꽤 되었다. 일찍 그리고 많이 노출한 경우라 할 수 있다. 당시에도 지나친 영상 노출로 인한 여러 부작용을 걱정하는 전문가들의 매체 출현이 잦았었다. 걱정이 되지 않는 것은 아니었다. 하지만 6세 1년을 제외하고 기관도 다니지 않았던 아이와 24시간 함께해야 했던 취학 전이었다. 피하자고 했어도 한계가 있었을 것이다.

아이의 영상 노출에 있어서도 혼자 다짐한 원칙들이 있었다. 엄마의 바쁜 일상 중에 잠깐의 여유를 찾아보자고 관심을 영상으로 돌리기 위해 **아이 혼자 TV 앞에 붙잡아 놓은 것이 아니었다.** 끊임없이 나누는 대화를 위해 영상이 매개체가 되어주었다. 아이와의 끝없는 수다가 필요했는데 엄마가 가지고 있는 생각만으로는 금방 바닥이 보였기 때문이다.

TV는 집에서 가장 넓은 공간인 거실에 있었다. 아이는 마음껏 신체 활동이 자유로운 상태에서 틀어져 있는 영상을 때로는 잠깐의 집중으로, 때로는 무관심으로 흘려버리면서 **영상과 함께하는 모든 시간 엄마와 함께했다.** 영상에 집중하는 시간보다 영상을 매개체로 엄마와 이야기하는 시간이 많았으니 중독을 걱정할 정도의 오랜 집중은 드문 일이었다. 엄마의 수다가 집중을 방해한 걸까? 취학 전까지는 차분히 앉아서 영상에 집중하는 모습은 드물었다. 서 있는 상태로 움직임을 멈추고 틀어 놓은 영상에 잠깐씩 관심을 갖는 정도였다. 취학 전에 했던 모든 영상 노출은 영어가 아닌 우리말 영상이었다.

초등 1학년, 엄마표 영어를 시작하며 흘려듣기 매체로 원음의 영화를 보기 시작하면서도 마찬가지였다. 혼자 보는 영화가 아니었다. 매일 저녁 영화 한 편씩을 엄마와 나란히 봤다. 러닝타임이 90분 이상인 영화였다. 처음부터 집중해서 봐주기를 기대하는 것은 무리였다. 아이의 산만함이 줄어들며 영화 전체를 처음부터 끝까지 집중해서 보기까지 6개월이 넘는 시간이 걸렸다. 그렇게 되기까지 이런저런 이야기로 아이의 집중을 유도하며 가능하면 러닝타임 전체를 아이보다 집중했던 것은 엄마였다.

원어 TV로 흘려듣기 환경을 만들어 놓았던 2년 차 이후에는 아이가 관심 있어 하는 프로그램이 분명해졌다. 30분 단위의 프로그램 몇 편을 지정된 시간에 집중해서 보는 패턴이 익숙해졌다. TV 채널이라는 것이 보고 싶은 것을 보고 싶은 때 볼 수 있는 것이 아니다. 방송국의 편성표에 의지할 수밖에 없는 상황이었지만 좋은 점도 있었다. 원하는 프로그램 방영시간만큼은 엄마도 하던 일을 멈추고 나란히 함께 알아듣지도 못하는 원음의 영상을 같이 봐줄 수 있는 사전 준비가 가능했다. 그 시간 또한 일상 안에 들어와 있었으니까. 지금은 그런 시간조차도 지속되는 이런저런 휴대폰 알림음에 방해를 받는다고 하니 안타까움이 있다. 엄마들이 휴대폰에 얽매일 수밖에 없는 요즘과 달리, **손도 눈도 마음도 아이와 함께하는 데 여유가 있었다.**

이렇듯 영유아기부터 영상 노출에 익숙한 아이였고, 취학 이후에는 매일 흘려듣기 2시간을 영상과 함께하는 아이였지만 대부분의 시간은 엄마와 함께했다. 이 또한 아이가 하나였고 일하는 엄마가 아니어서 가능했을 수도 있다. 그러기 힘든 상황에서 그래야 하는데 너무 마음 볶이지 말았으면 한다. 각자 처해 있는 환경에서 책이 그러하듯이 영상 또한 무엇을 얼마나 보는 것도 중요하지만, 그것을 어떻게 보아야 하는지를 더 깊이 고민해본다면 각자의 최선이 찾아질 것이다. 기술 발달과 함께 좋아진 세상은 분명하다. 그런데 피해야 할 것도 조심해야 할 것도 점점 늘어만 가니, 보다 현명한 부모 역할 또한 자꾸만 보태져야 하나보다.

1년 차,
영화에 빠지다

1학년 첫 시작이었던 1년 차 흘려듣기는 영화를 이용했다. 되도록이면 화면에 집중하면서 상황에 적절한 텍스트 없는 소리를 영상과 함께 보고, 듣는 것이다. 매일 저녁 영화 한 편을 엄마와 나란히 자막은 한글, 영어 모두 가리고 보았다. 영화는 원음 더빙이 된 애니메이션으로 시작해서 새로운 것을 찾을 수 없는 한계 이후 실사 영화까지 상당한 양을 함께 했다.

집중듣기와 마찬가지로 첫해의 습관과 안정이 중요했다. 두 시간이라 했지만 1년 차는 영화 한 편이 기준이었다. 이 시기에 맞는 영화들은 대부분 러닝타임이 90에서 120분 사이이다. 한 시간 반 이상을 꼼짝 안 하고 집중할 수는 없다. 가능한 아이가 영화에 집중할 수 있도록 곁에서 거드는 것이 엄마의 역할이었다. 이런저런 장면에 대해 엄마와 우리말로 이야기 나누면서, 산발적인 산만함은 적극적으로 호응하기도 하고 꾹 참아주기도 하면서 말이다.

배경으로 소리를 틀어 놓고 흘린다기보다는 **영상으로 상황을 이해하고 그에 맞는 적절한 소리를 텍스트 없이 듣는 것이다.** 물론 처음에는 그냥 흘려보내는 소리가 전부였다. 당연하다고 생각했고 기다려야 했다. 텍스트 없는 소리에 집중하기 위해서라는 분명한 목적이 있었으니 한글이 되었든 영문이 되었든 모든 자막은 가리고 보았다.

영화는 원음 더빙이 된 애니메이션으로 시작했는데 나름의 이유가 있었다. 실사 영화들은 동시녹음이 많은 반면, 애니메이션은 후시녹음으로 성우나 배우들이 정확한 발음으로 더빙을 하고 배경 소리도 보정하게 된다. 전반적으로 톤이 안정되어 있다. 날것의 산만한 현장 음이 함께 녹음되는 실사 영화의 동시녹음보다 듣기에 있어서 분명한 소리 전달에 만족도가 높았다.

거의 매일 한 편씩이었으니 애니메이션 확보에 금방 한계가 왔다. 반복도 싫어하는 아이였다. 영상 확보가 힘들다고 아이 성향을 무시하고 반복시킬 수는 없었다. 대안은 실사 영화였다. 그런데 초등학교 1학년 아이와 함께 볼 수 있는 실사 영화는 그리 많지 않았다. 초등 저학년이 집에서 가족들과 함께 보기에 무리 없는 영화들이어야 했다.

실제로 재미 면에서 15세 관람가 영화들이 흥미롭기는 하지만 영화를 활용했던 시기가 초등 저학년 때라서 15세 영화들은 제외했다. 최근 것으로 감당이 어려워 시간을 거슬러 올라가니 엄마, 아빠의 기억 속에도 감동과 웃음을 주었던 오래전 좋은 영화들이 찾아졌다. 잊고 있었지만 찾아보면 후회 없을 높은 평점의 영화들이 꽤 많았다.

반디가 1학년부터 저학년 때까지 보았던 영화의 제목들을 기록해 놓은 것을 바탕으로 추천할 만한 영화들을 추가하여 리스트를 블로그에 포스팅했다. 그중 수십 편이 선별되어 책에도 소개되어 있다. 최근 영화들까지 찾아서 보태 준다면 아이와 함께할 좋은 작품들은 넘쳐날 것이다.

초기 애니메이션을 볼 때는 완벽한 집중하고는 거리가 있었다. 영화가 아니어도 이런저런 노출로 이미 이야기의 내용이 익숙했던 때문인지, 아직 습관이 잡히지 않아서였는지 산만한 집중이라 할 수 있다. 그런 영화 보기에 익숙해진 뒤, 실사 영화에 들어가면서부터 대부분의 영화를 시작부터 끝까지 내용 자체에 집중하면서 보기 시작했다. 엄마의 강요가 아니었다. 아이가 그렇게 보기를 원했고 그것이 자연스러워졌던 것이다. 들어본 적 없는 전혀 새로운 내용이 호기심을 자극했는지도 모를 일이다.

엄마는 언젠가 한번쯤 보았던 영화들이었으니 그나마 자막 없이 보는 것이 덜 곤혹스러웠다. 아이에게 중간중간 이해에 도움될 만한 이야기들을 해줄 수도 있었다. 자막 없이 영화 보는 것이 익숙해지며 그리 오래지 않아서 아이는 **자막이 화면에 떠다니는 것을 거슬려 했다.** 자막에 눈이 가다 보면 화면을 놓치게 된다고 거슬리는 자막을 없애달라는 것이다. 습관이 왜 중요한지, 왜 습관이 될 때까지 정성을 들여야 하는지, 아이의 반응을 보며 기특하고 신기했다. 영화를 보는 내내 시선이 자막 쪽으로 떨어지지 않으니 상황을 정확히 인지할 수 있는 화면을 놓치지 않고 원음의 소리에 그 상황을 매칭시키는 흘려 듣기가 안정되어갔다.

받고 받고 또 받는 질문들

흘려듣기 관련해서 자주 받는 질문이 있다. 반복을 즐기는 아이들에게서 나타나는 현상으로 보인다. 같은 영상을 자막 없이 무한 반복으로 잘 보던 아이가 뭔가 이해가 되는 것도 같은데 분명함이 없어서 답답했던 것일까? **어느 날 즐겨 보던 영상을 '딱 한 번만' 한글 자막으로 보고 싶어 한다면 어떡해야 할까?**

이 질문을 처음 받은 것은 현장 강연에서다. 경험에 없던 일이었으니 함께하는 모두와 고민해봤다. 그 자리에는 이미 유사한 경험을 했던 이들도 있었다. 여러 사람이 함께 논의해본 끝에 정리가 되었다. 한 번쯤 자막을 열고 보여주는 것이 그리 큰 해가 될까? 그러면서도 걱정되는 것은 있었다.

최고의 흡수력과 기억력을 가지고 있는 아이들이다. 반복해서 보았던 익숙한 영상이었으니 단 한 번이라 해도 어떤 장면에서 어떤 대사가 나오는지 외울 수 있을 정도로, 우리말로 대사 하나하나가 각인될 수도 있다는 거다. 원음으로 즐겼던 영상을 한글 자막을 열고 분명한 의미를 우리말로 잡은 이후를 생각해보자.

다시 자막 없이 원음만으로 같은 영상을 보게 된다면 원음 소리에 집중하기보다 알고 있는 한글 의미가 먼저 떠오르지 않을까? 보여줘도 된다, 보여주면 안 된다 단정할 수는 없다. 다만, **원음을 자막 없이 원음 자체로 이해하는 '청취력' 향상이 흘려듣기 목적**임을 잊지 말고, 어떤 선택이 꾸준한 노력에 도움이 될지 엄마가 아이의 성향을 고려하여 수없이 타협하며 조율해야 할 것이다.

우리는 하지 않은 흘려듣기 방법이 있다. 집중듣기 했던 책의 오디오만 틀어놓기, 봤던 영화 소리만 따로 저장해서 틀어놓기다. 이런 방식들은 대부분 화면 없이 아이들이 다른 활동을 할 때 배경으로 틀어놓는 경우다. 추구했던 흘려듣기 방식은 화면과 함께하는 소리를 텍스트 없이 보며 듣는 것이었으니 이 방법들에 관심을 두지 않았다. 몇 번 시도를 해봤는데 반디가 단호했다. '엄마 저거 꺼!' 알아듣지도 못하는 소리 그나마 화면이라도 움직여야 견딜 수 있었나 보다.

이 방법들이 나쁘다는 것이 아니다. 우리 아이의 성향이 그러했고 우리가 추구하는 흘려듣기 방법과 달랐다는 것이다. 누군가에게는 이 방법이 효과적일 수도 있다. 어떤 실천도 내 아이에게 맞는 방법을 선택하고 그 방법에 대한 확신을 갖고 꾸준해야 함을 잊지 않기를 당부한다.

흘려듣기 관련해서 자주 받는 질문 중 또 하나가 '흘려듣기 영상을 아이 영어 수준에 맞추어야 하지 않을까?' 이것이다. 초등학교 1학년부터 영상을 이용한 흘려듣기를 꾸준히 진행했지만 한번도 생각해 보지 못했던 궁금증이었다. 반복되는 질문이어서 왜 그 부분을 염두에 두지 않았었는지, 흘려듣기 영상을 어떤 기준으로 골라 활용했는지를 《엄마표 영어, 7주 안에 완성합니다》에 자세히 풀어놓았다.

이 질문의 이유를 이제는 공감도 하고 이해도 한다. 초등이라지만 조금이라도 알아들을 수 있는 유아용 영상이 흘려듣기에 효과적이 아닐까 해서 나오는 질문이었다. 개인적으로 한번도 생각해 보지 않은 궁금증이었던 이유는 반디의 영어 시작이 초등 입학 이후였기 때문이었다. 취학 전에 원음으로 영상을 만난 적이 없었으니까.

자세히 풀어놓은 생각은 책을 참고하고 결론만 정리해 본다. 취학 훨씬 전 영어 노출을 서둘러 시작한 경우 아이의 정서 수준을 고려해서 이해 가능한 내용의 흥미로운 영상을 고르게 된다. 그래서 영어 수준 또한 취학 전 아이들에게 무리 없는 유아용 영상으로 맞출 수 있다.

하지만 취학 이후 영어 노출을 시작하는 경우라면 영어를 못하지만 유아 대상의 프로그램이 내용면에서 흥미를 느끼기 힘들다. 흥미롭지 않은 영상을 틀어 놓고 더 흥미롭지 않은 낯선 소리를 두 시간 가까이, 화면과 소리를 맞추며 듣는 흘려듣기가 가능했을까? 그래서 아이의 영어 수준을 고려한 것이 아니었다. 그 나이의 정신 연령에서 감당할 수 있는 내용인가, 엉덩이 무겁게 앉아 시간을 채워줄 만큼 흥미로운 내용인가 그런 것들이 영상 선택의 고려사항이었다.

선택에 참고가 되는 기준은 전체가/12세 관람가/15세 관람가 등 일반적인 영상물 등급이었다. 많은 영화를 즐기던 시기가 초등 저학년이었으니 12세 관람가까지의 영화를 골라야 했다. 이제 막 영어를 시작한 1년 차다. 책과 함께하는 집중듣기와 마찬가지로 영상과 함께하는 흘려듣기 또한 이 시기는 문장 하나하나를 이해하고 확인하는 실천이 아니라는 것을 이제는 공감했으리라 믿는다.

일상에 녹아든
소리 노출 환경

영화와 함께하는 1년 차 흘려듣기가 잘 자리잡은 뒤 2년 차부터는 방법이 조금 달라졌다. 핵심은 **자연스러운 흘려듣기 환경 만들기**였다. 추구하는 흘려듣기 방법은 영상이 필요했다. 그런데 20~30년 전 영화까지 섭렵했지만 1년이 지나니 아이와 함께 볼 수 있는 영화는 바닥이 났다. 2년 차부터 알고는 있었지만 저울질하며 망설였던 스카이라이프 설치해서 원어로 방송되는 만화 채널을 보기 시작했다.

그만한 또래의 아이들이 좋아하는 TV 만화 시리즈는 엄청나다. 아이와 약속했다. 언제든, 얼마든 봐도 좋다. 단! 원어 TV 채널 만화로! 2006년 당시만 해도 채널이 꽤 있었다. 디즈니, 디즈니 주니어, 니텔로디언, 카툰네트워크 등이 모두 완벽한 원어로 방송되고 있었다. 지금은 대부분의 채널들이 우리말 더빙으로 바뀌거나 일부 음성 다중을 지원하기도 하는데 중간 광고까지 완벽한 원음은 아니다. 예전의 효과를 기대하기 힘든 이유다.

최근 거실에 있는 TV 리모컨을 처음부터 끝까지 따라가 봤다. 볼 것 하나 없는 채널들 그런데 많기는 또 얼마나 많은지 놀라웠다. 어린이 채널이 모여있는 번호를 옮겨가며 많이 아쉬웠다. 수많은 만화 채널이 있었지만 본 프로그램은 물론이고 중간 광고까지 완벽한 원음으로 지원되는 원어 채널을 찾을 수가 없었다.

기존에 있던 원어 TV 채널이 이런저런 이유로 점점 사라지거나 우리말 더빙으로 바뀌는 우여곡절을 지켜봤던 사람이다. 어느 날 어제까지 원음으로 잘 보던 좋아하는 만화 시리즈가 한국말로 더빙돼서 나오게 되었는데 반디가 심하게 거부했던 기억이 있다. 캐릭터가 익숙해진 그 음성도 아니고 우리말로 더빙하느라 배경음을 충분히 살리지 못해 실감이 나지 않아 재미가 없다는 것이다.

환경을 이리 조성해 놓은 덕분에 우리말로 더빙된 만화와는 담을 쌓은 반디는 해외 유명 시리즈 만화를 많이 보고 있었다. 처음부터 시작을 그리했더니 우리말 만화에 그다지 관심도 없었다. 이리 말하면 걱정 많은 엄마들의 익숙한 태클이 들어온다. '아이들 모두가 즐겨보는 만화를 보지 않아 학교에서 왕따를 당하면 어쩌나요?'

이 또한 일어나지 않을 확률이 90%인 미리 당겨 하는 걱정 중 하나다. 아이들의 이야기는 한 주제에서 오래 머무르지 않는다. 종일 같은 관심의 만화 이야기만 하는 것도 아니다. 내 아이가 스스로 주체가 될 수 있는 새로운 이야기의 화두를 꺼낼 수 있도록 다양한 관심을 가지게 하고 아이의 생각을 풍성하게 만드는 것이 중요하지 모두의 같은 관심거리에 아이를 맞출 필요가 없다고 생각했다. 한국 만화를 보지 않았지만 친구들과 소통에서 불편을 겪었던 기억이 없다는 확인을 3학년쯤 반디에게 받았던 기억이 있다. 사내 녀석의 단순함 덕분이었을까?

원어 만화 채널의 특징이 있다. TV에서 방영되는 만화 시리즈는 영화와 달리 단위 시간이 30분 단위로 짧다. 틈새 시간 공략에 유리하다. 같은 주인공에 매번 바뀌는 에피소드이다. 챕터북 시리즈 느낌으로 반복을 싫어하는 반디에게 안성맞춤이었다. 재방, 삼방을 통해 시간 차이를 두고 자동 반복 가능하니 같은 에피소드를 대여섯 번 이상 보는 경우도 허다하다. 그런 경우 아이가 좋아하는 캐릭터의 다음 대사를 먼저 중얼거리기도 한다.

선택권이 있어서 원하는 시간에 원하는 프로그램을 직접 고를 수 있는 상황이 아니었다. 일방적으로 방영하는 것을 시간 맞춰 보다가 만나는 자연스러운 반복은 크게 거부하지 않았다. 덕분에 반복 효과는 고정 프로그램을 보기 시작하며 영상에서 얻을 수 있었다. 요즘같이 버튼 하나로 무자막을 선택할 수 있는 것이 아니었다. 한글 자막이 깔리는 하단을 파스텔 톤의 도화지로 가리고 보느라 전체 화면을 포기해야 하는 불편함을 감수해야 했지만 습관이 되니 그것도 그럭저럭 견딜만 했다.

원어 TV 채널이 익숙해진 이후로는 여느 집에서 TV를 켜 놓듯이 아이가 집에서 빈둥거릴 때는 틀어져 있었다. 아이는 블록 놀이를 하고 그림을 그리고 미니카를 가지고 다른 놀이에 집중하고 놀다가도 익숙한 내용이 나오면 수시로 TV 앞으로 달려가 좋아하는 장면을 얼음 상태로 보고는 다시 제 볼일을 보는 패턴으로 TV에 익숙해졌다.

처음에는 틀어져 있는 대로 무분별하게 보던 프로그램들이 시간이 지나니 선호도가 분명해졌다. 고정 시간을 기억해서 찾아보게 되는 것이다. 아이가 다른 활동을 하는 동안 틀어져 있어서 배경으로 흘리는 소리는 엄마도 신경 쓰지 않았다. 고정 시간에 찾아보는 프로그램인 경우에 나란히 앉아 시작부터 끝까지 같이 집중해 주었다. 시간이 고정되어 있으니 그 시간에 맞춰 엄마의 일과도 조율이 가능했다.

그냥 듣기가
알아듣기가 되기까지

아이가 흘려듣기에 제대로 집중했던 4년을 지켜보면서 귀가 뚫리는 것에 단계가 있다는 것을 알게 되었다. 화면의 상황과 소리를 텍스트 없이 맞춰 듣는 시간이 쌓이고 쌓이며 경계가 모호한 이런 단계를 자연스럽게 지나면서 **그냥 듣기가 알아듣기가 되는 것이다.** 그 단계는 이랬다.

처음에는 소리가 한 뭉텅이로 들린다. 뭔 말인지도 모르고, 문장이 어디에서 끝나는지도 구분이 안 되고 그냥 화면이 재미나서 보는 단계라 할 수 있다. 그런 시간이 누적되다 보면 어느 순간 소리와 소리 사이의 갭이 느껴진다. 단어와 단어 사이, 문장과 문장 사이가 분리되어 들리게 된다. 단어의 의미를 알고 문장의 의미를 안다는 것이 아니다. 단지 소리의 분리를 느낄 수 있다는 것이다. 많은 시간을 함께했던 엄마도 이것까지는 느낄 수 있었다.

그리고 또 시간이 누적되면 **전혀 다른 영상이나 책에서 반복을 잡아낸다.** 같은 영상 말고 다른 영상에서도 수없이 반복이 이루어지고 있다는 것을 깨닫는다. 집중듣기와 흘려듣기 실천이 누적되며 어느 순간 다른 곳에서 들었던 단어나 문장들이 여기도 나오고 저기도 나온다는 것을 눈치채는 횟수가 늘어간다. **'어! 저 말은 지난번 어떤 책에서**(또는 어떤 TV 프로그램이나 영화에서) **들었는데!'**

어떤 장면, 어떤 상황에서 어떤 캐릭터가 했던 대사인지까지 기억하면서 알아 차리는 거다.

그 뒤로 또 긴 시간 노출되는 소리가 누적되며 드디어 화면에 나오는 상황을 이해하고 상황에 맞는 대화 대부분의 의미를 이해하는 알아듣기가 확인되었다. **'알아듣는다'**는 것은 듣는 순간 문장의 의미를 이해했다는 거다. 그것을 그대로 반복해서 따라 말할 수 있다는 것이 아니다. 간혹 흘려듣기의 의미 잡기를 잘못 이해하고 알아들었구나 하는 반가움에 '금방 지나간 말을 그대로 따라 해보라!'는 주문을 아이들에게 한다는 것도 소통으로 알게 되었다. 엄마들에게 묻고 싶다. 푹 빠져 보는 드라마의 주인공이 금방 뱉은 명대사를, 그것도 우리말인데 그대로 따라 할 수 있나? 아주 쉬운 단문이 아닌 이상 말 안 되는 요구라는 것을 인정하길 바란다.

이렇듯 두 가지 듣기 시간이 쌓이면서 억지로 반복하지 않아도 여러 곳에서 자주 꾸준히 자연스러운 반복을 경험하며 채우고 채우는 기다림의 시간이 지나면 그냥 듣는 것이 아니고 알아듣는 단계로 진입하는 것이다. 이 환상의 시기가 얼마나 지나야 가능한가 궁금할 것이다.

하지만 이 시기 또한 일반화시켜서 받아들이면 안 된다. 아이들마다 나타나는 시기가 다르다. 어떤 시간을 얼만큼 채웠는지에 따라 빨라지기도 하고 늦어지기도 한다. 아이마다 흡수 능력도 다르고 노출 과정도 다르고 채운 시간도 다르기 때문이다. 반디의 경우 이렇게 화면에서 나오는 원음의 소리를 알아듣는구나 확신하는 때가 매일 집중듣기 1시간 그리고 흘려듣기 2시간, 이런 소리 노출을 만 4년 채우고나서였다.

알아듣는
아이의 혼자 놀기

알아듣는 아이의 혼자 놀기 진수를 만나는 시기가 있다. 알아듣기 뒤로 나타나는 현상들은 정말 재미나다. 들어간 것도 부실한 아이에게 억지로 끄집어내려 애쓰지 않아도 들어간 것이 차고 넘치면 의식하지 않아도 비집고 새어 나온다. 가장 눈에 띄는 현상이 혼잣말 영어로 중얼거리기였다. 종일 의식하지 않고 혼잣말을 중얼거리기 시작하는데 그게 전부 말이 되는 영어였다. 왜 혼잣말이었을까? 우리 집에는 아이의 영어 말하기를 받아줄 수 있는 그 누구도 없었기 때문이다.

이때부터 시작된 버릇인지 지금도 반다는 혼자 중얼거리기를 자주하는데 물론 영어이다. 게임을 하거나 샤워를 할 때 도무지 뭔 말인지 모르겠지만 쉼 없이 중얼거린다. **음독을 욕심내는 이유들이 이 시기에 해결됐다.** 굳이 힘들게 음독을 하면서 연습하지 않아도 입과 혀의 근육이 영어에 유연해지는 유창성이 향상되고 자신만의 발음도 완성해 나갔다.

익숙한 영상 캐릭터의 대사를 선수치기 하는 현상도 두드려져 보인다. TV를 통해 일정 간격을 두고 자동 반복되며 익숙해진 프로그램 캐릭터의 재미있는 대사를 먼저 중얼거리는 것이다. 1인 다역으로 거실을 무대로 영어로 액션 영화 한 편을 찍기도 하는데 가관이었다. 즐겨보는 프로그램 주제가 또한 기막히게 따라 불렀다. 만화 시작 주제가는 물론이고 하이스쿨 뮤지컬, 한나 몬타나 등 음악 관련 영화나 시트콤 안에 등장하는 노래들을 가사까지 완벽하게 따라 불렀다. 받아줄 수 없는 엄마는 안타까운데 아이는 영어로 혼자 놀기의 진수를 보여주는 것이다.

이때 엄마의 역할, 다른 거 없었다. 최고의 응원으로 열심히 장단 맞춰주고 칭찬해주기였다. 무엇이 더 필요하겠는가. 드디어 때가 되었다 안도하며 꾹꾹 눌러 담은 인풋을 어떻게 하면 제대로 아웃풋으로 발현시켜줄 수 있을지 엄마 몫의 고민을 시작하면 되었다.

알아듣기 시작하며 본격적인 재미에 빠져들었던 것이 시트콤 드라마였다. 대부분 디즈니채널에서 방영하던 것이었는데 방영시간을 챙기며 고정적으로 시청하기 시작했다. 점점 TV를 보며 아이는 웃는데 엄마는 따라 웃지 못하는 '웃픈' 상황을 자주 만났다. 시트콤 드라마는 가지고 있는 그들만의 유머 코드가 있다. 아이는 자막 없이도 대사 안에서 그들만의 유머 코드를 이해하고 시트콤에 입혀진 웃음소리와 동시에 웃음이 터져주었다. 옆에 앉아 나란히 같이 봤지만 웃지 못하는 엄마였다.

간혹 정말 궁금해서 물어보면 반디가 친절하게 설명해주고는 했다. 하지만 전혀 웃기지 않았다. 고학년이지만 초등학생 아이가 우리말로 바꾸어 제대로 전달하기는 무리가 있었을 것이다. 아이는 귀가 활짝 열려 있어서 영어로 듣는 그 순간의 상황, 그들의 문화, 대화, 대화 속 숨은 의미까지 이해가 되어서 웃을 수 있었지만 그렇게 웃을 수 있었던 복합적인 여러 요소들까지 충분히 번역으로 전달할 수 없었던 거다. **그 순간 알아듣는 사람만 웃을 수 있었다.**

지켜보는 엄마는 놀랍고 신기하고 신났다. 이 정도가 가능하다면 마주하고 나누는 대화는 훨씬 쉽지 않을까? 제대로 시도해보지는 않았지만 아웃풋 중 하나인 말하기를 더 이상 고민하지 않아도 좋았다. 일방적이지 않고 상대방을 배려하며 공통 관심사를 두고 차근차근 주고받는 대화가 불가능할 리 없으니까. **대화의 기본은 상대의 말을 알아듣는 것이다.** 내가 하고 싶은 말, 할 수 있는 말만 가지고 나눌 수 있는 대화의 끝은 금방이다. 이미 방영은 모두 끝난 작품들이지만 워낙 화제성이 뛰어났었고 유명 작품들이어서 현재도 다양한 경로로 영상을 접하는 것이 어렵지 않을 것 같아 반디가 즐겨봤던 시트콤들을 책에 간단하게 소개해 놓았다.

고학년에 나타난 흘려듣기 복병

처음 계획은 영어 해방 그 순간까지 흘려듣기도 잘 챙기며 끝까지 가보자 했었다. 그런데 예상 밖으로 집중듣기와는 달리 흘려듣기는 고학년이 되면서 여러 한계 상황이 나타났다. 고학년에 들어서며 학교 특별활동으로 시간도 부족했지만 잡생각 또한 많아졌는지 집중력도 현저히 떨어졌다. 흘려듣기를 위해 영상을 마주하고 있는 아이의 시선이 영상이 아닌 멀고먼 상상의 나라를 헤매고 있다는 것을 곁에 있는 엄마가 눈치챌 수 있는 순간이 잦아지는 것이다.

그런 연유로 5학년부터는 두 시간을 못 채우는 날이 많아졌다. 그렇지만 맘 쓰지 않아도 좋았다. 만 4년의 듣기 집중 몰입 이후, 아이는 집중듣기를 통해 원어민 또래만큼의 독해력과 영어 자체 사고력의 안정을 찾았고, 다양한 원음의 영상과 함께 하는 흘려듣기를 통해 귀가 활짝 열려 자막 없는 영상을 만화뿐만 아니라 시트콤까지 마음껏 즐길 수 있었기 때문이다.

청취력 안정 이후에도 우리 집 거실 환경은 습관처럼 한가한 시간에 틀어져 있는 TV 채널이 원어 방송이었다. 굳이 별도로 시간을 정하지 않아도 주중에 보고 싶은 것, 볼 수 있는 때 얼마든지 볼 수 있었다. 활용 매체가 영화였던 저학년 때는 하루에 얼마의 시간을 흘려듣기 했구나 가늠이 되었지만 TV를 보기 시작하면서는 환경 자체를 그리 만들어 놓아 시간에 신경 쓰지도 않았다.

다만 **고학년에 들어서며 아이가 관심 있어 하는 프로가 만화보다는 다큐 쪽으로 옮겨가는 변화가 보였다.** 내용이 어려운 다큐는 같이 보는 엄마를 위해 자막을 열어놓는 경우도 많았는데 아이의 시선이 자막 쪽으로 떨어지는 경우가 드물었다. 그렇게 화면에 집중하면서 원음으로 이해하고 있구나 확인되면서는 자막을 오픈하는 것도 별로 맘 쓰지 않았다. 어떻게 확인되었을까? 분명 둘이 같은 프로그램을 봤는데 자막에 온 신경이 가 있던 엄마와 화면과 소리에 집중한 아이, 다큐 본 이야기를 나누다보면 엄마는 놓친 화면이 너무 많다는 것을 알게 된다. '어? 그런 장면이 있었어?'

아빠가 집에 있는 휴일은 재미난 한국 예능 프로그램을 온 가족이 깔깔거리며 봤어도 평일에 틀어져 있는 TV 소리는 고학년까지도 이런 모습의 원어 채널이었다. 엄마가 얼마나 지겨웠을까? 퇴근이 늦은 아빠는 늘 교육에서 열외였으니 아이 곁에서 곤혹스러운 시간은 모두 엄마 몫이었다. 눈은 아이와 같은 방향을 향해 있었지만 머릿속은 딴생각으로 가득했다. 세탁기 빨래는 다 돌아갔는지 저녁에는 뭘 해먹을 건지 기타 등등.

간혹 궁금하기도 했다. 아이와 같은 집중력이었다면 이 시기에 엄마도 쑥쑥 영어가 늘었을까? 아니었을 것이다. 이 습득의 방법이 통하는 연령은 정해져 있고, 안타깝게도 일정 시기가 지나면 크게 효과를 보기 힘들다고, **적기에 대해** 이야기하며 나누었던 언어학자의 이론이 믿어진다. 긴 시간 아이와 흘려듣기를 함께 했던 엄마에게는 그다지 효과가 없었다.

다 겪어보고 정리해보니 보이는 것이 있었다. 청취력 향상을 위한 흘려듣기에 있어 최고의 효과를 기대할 수 있는 인풋 시기는 초등 6년 중에서도 그리 길지 않다는 거다. 그래서 이 또한 놓치면 누리기 힘든 시간이 아닐까 생각된다. 최고의 시기라 할 수 있을 때는 아무래도 사춘기 조짐으로 생각이 복잡해지기 전, 초등 중학년까지가 아닐까? 아이들 성장에 이런저런 크고 작은 때가 있고 때를 맞추는 것이 참 중요한데 그때는 꼭 놓치고 나서야 깨닫게 되는 경우가 많으니 아이 관찰에 긴장을 놓을 수 없는 부모 마음이다.

영상 확보,
요즘 걱정은 과불여불급

책 출간 전은 물론이고 《엄마표 영어 이제 시작합니다》 출간 이후에도 검색을 통해서 우연히 블로그를 찾아오는 분들이 이용하는 최고의 검색어가 '디즈니 애니메이션'이었다. 블로그 초창기에 반디와 함께 흘려듣기로 보았던 디즈니 영화들을 리스트로 만들어 포스팅해 놓았던 것이 검색에서 상위노출되었기 때문이다. 댓글로 또는 개인 메일이나 쪽지로 물어오는 공통된 질문이 '이 방대한 양의 영상을 어떤 방법으로 공급할 수 있었는가?'였다.

그래서 흘려듣기를 위한 매체 확보 방법에 대해 첫 책에 자세히 풀어 놓았다. 예전에는 영상 확보가 쉽지 않아 이 또한 많은 시간 투자와 비용이 들어야 했고 비디오 대여점을 찾아다니는 발품까지 팔아야 했지만 요즘은 어떤가? 아이와 함께 즐길 만한 영상을 구하기 힘들어서 흘려듣기가 어렵다는 말은 더 이상 핑계 축에도 들지 못하게 넘치고 넘쳐나는 방법들이 있다.

특히나 아이의 유학 마지막 연차에 호주에서 먼저 서비스되었던 넷플릭스에 깜짝 놀랐는데 귀국하고 얼마 지나지 않아 한국에서도 가능한 서비스가 되면서 흘려듣기를 위한 영상 확보 고민은 사라졌다. 당연히 최근에는 영상 확보법에 대한 질문도 함께 사라졌다. 요즘은 다양한 OTT 서비스가 영상 확보의 대안으로 자리잡고 있는 분위기다. 몇 년 후의 엄마표 영어 성공 사례에서는 적어도 책과 영상이 귀해서 선택의 여지가 없어 최소한의 것에서 만족해야 했고 그것들을 확보하기 위한 노력이 남달라야 했다는 이야기는 찾아보기 힘들 것 같다.

그런데 지나침은 모자람만 못하다 했던가. 예전의 영상 확보 어려움은 단순한 고민이었다. 최근 몇 년 사이 그보다 심각한 고민이 수면 위로 떠오르기 시작했다. 코로나 사태로 인해 집에서 보내는 시간이 많아진 것도 상황을 악화시킨 면이 있었다. 넷플릭스와 유튜브가 아이들 일상에 미치는 부정적인 영향에 대해서 어머님들과 깊이 생각을 나누고 있다. TV 방송과는 달리 원하는 시간에 원하는 프로그램을 원하는 만큼 볼 수 있다는 장점이 어떤 친구들에게는 도움이 되기도 하고, 어떤 친구들에게는 해가 되기도 하는 과도기 느낌이다.

흘려듣기를 위해 유튜브 영상을 활용하는 가정 또한 적지 않은데 무시 못 할 염려들이 있다. 유튜브 영상으로 흘려듣기를 하다 보면 추가비용 지불 없이는 중간중간 광고에서 자유로울 수 없다. 다른 영상으로 접근 또한 손쉬워서 시간이 늘어지거나 집중이 많이 흐트러진다는 하소연도 익숙하다. 잘못하면 엉뚱하고 위험한 영상 노출도 피할 수 없다. 엄마의 머릿속에는 보여주고 싶은 영상이 리스트되어 있는데 ― 이조차도 리스트되어 있지 않은 상태에서 마구잡이로 유튜브 영상에 노출시키는 것은 아니라고 믿는다. ― 실제로 아이와 진행하다 보면 그것만 접근하기는 어렵다. 아이는 추천 영상으로 올라온 새로운 것도 보고 싶어 하고 어떻게 하면 더 흥미로운 영상에 접근할 수 있는지도 엄마보다 잘 알고 있기 때문이다.

엄마가 조금만 부지런해 보자. 아이들이 흥미 있어 하는 원음의 영상을 파악해서 미리 내 컴퓨터에 다운로드 해놓는 것이다. 약속한 시간만큼을 한 폴더에 채워 넣고 오프라인 상태에서 진행할 수 있다. 저작권 문제에서 자유로울 수 없지만 그 어떠한 공유없이 개인 사용에서 그친다면 짧은 시간에도 가능한 방법들이 얼마든지 있다. 아이들의 성향에 따라 시리즈를 모아놓을 수도 있고, 관심 분야의 영상을 모아놓을 수도 있다. 본 영상만 다운로드되는 것이기에 광고에서도 자유롭고 오프라인 진행이어서 무작위로 노출되는 다른 영상에 한눈을 팔 위험도 없다.

원하는 것이 분명하면
찾지 못할 해답은 없다

흘려듣기 노출은 굳이 영어 레벨을 따질 필요가 없으니 위아래 형제자매들이 함께 진행하기도 한다. 여러 아이들이 함께하는 영상은 아무래도 집중에 있어 산만함이 있을 수 있다. 이 또한 세 아이의 엄마로 큰 아이와 이 길에서 함께하고 있는 휴먼북 1기분이 주신 팁이다. 동생들의 어수선함 그 틈에서 큰 아이가 좀 더 정확한 소리와 함께 영상을 만났으면 하다가 생각해낸 것이다. 큰 아이 곁에만 블루투스 스피커를 놓아주었다 한다. 아이도 지켜보는 엄마도 소리 전달에 만족하며 세 아이가 함께하면서도 흘려듣기 환경에 안정을 찾아갔다. 그 무엇이 되었든 우리 집 형편과 상황에 맞는 환경 만들기가 그리 어렵지 않은 세상이다.

엄마표 영어를 진행하다 보면 찾고 싶은 것, 가지고 싶은 것, 욕심나는 것들이 생겨난다. 또 생겨야 한다. 신기한 것은 찾고 싶은 것이 무엇인지, 가지고 싶은 것이 무엇인지, 욕심나는 것이 무엇인지 분명하다면 찾지 못할 것이 없는 인터넷 세상이라는 거다. 안 찾아지는 이유, 못 찾는 이유는 **찾고자 하는 것이 분명하지 않아서다. 그리고 찾기 위한 시간을 투자하지 않아서다.** 엄마들 모여서 커피 마실 시간이면 충분하다. 관심을 가지고 시간을 투자하고 시행착오를 겪다 보면 돈 주고도 살 수 없는 것들을 나만의 자료로 재가공하는 방법들도 터득할 수 있다. 무수히 널려 있는 알찬 자료들을 찾아내는데도 전문가 수준이 될 수 있다.

아이를 키우며 컴퓨터와 친하게 지낸 덕분이었다. 뭐든지 필요한 자료를 찾고자 하면 너무도 친절한 분들이, 너무도 꼼꼼하게 설명해놓은 것에, 너무도 쉽게 접근 가능한 세상이 놀랍기만 하다. 별도로 컴퓨터를 배우라는 것이 아니다. 관심으로 시작해서 시간 투자를 하면 된다. 찾고자 하는 것이 분명할 때 시간 투자와 시행착오 몇 번이면 누구나 가능한 일이다.

찾고자 하는 것이 분명해지려면? 관심이다, 깊은 관심. 그 무엇보다 깊은 관심의 대상은 내 아이다. 아이의 성향에 맞는 영상을 찾기 위해 또 아이가 우리말이 아닌 원음으로도 재미있게 볼 수 있는 책들을 찾기 위해 원서 전문 사이트에 자주 들락거려보자. 먼저 실천한 선배들의 앞선 걸음에도 깊은 관심을 가져야 한다. 살짝 걸쳐 놓은 발을 망설임 없이 깊이 내딛을 수 있도록 이 길에 대해서도 깊은 관심을 가지고 공부하는 것도 잊지 않기를 당부한다.

원음이라면
아무 영상이나 괜찮을까?

무분별하게 쏟아지는 영상 홍수 속에서 코로나로 인해 일상에서 영상과 함께하는 시간이 늘어가는 불가피한 상황까지 더해졌다. 영어 습득에 도움되는 원음의 영상이라 할지라도 선택에 있어 고민을 하지 않을 수 없다. 최근 2, 3년 전부터 소통에서 새롭게 화두로 등장한 것이 아이들의 짧아진 영상 집중력이다. 흘려듣기를 위해 좋은 영화 한 편을 아이와 함께, 때로는 온 가족이 함께 하고 싶은데 아이들의 집중력이 러닝타임 90분~120분을 견디지 못하더라는 염려가 많았다. 호흡이 긴 서사를 따라가는 것을 힘들어한다는 것이다. 그래서 궁여지책으로 호흡이 짧은 넷플릭스 시리즈를 보게 되었는데 많아도 너무 많은 시리즈들 중 엄마가 보여주고 싶은 영상과 아이들이 보고 싶어 하는 영상의 간극이 심하고, 때로는 장기적으로 빠져보는 영상에 따라 득보다 실이 두드러져 보인다는 염려도 적지 않았다. 유튜브도 마찬가지로 추천 알고리즘으로 상황이 악화되기도 한다.

반디와 이 길에서 사서고생하는 중에는 좋은 책을 위한 원서 공부가 가장 중요했고 힘들었다. 그런데 지금은 아이들과 대치, 타협 등도 만만치 않을 좋은 영상을 선택하기 위한 공부도 중요한 사서고생이 되었다. 반복되는 하소연으로 함께 고민도 해봤지만 영어 습득에 도움되는 원음의 영상이니 되는대로 아무 것이나 괜찮다고 자신 있게 말을 못하겠다. 접근이 쉽기도 하고 이미 시대의 대세로 자리잡은 유튜브와 넷플릭스가 익숙한 요즘 아이들이다. 담고 있는 내용의 중요도보다는 시각적 재미와 그로 인한 영상적 자극에 익숙해져서 **하나의 콘텐츠에 집중하는 시간은 현저히 줄어들고 있다.**

재미와 자극의 '즉각적인 만족'을 위해 잦은 스킵(건너뛰기, 생략)과 새로움을 추구하며 빠르게 이곳저곳 다른 영상을 찾아 쫓아다니고 옮겨 다닌다. 이런 현상을 일컫는 전문가들의 신조어도 등장했다. '유목 학습자'가 그것이다. 그런 환경과 상황들로 인해 나타나는 심각한 부작용들을 주제로 기사와 방송 프로그램이 잦아지는 것으로 보아 아이들 성향에 따른 개인적 고민이 아니라 사회적 문제로 대두되는 대다수의 고민거리가 되었음을 알게 되었다.

90분에서 120분 길이의 영화 한 편에 집중하는 것이 그럭저럭 무난했던 반디 세대와 달리 디지털 네이티브Digital Native 또는 알파 세대라 불리는 지금 초등 친구들의 짧아지는 집중력을 세대적 숙명이니 어쩔 수 없다 타협해도 되는지 이 또한 답이 없기는 마찬가지다. 아이들이 봤으면 하는 흘려듣기 영상도 생각이 필요없는 자극적인 흥미 위주의 짧은 호흡보다는 흐름을 따라가다 서사에 감동받을 수 있는 긴 호흡의 좋은 영화를 추천한다.

요즘 친구들이 즐기기에는 호흡도 짧고 흥미를 위해 화려한 편집력이 돋보이는 유튜브나 단위 시간이 짧고 진행속도가 빠른 시리즈가 대세라는 것을 모르지 않는다. 그럼에도 불구하고! 주말이어도 좋고 조금 여유 있는 주중이어도 좋고 아이들과 좋은 영화 한 편을 함께 감상할 수 있는 시간도 가끔 가져보면 어떨까 권하고 싶다. 영어 습득을 위해서가 아니라 아이와 공감으로 생각을 나눌 수 있는 시간, 그 매체가 영화였던 것이 좋은 기억으로 남아서 하는 말이다.

짧아지는 집중력은 세대적 숙명일까?

범주를 정해 세대를 구분해서 부르는 다양한 이름들이 있다. X세대, Y세대, Z세대, 밀레니얼 세대, MZ세대 등등. 트렌드에 민감하지 못하다. 어떤 세대에 속해 있었는지 관심 없다가 최근 찾아봤다. 한 해 일찍 태어났다면 세대 분류 이름에 낄 수 없었을 텐데 사회적 현상을 무슨무슨 세대의 등장으로 연결지어 이야기하던 첫 등장, 그 유명한 X세대였다. 세대 내 유대감을 일반적으로 15년으로 보고 있다. 그렇게 분류된 새로운 세대 2010~2014년에 태어난 아이들을 부르는 별칭은 알파세대다.

현재 알파세대의 최고령자는 우리나라 나이 셈으로 13살, 6학년으로 초등학생 모두가 알파세대가 된다. 세대의 시작년도가 아이패드가 처음 출시된 해와 같아서 태어나면서부터 디지털 기기를 접한 세대라는 의미로 '디지털 네이티브'라고도 불린다. 부모세대와 같은 기술을 이용하고 있지만 알파세대의 활용 방식은 매우 다르다. 시각적 자극에 민감하고 익숙하기 때문인지 **검색엔진이 네이버도 구글도 아닌 유튜브인 친구들이 많다. 참고하는 검색 결과가 텍스트가 아니라 영상이라는 거다.**

여기서 덜컥 걸리는 것이 있다. 개인 채널의 무분별한 확장으로 신뢰할 수 있는 정보인지의 검증이 약할 수밖에 없다. 그런데 알고리즘의 영향으로 추가 영상을 따라가다 보면 신뢰해서는 안 되는 정보를 신뢰하게도 된다.

근본적으로 세대적 특징을 가지고 있을 아이들이 코로나라는 최고의 악재까지 감당해야 했다. 그로 인한 학습능력 저하나 교육 양극화는 이미 사회적 문제로 대두되었다. 친구들, 선생님과 직접 만나 학교라는 공간에서 배울 수 있는 상호작용을 익히는 교육 부재까지 겹치며 가까웠던 온라인은 더 가까워지고 오프라인과는 점점 더 멀어지고 있다. 이런 환경과 상황들로 인해 나타나는 심각한 부작용은 충분히 예측 가능하다. 아이들의 스마트기기 관리에 어려움이 생겼다. 시대적 분위기를 따라가지 못하는 엄마 같아서 불안하고 조마조마하면서도 가능한 늦게 접하게 하자는 계획으로 적절히 관리되어 왔던 가정이 많았던 것이 사실이다.

그런데 코로나로 인한 온라인 교육으로 부득이 차질이 생겼다. 교육에도 소통에도 아이들에게 필수가 된 스마트기기 활용의 지나침을 놓고 아이들과 다툼이 잦아졌다. 간혹 이러지도 저러지도 못하고 끌려다닐 수밖에 없는 상황에서 무너짐을 넘어 포기 상태로 급격히 악화되었음을 하소연하기도 한다. **지나친 스마트기기 활용이 아이들의 뇌 발달과 뇌 건강에 최고의 빌런으로 영향을 줄 수 있다는** 것을 모르는 부모는 없다. 그래서 부모 마음은 더 애가 탄다.

더불어 나타나는 또 하나의 심각한 문제는 모국어인 우리말로 글을 읽고 이해하는 **문해력이 떨어지는 현상이다.** 글자를 알고 읽을 수는 있지만 문장에서 사용된 단어의 의미를 유추하지 못하거나 앞뒤 문장의 맥락을 이해할 수 없어 조금만 문장이 길어지면 의미파악이 되지 않는 문제다. 모국어가 이렇다면 모국어를 기반으로 성장하게 되어 있는 영어 성장은 기대할 수 없다.

처하게 되는 사회적 환경은 개인의 의지로 쉽게 바꿀 수 없다. 시간이 필요하면 시간에 맡기고, 전문가가 필요하면 전문가에 맡기고 우리의 의지로 변화를 줄 수 있는 것들에 마음을 써야 한다. 아이들의 짧아지는 집중력은 결국 세대적 숙명이었구나 수긍하고 받아들이는 것으로 고민을 끝낼 것인지, 그럼에도 불구하고 저항할 것인지, 저항할 수 있는 방법은 무엇인지 고민해보자. 신기한 것이 내가 속한 X세대에도 통했고 반디가 속한 밀레니얼 세대에도 통했던 집중력과 문해력 향상을 위한 '해답의 실마리'는 변함이 없었다. 그래서 알파세대에게도 그것이 해답이 되어줄 것이라고 믿는다.

학년이 올라간다고
저절로 해결되지 않는 문해력

경제협력개발기구OECD의 국제학생평가프로그램PISA 은 여러 나라에서 교육점검이나 지표 등에 참고할 수 있는 데이터를 몇 년 간격으로 제공하고 있다. 이 데이터가 발표되면 국내에서도 'OECD PISA 자료를 활용한 우리나라 어쩌구저쩌구 분석' 등의 연구논문이 빠지지 않고 등장하고 기사 또한 쏟아진다. PISA 발표 자료는 물론이고 국내 연구논문 또한 쉽게 접근해서 원문 그대로 확인이 가능한 사이트들도 많다. 그중 2018년 PISA 데이터가 근원인 우리나라 학생들의 읽기수준 변화 자료는 여러 기사나 방송 프로그램에서도 자주 활용되고 있다.

대한민국 학생 읽기수준 변화

연도	평균 점수	최하위 수준 비율(%)
2009	539	5.8
2012	536	7.5
2015	517	13.6
2018	514	15.1

평가대상은 만 15세 학생들이다. OECD 국가평균이 500점이라 하니 안심해도 좋을까? 걱정이 되는 것은 매번 하락하는 평균점수와 더불어 최하위 수준 비율이 점점 늘고 있다는 거다. 최하위 수준이란 '적당한 길이의 텍스트에서 주요 아이디어를 파악할 수 없고 **기본적인 추론을 통한 의미 해석도 어려운 수준**'을 말한다. 이런 결과를 초래한 원인은 전문가가 아니어도 감이 잡힌다. 영상매체가 너무 많아서 그것과 함께하는 시간이 많아졌다는 것과 책 읽기를 소홀히 한다는 것이 문해력을 저하시키는 주범으로 꼽힌다.

문맹의 사전적 의미는 '배우지 못하여 글을 읽거나 쓸 줄을 모름. 또는 그런 사람'이라 정의되어 있다. 하지만 글자를 배워서 읽을 수 있어도 '최하위 수준'의 읽기능력을 가지고 있다면 실질적인 문맹이라고 전문가들은 말한다. 실질적인 문맹이 아닌 읽기능력을 위해서 어떤 읽기가 가능해야 하는지 최하위 수준의 분류 기준에서 잘 보인다. 초등 저학년인 경우 글자는 잘 읽는데 지문이 두세 줄만 길어져도 이해하는 데 어려움이 있어 문제를 해결하지 못한다는 염려를 전해 듣고는 한다. 엄마가 보기에는 책도 좋아하고 많이 보는 편이라 하지만 이것은 객관적 데이터가 될 수 없다.

그런데 이 문제는 생각보다 심각했다. 문해력 향상이 사교육 등을 통한 단기적인 처방으로 해결되지 않았다. 시간이 지나 **학년이 올라간다고 자연스럽게 해결되는 문제도 아니었다.** PISA의 평가 대상이 만 15세라는 것에 주목해보자. 바로잡을 수 있을 때 반드시 바로잡아야 하는 문제로 보인다.

'고지식하다'의 고지식을 높은 지식으로 이해하고, '대관절'을 큰절이라 이해하고, '머리에 서리가 내린다'는 문장을 보며 여름인데 어떻게 서리가 내리는지 되묻고, '얼굴이 피다'라는 문장을 설명하라 하니 피범벅된 얼굴을 그려놓는 아이들이 등장했던 한 교육 다큐를 보면서 설마 방송을 위한 설정이겠지

했는데 EBS 프로그램인 것에 놀랐던 적이 있다.

바로잡을 수 있을 때 바로잡지 못한 아이들의 문해력은 중고등학교에 들어서 더욱 심각한 상황을 맞이하게 된다. 아무리 좋은 학원을 많이 다니고 다른 친구들보다 두세 배 많은 시간을 공부에 투자해도 나아지지 않는 결과에 마음을 다치게 된다. 노력을 안 한 것이 아니었기에 '난 해도 안 된다'는 학습 포기까지 이어진다. **문해력은 국어에만 영향을 미치는 것이 아니었다. 모든 과목의 성적이 노력에 비해 향상되지 않는 근본적인 이유가 되기도 한다.**

최하위 수준을 벗어난 정도의 문해력 해결, 그 정도를 고민하는 독자들은 없을 것이다. 더 나아가 읽고 있는 글에서 어떤 것이 가볍게 여겨도 좋은 텍스트이고 주요 아이디어를 잡을 수 있는 중요한 텍스트가 무엇인지 판단하는 능력, 받아들인 정보를 자신이 가지고 있는 다른 지식이나 정보와 연계시킬 수 있는 능력, 최종적으로 그렇게 들어온 데이터를 재가공하여 새로운 정보를 창출하는 능력까지 이 모든 과정에 필요한 것이 문해력이라는 것을 알아서 하는 걱정이다.

그렇다면 이토록 중요한 문해력을 어떻게 키워주어야 하는가? 그 어떤 전문가를 붙잡고 물어봐도, 그 어떤 선 경험을 가진 부모들을 붙잡고 물어도 답은 하나였다. **모두가 알고 있는 답이고 누구도 부정하지 않는 답이다.** 문해력과 사고력을 키워주는 최고의 방법은 책읽기라는 거다. 나이를 먹으며 저절로 해결되는 것도 아니니 차근차근 또래에 맞는 독서계획과 실천을 고민하는 것이다. 영어 습득을 위한 방법을 꾸준한 원서읽기로 선택했다면 영어 책까지도 사고력을 키우는 독서가 되어야 한다고 강조하는 이유이기도 하다. 책을 많이 읽는 것이 목표가 아니라 생각하는 힘을 키우는 독서를 목표로 해야 한다.

산뜻하게 해결되지 않는
초등 한자교육

최근 들어서 언론과 출판, 방송까지 '문해력'을 적극적으로 다루고 있다. 분위기가 이렇다는 것은 누군가의 특별한 문제를 넘어 많은 이들의 일반적인 문제로 대두되고 있다는 거다. 관심과 불안을 부풀려 시대의 흐름이나 유행에 커다란 영향을 미치는 것이 언론, 출판 그리고 방송이다. 그들이 대안으로 제시하는 해결책이나 지도 방법을 사교육 시장에서 흡수하면 또 하나의 기발한 사교육 영역이 등장할 수도 있겠다는 노파심이 든다. 어쩌면 이미 등장했는지도 모르겠다.

이런 염려 때문이었을 거다. 2015년 교육개정안에 2018년부터 초등학교 3학년 이상 교과서에 한자를 별도 표기하는 '초등 한자교육 활성화'가 들어 있었는데 찬반 양론이 격렬하게 부딪쳤다. 결론은 실제 교육현장으로 확대되지 못하고 흐지부지되었다.

지나친 영상 노출과 책읽기를 등한시하는 것이 떨어지는 문해력의 주범이라면 그 외의 이유로 한자교육 부재가 빠지지 않고 언급된다.

"우리말 이해에 있어 한자어 사용이 많아 학년이 올라갈수록 어려움이 있다. 필요한 교육이라면 학교에서 교과과정으로 흡수했을 텐데 초등학교에서는 한자교육이 없다. 없다고 안심하고 있다가 뒤통수 맞을 것 같아 걱정이다. 한자공부 해야 할까?"

간헐적이지만 꾸준히 등장하는 질문이다.

지난해 언젠가 캡처한 유튜브 썸네일 하나를 반디가 내밀었다. 이미지 안에 있는 꽤 긴 문장이 눈에 들어왔는데 한자어가 많았고 그 한자어가 전부 한자로 쓰여 있었다. **韓國高齡化 加速度 이에 따라 迅速對備 要求 그러나 國家財政力不足이기 때문에 經濟成長率下落 이와 동시에 국가 債務率 增加할 예정입니다.** 내민 사진을 보며 "읽어보라고?" 물었더니 이리 답을 했다. "썸네일이 눈에 띄어서 영상을 보다 많이 웃었는데. 엄마는 읽을 수 있을까 궁금해서" 엄마의 도전이 시작되었다. 낱자로 따로 떼어놓았으면 몰랐을 한자가 두 개 보였다. 하지만 글 전체를 읽고 이해하는 것에는 문제가 없었다. 아이들이 **영어 원서를 읽으며 단어 하나로 툭 던져주고 물어보면 전혀 감 잡기 힘든 생소한 단어들을 자연스럽게 의미 유추한다는 것이 이런 느낌일까 싶었다.**

"이걸 다 읽을 수 있네. 읽어주니 무슨 말인지 알겠다" 이 녀석이 엄마를 뭘로 보고, 이 말은 속으로 삼키고 "엄마는 펜글씨로 한자쓰기 급수 도전도 하고 매일 아침에 받아보는 종이신문 '사설'을 가위로 오려내 별도 노트에 스크랩해서 그 안에 병기되어 있는 한자를 따로 공부하던 학창시절이었단다" 여기서 엄마의 역 공격 들어간다. "그런데 너 '병기'가 무슨 뜻인지 알아?"

아이와 이런저런 이야기를 나누는 자연스러운 상황에서 지금도 의도적으로 적절한 한자어를 넣어 말을 하고는 한다. 어려서는 어렵게 느껴지는 한자어가 일상에서 등장했을 때 낱자들이 어떤 훈과 음을 가졌는지 추가적으로 설명을 해주기도 했었다. "병렬할 때 그 병? 나란히? 나란히 써 있다는 거?" 오! 느낌 아는데! 그리고 들려준 이야기는 이랬다.

"초등학교 때 엄마가 많은 '한자어'를 알게 해준 건 신의 한수였다. 그때 다른 친구들이 한자 공부하던 방법과 달랐는데 왜 그렇게 하도록 했는지 크면서 알았다. 지금도 우리말과 글을 이해하는데 큰 도움이 된다. 한번도 본적 없는 한자들이지만 한자어 구조를 알고 있어서인지 한 글자 한 글자 훈과 음을 대략은 맞출 수 있다. 그럼 한자어로 구성된 단어들이 빠르게 이해된다. 보면 읽을 수 있는 한자가 있는지 물었다. 몇 개 안 될 거다. 이 문장도 엄마가 읽어주니 뜻이 바로 이해가 되고, 훈과 음도 대충은 알 것 같고, 알겠다 싶은 한자도 몇 개 있는데 처음 볼 때는 생각 안 났다. 날 일, 달 월, 가운데 중, 왼 좌, 오른 우 이런 것도 갑자기 보이면 헷갈릴 것 같다."

유튜브 영상은 예전 개그콘서트 한 코너 클립이었다. 아이가 어디에서 웃었는지 그 포인트에서 나도 웃었지만 여러 생각이 스쳤다. 한자어란 한자에 기초하여 만들어진 말이다. 낱자로 하나씩이 아니라 하나로 묶어 단어로 만들어진 것들이다. 한자어를 많이 만나며 익숙해지면 한자를 가져다 놓고 읽고 쓰라 하면 못해도 **한글로 쓰여진 텍스트를 읽고 이해하는 능력에는 분명 도움된다** 생각해서 초등학교 2~3학년 때 자의 반 타의 반으로 경험했던 우리만의 한자 공부에 대해《누리보듬 홈스쿨》책에 두 개의 꼭지로 담아 놓았다.

더 이상 저학년이 아니어서 과목이 분류될 때, 더 이상 초등학생이 아니어서 과목이 심화될 때, 국어뿐만 아니라 수학, 과학, 역사 등등에서 만나는 용어에 한자어가 많이 등장한다. 학년이 올라가며 교과목에 등장하는 단어 이해와 한자의 연관성에 고민이 깊어질 수밖에 없다. 그대로 배우고 익숙해지고 기억하면 되는 어휘들이지만 처음에 만났을 때 빠르게 의미를 파악하기 힘든 경우도 많다. 의미를 정확히 파악하지 않고 암기하면 쉽게 잊어버리기도 한다.

한자어가 많은 우리말의 특징 때문이라는 것을 모르는 것은 아니지만 그렇다고 아이들 바쁜 일상에 한자공부까지 집에서 시켜야 하는지 갈등하게 된다. 학교에서도 불필요하다 생각해서 교육과정에 포함되지 않았으니 마음 쓰지 않아도 되는 거 아닐까 생각들지만 산뜻하게 해결 안 되는 고민이다. 그 고민의 결론이 '집에서라도 해야 한다'로 내려졌다면 참고하길 바라는 마음으로 반디와 예전에 했던 한자 공부 방법에 대해 책에 있는 원문 일부를 옮겨왔다.

아이들에게 필요한 한자교육은 글자교육이 아니고 '한자어' 교육이어야 한다. 급수에 해당하는 한 글자 한 글자를 기억하는 것이 아니라 하나의 단어로 만들어 한자어로 익히면 좋을 것 같았다. 학교에서 제공해주는 한자 학습지를 다운받아보니 대부분 낱자 연습지였다. 고민 끝에 조금 시간을 들여 우리집만의 교재를 다시 만들었다. **급수 안의 한자들을 조합해서 적절한 한자어를 만들었다. 일부 급수 안에서 해결이 안 되는 한자어는 사전을 통해 아이가 익숙한 단어로 급수 밖의 한자를 끌어오기도 했다.**

반디가 다음 해 3학년까지 한국어문회 기준 5급을 공부했는데 600자 정도 되었던 것으로 기억한다. 그 600자를 잘 조합하면 많은 한자어(단어)가 만들어진다. 한자노트 윗줄에 그렇게 만든 단어들을 엄마가 한 번씩 써주고 따라 쓰게 했다. 결국 낱자 쓰기 학습지는 활용하지 않았다. 나는 학교 다니며 펜글씨로 한자 쓰기 급수에 도전했던 경력이 있는 엄마였다. 배워놓은 것을 이렇게 써먹을 줄은 몰랐지만 한번쯤 공들여 써주는 것이 가능했다. 물론 워드로 한자 변환해서 만들어주는 방법이 더 편리했겠지만 그때는 다시 한자를 쓰는 것이 재미나서 열심히 써줬던 기억이 있다.

한 글자 한 글자 낱자로 한자를 익히는 것보다 의미가 있는 하나의 단어로 완성된 '한자어'로 익히면 아이가 한자를 좀 더 흥미롭게 대할 수 있고 기억하기도 수월할 것 같아서 시도했던 방법이다. 한자 세대가 아닌 이상 실생활에서 한자를 직접 쓰거나 읽을 기회는 그리 많지 않을 것이다. 그렇다 해도 우리말의 특성상 말이나 글에서 자주 만나게 되는 한자어가 어떤 조합으로 만들어지는지 알면 좋겠다는 것이 정성을 들인 이유였다. 학교정책에 등 돌리지 않으면서 아이와 도전할 기회다 싶어 나 스스로 타협점을 찾았던 것이다.

5급까지는 그럭저럭 수월하게 따라오던 반디가 점점 획수가 복잡해지고 훈과 음조차도 이해하기 힘들어지면서 5급 한자를 익히는 것으로 마무리했다. 덕분에 아이는 학교에서 시행하는 인증시험 기준도 무리 없이 통과하면서 한자어에 대한 감을 익힐 수 있었던 꽤 괜찮은 경험이었다. 그때 인증시험을 계기로 한자 교육에 관심 있는 학부모들은 외부의 도움을 더 받아 한국어문회의 정식 급수 자격증에 도전하는 붐이 일었고 친구들이 고학년쯤 4급 자격증을 무난히 획득하는 경우를 꽤 보았다. 목적이 달랐던 우리는 정식 자격시험에 도전하는 경험은 못 해보고 2년 동안의 우리식 한자교육은 그렇게 끝이 났다.

출처: 한진희, 《누리보듬 홈스쿨》, 서사원, p. 184

어휘확장
톺아보기

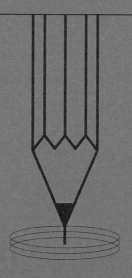

단어 공부,
해야 하나 말아야 하나?

엄마표 영어 8년 동안 어휘 확장을 위해 우리가 실천했던 단계별 단어 학습법에 대해 정리해본다. 영어 습득에 전력 질주해보자 계획했던 초등 6년이 습득의 방법이 통하는 적기라 생각했다. 단어 학습 또한 그 적기에는 접근 방법이 달라야 하지 않을까 고민했다. 무조건적으로 우리말 의미를 대응시키고 스펠을 암기하는 예전 방법이 습득의 방법이 통하는 시기에 어휘 확장을 위한 옳은 시도일까 끊임없이 의심했던 것이 이런 실천을 가져오게 된 배경이다.

취학 전, 영어 노출을 배제한 덕분에 아이는 다른 의미로 완벽한 영어 해방 상태였지만 엄마는 엄마표 영어에 대해 열심히 공부했던 2년 6개월이었다. 이곳저곳 유명 엄마표 영어 커뮤니티의 유령 회원으로 수많은 글을 인쇄해서 읽고 또 읽는 과정에서 자주 만나는 문장이 있었다. **'엄마표 영어는 단어 공부를 따로 하지 않아도 된다.'** 되는대로 영어책을 많이 읽고 무조건 듣기만 하면 모든 것이 해결될 것 같이 전해지는 이 말이 완전 마음에 들었다.

영어 실력이 금방 드러나는 엄마였다. 학습으로 접근해서 가르치는 것은 처음부터 자신 없었다. 사교육으로 외부의 도움을 받게 된다 하더라도 그쪽 커리큘럼에 맞춰 진행되는 단어 학습을 깊이 개입해서 도와주는 것도 힘들 거라는 자아성찰이 끝난 상태였으니 이 말이 얼마나 반가웠을까? 하지만 막연한 희망 같아 보이는 이 말을 붙잡고 차근차근 시간을 쌓아가기 시작하니 정말 이래도 되는 것인지 의구심이 금방 찾아왔고 내내 떨쳐지지 않았다. 얼마 못 가서 이 길에 대해 깊이 이해하지 못해서 반가울 수 있었던 문장이었음을 깨달았다. 아마도 지금, 비슷한 혼란으로 생각이 많은 독자들이 있을 것이다.

그 의심과 깨달음으로 우리만의 해답을 찾아야 해서 머리 싸매고 고민하고 리서치하며 **단어 학습을 위한 큰 그림을** 그려보았다. 그려 놓은 그림대로 차근차근 실행에 옮겨보니 계획대로 진행된 것들, 때로는 얼어걸린 것들 덕분에 크게 구멍 보이지 않는 어휘 확장의 안정을 다져갈 수 있었다. 그런 시간을 통해 엄마표 영어는 단어공부를 따로 하지 않아도 된다는 말이 왜 회자되었는지도 알 수 있었다. 이 부분 중요하게 생각되어 반드시 챙겨봤으면 해서 첫 책에 챕터 하나 빌려 단어 학습법에 활용했던 책 이미지와 함께 정리해 놓았다.

그런데 이 긴 이야기에 단답을 원하는 이들을 종종 만난다. 앞뒤 맥락 싹둑 자르고 "단어 공부는 정말 안 해도 되나요?" 이리 물어주면 어떻게 답을 해야 할지 말문이 턱 막히는 어려운 질문이었다. 같이 앞뒤 맥락 싹둑 잘라내고 짧게 답을 할 수 있는 문장을 찾아봤다. 아이의 영어 시작부터 끝이 오로지 이 길이었던 우리 경험으로 할 수 있는 한 문장 답은 이랬다. '안 해도 된다는 것은 맞는 말이기도 하고 틀린 말이기도 하다.' 듣는 사람 짜증나는 대답인데 어쩔 수 없었다.

'단어를 안다'라는 의미가 사람들마다 생각 차이가 있었다. 단어를 안다는 것은 어떤 의미일까? 평소 생각과 닿은 것을 골라보자.

1. 단어를 한글 의미와 1:1 대응시켜 스펠까지 완벽하게 암기해야 '아는 단어'다.

2. 단어를 책(원서)이나 자막 없이 보고 있는 원음의 영상을 통해, 글이나 말 속에서 이해할 수 있다면 의미를 우리말 한 단어로 말하지 못해도 스펠을 정확히 기억하지 못해도 '아는 단어'다.

3. 알고 있는 단어를 직접 하는 말과 직접 쓰는 글에서, 즉 아웃풋에서 적절히 활용할 수 있어야 '아는 단어'다.

몇 번을 골랐을까? 개인적 경험으로 1번은 맘에 두지도 않았고 시도하지도 않았다. 아마도 독자들 대다수가 1번은 아니라고 생각했을 것이다.

아니라고 생각했다면 시키지 말아야 한다. 그런데 의외로 많은 아이들이 이 방법으로 시간을 보내는 것을 보며 의문이 들었다. 단어는 그렇게 암기하지 않으면 남는 것이 없다는 것에 암묵적 동의와 함께 '어쩔 수 없다'와 타협하고 있는 것은 아닐까? 엄마표 영어를 지향하며 꾸준히 원서를 읽어오던 친구들조차도 어느 시기 이런 방법을 선택하는 것은 정말 안타까웠다. 반디의 영어 성장 과정을 고려해보니 우리에게는 2번, 3번이 모두 해당되었다. 단어를 안다는 것의 의미가 엄마표 영어로 전력 질주했던 초등 6년 동안 저학년, 중학년, 고학년으로 구분되어 각 시기별로 달랐기 때문이다.

1, 2년 차_
무조건 듣기

이 시기에는 멀티미디어 동화 사이트를 시작으로 챕터북 시리즈까지 책과 함께하는 집중듣기를 하고 영화나 원어 TV 채널을 이용해서 영상과 함께하는 흘려듣기를 하며 매일 세 시간씩 듣기 안정을 목표로 영어 소리 노출에 몰입했다. 이때의 실천은 무조건 듣기 몰빵 2년이었다. 단어 기억을 위한 어떠한 학습적 접근도 의도적으로 피했다. 기억이나 확인 욕심을 버리고 듣기 시간 확보에 집중해야 했다. 습관으로 자리잡기 위해 매일 세 시간을 채우는 것이 결코 쉬운 일은 아니었기 때문이다. 세워놓은 장기 계획에서 특히나 집중듣기는 매체의 변화가 매우 심한 1년 차와 2년 차의 안정이 이후 진행에 단단한 초석이 되어준다. 이것도 저것도 그것도 욕심부릴 수 없는 시기였다. 집중듣기 습관화가 최우선 목표였다.

1년 차에 멀티미디어 동화 사이트를 이용해서 동화를 이미지와 함께한 덕분에 반복되는 단어의 의미 잡기에 유리했다. 1년이 걸리지 않아 사이트 워드 sight words는 별도로 떼어내서 특별한 활동을 하지 않았어도 그림과 소리, 텍스트까지 매칭 가능했다. 사이트 워드라는 단어 자체를 모르고 넘어갔다. 시작 전에 아이에게 꾸준히 해야 할 실천에 대해 충분히 설명하면서 어떤 학습적 활동 없이 책만 보면 된다는 약속을 했었다. 그 약속 또한 지켜야 했던 때였다. 추가로 활용했던 DK 영영사전까지도 음원이 지원되는 CD가 포함되어 있어서 어휘 학습서가 아닌 집중듣기 교재로 활용했다.

　세계적인 출판사 DK에서 출판한 《My First Dictionary》에는 그림이나 사진 등의 이미지와 함께 1000여 개의 단어 정의와 각각의 단어를 활용한 간단한 예문이 포함되어 있다. 활용 시기는 1년 차, 1학년 말 제대로 집중듣기 1년을 꽉 채우는 시점이었다. 1년 동안 멀티미디어 동화 사이트를 통해 수많은 동화를 텍스트와 함께 만나면서 아는 것도 같고 모르는 것도 같은 단어들이 쌓이게 된다. 그런 단어들을 학습적 접근이 아니라 아이에게 익숙한 집중듣기 방법으로 정리해본 거다. 별도로 단어를 써보게 하거나 스펠을 기억하는 시도는 전혀 관심 두지 않았다. 여느 책을 보듯이 집중듣기 방법 딱 그 수준으로 활용을 끝냈다. 그리 긴 시간이 걸리지 않았다. 이미지가 전부 선명한 컬러였고, 책 사이즈도 크고, 텍스트 역시 큼지막해서 저학년이 보기 편안한 구성이었다. 이 영영사전을 집중듣기 방법으로 어떻게 활용했는지는 블로그에 아주 자세히 포스팅되어 있다.

　집중듣기 시작 단계의 이웃들에게 많이 받게 되는 단어 관련 반복 질문이 있었다. 아이가 동화를 보면서 궁금한 단어를 물어오면 어찌해야 하는지, 이것이다. 이 부분 아이들의 성향에 따라 대처가 필요한 듯했다. 세부적인 궁금함에 신경 쓰지 않고 그냥 죽 이어듣기가 좋은 아이가 있는가 하면 궁금한 건 못 참는 아이가 있다. 물어오면 알려주면 된다. '단어는 알 필요 없어! 열심히 듣기만 해!' 이게 아니다. 단어 한두 개를 자연스러운 흐름에서 물어온다면 따로 스펠을 외우게 하거나 의미를 기억하게 하는 것이 아니라 한글 의미를 간단히 알려주는 것에 부담 느낄 일이 아니다. 그런데 간혹 이런 친구들도 있다. 알고 싶은 단어가 너무 많아서 집중듣기를 하는 동안 자주 흐름이 끊어진다면 이건 생각해봐야 하는 문제 아닐까? 진행중인 활동의 목적이나 방법을 다시 한번 잘 설명해주고 이해시킨 뒤 천천히 타협해 나가면서 본래의 목적에 맞는 활동으로 안정을 찾아주어야 한다.

혹시 아이의 그런 성향이 그동안 영어 교육에 대한 엄마의 접근 방법 때문에 경험에 의해 만들어진 성향이 아닐까도 관찰이 필요하다. 완벽한 이해가 아니면 새로운 책에 관심을 두지 못하는 경우, 무한 반복의 늪에 빠지다 보면 다양함으로 얻을 수 있는 많은 장점들을 포기해야 할 수도 있기 때문이다. 아이가 집중듣기 하는 중간에 자꾸만 단어의 의미를 물어와 흐름이 끊긴다면 이런 방법도 있겠다. '집중듣기를 모두 끝내고 기억나는 단어만 물어줄래?' 아마도 기억나는 단어들이 거의 없을 것이다. 끝나고도 기억나서 물어오는 단어는 정말 알고 싶은 단어일 테니 알려주면 오래 기억에 남을 수도 있다.

반디는 어땠을까? 물어보는 경우가 가뭄에 콩 나는 수준도 아니었다. 매번 끝까지 깊은 고민없이 죽 이어듣기가 좋은 아이였다. 물론 **시작 전에 그것이 바른 방법이라는 설득이 있었다. 이렇게 1, 2년 차는 단어조차도 인풋 시기라 생각해서 무조건 들여보내기였다.**

3년 차_
처음 시도한 어휘 학습서

엄마표 영어 3년 차에 처음으로 어휘 학습서를 시도했다. 당시 선배들이 경험으로 나눠주는 학습서 관련 글과 원서 전문 사이트 학습서 카테고리를 뒤지며 여러 시리즈를 비교해서 선택했던 현지 출판 단어 학습서《Vocabulary Connections》를 활용했다. 책을 고르며 고민했던 것은 두껍지 않아 끝맺음이 빠른 것이었으면 했다. 처음 학습적인 접근을 시도하는 것이니 아이가 부담스럽지 않다는 느낌을 가져줬으면 해서다.

또 하나 정말 중요했던 우리만의 선택은 **아이의 리딩 레벨보다 낮은 단계의 책으로 진행하는 거였다.** 선생님이나 엄마의 도움 없이 아이 스스로 해결해야 했다. 모르는 단어를 열심히 공부해서 기억하기 위한 접근이 아니었다. 앞서 2년 넘는 집중듣기와 흘려듣기를 통해 산만하게 들어가 여기저기 흩어져 있는, 알고 있는 단어들의 확실한 의미와 함께 문장 내에서의 활용법까지 영영으로 정리하며 장기 기억으로 옮겨 꾹꾹 다져 놓기 위한 활용이었다. 그런 이유로 아이는 북 레벨 3점대의 원서읽기가 편안한 3학년이었지만 첫 단어 학습서는 현지의 1학년 수준에 맞는 것을 선택했다.

학습서는 대체적으로 음원 지원이 안 되는 경우가 많았다. 이 책도 음원 지원이 되지 않아 아이가 혼자서 지문을 편안하게 묵독으로 이해해야 했다. 그렇게 읽고 이해하는 시간이 오래 걸리지 않아야 했다. 누군가 지문 이해를 도와주어야 하는 단계에서는 시도할 수 없는 방법이다. 책에서 제공하는 간단한 활동으로 끝냈다. 별도로 스펠 암기, 반복해서 쓰기나 테스트 등도 시도하지 않았다. 지문을 해석지와 함께 열심히 공부하고 거기에 등장하는 단어를 더 열심히 암기하고 그 암기를 테스트 받으며 쌓아간 우리 세대에게 익숙한 단어공부가 언젠가 필요한 때가 있다는 건 인정한다. 하지만 그래야 하는 때가 이 시기는 아니라 생각했다.

매일 하고 있는 듣기 세 시간은 유지하면서 주에 2~3회 추가되는 활동이었다. 그런 추가가 가능한 중학년이었지만 한번에 하나의 유닛을 해결하는 집중 시간을 길게 잡기는 무리인 3학년이었다. 그래서 책을 선택할 때 한 유닛에 해야 하는 활동들이 너무 많아서 시간 길어지겠다 싶은 것들은 제외했다. 얇은 책, 난이도가 아이의 리딩 레벨보다 낮은 책, 추가적인 학습 포기 등등을 계획하고 20분 안쪽으로 해결 가능한 실천으로 만족했다.

학습서를 활용하기 시작한 3학년 이후로 매일은 아니지만 꾸준히 학습서는 아이의 듣기와 함께했다. 하지만 그런 추가적인 학습 시간을 듣기 세 시간 안으로 가지고 들어오지는 않았다. **듣기 이외의 모든 활동은 플러스 알파였다.** 아이의 듣기가 습관을 넘어 일상으로 안정되면 추가적으로 이런 시도가 더해져도 무리한 정도를 욕심부리지 않는다면 그다지 힘들어 하지 않는다. 그만큼을 감당할 수 있는 학년으로 성장하기도 했으니까.

반디가 당시 활용했던 책은 현재 국내에서 절판 상태다. 많은 출판사의 어휘 학습서를 비교해보면 알겠지만 대부분 유사한 형식이다. 새로운 단어들이 등장하고 그 단어들이 포함되어 있는 주제가 있는 지문이 나오고 단어들을 익히기 위한 문제풀이와 간단한 쓰기 등을 유도하는 형식이다. 반디는 이 시리즈의 A단계부터 C단계까지 3권을 1년 동안 활용했다. 익숙한 같은 시리즈를 이어가며 그해 말에는 제 학년 단계까지 정리할 수 있었다.

단어 학습서에는 문학뿐만 아니라 과학, 인물, 역사 등등 다양한 분야의 지문이 등장한다. 자칫하면 이런 간단한 정보 전달 목적의 비문학 글에 빠지기 쉬운데 이 또한 엄마들의 욕심이 아닐까 한다. 아이가 영어로 지식을 습득한다고 생각되기 때문이다. 학원을 열심히 다니는 아이들이 빠지기 쉬운 함정이기도 하다. 어려서부터 호흡이 짧은 학습서 위주로, 습득이 아닌 학습적인 활동들에 익숙해지면 사고력을 키우는 호흡이 긴 글을 소화하기는 점점 힘들어진다. 사고력 확장을 위해서 읽어야 하는 책은 짧은 호흡의 학습서가 아니라고 생각했다. 때문에 긴 호흡의 책을 꾸준히 만나면서 이런 종류는 잠깐씩 **채워진 사고를 정리하기 위해** 짧은 시간 추가 정도로 욕심을 버려야 했다.

유닛마다 학습 활동 마무리로 Writing 유도 부분이 있었다. A, B 단계에서는 대부분이 공백으로 남겨졌다. 그걸 감당할 능력이 안 되는 아이 수준이었으니 억지로 시키지 않았기 때문이다. 3학년 말쯤 들어서 C단계를 활용할 때는 Writing 부분을 아이 스스로 써 보기 시작해서 대부분의 칸을 채워 놓았다. 그렇다 하더라도 그런 자연스러움을 아웃풋 Writing으로 확장시키려 욕심부리지는 않았다. 채워진 사고력이라 해 봤자 겨우 초등 저학년만큼이니 무리해서 아웃풋을 끌어낼 만한 시기가 아니라 생각해서다. 제대로 썼는지 엉망인지 상관 안 하고 그 자연스러움에 칭찬만 해주었다. '와! 이렇게까지 쓸 수 있어?' 그런데 솔직하자면 상관 안 한 것이 아니라 못했다. 3년 차 들어서면서부터는 이미 아이의 영어 실력이 엄마 이상을 넘어섰기 때문이다.

4년 차_
영영사전 녹음하기

4년 차 단어 학습법은 어쩌다 얻어걸린 경우라 할 수 있다. 《Scholastic First Dictionary》 200페이지 전체 내용을 아이가 직접 읽어서 녹음했다. 초등 대상 1500여 개 단어의 정의와 예문이 수록되어 있는 영영사전이다. 반복을 싫어하는 성향 때문이었는지 음독도 연따(쉐도잉)도 모두 거부했다. 영어는 현지 또래에 맞게 성장하는 것 같은데 책을 제대로 읽을 수는 있는지 도무지 확인이 안 되니 궁금하기도 하고 불안하기도 해서 음독 대신이라 생각하고 아이를 설득했다. "한번도 보지 못했던 문장들이라 반복되는 내용이 전혀 없다. 이 책은 처음부터 오디오가 없어서 네가 녹음을 한다면 세상 어디에도 없는 유일한 오디오북을 만들어 놓는 것이다."

이런 말도 안 되는 과장된 엄마 꼬임(설득)에 넘어가 주며 한 달 조금 넘게 걸려 200페이지 분량 전체를 녹음해 주었다. 이전까지 아이가 해보지 않은 활동이라 확인된 적 없어 불안한 음독이었다. 그런데 크게 힘들이지 않고 읽어주었다. 이 또한 3시간 소리 노출 이외에 추가되는 활동이어서 편한 시간에 원하는 만큼 녹음하느라 매일이 들쑥날쑥이었다. 처음 시작은 5분에서 10분 정도였는데 뒤로 갈수록 시간이 늘어 50분까지도 한 번에 녹음해 주는 기특한 날도 있었다. 아직도 외장하드에 녹음 파일 그대로 보관되어 있다.

　중학년이 되면서 집중듣기 1시간 + 흘려듣기 2시간 이외에 추가되는 활동들이 늘어가게 되어 있다. 그런 활동들을 소리 노출 3시간 안에 포함시키는 것이 아니었다. 학년이 올라가는 만큼 아이의 인내력도 인지력도 학습력도 향상된다. 이미 일상이 되어 있는 집중듣기 흘려듣기 이외에 길지 않은 시간 다른 활동을 추가하는 것이 무리가 아닌 학년이었다.

　듣기 매일 3시간씩 몰입 4년 차로 북 레벨 4점대의 단행본을 읽던 시기였다. 한글 해석으로 1:1 대응하거나 스펠을 암기하는 학습적 접근은 없었지만 그동안 쌓아온 집중듣기, 흘려듣기 안에서 자연스러운 반복으로 익숙해진 수많은 단어들이 원어민 같은 또래에서 알아야 할 만큼은 막연하게 자리잡고 있었을 것이다. 그 단어들의 의미를 정확한 문장으로 정의 내려주고 활용 예문까지 만날 수 있는 영영사전식 풀이가 막연했던 의미를 분명히 하면서 장기기억으로 옮기는데 도움되었던 것이다. 본래의 시도는 음독의 대체 활동이었는데 녹음을 마무리하면서 어휘 확장에 만족도가 높아서 어쩌다 얻어걸린 어휘 학습이라 말하게 되었다.

　이 영영사전을 골랐던 이유는 책을 설명하는 문구 하나가 마음에 들어서였다. 특정한 단어를 설명하는 문장에 사용하는 단어들이 그 책 안에 들어 있는 단어들이었다. 그 책 안에 들어 있는 단어들로 만들어진 책이니 반복 노출되며 자동 복습 효과가 있을 거라는 기대였다. 단어를 정의 내리고 활용 예문이 등장하는 이외에 사전식 서술에서 만날 수 있는 품사에 따른 형태 변화도 확인되었다. 형용사는 비교급과 최상급을 함께 만날 수 있고, 동사는 과거와 과거분사를, 명사는 복수형 등을 함께 만날 수 있어서 자연스럽게 형태 변화들을 이해할 수 있는 계기도 되었다.

물론 아이에게는 이런 문법적 설명을 자세히 해주지 않았다. 영영사전을 깊이 만난 경험이 없어서 처음에는 잘 몰랐는데 품사에 따라 반복되는 설명 패턴이 있었다. 아이는 녹음 과정에서 그것에 익숙해져 갔다. 그런 과정에서 스스로 단어를 쓰임에 따라 분류할 수 있는 눈치도 기를 수 있었다. 동사를 설명하는 문장의 시작과 명사를 설명하는 문장의 시작, 형용사 부사를 설명하는 문장의 시작이 모두 다르고 지속적으로 단어 설명에 반복되었기 때문이다. 동사, 명사, 형용사, 부사를 모르는 아이였는데 동작을 설명하는 단어인지, 사물을 설명하는 단어인지, 어떤 사물을 꾸며주는 단어인지를 설명 패턴으로 이해해나가는 것이 신기했다.

듣기만 했는데
가능했나?

2020년 초에 단어 학습법을 정리하는 인스타그램 라방을 했었다. 라방 후기로 가장 솔직하게 물어온 질문이 있어 공유하고 공개적으로 답을 했었다. 질문자의 질문을 그대로 옮겨본다.

"누리보듬님, 저는 단어를 한글 의미와 1대 1 매치시키는 방법으로 공부를 해 왔기에 아직도 의문이 드는 부분이 있어요. 반디는 2년 동안 집중듣기, 흘려듣기를 정말 열심히 하고 3년 차에 단어 학습서를 시작했는데 단어 학습서를 보니까 아무리 1학년 수준에 맞췄다고 해도 난이도가 있어 보이더라구요. 그런데 반디는 단어 학습서를 영영으로 했는데 단어가 어떤 뜻을 가지고 있는지 다 알고 있었나요? 또 단어에 대한 설명도 영어로 되어 있는데 다 이해하고 혼자서 풀었나요? 단어 학습서가 1학년 수준이라고 해도 다른 학습서에 비해서 난이도가 있어 보였거든요. 또 4년 차에는 영영사전 녹음을 했다고 하는데 영영사전 녹음을 할 때도 단어의 뜻을 다 이해하고, 다 읽을 수 있었는데 그게 듣기만 했는데도 가능하다는 게 전 아직도 의문이 들고, 신기한 부분이에요. 음... 제가 궁금한 건 듣기만 했는데도 아이가 단어를 문장에서 유추하고 이해하고 있을까? 아직도 의문이 들어서 여쭤 보아요."

이 길에서 8년 동안 아이와 함께하며 이런저런 방법적 선택에 있어서 '이렇게 하는 것이 우리 아이한테 맞다'라는 전제가 없었다면 그 어떤 방법도 해서는 안 되고 하지 않았을 거다. 앞서 이야기했듯이 습득이 통하는 시기를 붙잡아 습득의 방법으로 원서를 꾸준히 읽어 나갈 아이에게 적절한 어휘 확장법을 찾아야 했다.

이 또한 꾸준히 실천을 이어 나갈 수 있는 큰 그림을 그려야 했다. 많은 선경험들을 들여다보고 수많은 리서치를 통해 이 방법이 옳다는 확신이 있었기에 실천으로 옮길 수 있었다. **그 방법이 통할 수 있도록 쌓아야 하는 만큼의 소리 노출을 게을리하지 않기 위해 애써야 했다.** 단어 학습법 정리를 시작하며 1번부터 3번까지 예시를 들어 단어를 '알고 있다'의 의미를 짚어보았는데 '알고 있다'의 의미에 있어서 질문자와 나의 생각이 다를 수도 있겠다고 느껴지는 글이었다.

해석을 시켜보거나 한글 의미로 단어 뜻을 확인해보지 않았으니 모두 완벽하게 이해했는지 확인 불가지만 모든 시간 혼자서 풀었던 것은 맞다. 선생님 도움 받아 학습으로 접근한 방법이 아니었다. 엄마가 그만큼도 도와줄 영어 실력이 아니었다는 고백은 지겹도록 했다. 진행하면서 오답이 많거나 아이가 힘들어 했다면 우리 모자의 성격상 지속할 수 없었을 거다. 그러한 무리한 수용이 되지 않는 녀석이어서 남들이 해야 한다는 여러 실천들도 모두 포기해야 했는데 단어 학습이라고 달랐겠는가.

3년 차에는 단어 학습서뿐만 아니라 수학, 사회, 과학 등 영역별 비문학 학습서 또한 단어 학습서와 같은 기준, 같은 방법으로 활용했었다. 원문으로 된 비문학 학습서조차도 도움 받을 사람이 없었다. 아이 혼자 차근차근 풀어나갔던 시기였고 그런 진행에 무리가 없었다. 오히려 단어 학습서보다 난이도는 이

쪽이 더 높았을 거라 생각된다. 아이는 현지의 또래만큼 북 레벨 3점대의 원서 읽기가 편안했던 시기였다. 현지의 초등 1학년을 대상으로 한 학습서들이 힘들 정도로 쌓아온 시간이 허술하지는 않았나 보다.

"앞서 2년 넘는 시간 동안 듣기 노출이 충분하지 않았다면 과연 스스로 그런 정리가 가능했을까요?"

어느 현장에서 받은 이 반문으로 깨달았다. 알고 있는 단어를 혼자 스스로 정리하는 단어 학습을 위해서는 앞서 노출되어 쌓아온 양이 그래도 좋을 만큼이어야 한다는 전제가 필요할 수도 있겠다. 해마다의 절대 필요량을 채워야 하는 이유가 여기서도 확인된다.

4년 차 영영사전 녹음 진행도 다르지 않았다. 이때도 해석을 시켜보거나 단어의 우리말 뜻을 물어본 적이 없으니 모든 단어의 뜻을 다 이해했는지는 확인 불가다. 전체를 혼자서 녹음하면서 나름대로 단어를 정리하는 것을 크게 힘들어하지 않았다는 것은 분명하다. 때때로 새로 알게 된 단어도 있었을 것이다. 문장을 읽다 만나는 낯선 단어의 의미를 처음에는 유추해서 넘어갔다 하더라도 '새로운 단어 설명이 책 안에 들어 있는 단어들로 이루어진다'라는 특징상 그 단어가 한번만 나오지는 않았을 것이다. 반복해서 만나며 유추했던 의미를 분명히 이해했는지, 끝까지 분명히 못하고 말았는지 그 또한 확인 불가이기는 마찬가지다.

영영사전에 들어 있는 단어 모두를 완벽하게 의미 파악했는지 확인하자고 시작한, 학습적 목적을 가진 활동이 아니었다. 녹음 전체 과정의 무리 없는 진행에 만족했다. 정말 듣기만 했는지에 대해서는 아이가 소리 노출에 집중했던

만 4년의 시간에 대해 보탤 것이 없다 풀어놓은 문장을 기억할 것이다. 무조건 듣기! 안 들려도 듣기! 들려도 듣기! 시간 많아도 듣기! 시간 없어도 듣기! 아주아주 지겹게 듣기! 짧은 시간에 해결되는 학습서 조차도 듣기 세 시간 이외 추가되는 활동이었으니 듣기에 쏟아 부은 정성이 남달랐다는 것을 인정한다.

우리의 경험을 나누며 늘 강조하지만 '이렇게 하면 된다'가 절대 아니다. 우리는 이렇게 했었다. 옛날 이야기일 뿐이다. 그 어떤 방법도 의심이 들어 확신이 없다면 선택해서는 안 되는 위험한 길이다. 확신을 가지고 선택했다 해도 수없이 흔들리며 가야 하는 길이기 때문이다. 라방 당시 재방을 못 걸었던 것도 비슷한 이유 때문이다. 재방으로 반복하며 잘못된 확신이 굳어질까 우려되어서다. 지금도 이리 풀어놓는 것이 잘 하고 있는 일인지 걱정이 앞선다.

내 아이의 영어 습득을 위해 엄마표 영어를 선택했다면 그 진행에 있어서 큰 그림도 그려봤을 것이고, 꾸준히 지속 가능한 계획도 가시화되었을 것이니 누구보다 가고 있는 길에 대해 잘 알고 있을 '엄마'일 것이다. 우리의 지난 경험을 긍정의 데이터로 참고해서 내 아이의 어휘 확장을 위해 적절한 단어 학습법을 찾아내고 확신을 가지고 계획을 세우고 실천해 나갈 수 있기를, 그 과정에서 진짜 제대로 엄마표 영어의 매력을 만끽할 수 있기를 기대한다.

5, 6년 차_
알고 있는 어휘 다지기

고학년에 들어선 5~6학년 때 활용한 어휘 학습서는 《Wordly Wise 3000》이었다. 문학작품이나 교과서 그리고 표준화된 시험에 일반적으로 많이 나오는 실용 어휘 3000개가 들어 있는 단어 학습서였다. 킨더부터 12학년까지 모든 단계가 있었다. 우리가 활용할 당시에는 책과 함께 지문이 녹음된 오디오 CD가 포함되어 있었는데 지금은 그것이 빠졌다는 이야기를 듣기도 하고 홈페이지에서 다운 가능하다는 이야기도 들린다. 활용을 계획하게 된다면 직접 확인해 봐야 할 것 같다. 홈페이지는 수시로 변하기 때문이다.

이 시리즈를 반디는 5~6학년 동안 4권을 활용했다. 5년 차에 2~3단계, 6년 차에 4~5단계였다. 단계를 읽고 있는 책의 리딩 레벨보다 내렸던 이유는 앞서 설명한 대로다. 이 시기 또한 혼자 스스로 알고 있는 단어를 정리하는 방법으로 길지 않은 시간에 해결해야 하는 수준을 골라야 했다. 반디가 활용하던 당시에는 이 책이 유명 자사고에서 부교재로 쓰이고 있다 해서 화제가 되기도 했다. 호주에 있을 때 가까이 지내던 초등 엄마를 통해 일부 현지 학원에서 이 교재를 어휘 학습서로 이용하고 있다는 것을 전해 듣고 반가웠다. 6학년 때 아웃픗을 지도해 주셨던 교포 선생님도 이 책을 추천해 주셨는데 이미 아이가 하고 있다 하니 반색하셨던 기억이 있다. 괜찮은 교재인 것은 분명한데 저학년에게는 추천하고 싶지 않다. 구성 자체가 완벽한 학습용으로 보여서 부담이 될 수 있다.

단어 학습서 활용에 단계가 세분화되어 나와 있는 학습서인 경우, 같은 시리즈를 최소 3~4단계 이상 꾸준히 활용해 볼 것을 추천하고는 한다. 한권으로는 그 시리즈의 장점을 파악하기 힘들고 그 장점의 효과를 보기도 어렵지 않을까 해서다. 여러 시리즈를 번갈아 활용하는 것보다 같은 시리즈로 차근차근 몇 단계의 책을 접해보면 그 시리즈만이 가지고 있는 장점의 효과도 얻을 수 있고 아이들도 익숙한 책이라서 단계를 상향 조정하는 것에 부담이 덜할 것이다.

아웃풋에서
좋은 단어 활용 연습

아웃풋 시기에 적절한 방법이라 생각해서 학습서 활용과 더불어 보태기 했던 어휘 확장법이 있었다. 어쩌면 이미 알고 있지만 실천하지 못하고 있을 간단하지만 쉽지 않은 방법이다. 이 방법을 실천에 옮겼던 것은 본격적인 아웃풋을 위해 선생님과 수업을 시작한 6년 차, 6학년 때였다. 전문가의 도움 없이도 집에서 충분히 시도할 수 있을 것 같아 아웃풋이 편안해지면 아이와 함께 하기 위해 혼자 계획해 놓았는데 10개월 동안 놀랍게도 선생님께서 같은 방법으로 과제를 통해 아이들을 지도해 주셨다. 써서 제출한 Writing을 검토까지 해주셨으니 이 또한 '제대로'가 될 수 있었다.

6년 차 10개월의 아웃풋 수업은 하나의 이야기거리를 선정해서 수업 시간 내내 수다를 떨고 관련해서 Writing 주제를 과제로 받아오는 단순한 수업이었다. 그런 수업이었으니 수업 시간에 별도로 어휘 학습에 마음을 쓰신 것은 아니었는데 과제를 통해 아이들이 어휘를 다져갈 수 있는 팁을 주셨던 것이다. 주제를 찾는데 이야기거리가 필요해서 간단한 리딩 교재 한 권을 활용했다. 책에는 유닛마다 별도로 강조하는 새로운 단어가 10개 이내로 등장한다.

첫 시도로 주제가 있는 Writing과 별도로 그 단어를 이용해서 간단한 문장 만들기를 해오라는 추가 과제를 내주셨다. 단어의 품사는 몰라도 엄마표 영어 6년 차 내공이니 단어를 집어넣어 문장 한 줄을 만드는 것은 어렵지 않았다. 그렇게 단어마다 각각의 문장을 만드는 일이 익숙해진 뒤 과제는 업그레이드 되었다. 단어 8~10개를 지정해 주고 지정 단어가 모두 포함되는 Writing을 요구했다. 각 단어에 대한 단문이 아닌 기승전결이 있는 Writing이어야 했다. 주제는 주어지지 않았다. 이야기를 만들어내든지, 일기를 쓰든지, 읽은 책에 대한 독후 감상문을 쓰든지 그 단어가 모두 포함된 하나의 이야기가 되어야 했다.

반디가 선호했던 Writing은 새로운 이야기 만들기였다. 그것이 지정된 단어가 모두 들어갈 수 있는 무난한 방법이라는 아이 말이었다. 그렇게 영어로 새로운 이야기 만드는 것에 흥미를 느낀 아이는 한동안 영어로 소설을 쓰는 작가가 꿈이라며 꽤 긴 스토리를 원문으로 타이핑해서 저장해 놓기도 했다. 2단계 들어서면서 많이 어려운 Writing이 아닐까 지켜보는 엄마는 조마조마했는데 아이가 A4 용지 한 장을 채우는 것이 너무 쉬워 보였다. 영자 타이핑이 굉장히 빨랐기도 했다. 5년 차에 혼자 쓰는 영어 일기로 처음 Writing을 시도하면서 작정하고 정확한 영자 타이핑 법에 익숙할 수 있도록 가르쳤었다. 손글씨 쓰기를 너무 싫어하는 사내 녀석이었고, 드는 생각 그대로를 빠르게 풀어놓기는 시대를 그렇게 타고 났으니 손글씨보다 타이핑이 훨씬 익숙할 세대라 생각해서다.

선생님께서 지적해주신 반디의 초기 Writing 문제를《엄마표 영어 이제 시작합니다》에서 자세히 언급했다. 알고 있는 좋은 단어를 활용하지 못하고 한 단어로 압축 가능한 내용을 두세 줄 문장으로 만들어 놓는다. 그렇기에 아웃풋에 등장하는 단어는 일정 수준을 넘어가지 못하고 문장은 장황해진다. 긴 문장을 대체할 수 있는 하나의 좋은 단어를 유도해 보면 대부분 알고 있는 단어들

이었단다. 선생님 유도에 눈 똥그래지는 아이, '와! 그러네!'

그런데 왜 그 단어를 쓰지 않는 건지 물어보면 생각이 나지 않는다는 것이다. 단어를 알고만 있을 뿐 활용하지 못하는 것이다. 알고 있는 좋은 단어, 함축적 의미가 풍부한 단어들을 내 것으로 만드는 데는 연습이 필요하고 시간이 걸렸다. 그 연습 방법이었다. 알고 있는 좋은 단어를 적재적소에 활용하는 Writing에 익숙해지며 짧아도 힘이 있는 글이 무엇인지 깨닫게 되었다. 이 연습은 반드시 필요한 활동은 아니라고 생각해서 집에서 시도해 보려 계획했던 것이다. 그런데 운 좋게도 엄마가 했으면 하는 어휘 확장 방법을 선생님께서 시작해 주셨고 제대로 자리잡아 주셨다.

뉴베리 북클럽을 진행하며 책에 등장하는 좋은 단어들에 대해 같은 방식의 과제를 내주었다. 6개월 과정 중 3개월은 단문 만들기, 후반 3개월은 자신만의 이야기 만들기로 과제를 내주었는데 북클럽 아이들 또한 이야기 만들기 과제를 흥미 있어 했다. 연속된 시리즈로 글을 써서 제출하는 경우도 있어 매주 이어지는 이야기가 흥미진진했다. 단어 학습법의 최종 단계라 생각했는데 글쓰기 동기부여로도 괜찮은 방법이라는 것을 반디 이외의 친구들 경험을 가까이 지켜보며 알게 되었다.

이 방법이 **아웃풋 시기에 보태기하는 방법이어야 한다는** 것에는 이유가 있다. 차고 넘치게 들어간 인풋이 안정적이고, 드는 생각 그대로를 막힘없이 쏟아낼 수 있는 Writing이 가능할 때 시도해야 해서다. 문법을 고민한 문장 안에 단어를 끼워 맞춰 영작을 만드는 시기라면 오히려 많이 부담스러운 활동이다. 꾸준한 원서읽기로 원어민 또래에 맞는 영어 자체 사고력을 갖추고 있는 아이들이 좋은 단어를 직접 활용해서 글을 만드는 연습이니 너무 일찍 욕심부리지 말았으면 한다.

시의적절한 전략적 접근

지금까지 보았듯이 어휘 확장을 위한 단어 학습법 실천은 **시기별로 접근 방법이 달랐다.** 때마다 달랐지만 원칙은 있었다. 새로운 단어를 학습하기 위한 접근이 아니다. **알고 있는 단어를 다지고 붙잡기 위한 방법**으로 접근했다. 초등 저학년, 무조건 인풋 시기에는 어휘 학습에 별도로 관심 가지지 않고 마구마구 들여보내야 했다. 들어간 것이 있어야 붙잡든 다지든 할 테니까. 책(원서)이나 자막 없이 보는 원음의 영상을 통해 산만하게 들어가는 단어들을 글이나 말 속에서 이해하는 초등 중학년 단계에서는 알고 있는 것을 정확히 해서 차곡차곡 장기 기억으로 옮겨 놓을 수 있는 학습적 시도를 적절히 추가했다.

아이는 수많은 책과 영상을 접한 경험으로 한 단어가 때에 따라 의미가 다양하게 변화되어 쓰일 수 있다는 것을 알게 되면서 한글 의미를 1:1로 대응시켜 단어를 암기하는 것은 바른 방법이 아니라는 생각도 스스로 하게 되었다. 자신이 외우는 것을 잘 못한다는 핑계를 대며 단어 암기를 강하게 거부하기도 했다. 그렇다고 산만하고 막연한 상태로 머물게 할 수는 없었으니 스펠이나 한글 의미를 기억시키는 활동은 포기하고 마구잡이로 들어간 단어들을 원어로 정리해보는 접근을 했던 것이다.

4년 차쯤 되니 엄마에게는 너무 생소한, 아이 또래와는 어울리지 않는 어휘들이 뜬금없이 튀어나오고는 했다. 어떤 의미인지 물어보면 어느 책 또는 영상에서 어떤 장면에 등장했는지까지 설명하며 의미를 정확하게 '이해'하고 있었다. 자신이 새롭게 알게 된 단어가 생기면 반드시 하루 이틀이나 그 단어가 기억에 남아 있는 며칠 안에 책에서든 영상에서든 하물며 스쳐 지나가는 길가의 간판에서도 한번쯤은 꼭 다시 마주치는 경험을 자주하게 된다며 신기해 했다. 워낙 무차별 듣기였으니 여기저기서 반복이 자동으로 이루어지며 다시 만나게 되는 것이다. 그런 경험으로 기억된 단어는 장기기억으로 들어가는지 쉽게 잊혀지지 않는다 했다.

무조건 인풋 시기를 거쳐 책과 영상에 등장하는 단어를 이해하는 단계를 넘어서, 알고 있다 생각하는 단어를 말이나 글 속에서 제대로 활용할 수 있도록 아웃풋과 연결하여 연습해야 하는 시기도 필요했다. 아이가 다양한 경로로 만나는 문장 안에서 그 단어의 쓰임을 제대로 이해할 수 있고 직접 만들어내는 말이나 글에서 그 단어를 적절하게 활용할 수 있다면, 그 어휘는 영원히 자기 것이 될 수 있다고 생각했다. 좋은 단어 수백 개를 한글 의미와 스펠까지 완벽하게 암기했지만 다양한 매체의 텍스트 안에서 그 단어의 쓰임을 제대로 이해하지 못하거나 직접 생산하는 말과 글에 적절하게 활용할 수 없다면 그걸 아는 단어라 할 수 있을까?

단어 학습법 이야기를 시작하며 가졌던 의문이 있었다. '엄마표 영어는 단어 공부를 따로 하지 않아도 된다?!' 이제 제대로 전력 질주 초등 6년을 바탕으로 구체적인 답으로 정리해보자. **제대로 엄마표 영어는 단어 공부를 따로 하지 않**

아도 되는 때가 있고, 의미 없는 단어 공부가 아니고 제대도 어휘를 확장시킬 수 있는 방법을 찾아 꾸준히 해주어야 하는 시기도 있다. 그렇다 보니 단답으로 전해야 할 때 '맞는 말이기도 하고 틀린 말이기도 하다.' 그리된 것이다.

아이는 8년 동안 책, 영상, 영자 신문 등등 다양한 매체를 이용해서 꾸준한 보고 듣기로 어휘를 확장해 갔을 뿐, 별도로 영어 단어를 한글 의미와 대응시키거나 스펠을 암기하는 학습은 경험해보지 않았다. 단지, 집중듣기나 흘려듣기를 통해 마구마구 들어가는 일정 기간 동안 꾹 참고 기다렸다가 들어간 단어를 차근차근 밟아서 오래 남을 기억으로 잡아 두는 활동들을 그때그때 무리 없는 선에서 듣기 시간에 추가하여 보태기 했다.

엄마표 영어의 시작을 구체적인 계획없이 어설프고 막연하게 들어서는 경우, 본격적으로 단어 학습을 병행하며 다지기 해야 하는 초등 중학년 시기에 포기하고 벗어나는 사례가 많다. 그러다 보니 안 해도 좋은 시기의 경험이 많아서인지 단어 공부를 따로 하지 않는 것이 엄마표 영어라 오해하기도 한다. 많이 듣고 많이 읽는 것이 우선인 실천은 분명하다. 하지만 그것만으로 단단한 토대를 만들 수는 없다. 해야 되는 다지기를 위해 해야 하는 때를 놓치지 말아야 하는 것이 어휘 학습이다.

사교육이나 일부 엄마표 영어를 진행하는 가정에서도 어휘 학습으로 활용하는 방법 중에 하나가, 아이가 읽고 있는 원서의 단어를 별도로 추출해서 학습하는 것이다. 추천하고 싶지 않은 방법이다. 책을 또 하나의 학습용 교재로 보는 것은 아닐까 의심이 든다. 읽고 있는 책들과는 전혀 관련 없는 단어 학습서를 별도로 이용했던 이유가 책은 책일 뿐이었으면 해서였다. 재미있는 책을 학습으로 연결시키다 보면 책조차 재미없게 만들 것 같아 피했던 방법이다. 그런 시도를 하지 않아도 한 해 동안 제 또래에 맞는 좋은 원서로 꾸준히 절대 필요량을 채워 나간다면 그 만만치 않은 양 안에서 **또래가 알아야 할 단어와 문장들은 끊임없이 반복해서 만나게 되어 있다.**

출판사가 아이들을 위한 책을 출간하며 북 레벨을 학년에 맞게 숫자화해서 지정해 놓은 것이 괜한 일이 아닐 것이다. 학습서 또한 학년이나 레벨을 세분화해서 정리해 놓은 것에는 이유가 있지 않을까? 굳이 흥미로운 책을 학습을 위한 교재로 변형시키지 않아도 때에 맞춰 필요한 단어들이 잘 정리되어 있는 별개의 단어 학습서로 알고 있는 만큼을 스스로 정리해가는 접근이 우리가 적기에 선택한 방법이었다.

어휘 학습에도 가고 싶은 방향이 있었다. 단순 암기에 의한 단편적 기억보다는 들리는 말이나 보이는 글 안에서 그 단어의 쓰임을 제대로 이해할 수 있었으면 했다. 그리고 스스로 하고 싶은 말이나 쓰는 글에서 그 단어를 적절하게 활용할 수 있도록 좋은 어휘들을 자기 것으로 만드는 연습을 꾸준히 하는 것이었다. 엄마표 영어의 길에서 아이의 영어 해방을 꿈꾸고 있었으니 어휘 학습 또한 인풋도 중요하고 아웃풋도 중요했다. 어떤 아웃풋이 되었던 풍요롭게 차고 넘치는 인풋이 기본이 된다는 것을 잊지 않아야 했다.

많은 단어를 알고 있는 것이 중요해서 하루에 수십 개, 일 주일에 수백 개의 단어를 암기해야 하는 때를 만날 수도 있다. 그런데 그런 때가 지금인지는 고민해 봐야 한다. 적어도 초등 6년은 아니어도 좋지 않을까? 초등 6학년, 북 레벨 6.0 이상의 책이 무난히 소화되고 이후 더 깊은 영어의 세상에 들어가게 되면 굳이 새로운 단어를 한글과 대응해서 기억하려 하지 않는다. 그럴 필요도 없다. 영어 그대로 기억하고 적절한 때 영어 그대로 써먹게 되기 때문이다.

PART

6

아웃풋
톺아보기

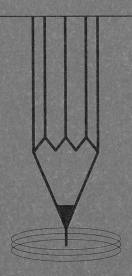

이 길에서 기대할 수 있는 아웃풋 모습

아웃풋은 들어간 만큼 나올 것이라 믿었다. 충분히 들어간 다음에 생각하자 뒤로 미루고 듣기, 읽기에만 집중 투자했다. 건들면 금방이라도 터져줄 것 같은 인풋을 쌓을 때까지 4~5년을 그렇게 했다. **도대체 어떤 아웃풋을 기대하고 계획했길래** 이리도 단순 무식할 수 있었을까? '인풋이 차고 넘치게 들어가면 아웃풋은 자연스럽게 이어질 수 있다.' 우리보다 선경험자들 모두의 공통적인 조언이었다. 엄마표 영어를 깊이 들여다볼수록 그런 접근이 옳다는 믿음은 강해졌다. **들어간 만큼 배신 없이 돌려받을 수 있기를 바랐다. 아이의 노력에 배신없이 제값으로 돌려받을 수 있는 그런 아웃풋이기를 기대했다.**

듣기, 읽기에 집중되었으니 학원이나 과외처럼 네 가지 영역의 고른 발전을 위한 실천이 아니었다. 두 개 들여보내고 세 개를 끄집어내고 싶은 조급함을 버려야 했다. 아웃풋이라고 믿고 싶은 것들이 무엇인지 모르지 않았다. 시간을 쌓아가다 보면 눈에 띄는 변화와 현상들이 있지만 그것은 우리가 궁극적으로 기대하는 아웃풋 모습이 아니었다. 의도하지 않았지만 반복되는 노출에 의해 저절로 암기된 문장이 어쩌다 상황에 맞게 툭툭 튀어나온다고 그것을

Speaking이라 생각하지 않았다. 연습장 가득 나름의 생각을 영어로 끄적거려 놓았지만 그것을 본격적인 Writing으로 연결하기에는 무리라고 생각했다. 그저 그렇게 보여지는 아이의 변화를 놓치지 않고 무한 칭찬으로 격려해 주었다.

일반적이지 않았던 인풋이었다. 제 나이만큼의 꽉 찬 사고력이 먼저라 생각해서 인풋에 장기간 정성을 들였다. 그렇게 채워진 사고력을 바탕으로 문장을 암기하지 않아도 드는 생각 모두가 즉각적으로 말로 표현되는 Speaking. 문법적 구조를 먼저 고민하지 않아도 생각 그대로가 글로 다듬어 표현되는 Writing. 우리가 원하는 아웃풋 모습인데 어지간한 인풋 가지고는 바랄 수 없는 아웃풋이었다.

뇌의 한 영역에서 두 언어가 함께 머물다가 영어를 쓸 상황이 되면 '지금부터는 영어를 써야겠다.'라는 **의식적인 상황 인지 없이도 즉각적인 자동 반응**으로 영어가 튀어나오고 우리말을 쓸 상황이 되면 같은 반응으로 우리말이 튀어나오는, 이것이 진짜 바라는 아웃풋이었다. 인풋 4~5년을 의심없이 가득 채우며 기다린 만큼, 임계량을 채워야만 가능하다는 이런 연쇄 폭발 아웃풋을 기대했던 것이다.

상상해 보자. 두 언어가 깊은 생각 없이도 상황에 따라 자동 변환되어 튀어나오는 아웃풋은 어떤 모습일까? 대여섯 마디에 바닥 드러나서 깊이 있는 대화가 불가능한 일상 회화 정도의 말하기가 아니다. 문법을 신경 쓰고 문장 구조를 고민해서 시간 걸려 간신히 만들어지는 짧은 영작이 아니다. 상황에 맞게 자동으로 튀어나오는 언어로 스스로 필요에 의해 끝내기 전까지는 바닥 모르게 이어지는 말과 글이다. 모두가 진심으로 바라는 아웃풋은 이런 모습 아닐까? 그것이 가능한 것이 제대로 엄마표 영어였다. 소통을 시작하며 소박한 목표에 놀랐고, 알지 못해 욕심이 거기에 닿지 않으니 지나치게 소박한 그만큼을 아웃풋이라 믿고 기대하고 만족하는 것이 안타까웠다.

아이에게 영어가 공부해야 할 학문이 아니라 써먹을 수 있는 도구가 될 수 있게 해주자고 시작한 엄마표 영어였다. 제대로만 실천하면 지식을 습득하고 사고를 확장해 나갈 수 있는 언어로 우리말에 더해 영어도 편안해질 수 있다 믿어졌다. 영어가 평생을 함께하며 삶을 윤택하게 만들어줄 도구가 되어줄 수 있는 해방의 길이 분명히 보이는 방법이었으니 욕심이 안 날 수가 없었다.

수시로 흔들리고 싶은 유혹이 있었지만 처음부터 가지고 있었던 이런 아웃풋에 대한 희망과 확신은 곧바로 제자리를 찾을 수 있도록 해주었다. 이 길에서 크게 벗어 나지 않을 수 있는 힘이 되어주었다. 바라는 아이의 영어 성장에서 기대하는 아웃풋의 상상력을 좀 더 넓고 높이 가져보기 바란다. 제대로 빠져 제 나이만큼의 사고력이 가능한 임계량을 채워준다면 상상 이상의 성장이 확인되는 것이 이 길이다.

5년 차,
혼자 쓰는 영어일기

인풋이 차고 넘치니 굳이 뭘 써보라 하지 않아도 영어 낙서가 잦아졌다. 연습장 가득 별의별 문장이나 짧은 이야기가 영어로 쓰여 있었고, 자신이 만든 어설픈 게임의 시작부터 끝까지의 매뉴얼을 더 어설픈 영어로 써 놓기도 했다. 하지만 의무사항이 아니었으니 혼자 노는 방법 중 하나였다. 놀이에 장단 맞춰주고 그럴 수 있게 된 그동안의 노력을 칭찬해주고 더 나은 성장이 가능하다 응원해주면 되었다.

그런 현상이 자연스러워지면서 드디어 꼭 해야 할 일로 약속을 하고 주 2~3회 영어일기 쓰는 것으로 Writing 첫 시도에 들어갔다. 정확한 어휘나 문장을 사용해서 자신의 생각을 논리적으로 전개하기에는 우리말로도 서툰 시기였다. 영어로 일정한 틀을 갖춘 Writing을 기대하는 것은 무리였다. 문법이나 문장 구조는 서툴러도 고쳐주는 사람도 없으니 틀리는 것에 부담 없이 드는 생각 그대로를 글로 쏟아내는 시간이 필요했다. 가장 쉬운 방법으로 영어일기 쓰기를 선택한 것이다.

첫 시작은 손글씨였지만 얼마 지나지 않아 MS Word 프로그램을 이용했다. 손글씨 쓰기는 싫어했고 학교 친구들과 한글타자 연습 프로그램을 놀이처럼 활용하길래 영자 타이핑하는 법도 정확히 익힐 수 있도록 연습시켰다. 몇 개월 지나니 영어 타이핑 수준이 한글 못지않게 날아다니는 효과도 덤으로 따라주었다. 생각이 바로 글이 되어주는 것인데 굳이 정성들인 손글씨에 욕심을 부리지 않았다. 더듬거리며 손으로 쓰는 것보다 생각 속도만큼 타이핑이 가능해지니 이후 손으로 쓰는 정성을 찾아볼 수 없었다. 시대를 그리 타고났으니 드는 생각을 옮기기에는 손글씨보다 키보드가 빠른 아이들이다. 예쁜 손글씨가 아닌 것에 안타까워할 일이 아니었다.

국내 워드 프로그램을 사용했고 영어로 글을 쓸 일이 없었던 엄마는 아이가 사용한 워드 프로그램이 자동으로 스펠 체크가 되었다는 것을 나중에 알게 되었다. 스펠 오류 부분에 붉은 라인이 그어지고 예상 가능한 단어가 오류 수정되어 표시되었던 것이다. 반디가 말하길 그때까지도 단어 학습으로 스펠 암기 경험이 전혀 없어서 초기에는 틀리는 단어가 매우 많았다 한다. 틀리는 단어들을 자동 스펠 체크 기능으로 바로잡으며 일기를 썼다고 했다. 첨삭은 말할 것도 없고 문법을 비롯해서 그 어떤 수정 보완도 시도하지 못했다.

읽어보면 무슨 말을 하고 있는지 알 수 있었지만 고쳐야 할 부분이 많았을 것이다. 하지만 엄마 아빠 누구도 그런 능력이 없었다. 전문가의 도움을 받아 첨삭을 받을 만큼의 Writing 실력도 아니었다. 써 놓은 것을 그대로 차곡차곡 쌓아 놓기만 했다. 솔직히 고백하자면 아이의 영어일기를 처음 몇 번을 제외하고는 찬찬히 읽어보지도 않았었다. 고맙게도 당시 5학년 담임선생님께서 반디의 어설픈 영어일기를 엄마보다 더 꼼꼼히 읽어 주셨다. 뿐만 아니라 간단한 문장으로 피드백을 주셨는데 그것이 꾸준히 영어일기를 쓸 수 있는 동기부여 중 하나가 아니었을까 감사했다.

틀리는 것에 대한 부담이나 걱정 없이 하고자 하는 말이나 표현을 영어로 마구마구 마음껏 쏟아내는 1년이었다. 지켜만 보기에 짧은 시간은 아니었는데 이 또한 습관이 되어주니 쓰고 보관하고 그것으로 끝내는 것이 어려울 것 없었다. 수정 첨삭은 없었지만 차츰 스스로 발전해 가는 아이의 영어일기 일부를 첫 책에 담아 놓았다. 그렇게 쌓은 시간이 바탕이 되어 외워서 쓰는 문장이 아닌 **자신의 생각을 그대로 영어로 표현하는 것에 망설임 없는 힘을** 얻을 수 있었다.

엄마나 아빠가 영어를 잘 할 수 있어서 아이가 써 놓은 문장에 이렇게 저렇게 손을 댔다면 어땠을까? 스펠이나 문법은 조금 일찍 다듬어 나갔을지도 모르겠다. 하지만 틀리는 것에 대한 걱정 없이 쓰고 싶은 것을 마음껏 써내려 가기는 힘들었을 것 같다. 엄마 아빠가 되었든 전문 선생님의 도움을 받게 되었든 누군가 자꾸 잘못 쓴 문장을 지적하며 수정하고 덧칠을 해놓는다면 틀리는 것에 대한 부담이나 두려움은 커졌을 것이다. 자신감이 줄어드는 것으로 끝나는 것이 아니라 쓰기 자체가 싫어질 성격이었다. 억지스럽지만 엄마와 아빠가 영어를 못하는 것이 오히려 나았다고 위로해본다. 덕분에 기다리고 지켜보는 것에 익숙했으니까.

사고력이 안정되고 그 사고력이 바탕이 된 제대로 된 글쓰기가 진짜 바라는 아웃풋이라 할지라도 그 훨씬 전부터 엄마의 불안이 되었든 아이의 흥미가 되었든 아이들과 이렇게 저렇게 쓰기에 도전하고 즐기는 경우를 많이 본다. 그렇다 보니 아무래도 눈에 띄는 잘못을 지적하고 싶어지고 참아야지 하다가도 결국 지적을 하게 되고 수정을 권하게 된다. 처음부터 쓰기 지도를 그렇게 하는 것이 도움되는 친구들도 있고 틀리는 것에 걱정없이 마구 써내려 가는 시간으로 쓰기 자신감을 얻는 것이 필요한 친구들도 있을 것이다. 어떤 접근을 선택해야 할지 아이 성향 파악이 중요한데 반디는 후자였던 거다.

뜻밖의 행운, 영어 연극반

5년 차 말하기는 어땠을까? 받아주는 사람도 없건 만 스스로 의식하지도 않는 것 같은데 아이의 혼잣말 모두가 영어였다. 말 안 되는 중얼거림이 아니라 혼자만의 상상놀이에서 상황에 맞는 제대로 된 문장 들이 튀어나왔다. 그런 아이의 자연스러움을 맞받아줄 정도의 영어 실력이 안 되는 엄마 아빠였기에 혼잣말이 습관이 된 것 같았다. 혼자 있는 시간이면 쉼 없는 영어 중얼거림에 집에 들어와 맘 편히 TV도 못 보던 아빠, 알아듣지도 못 하면서 흥분하는 시기였다. '어! 얘가 영어로 막 말을 하네!'

실제로 상대와 얼굴을 마주하고 영어로 대화를 할 수 있는 기회는 예상치 못한 행운으로 경험하게 되었다. 5학년 때 뜻밖으로 아이는 학교의 영어 연극 반 막내 역할을 했다. 엄마는 행운이라 했고 가까운 지인들은 감출 수 없는 내 공이 드러난 거라 했다. 만 4년을 꽉꽉 채운 제대로 엄마표 영어였다. 아이의 영어 성장은 의도하지 않아도 비집고 새어 나오며 엄마가 아닌 다른 사람의 객관적인 시선에서도 보이는 것이 달랐나 보다. 어떤 선입견도 없는 공평한 기 회를 만나면서 소리 노출 4년의 내공을 친구들과 선생님께 인정받으며 영어 자신감이 수직 상승했다.

5학년 초, 교내 영어 말하기 대회에 출전할 반 대표를 사전 예고 없이 뽑게 되었다. 영어수업 시간에 전담 선생님께서 모든 아이들을 대상으로 주제가 있는 Writing을 주어진 시간 내에 쓸 수 있게 하셨다. 반 친구 모두가 자신이 쓴 Writing을 친구들 앞에서 발표하는 시간이 이어졌고, 반 아이들에게 대표로 나갈 친구를 추천하라 했는데 친구들이 모두 반디를 뽑아 주었던 것이다.

　초등학교 5학년이면 어떤 길에서 영어 습득을 위해 노력했는지 상관없이 실력은 천차만별로 갈리며 실질적인 내공이 잘 드러나는 시기다. 타인의 인정에 익숙하지 않았던 아이가 대형 어학원 레벨 테스트와 영어 말하기 대회 반 대표 투표에서 연거푸 엄마 이외의 사람들에게 자신의 영어 실력을 인정받아서인지 자신감은 나날이 높아졌다. 영어 말하기 교내 대회에 반 대표로 나갔다가 그해 처음으로 영어 연극반을 만들기 위해 아이들을 눈여겨보셨던 선생님 눈에 띄어 뜻하지 않게 1년 동안 영어 연극반을 하게 된 것이다.

　연극반 대부분이 실력 좋은 6학년 선배들이었다. 5학년은 우스운 말이지만 해외파였던 한 아이와 국내파였던 반디 단 둘이었다. 대회 자체를 1년 이상 영어권 현지에서 교육받은 경험이 있는 해외파와 무경험자 국내파로 별도 진행했기 때문에 따라붙는 이름이었다. 당시 대전 시내 일부 학교에 원어민 교사가 배치되기 시작했지만 반디가 다니던 학교에는 원어민 교사가 없었다. 연극반을 담당했던 영어 전담 선생님께서는 원어민 지인을 자주 초대해서 대본부터 아이들 지도까지 도움을 받고는 했다. 그렇게 실력 좋은 선배들과 처음 만나는 원어민과 영어를 기본으로 한 특별활동을 하면서 자연스러운 말하기 기회를 얻을 수 있었으니 예정에 없던 행운이었다.

　5학년은 영어 연극반을 비롯해서 당시 아이의 최고 관심사였던 과학 쪽으로 이런저런 교내·외 대회참가 기회까지 몰려 있어 그전까지는 있는 듯 없는 듯 존재감 없던 아이였는데 갑자기 툭 튀어나온 애가 되어버렸다. 영어뿐만 아니라 여타의 교과목과 연계한 사교육도 없었고 학부모 모임도 담 쌓고 살았던 엄마였기에 "쟤가 도대체 누구야?" 또래 친구 엄마들까지 깜짝 놀래켰지만 시간을 너무 많이 빼앗기는 1년이어서 **엄마표 영어 진행에서는 정체기에 해당되는 5년 차가 되었다.** 아이는 새로운 경험에 신났는데 엄마 혼자 많이 애가 탔다.

본래는 5년 차 언제쯤 그동안 쌓았던 인풋을 본격적인 아웃풋으로 연결해 보고 싶은 계획을 세워놓았기 때문이다. 원서읽기 또한 심혈을 기울여 선택한 뉴베리 수상작품들을 집중적으로 읽어 나갈 계획이었는데 여러 상황상 이전 같은 집중이 힘들었다. 무리하면 못할 것도 없었지만 정성들인 인풋에 제대로 돌려받는 아웃풋이기를 원했는데 쫓기는 시간으로 진행하게 될 것이 마음에 걸렸다. 그래서 5년 차도 아웃풋보다는 인풋으로 방향을 틀었고 본격적으로 전문가의 도움을 받는 제대로 아웃풋 시기를 6학년으로 변경했던 것이다.

교내 영어 말하기 대회를 위해 준비한 내용은 '자전거 안전하게 타기'였다. 함께 종종 자전거를 타고 동네를 돌아다니고는 했는데 생각보다 위험함과 불편함이 많이 느껴져서 일기에 써 놓았던 것이 있었다. 반디가 그 내용에 조금 살을 붙여서 말하기 대회용 원고를 완성했다. 그런데 엄마의 실력으로는 제대로 썼는지 확인해 줄 수가 없었다. 수도권에서 중학생 대상 영어 과외지도를 하고 있는 친정언니에게 크게 문제되는 부분만 체크해 달라 했다. 서너 곳을 바로잡아준 언니는 아이다운 글이니 많이 손대지 말라고 충고했다. 원고를 암기해서 대회에 참가해야 한다는데 그러기에는 시간도 많이 빼앗기고 아이도 암기가 쉽지 않다 해서 틈틈이 읽어보는 것으로 준비했다. 엄마 또한 A4 용지 한 장 분량의 원고를 완벽하게 외우는데 필요한 시간과 에너지 때문에 아이의 일상이 흐트러지는 것을 원치 않았다.

　우리에게 중요했던 것은 말하기 대회에서의 좋은 성적이 아니었다. 대회 당일 원고를 외워오지 않은 사람이 거의 없어서 반디만 중간중간 원고에 시선을 주면서 발표를 했다고 한다. 그런 상황에도 불구하고 영어 연극반원으로 반디가 선택된 이유는 무엇 때문이었을까? 대회 당일은 즉석 테스트가 아니라 사전 준비가 충분했던 아이들이 보여주는 실력이었기에 그 차이가 그다지 크지 않았다고 한다. 그런데 반디가 왜 눈에 들어왔는지 심사에 참여하셨던 선생님께서 후에 말씀해주셨다.

　반디의 원고 내용은 꾸밈없이 자연스러웠으며 자신의 이야기를 하는 것이어서 자신감이 있었고 심사하는 선생님들과 중간중간 눈맞춤까지 하는 여유가 있었단다. 그 무엇보다도 눈에 들어온 것은 꽤 긴 시간이었는데 다른 친구들의 발표를 처음부터 끝까지 자리를 지키고 귀담아듣는 성실함이 너무 예뻤다는 거다. 대회는 평일 방과후에 진행되었다. 아이들은 제각기 방과후 학원 스케줄에 맞추느라 처음부터 자리를 지키지 못했다. 자기 시간에 맞춰 들어오거나 자기 차례가 지나면 자리를 뜰 수밖에 없었다. 그런 상황에서 처음부터 끝까지 자리를 지키고 있는 반디가 눈에 들어오게 된 거다.

　반디는 그때까지도 사교육을 위한 방과후 활동이 전무했다. 긴 시간이지만 참가자의 이야기를 모두 지켜볼 수 있는 시간적 여유가 충분했다. 실력 좋은 선배들과 친구들이 흥미로운 주제로 풀어놓는 이야기를 듣는 것이 재미있었다고 했다. 듣기가 편안하지 않았으면 이 또한 불가능했을 텐데 이미 원어 TV 채널을 자막 없이 즐기기 시작하던 시기였다. 대회 참가를 위한 준비였으니 잘 다듬어진 문장들로 흥미로운 이야기를 최선을 다해 연습했을 것이다. 그런 친구들의 유창한 발표를 지켜보는 것이 즐거웠던 것 같다. 연극반은 6학년을 중심으로 운영될 예정이었고 5학년에서 두 명을 참여시킬 예정이었는데 큰 역할을 소화해야 하는 것도 아니었고 성실함으로 특별한 기회를 얻었던 것이다.

반디가 친구들과는 다른 선택들을 하며 성장했던 지난 이야기를 정리하며 궁금해진 것이 있었다. 영어 습득을 위해 노력했던 8년, 그 안에 홈스쿨을 위해 스스로를 관리해야 했던 2년이 있었다. 외에도 긴 시간과 많은 정성을 들여야 하는 활동들에 심각하게 슬럼프를 겪거나 흐트러진 적이 없었다. 그 성실함과 꾸준함을 뒷받침해준 것은 무엇이었을까? 아이의 정적인 성향? 엄마의 깊은 개입과 관리? 아니었다. 그런 것들이 작게라도 영향을 미치기는 했겠지만 **가장 큰 선물은 여유였다. 시간 여유!** 촘촘히 나누어져 있는 시간 속, 빼곡히 채워져 있는 해야 할 일들, 그런 일상이 아니었던 덕분이 컸다.

초등학교에 다니면서는 방과후 모든 시간이, 홈스쿨을 하면서는 24시간 전체가 제 것이었으니 하고 싶은 것을 하고 싶은 만큼 할 수 있는 여유는 충분했다. 해야 하는 것을 해야 하는 만큼 꾸준히 이어갈 수 있는 성실함도 여유 있는 시간이 뒷심이 되어주었다. 큰 욕심 없는 스케줄이었는데 그 여유 덕분에 가장 큰 욕심을 챙길 수 있었다.

연극반 활동 중에도 선배들이나 친구는 교육청 대회를 준비하는 동안 학원 스케줄이 꼬여 애를 먹는 것에 비해 반디는 너무 편안했다. 단지 많은 시간을 빼앗겨서 앞서 다른 해보다 책을 좀 덜 볼 수밖에 없었기에 엄마만 애가 탔다. 그런데 이때 인연이 닿았던 선배들이 중학교에 진학하고 실력 좋은 선배들의 이해할 수 없는 중학교 생활을 들여다보면서 자신의 진로를 고민하게 되었다.

그 고민을 엄마와 이야기 나누다 처음으로 홈스쿨이라는 것을 알게 되었고, 긴 고민 끝에 홈스쿨러의 길을 선택하게 되었다. 그러고보니 반디의 독특한 선택들, 홈스쿨과 해외대학 진학에 가장 영향을 많이 미친 것은 영어라 할 수 있다. 1년 가까이 영어 연극반 활동을 하며 큰 대회 상도 여러 개 받고 영어에 대한 자신감도 쑥쑥 올라갔다. 학원을 다녔으면 익숙했을 원어민과의 만남이었을텐데 그런 경험이 없어서인지 원어민과의 대화에 낄 수 있었던 것을 많이 신기해 했다.

Speaking 관련해서 많이 받는 질문 중에 화상영어가 있다. 우리도 5학년 초에 아이의 중얼거림을 주고받는 대화로 발전시켜주고 싶어서 필리핀 화상영어를 시도했었다. 그런데 아이의 성향 때문이었는지 잠깐의 호기심이 지나고 나니 주고받는 질문과 답이 매번 유사한 패턴으로 진행되는 것에 지루함을 느끼며 금방 흥미를 잃어버려 흐지부지 길게 가지 못하고 접어야 했다. 이 또한 지금과는 많이 다른 시장 규모였기에 선택의 폭이 그리 크지 않았던 이유도 있었을 것이다. 아이가 원한다면 직접 부딪혀 시행착오를 겪어보는 것이 최선이다. 아이와 합이 맞는 좋은 프로그램과 상대를 만날 수 있다면 엄마표 영어에서 쉽지 않은 Speaking 경험에 도움되는 선택일 수도 있다.

6년 차,
아웃풋을 위한 선생님과 파트너

엄마표 영어 정체기라 할 수 있는 5년 차가 그렇게 지났다. 처음 엄마표 영어를 시작하며 세웠던 계획은 5년 차를 본격적인 아웃풋 시도 시기로 잡았었다. 하지만 학교 특별활동으로 시간을 많이 빼앗겨서 정성들이기 힘든 시기라 생각되어 서두르지 않고 1년 뒤로 미루었다. 그러다 보니 반디의 인풋은 기간으로 5년을 채우게 되었다. 5년 동안 무리하거나 욕심 부리지 않고 혼자서도 충분히 가능한 듣고, 읽기에 집중했다. 이제 아이에게 채워져 있는 것을 토대로 더 이상 미룰 수 없는 제대로 아웃풋을 노려볼 만한 시기가 되었다.

그런데 이 '제대로'가 문제였다. 우리가 지나왔고 앞으로 나아갈 방향이나 목표를 변형시키지 않고 유지하며 임계량을 폭발시킬 수 있는 진짜 아웃풋이 욕심났다. 그러기 위해서는 **함께하면 시너지가 높은 파트너**를 찾아야 했다. 아이에게 **필요한 방향으로 아웃풋을 이끌어줄 선생님**도 찾아야 했다. 급하다고 아닌 길로 갈 수도 없었고 찾기 쉽지 않다고 포기할 수도 없었다. 아웃풋 파트너에 관한 이야기는 첫 책에 자세히 담아 놓았다.

선생님 이야기만 보충해 본다. 욕심껏 맘에 드는 선생님과 함께하기 위해 사정상 수 개월을 기다려야 했다. 기다림은 충분히 가치가 있었다. 집어넣고 쌓아 두기만 했던 인풋을 제대로 건드려 주며 폭발에 가까운 아웃풋을 만날 수 있었다. 물론 수업은 별도였고 집에서 집중듣기 흘려듣기는 계속되었다. **수업은 아웃풋 시도만을 위한 곁가지**였다. 주된 활동은 여전히 듣고, 읽기가 되어야 했다. 전문적으로 사교육을 하는 선생님이 아니었다.

우리나라 교육 시스템에 맞춰진 오랜 노하우가 담긴 자신만의 커리큘럼이 분명한 분들에게 그것과는 거리가 먼, 우리가 원하는 방법으로 아웃풋을 부탁드릴 수는 없었다. 시작 전에 아이에 맞게 지도해주겠다는 확답을 했다 해도 얼마 못 가서 시류를 무시할 수 없어 나타나는 사교육 시장의 전형성이 염려되었기 때문이다. 학습서를 풀고 단어를 암기하고 디테일한 문법 공부를 하고 당장 불필요한 영어 인증시험을 준비하기 위해 노력했던 지난 시간이 아니었다.

그런 연유로 같은 동네 살고 있던 교포에게 부탁을 했다. 비록 한국에서 교육받은 경험도 아이들을 지도해본 경험도 없고 우리말도 서툴렀지만 아이가 쌓아온 인풋을 우리가 원하는 아웃풋으로 끌어줄 수 있다 믿어졌기 때문이다. 이웃으로 몇 차례 차를 마시고 식사할 기회가 있었는데 무엇에 홀린 것처럼 이 사람이 아니면 안 될 것 같다는 생각이 들어서 4학년부터 정성을 들였다.

어떤 부분이 마음에 끌렸을까? 누구와의 어떤 주제라도 대화 자체를 즐기고 가지고 있는 생각과 배경, 경험이 풍부한 분이셨다. 아이들과 함께하는 것을 정말 좋아하는 분이었고, 언어 습득이 어떤 과정으로 이루어지는지 잘 이해하고 있었으며 아이에게 책 읽기를 권장할 수 있는 분이셨으니 욕심나는 선생님이 아닐 수 없었다. 경험이 없어 극구 사양하시는 선생님께 꼭 필요하고 원하는 아웃풋을 A4 용지에 정리해서 들고 찾아갔다. 이러저러한 부분 이러저러하게, 우리가 원하는 바를 구체적으로 의논할 수 있었다. 자신만의 커리큘럼이 확실한 사교육 전문 선생님이었다면 절대 시도해 보지 못할 일이었다. 그런 의논으로 우리만의 아웃풋 수업 방향이 잡혔다.

일주일에 두 번, 1시간 30분 수업, 선생님 댁으로 찾아갔다. 어휘, 독해, 문법 기타 등등 학습적인 다른 것은 모두 불필요하다는데 함께 하는 모두가 동의했다. 수업시간 내내 하나의 이야기거리를 잡아 아이들과 주제에 맞는 풍성한 수다를 나누는 것이 수업시간의 전부였다. 선생님께서는 그렇게 나누는 이야기가 좋은 주제로 잡아 놓은 어느 한 문장에 수렴할 수 있도록 이끌어주고 그 문장을 Writing 과제로 요구하신다. 아이들은 나누었던 이야기를 바탕으로 자신의 생각을 정리해서 글로 마무리하면 되었다. 독해하는 법을 배우고 단어를 암기하고 문법을 공부하기 위한 외부 도움이 아니었다. 그동안 꾸준한 원서 읽기를 통해 아이들이 키워 나갔던 **영어 자체 사고력을 다지고 확장시키기 위한 시간이었다.**

처음부터 어떤 선생님이었으면 좋겠는지 우리가 원하는 것은 분명했다. 잘 정리되어 정형화된 자신만의 커리큘럼이 확실한 전문가를 원한 것이 아니었다. 수요자가 원하는 바를 구체적으로 의논하고 수용할 수 있기를 바랐다. 주변을 둘러보면 분명 욕심나는 이런 분이 있다. 10년도 훨씬 전 지방이었던 우리보다 찾기 수월할 수도 있다. 미리미리 둘러보고 찾아 놓은 뒤 때가 되면 도움 받을 수 있도록 정성을 들여놓아도 좋겠다. 그런데 **원하는 아웃풋이 정확해야 그에 맞는 선생님을 찾을 수 있다.** 지금까지 쌓아 놓은 인풋을 바탕으로 아웃풋은 어떤 방법으로 접근해야 좋을지 구체화시켜 놓아야 한다. 가까이에서 엄마표 영어 수년을 함께했던 엄마라면 잡아낼 수 있다. 신기한 것이 원하는 것이 분명하면 거기에 맞는 선생님도 눈에 들어온다.

아이들의 한국말이
어색한 선생님

드디어 전문적인 지도를 받으며 폭발한 6년 차 아웃풋, 그중 말하기다. 아웃풋을 위해 먼저 채워져야 할 것이 무엇인지 다시 한 번 분명히 하게 된 계기로 4학년 때 선생님과의 인연은 앞서 발음 이야기를 하며 풀어놓았다. 4학년의 그 짧은 만남 이후, 제대로 아웃풋 시기의 말하기 모습이다. 3명이 그룹으로 주 2회 1시간 30분 수업이었다. 우리 모자를 믿고 선생님의 시간이 허락되기까지 함께 수개월을 기다려준 고마운 두 친구와 6학년 3월부터 제대로 아웃풋을 지도 받기 시작했다.

간단한 Reading 교재를 활용해서 이야기 주제를 선정했다. 리딩 교재를 선택한 건 학습을 위해서가 아니었다. 이야기거리를 찾기 위해서다. 90분 모두는 선생님께서 미리 생각해 놓으신 주제와 관련된 이야기를 나눈다. 수업시간은 Writing 주제로 향하기 위해 멈춤 없는 대화로 생각을 모으는 시간이었다. 그런 과정에서 원어민과 말할 기회도 거의 없었던 6학년 사내 녀석 둘이 2개월도 안 되어 수업 진행이 방해될 정도의 수다쟁이가 되어버렸다.

선생님 댁에 들어서며 나올 때까지는 단 한 마디도 우리말을 하지 않는다는데 집에 돌아오면 중얼거리는 것 말고 대화 비슷한 말은 한 마디도 하지 않으니 믿어지지 않았다. 그런데 선생님과 다 함께 식사를 하며 벌어진 재미난 상황에서 인정해야 했다. 선생님은 아이들과는 영어로 엄마들과는 우리말로 말씀을 나누셨다. **신기한 것은 아이들의 순간 변화였다.** 엄마하고 우리말로 이야기를 나누다가도 선생님에게 시선이 옮겨지면 한치의 망설임없이 영어로 즉각 변환되었다.

그런 상황에서 아이들이 우리말 하는 것을 어색해한 것은 선생님이었다. '너희들이 한국말을 이렇게 하는구나.' 아이들이 선생님과 우리말로 대화를 나눈 적이 없었다는 것이 증명되었다. 그동안 어떻게 참았는지 모를 정도로 하고 싶은 말도 많고 하고 있는 이야기도 풍성해서 일주일에 두 번이었던 그 시간을 선생님이 더 기다리셨다는 어마어마한 칭찬도 해주셨다. 이 시기 선생님의 두 아이가 모두 취학 전이어서 머리 좀 굵은 녀석들의 생각이 흥미로웠고 그 것을 함께 말로 풀어내는 시간이 즐거웠다는 것이다.

아이들의 Speaking을 이끌어내는 분으로 최고였다. 풍부한 이야기거리를 가지고 아이들뿐만 아니라 그 누구와도 대화 자체를 즐기는 분이었다. 그런 선생님의 감사한 성향이 건들면 터져줄 것 같던 아이들의 말문을 트이게 하는데 큰 도움이 되었다. 몇 차례 티타임을 통한 대화에서 가장 욕심났던 부분이었다. 우리나라에서는 공교육도 사교육도 받은 적 없고 아이들을 가르치는 것조차도 경험이 없었던 선생님을 믿고 욕심부렸던 이유였다.

Writing의 명확한 문제 진단과 지도

쓰기 지도는 어땠을까? 수업 시간 90분 내내 하는 활동이라고는 이야기거리 하나를 잡아 대화를 통한 생각을 모으는 시간이다. 그렇게 풍성한 대화를 바탕으로 정해진 Writing 주제는 복합적이고 독특했다. 받아온 주제 문장만 볼 수 있었던 엄마는 이걸 어떻게 쓰나 싶을 정도로 어려워 보였다. 그런데 아이들은 이미 충분히 수업시간에 나눈 대화였기에 주제 자체에 대한 어려움을 느끼지 않았다. 수업시간에 나누었던 이야기를 자기 생각대로 정리하면 되는 것이었다.

Writing을 하면서 추가되는 활동은 주제를 위해 활용했던 Reading 교재에 등장한 새로운 단어와 수업시간 대화를 통해 새롭게 알게 된 단어들을 자신의 Writing에 적극 활용하는 연습이었다. 이 정도가 가능한 고학년이면 가지고 있는 어휘력도 상당하다. 그런데 알고 있는 난이도 있는 좋은 단어를 자신의 글에 적절히 활용하기 위해서는 연습이 필요했다. 앞서 단어 학습법에서 언급했다.

기대했던 Writing 지도에 대해 살짝 불안해진 것은 2개월이 지났을 무렵이었다. 써서 제출한 Writing이 첨삭해서 돌아오지 않는 거다. 이걸 어쩌나 싶었다. 제대로 쓰고는 있는 것인가 의심스럽고 왜 수정, 첨삭을 안 해주나 맘 상하려던 참인데 선생님께서 그동안 제출했던 Writing 전체를 놓고 엄마들 각각 개별 면담을 요청하셨다. 아이들 각자의 문제점을 정확히 파악하기 위한 준비과정이었던 거다. 각자가 가지고 있는 문제는 모두 다르지만 명확했다. **아이들이 써서 제출한 한두 편의 Writing을 가지고 스펠을 체크하고 잘못된 문법을 지적하고 틀린 문장 구조를 바로잡으며 찾아지는 사소한 문제점이 아니었다.** 문제점을 제대로 파악하지 않고는 도움 줄 방향을 잡을 수도 없어 시간이 걸렸다는 말씀에 조급했던 마음이 부끄러워졌다.

반디의 Writing에서 보이는 문제는 무엇이었을까? 5년 차 1년 동안 첨삭이나 수정 없는 내 맘대로 일기 쓰기를 통해 영어로 생각을 쏟아내는 것에는 익숙해져 있었다. 쉽지 않은 주제의 쓰기 과제를 받아왔지만 A4 용지 1페이지 분량의 Writing을 완성하는데 30분이 걸리지 않았다. 그런데 지켜보는 엄마는 뭔가 불안했었다. 문제점은 분명했다. 말로 표현하는 것과 글로 표현하는 것이 달라야 하는데 반디는 그것이 거의 일치한다는 것이다. 말과 글의 차이 없이 하고 싶은 말을 그대로 '글씨'로 옮겨 놓았다. 그러다 보니 함축적인 단어 사용이 서툴러 문장이 장황해지고 같은 말을 유사한 문장으로 반복하는 산만하고 구조가 보이지 않는 글이었다. 왜 아이의 과제 Writing 시간이 짧았는지 그제서야 이해가 되었다.

간단하게 예를 들어보자. 반디의 Writing에 나쁜 것은 거의 모두 Bad라는 단어로 표현된다. 그것이 틀린 것은 아니지만 상황에 따라 골라 쓸 수 있는 난이도 있고 좋은 단어들은 많고 많다. 선생님이 유도해보면 그런 단어들을 모르는 것도 아닌데 편하게 쓰는 것에 익숙하다 보니 나쁜 건 모두 Bad, 그리고 줄줄이 부연설명이 이어진다. 좋은 것은 대부분 Good, 그리고 장황하게 부연설명이 이어지는 쓰기였다. 그 부연설명까지 함축해서 쓸 수 있는 좋은 단어 하나면 끝인데 말이다. 문장은 길지만 힘도 없고 질도 떨어지고, 고학년 어머님들은 이해가 되지 않을까? 저학년도 아닌데 이건 아니었다. 5년 차 1년 동안 첨삭 지도나 오류 수정 없이 써온 Writing의 문제점이 드디어 정확하게 파악되는 순간이었다.

제대로 된 Writing을 위해 정확한 진단과 지도가 절실했는데 그 부분 손에 잡힐 듯 명확해지니 반갑고 기대에 찼다. 정확하게 파악이 끝나신 선생님께서는 각자의 아이들에게 맞는 지도 방법으로 Writing을 이끌어 주셨다. 전문적으로 쓰기 지도를 해본 경험이 없는 선생님께 긴 기다림 끝에 받을 수 있는 지도였는데 그 선택이 이리 감사할 줄이야. 10개월로 아이들의 아웃풋 수업을 마치면서 지금도 기억하면 기분 좋아지는, 진심을 담아 해주신 칭찬이 있다.

"아이들에게 들어가 있는 것이 알차서 끄집어 내는 재미가 있었다."

왜 제 나이에 맞는 사고력을 위한 임계량을 채우는 인풋이 먼저여야 하는지 부정할 수 없는 칭찬이었다. 또래만큼의 사고력이 우선되지 않은 아이들에게 이런 방법으로 아웃풋 폭발을 기대할 수 있을까? 끄집어낼 것이 없는 아이들의 아웃풋 한계는 금방 바닥이 드러날 수밖에 없다. 한 예로 당장 현지에 떨어뜨려 놓는다 해도 일상적인 의사소통에는 전혀 문제없을 반디 또래의 특별한 이력을 가진 아이들에게 똑같은 방법으로 아웃풋을 시도했지만 끄집어낼 것이 없어 포기해야 했던 사례를 이후 선생님께 전해 듣고 우리의 선택이 옳았음을 다시 깨닫게 되었다.

학년이 올라가면 저절로 채워지는 사고력이 아니다. 아웃풋은 끄집어낼 수 있는 것이 충분히 채워져야만 꽃피울 수 있다. 선생님께서는 함께 수업에 참여하고 있는 친구들의 Writing에 대해서도 언급해 주셨다. 많이 늦은 시작이었지만 남다른 우리말 독서력을 가진 반디 친구의 감동적인 성장도 있고 영어유치원부터 시작해서 꾸준히 사교육의 커리큘럼에 익숙한 아이가 가지고 있는 Writing의 문제점도 인상적이었다.

이후 세밀한 수정, 첨삭을 지도 받으며 반디는 말로 하는 것과 글로 쓰는 것의 차이를 알게 되었다. 쓰자고 생각하고 앉으면 일단 생각나는 대로 마구잡이 타이핑 들어가던 습관에서 글의 구조를 먼저 생각하고 단락을 고민하고 머릿속에서 한번 정리해본 뒤 쓰기를 시작하는 습관도 길러졌다. 좋은 단어들을 적재적소에 활용하는 연습도 꾸준히 하면서 짧아도 힘 있는 글이 어떤 것인지 깨달으며 쓰기가 안정되어 갔다.

전문 과외 선생님이 아니었다. 미국 이민자로 모든 교육을 현지에서 마치고 결혼하고 아이 낳은 뒤 남편이 한국으로 스카우트되며 이미 우리말도 낯설어져 이방인처럼 어색한 한국살이 중이었다. 정확히 10개월 주 2회 1시간 30분 수업으로 기대했던 것 이상의 아웃풋을 완성해주신 은인이다.

늦게 시작해도
답은 책이다

이쯤에서 많이 궁금해지는 아웃풋을 함께한 반디의 친구 이야기를 해보자. 이 친구는 아래 지방에서 4학년에 반디 학교로 전학을 왔다. 아이 엄마가 동네에 와서 놀란 것은 영어교육 속도였다. 초등학교 3학년에 학교 교과로 영어를 시작하는 자연스러움 말고는 특별하게 추가 사교육 없이 지내다 들어온 동네였는데 많이 다르게 보였던 것이다. 어쩌다 보니 같은 반에서 절친이 되어버린 두 아이 덕분에 엄마들까지도 동갑이라는 이유로 깊이 마음을 나누는 사이가 되었는데 모두가 서두르는 걸음 안에서 독불장군처럼 사교육 없이 버티고 있는 반디의 영어 습득 방법을 궁금해했다.

반디에게 친구 이야기를 전해들은 기억이 있었다. 우리말 책을 읽는 수준이 많이 높았고 정말 책을 좋아하는 친구라는 것이다. 조심스럽게 친구가 된 아이 엄마에게 반디가 영어 습득을 위해 그동안 했던 방법을 자세히 이야기해주고 원서를 추천해주었다. 학년이 차서 시작한 이유도 있겠지만 두드러지게 우리말 독서의 바탕이 탄탄하고 두터웠던 아이였다. 그래서인지 집중듣기를 통해 원서를 읽어내는 속도가 기대했던 것 이상이었다.

5학년 말 즈음해서 책을 바꿔볼 기회가 있었는데 그 친구에게 빌려온 책

중에는 반디가 읽고 있는 레벨 이상의 것도 보였다. 초등 1학년에 시작해서 5년간 꾸준히 원서를 읽어왔던 반디의 속도를 1년 6개월로 따라잡을 수 있을 정도의 획기적인 계획과 노력을 했던 것이다. 이 친구의 꾸준한 노력과 성장 속도가 욕심이 났다. 그래서 아이가 같은 그룹에 함께 할 만한 실력이 아니라고 망설이는 아이 엄마를 설득해서 아웃풋을 함께 지도 받았다.

실제로 친구가 처음의 영어 실력 차이를 극복하는데 그리 오랜 시간이 걸리지 않았다. 중학교에 진학하며 반디와는 달리 제도 교육 안에 속해 있었지만 학교 영어 교육도 일반적인 영어 사교육도 만족하지 못했다. 진짜 영어 실력을 유지하고 향상시키기 위해 학교 교육과는 거리가 있는 이 길에서 홈스쿨러였던 반디와 꾸준히 파트너로 새로운 시도를 하게 되었다.

친구의 Writing 이야기도 재미있다. 받아온 과제를 어떻게 대하는지 아이 엄마에게 충분히 들어 알고 있었다. 그래서 선생님께서 반디의 Writing과 비교 설명해주시는 말씀이 십분 이해가 되었다. 아이는 과제로 받아온 Writing을 위해 책상에 앉으면 머리를 감싸 쥐고 오랜 고뇌의 시간을 갖는다고 했다. 자신이 다른 친구들보다 실력이 부족하다 생각하고 있었고 그래서 과제라도 최대한 열심히 해가야 한다고 생각했다는 것이다.

그렇게 고뇌의 시간을 가지면서 구조를 완성하고 쓰고자 하는 좋은 단어를 찾아보고 난 후에 시작을 한다 하니 얼마나 대견하고 기특한 일인가. 그런데 지켜보는 엄마는 답답함에 아이를 닦달하게 되고 따라가기 어려운 수업을 시키고 있는 것은 아닌지 걱정하며 하소연하고는 했었다. 선생님 말씀을 빌자면 친구의 Writing은 매주 성장이 눈에 보였다고 한다. 적당하고 좋은 단어를 적절하게 활용할 줄 알고 그러다 보니 내용은 함축적이면서도 힘 있는 전달력을 가지고 있다는 것이다. 생각에 생각을 거듭하고 쓰다 보니 시간이 많이 걸려서

하고자 하는 말을 전부 풀어내지 못하는 부족함이 있지만 결국 이 또한 얼마 지나면 나아질 것이라고 믿고 계셨다.

이 부분에서 혼자 결론 내린 것이 있었다. 이 친구에게는 다른 두 친구보다 월등하게 높은 우리말 독서의 내공이 쌓여 있었다. 영어도 언어이기에 그것이 탄탄한 기본이 되어주고 있었던 것이다. 영어를 친구들에 비해 늦게 시작했지만 짧은 기간에 따라잡을 수 있는 내공을 이미 우리말 독서로 다져 놓았던 것이다. 친구의 이후 영어 관련 이야기도 흥미롭다. 제도 교육 안에서의 중고등학교 6년은 상급학교 진학만을 목표로 하는 학교 영어 시험에서 고전을 하기도 했다.

하지만 대학 입학 이후 본격적으로 영어를 활용해야 하는 상황에서 오랫동안 바닥에 가라앉아 드러낼 일 없었던 진짜 영어 실력은 급속도로 상승했다. 전공 원서를 친구들과 함께 스터디하며 독해 속도가 비교 불가임을 확인했다고 한다. 3~4일 공부만으로도 영어 공인인증 시험에서 탁월한 성적을 얻을 수 있음을 보여줬다. 영어를 학습한 것이 아니라 **영어 자체로 사고할 수 있는 탄탄한 힘을 길러 놓았기 때문이다.** 그런 내공이면 어쩔 수 없이 다른 길에서 6년을 헤매다 와도 빠르게 안정을 찾을 수 있다는 것이 확인되었다. **쉽게 사라지거나 무너지지 않을 내공인** 것에 의심 없었다.

Writing을
잘하고 싶다면?

　　이웃 아이들이 고학년에 접어들고 중학교 이상으로 성장하기도 했다. 많이 듣고 많이 읽으며 만족스러운 채움이 있었으니 기대되고 욕심나는 아웃풋은 Writing일 것이다. 탄탄한 인풋을 바탕으로 영어로 글을 잘 쓰고 싶다면 어찌해야 할까? 그에 대한 (뻔한) 해답을 설득해보려 한다.

　　아이들이 영어를 습득하는 '과정'에서 영어로 글을 쓰는 Writing 실력을 발휘하고 그 능력을 인정받을 수 있는 기회는 흔하지 않다. 제도적 영어교육 시스템 안에서라면 공교육이 되었든 사교육이 되었든 과제나 대회 또는 시험을 위해 '정해진 규정이나 규칙에 맞게 써야 하는 글'이라는 제한된 상황을 만나는 정도다.

　　아이와 손잡고 장기전에 들어서서 실질적인 영어 내공을 목표로 이 길에서 애쓰고 있는 이들은 위와 같은 상황에서의 결과 수치에는 그다지 신경 쓰지 않는다. 그렇다 하더라도 잘하는 Writing에 대한 기대는 내려놓을 수가 없다. 자기만의 생각을 분명한 문장으로 정리하며 사고를 키우고 다져 나가는 방법으로 글쓰기가 최고의 방법이라는 것을 모르지 않아서다.

　　필요한 정보를 취사 선택해서 가지고 있는 지식과 사고력으로 재가공하여 새로운 정보를 창출하는 것이 글쓰기다. 나의 글에 근거가 되는 경험도 소환해야 하고 신뢰할 수 있는 리서치를 통해 그 근거의 타당성과 객관화에 힘을 싣는 것도 필요하다. 그런 과정에서 연관된 가장 최근의 새로운 지식을 습득하기도 하고 가지고 있던 사고를 확장하기도 하며 막연했던 생각들이 분명한 문장으로 정리되는 것이리라. **영어로 좋은 글을 쓰기 위해서는 이 모든 일련의 활동들이 영어로 가능할 수 있는 영어 자체 사고력이 우선되어야 한다는** 것에 이의가 있을까?

아이들이 그리고 어머님들이 궁극적으로 바라고 있는 Writing이 좋은 문장을 베껴 쓰기 하는 것은 아닐 것이다. 스펠이나 문법을 틀리지 않으려고 애쓰며 우리말 문장을 영어로 옮겨 놓는 짧은 영작을 원하는 걸까? 그런 수준의 Writing을 원하는 것이 아니라고 고개 가로저을 독자들이 상상된다. '바라고 원하는 쓰기는 자신의 다듬어진 생각을 막힘없이 글로 정리할 수 있다.' 이것이 아닐까? 그런데 과연 이것이 책을 많이 읽었다고 나이가 찼다고 저절로 가능한 일일까?

재미있는 상황을 하나 설정해보자. 좋은 주제가 될 만한 문장 하나를 선택해서 아이와 마주 앉아 **엄마는 한글로 아이는 영어로** 생각을 정리해서 글을 써보자. 주제 잡기가 어렵다면 다음 예를 참고해도 좋지만 검색해보면 토플에서 이 쓰기 관련 주제들이 쏟아져 나온다. 연령에 따라 다양한 주제들이 찾아질 것이다.

1. 전반적인 인터넷의 광범위한 사용은 오늘날 우리의 삶에 긍정적인 영향을 미치는가?
2. 리서치를 위해 인터넷을 사용하는 것과 책이나 신문기사 등의 인쇄물을 사용하는 것, 무엇이 좋을까?

3. 과학의 발달은 인간을 살기 좋게 만들었는가 지구를 살기 좋게 만들었
   는가?

(** 답을 쓸 때는 구체적인 이유와 예를 들어 나의 주장을 뒷받침해야 한다.)

시간을 정하고 주어진 시간 내에 두 사람이 다른 언어로 글을 써본 뒤 **아이 글을 보기 전에 엄마는 자신의 글을 읽고 판단해보자.** 지금 아이에게 바라고 원하는 영어 글쓰기, 그만큼 또는 그 이상으로 엄마 글이 완성되었는가? 다시 한 번 강조하지만 엄마는 한글로 쓴 글이다. 아니라면 왜일까? 사고가 아이만 못해서? 우리말로 교육받은 시간이 얼마인데 그건 아닐 것이다. 뿐만 아니라 살면서 보고 듣고 체험한 지혜와 지식이 아이들만 못할 수가 없다. 지금까지 읽은 책이 아이보다 적어서? 아이한테 읽어준 책까지 보탠다면 과연 적다할 수 있을까? 아이보다 배움도 길고 사고도 깊은 엄마가 겨우 초등학교 고학년 아이에게 바라는 쓰기, 그만큼도 우리말로 힘든 것은 글을 쓰는 것이 익숙하지 않아서다.

자기 생각을 글로 정리하는 것에는 연습이 필요하다. 노력 없이 저절로 얻어지는 것은 없다. 좋은 글을 쓰는 것도 연습이 필요하다. 연습도 안 해본 아이가 엄마들이 원하는 만큼의 쓰기가 저절로 될 수 있다 생각했다면 오산이다. 학원 다니는 아이들은 이맘때면 어쩌고저쩌고 하지만 그 친구들 또한 저절로 된 것이 아니다. 수많은 과제로 수없이 많은 글을 써봤을 것이다. 이맘때가 언제이고 그맘때 얼만큼 이어야 만족하는 쓰기인지는 모르지만 그만큼도 저절로 생겨난 능력이 아니라는 것이다.

글을 잘 쓰고 싶다면 많이 써봐야 한다. 많이 쓸 수 있을 만큼 생각을 먼저 채우는 것이 중요하다. 많은 글을 쓰고 싶어도 쓰고자 하는 글의 주제를 하나의 문장으로 찾는 것 또한 처음 얼마간은 어려운 일이다. 아이 스스로 쓰고 싶

은 주제를 찾아내기 힘들어 한다면 엄마가 함께 찾아주는 것도 도움이 된다. 생각을 다듬어 글로 정리할 수 있는 '거리(대상이나 소재)'들을 같이 고민해주는 거다.

반디가 아웃풋 중 쓰기를 처음 시도한 것은 초등 5학년 혼자 쓰는 영어 일기였다. 앞서 종합장 가득 끄적거려 놓은 영어 글은 놀이라 생각하고 칭찬만 해주었다. 매주 2~3회씩 영어로 일기를 썼는데 단조로운 하루 일과로 일기로 쓸 글감이 없으면 구독했던 영자신문 기사를 읽고 생각을 정리하는 것으로 일기를 대신했다. 6학년에 들어서며 선생님과 아웃풋 수업을 했다. 하나의 주제 문장에 수렴하는 90분간의 대화를 나누고 주제에 맞는 자신의 생각을 글로 정리하는 과제를 받아왔다. 고학년이었으니 좋은 단어를 자기 글에 활용하는 연습을 목적으로 자유 주제 Writing도 추가되었다.

5학년 말부터는 책 한 권을 마무리하면 읽은 책과 관련해서 쓰고 싶은 주제를 정해 짧게라도 글로 정리했다. 특별히 기억나는 상황이나 사건에 대해서, 특별히 인상적이었던 캐릭터에 대해서, 주제가 의미 있다 생각했다면 전체적인 주제에 대해서, 어떤 글감이 되었든 상관없었다. 책을 읽고 가지게 된 자신의 생각을 풀어내는 방법이었다. 저학년도 아니고 고학년이니까. 그것이 가능할 정도로 애써준 앞선 노력이 있었으니까. 그런 시도가 무리가 아닌 성장이었으니까. **5년 차부터 영어로 글쓰기는 해야 하는 활동 중의 하나였다.** 디테일한 수정 첨삭은 없었지만 적어도 일주일에 서너 편 이상 A4 한 장 내외의 **자기 글을 꾸준히 썼다.**

이 길은 100이면 100명이 모두 다른 모습으로 채워가는 시간이다. 그래서 그 어떤 변수와 시행착오에 정답은 없다고 말한다. 그럼에도 불구하고 너무 뻔한 답이라 민망하지만 그 답이 아니면 답이라 할 수 없어 진짜로 뻔하디 뻔한 답을 할 때가 있다. 다른 어떤 답보다 분명해서 진리와도 같은 답이 존재할 때다. 영어를 잘하고 싶다면 때가 될 때까지 꾸준히 많이 듣고 읽어라! 영어로 글을 잘 쓰고 싶다면 때가 되었을 때 꾸준히 많이 써봐라! 이보다 허무한 답이 없겠지만 이보다 분명한 답도 없었다. 꾸준히 많이 듣고, 읽고는 혼자서도 가능하다. 쓰기 또한 전문적인 지도를 받기 전에 필요한, 꾸준히 많이 써 보기도 혼자서 가능하다. 그래서 이 길에서의 성장이 눈부실 수 있는 것이리라. 때를 기다리며 혼자서 할 수 있는 것이 많은 길이니까.

'이불변 응만변以不變 應萬變'이라는 말을 좋아한다. 변하지 않는 원칙으로 만 가지 변화에 대응할 수 있다는 의미다. 반대로 변하지 않아야 하는 그 원칙을 무너뜨리면 만 가지 문제를 만날 수 있다는 의미로 받아들였다. 영어 습득을 위해 이 길을 선택하며 '이불변' 한 가지는 분명했다. **제대로 꾸준히!** 이 한 가지로 만 가지 불안, 의심, 시행착오들에 대처할 수 있었다. **'꾸준함'은 변하지 않는 원칙이었다.** 꾸준한 노력과 성실함에도 전략이 필요하니 '제대로'는 전략이었다 할 수 있다.

이웃들과 아이들의 성장을 함께하며 채우는 것은 만족할 만큼이었는데 채운 것을 어떻게 아웃풋으로 발현시켜 줄 수 있을지 그것을 함께 고민하고 있음이 흐뭇하다. 아무리 넘치는 채움이 있었다 하더라도 "아이가 Writing을 잘 못한다" 이것은 어찌 보면 당연한 '시작'이다. 잘 못하는 Writing을 잘 하는 것으로 바꾸기 위해 든든하고 탄탄하게 채워 놓은 인풋을 바탕으로 지금부터 무엇을 해야 하는지 우리는 이미 답을 알고 있다. 자주 많이 써보는 것, 그 꾸준함이 가장 옳은 해답일 것이다.

전력 질주는
초등 6년이 전부였다

초등 6년, 전반전의 전력 질주는 이렇게 끝이 나고 어떤 선택이든 후반전을 맞아야 하는 때가 온다. 우리의 경험이 초등 6년 전반전, 그 이후의 과정이 일반적이지 않았는데 혹시 그래서, 그랬기 때문에 가능하지 않았을까? 오해를 하기도 한다. 영어 습득의 완성으로 가는 성장의 발판은 초등 6년의 욕심과 실천만으로도 충분히 탄탄해질 수 있다. 그 시간을 바탕으로 후반전에 들어섰을 때 자신만의 방법으로 유지, 연계할 수 있는 각자의 방법은 어렵지 않게 찾아진다.

반디 또한 그 **초등 6년의 전력 질주가 영어 습득을 위해 최선의 노력을 기울였던 전부라 할 수 있다.** 옳다고 믿었던 길이었기에 한눈팔 여유도 없이 초등 6년 동안 가장 중요시하고 집중했던 것이 영어였다. 아이의 전체 인생에 6년이 그리 긴 시간이 아니었는데 그 시간을 집중하면 바뀔 수 있는 아이의 미래가 보였기 때문이다. 적절한 시기에 대해 고민하며 찾아본 여러 자료들은 영어 습득을 위한 최적기가 초등 6년이라는 확신도 가질 수 있게 해주었다. 이 모든 이유가 어정쩡하게 흘려보낼 수 없는 초등 6년 동안 흔들리지 않는 중심을 잡게 해주었다. 그 중심으로 주변의 흐름에 눈 감고, 귀 닫고, 입 막을 수 있어 우리의 선택에서 최선을 다하는 전력 질주가 가능했다.

8년 중 절반의 시간을 매일 세 시간씩 꽉꽉 채운 실천이었다 하니 어이없어 하기도 하고, 그렇다면 초등 6년 내내 영어만 했던 것은 아닐까 궁금해 했다. 시간 확보를 위해 무모할 정도로 가지치기를 해야 했지만 하고 싶은 것을 못할 정도의 무리한 시간 투자는 아니었다. 하고 싶은 것, 해야 하는 것들 아쉽지 않을 만큼은 하면서 집중 가능한 시간이었다. 학년이 올라가면서는 사교육을 위해 투자해야 하는 시간보다도 덜한 시간이었다. 일상이 되어버린 안정된 진행은 길지 않은 시간 추가적인 학습이 들어가도 여유가 느껴졌다. 아이는 특별하게 하고 싶다 고집부리는 것이 많지 않았고, 엄마는 잠재력을 끄집어내보겠다고 이것저것 시도해보는 욕심도 없었던 덕분이었을까?

직접 계획하고 실천해보지 않으면 도저히 가능한 일이라 믿어지지 않는 막연하고 길게만 느껴지는 매일 3시간인가보다. 그런데 실제로 이 시간 투자가 아이들의 일상 안으로 녹아들면 무리가 아니라는 것을 이제는 이 길에서 현재 진행형으로 성장하고 있는 아이들의 가정에서 전해주고 있다. **주먹구구 되는 대로 시간이라면 빠듯한 일상에서 비우기도 힘든 세 시간 맞다. 준비 없는 어설픈 시작이라면 세 시간을 비웠다 해도 제대로 차근차근 필요한 것들을 채우기 힘든 시간이기도 하다.**

닿고자 하는 목표를 분명히 하고, 꾸준한 실천을 위해 아이를 이해시키고 설득하고, 아이에게 맞는 계획을 구체화시키고, 매체 활용에 대한 3년치 계획을 세우고 등등. 이런 과정을 직접 설계해본다면 왜 이런 잔소리를 구구절절 지치지도 않고 하고 있는 것인지 이해가 될 것이다.

초등 6년을 그렇게 보내고 본격적인 홈스쿨에 들어서면서 아이는 더 이상 영어에 그만큼의 시간을 투자하고 싶지 않다고 선언했다. 책이 좋은 녀석이 아니었지만 완벽히 습관으로 자리잡았으니 하루 1시간 원서를 읽는 것이 힘든 일이 아니었음에도 더 이상 영어책 읽기에 흥미를 느끼지 않았다. 생각이 단순했던 초등에 비해 책을 보는 것도 영상을 보는 것도 집중력이 눈에 보이게 떨어지기도 했다.

또한 그때부터 본격적으로 시간과 정성을 들여야 하는 공부와 관심은 영어가 아니었다. 수학에 재미 들리면서부터 영어는 더욱더 멀어졌다. 결국 원서를 짬짬이 읽는 최소한의 유지 정도였지 특별히 영어에 시간을 할애하지 못했다. 제도 교육으로 들어서든 홈스쿨을 선택하든 언어 습득의 최적기가 지나버린 것이다. 적기를 놓치면 적기에 비해 4배의 시간과 노력을 투자해야 한다는 뇌 영역의 활성화, 기억나는가? 왜 물러설 수 없는 배수의 진을 치고 집중해야 하는지 그 시간을 다 보내고서 더 확실해졌다. **초등 6년이 영어 습득에 있어 놓치면 커다란 후회로 남을 시기라는 것은 매번 강조해도 부족함이 있다.**

7년 차,
영자 신문 활용 디베이트

선생님 집으로의 10개월 짧은 어학연수를 끝으로 각자 도생의 길을 찾아야 했다. 6학년 겨울방학을 맞으며 선생님이 친정에 다니러 미국에 들어가는 시점으로 수업은 끝이 났다. 처음부터 겨울방학 전까지라 못 박아서 더 이상 부탁도 힘들었다. 함께 했던 친구들은 각자에게 맞는 방법으로 대안을 찾아야 했다. 반디는 다시 돌아온 나 홀로 영어였다. 원서와 함께 병행하며 읽을 거리들을 찾다가 EBS English 홈페이지의 청소년용 신문 기사를 다시 보기 시작했다. 초등 4학년 진행에서 영자 신문을 활용했던 이야기는 책에 자세히 담아 놓았다.

EBS English 홈페이지에는 시중에서 발행 중인 어린이 그리고 청소년용 영자 신문의 일부 영역 기사들이 1~2주에 한 번씩 업데이트되고 있었고 무료로 활용이 가능했다. 당시 청소년용 신문은 기사 본문 하단에 두세 개의 질문들이 첨부되어 있었다. 단답형 대답보다는 생각 정리가 필요한 질문에 관심을 가져봤다.

그런 질문들을 우리말로 반디와 생각을 나누는 시간을 가져보고는 했는데 이런 대화를 영어로 받아주고 영어로 생각을 끄집어내줄 수 있다면 얼마나 좋을까 싶었다. 그 시기에 했으면 좋을 활동, 디베이트가 욕심났던 것이다. 중학교에 입학한 파트너도 영어 교육 방향에 고민이 깊었다. 대안 없는 선생님 바라기들이었다. 하고 싶은 것이 분명해졌으니 선생님께 다시 사정해서 이번에는 어렵게 하반기 6개월을 확보할 수 있었다.

중학교를 제도교육으로 시작한 친구의 영어 방황기라 해야 하나. 친구는 중학교에 입학 후 학교에서 영어수업과 시험을 치르면서 아이 스스로도 부모도 하고 있는 영어학습에 대해 많은 갈등을 겪고 있었다. 진짜 영어 실력과는 무관하게 진행되는 학교수업이나 시험문제는 영어 실력을 제자리걸음도 아니고 자꾸 뒷걸음질치게 만들었다고 한다. 아이 또한 자신의 지난 경험이 얼마나 소중한 것이었는지 느꼈고 그 시간을 자꾸 그리워했다는 것이다. 아이 엄마는 학원도 과외도 나름 신중하게 골라 시도해 보았지만 안정을 찾지 못했다. 반디와 같은 방법으로 여유시간에 원서를 보게 했는데 그나마 우선 순위에서 수학 공부에 밀려 이러지도 저러지도 못하고 있는 중이었다.

한편으로는 아이의 진짜 영어 실력에는 도움을 주었지만 제도권 교육에 맞추지 못하는 악영향을 준 것이 아닌지 내심 미안해지기까지 했다. 친구 아빠 역시 선생님께서 시간만 허락해주신다면 학교 공부와 방향이 다르더라도 선생님과 함께 지속할 수 있는 활동들을 고민해 보는 것이 좋겠다며 아이 엄마를 다그치는 중이었다. 마음이 하나가 된 두 엄마가 선생님을 찾아가서 하반기 6개월 간신히 시간 확보하고 영자 신문을 활용한 디베이트를 주 1회 할 수 있었다.

주 1회 발행되는 청소년용 영자 신문 기사 전체를 각자 집에서 미리 읽어 보고 선생님과 함께 모여 관심 있는 기사를 선정해서 토론하는 수업이었다. 예고는 없었지만 선생님께서는 미리 토론에 적당한 기사를 골라 놓으셨다. 시사

적인 기사에 대한 찬반 입장을 분명히 해서 자신의 의견을 설득력 있게 제시해야 했다. 이야기 책이 아니었고 의사 전달에서도 일방적이지 않은 상호 소통을 넘어, 상대를 이해시키고 설득해서 동의를 구해야 하는 쉽지 않은 진행이었는데, 딱 그 나이만큼의 생각을 망설임 없이 표현해 주었다는 선생님의 격려와 아이들의 만족도 꽤 높았다.

　　토론 후 생각을 정리하는 Writing 과제가 있었는데 써야 하는 글의 종류나 목적에 따라 설명문, 논설문, 감상문, 보고문 기타 등등. 각각 다른 형식과 전개를 가지는 Writing Skill을 다듬어 나갈 수 있었다. 금방 지나가버린 6개월이 너무 짧았다. 지속가능할지 선생님께 상의 드렸다. 국내에서 청소년용으로 나와 있는 영자 신문 기사의 내용이 깊이 있는 사고와 토론을 유발하기 좋은 글을 찾기가 힘들다는 선생님과 아이들의 공통된 의견이 나왔다. 더 긴 시간 같은 방법으로 수업을 하는 것은 크게 도움이 될 것 같지 않다는 합의에 도달하고 또다시 각자의 방법을 찾아야 했다. 반디는 홈스쿨에 들어서며 영어에 투자하는 시간이 현저히 줄었고 매일도 아닌 짬짬이 읽고 있는 책이 원서인 유지 정도였다.

8년 차,
원서의 끝판왕 고전과 함께

또다시 혼자만의 방법으로 영어를 유지해야 했던 8년 차의 모습은 한 단어로 요약된다. 고전읽기! 어떤 책을 어떻게 읽는지가 중요한 것이 고전이다. 우리가 제대로 된 책이 아니고 세계 명작동화 수준으로 읽고 말아버린 고전이 얼마나 많은지 알면 놀랄 것이다. 8년 차 반디가 읽었던 고전들은 시대에 따라 또는 연령에 맞게 다시 쓰거나 축약된 내용이 아니다. 본래 그대로의 비축약으로 접근한 책이었다.

지금은 달라졌다 믿고 싶지만 반디가 초등 고학년일 무렵 사교육 시장에서 부교재로 사용하고 있는 원서들을 살펴보고 놀랐던 기억이 있다. 아이의 사고나 정서에는 맞지 않는 내용들을 심하게 축약해 놓은 얇은 책으로 유명 고전을 시도하는 경우를 목격했다. 초등학교 고학년 아이가 다니고 있는 어학원 가방에서 《오만과 편견》,《이성과 감성》,《폭풍의 언덕》 등의 제목으로 50~60페이지 분량의 얇은 페이퍼 북을 만나고 얼마나 놀랐는지 모른다. 줄거리 훑어보기 수준도 못 되는 변형된 버전으로 고전을 교재로 사용하고 있음을 알고 책조차 잘못 접근하게 만드는 영어 사교육을 혼자 걱정했었다.

고전으로 분류되는 책들은 줄거리 따라가자고 읽는 책이 절대 아니다. 그렇게 만난 책을 나중에 본래의 이야기로 다시 만나줄 거라 기대할 수 있을까? 반디는 분명 그런 기대를 할 수 없는 아이라는 것을 너무 잘 아는 엄마였다. 그래서 아이의 고전문학 접근에 대해 고민이 깊었었다. 좀 늦더라도 이해력과 사고력이 얼마간 성숙했을 때 변형되지 않은 본래의 원문으로 고전을 만나 주기를, 그것이 가능하면 '원서'일 수 있기를 바랐다.

결국 8년 차에 시도할 수 있었다. 중2 나이에 고전읽기를 시작했는데 그 시기에도 아이가 읽기에 적절한 고전은 그리 많지 않았다. 살면서 두고두고 읽어야 하는 책들이다. 《엄마표 영어 이제 시작합니다》에는 반디가 읽었던 고전들을 표지까지 담아 놓았다.

8년 차에 반디가 고전을 읽기 시작하는데 혼자 읽고 덮기에는 아쉬움이 많은 작품들이었다. 믿을 수 있는 건 선생님뿐이었으니 다시 부탁드려 이번에는 한 달에 한 번 함께할 수 있는 기회를 얻었다. 반디를 위해 미리 조사해서 만들어 놓은 고전 리스트를 참고하여 선생님과 아이들이 함께 고른 작품을 읽고 한 달에 한 번 모여 주제, 주인공, 작가, 시대적 배경 등 각 작품에 적당한 주제를 놓고 이야기 나누기였다. 이야기 나눈 뒤 하나의 Writing 주제를 정해 써보는 것을 8번 함께할 수 있었다. 역시 앞서 언급한 아웃풋 파트너와 캐나다에서 리터니로 합류한 친구와 함께했다.

횟수로 보면 별 거 아닌 수업이었지만 고전을 이해하는 데 많은 도움이 되었다. 작가가 전하려는 의도와 맞지 않더라도 책을 읽은 뒤 그 책에 대한 자신의 생각이나 느낌을 함께 나눌 수 있고 그러한 **'소통의 도구가 영어'**인 것에 감사했다.

마지막 수업 날, 선생님께서는 아이들에게 정장 코드를 주문하시고는 대전에서 최고로 비싸다는 뷔페로 데리고 가셨다. 호주로 가게 된 반디를 위한 송

별회 겸 종강 기념이었다. 후에 아이들이 들려준 재미난 이야기가 있다. 뷔페에서 선생님과 사내 아이 셋이 차림도 말 안 되게 어색한데 지속적으로 대화를 영어로 나누고 있으니 접시 들고 지나가던 모든 사람들이 쳐다봐서 처음에는 굉장히 부끄러웠다 한다. 하지만 워낙 선생님이 활발하게 대화를 이끌어주시니 주변 시선에 신경 쓰지 않고 자기들끼리의 대화에 집중하게 되더라고.

이렇게 보낸 엄마표 영어 8년으로 망설이지 않아도 좋을 선택 가능한 것에 해외대학 진학이 포함되었다. 8년 차 8월에 해외대학 입학자격 영어인증시험, IELTS를 독학으로 20여 일 공부해서 무난히 요구 점수 이상을 받았다. 그리고 2013년 1월, 영어 습득을 위한 8년간의 노력에 종지부를 찍으며 이민 가방 두 개 달랑 들고 바다 건너 도착하면서 아이에게 영어는 곧바로 실전이면서 일상이 되어버렸다. 낯선 땅에서 영어 실력이 완전 바닥인 엄마 대신 부동산부터 가스, 전기, 전화, 인터넷 기타 등등, 정착하는 내내 전화기 붙들고 가장 노릇하고 나니 오히려 개강하고 얼굴 마주하며 듣는 강의나 다국적 친구들의 다양한 억양에 익숙해지는 것은 너무 쉬운 일이었다고 한다.

경제적으로 고전 원서 만나기

간혹 궁금해 한다. 레벨이 높아질수록 오디오 지원이 되지 않는 책이 많은데 고전의 음원은 어찌 구할 수 있었는지다. 8년 동안의 엄마표 영어를 위한 비용 투자가 그리 크지 않았다. 과정을 깊이 들여다본 이웃들이 가성비 최고의 엄마표 영어라 놀라는 이유다. 비용 면에서 가장 부담스러운 워밍업 단계의 책을 구입한 적이 없다는 것이 큰 이유였을 거다. 돈 많이 들어가는 길이었다면, 엄마가 영어를 잘해야 하는 길이었다면 그냥 사교육으로 해결하고 말지 절대로 발 들여놓지 않았을 사람이다. 돈은 돈 대로 들어가는데 엄마 맘 고생, 아이 몸 고생에 맘 고생까지 감당해야 하는 엄마표 영어였다면 처음부터 관심 갖지 않았을 것이다.

원서읽기의 최종 단계인 고전조차도 책을 구입하기보다는 사이트 하나를 알차게 활용했다. '프로젝트 구텐베르크Project Gutenberg'로 검색되는 전자책 온라인 도서관 사이트다. 이미 저작권이 소멸된 고전들을 전자책으로 디지털화시켜서 누구나 무료로 볼 수 있게 만들어 놓았다. 축약되거나 시대에 맞게 또는 연령에 맞게 다시 쓰여진 것이 아닌 본래의 원문이다. 원어민 자원봉사자들이 책을 읽어 녹음해 놓은 음원도 추가되어 있다. 8년 차에 이 사이트를 통해서 아이패드 ebook 형식으로 다운 받은 고전들을 자원봉사자의 오디오 지원으로 만나고는 했었다.

그런데 듣기 많이 거북했던 발음도 있었나 보다. 아이가 이건 도저히 못 들어주겠다며 묵독으로 읽는 경우도 많았다. 묵독을 못해서 집중듣기 방법을 끝까지 가져갔던 것이 아니란 것을 집중듣기 정리하며 언급했다. 집중듣기는 정도의 차이만 있을 뿐 8년간 계속되었다는 말은 이런 진행이어서다.

이 사이트를 알게 되었던 계기가 있다. 엄마표 영어 한 커뮤니티에서 우리가 활용하기에는 너무 멀게만 느껴지는 고급 정보들을 아낌없이 나눠 주셨던 아버님을 기억한다. 이 지면을 빌어 혼자라도 감사를 전하고 싶다. 설마, 어쩌면, 혹시 그러면서 아버님 글을 모두 인쇄해서 보관하고 있었다. 그런 선 경험자들이 나눠주는 좋은 정보들을 잘 보관하고 있다가 아이가 성장하는 과정에서 필요할 때마다 다시 찾아보고 보완하며 때마다 많은 도움을 받았다.

그중 최고의 활용이 이곳이었다. 남겨놓으신 글이 커뮤니티에 아직 남아있다면 진작에 공유하고 소개해 놓았겠지만 이미 글 모두가 삭제되었다는 것을 확인하고 많이 아쉬웠다. 선 경험자가 나눠주는 정보들은 **우선 당장 필요한 것만 눈여겨볼 것이 아니다.** 그려 놓았을 아이의 영어 시작부터 최종 목표까지의 큰 그림을 따라가며 멀지 않을 미래에 도움되겠다 싶은 것들 모두를 잘 보관해 놓는 준비성도 필요한 길이다. 프로젝트 구텐베르크 사이트의 활용 방법은 블로그에 자세히 포스팅되어 있다.

엄마만이 끝을 만나게
해줄 수 있는 길이다

풀어 놓았듯이 인풋 5년의 시간 뒤 본격적인 아웃풋을 시도했던 것은 6년 차였다. 그리고 7~8년 차는 간헐적인 아웃풋 활동이 추가되었을 뿐 그리 많은 시간을 영어에 투자하지 않았다. 차곡차곡 쌓았던 인풋의 임계량을 넘었다 생각되는 시기에 적절한 도움을 받으니 단시일에 아웃풋은 엄청난 폭발력으로 발현될 수 있었다. 실질적으로 반디의 아웃풋은 6년 차, 1년 동안 완성에 가깝게 이뤄졌다. 본래 5년 차부터 시도하고 싶었는데 시간이 허락되지 않았었다.

무리하면 할 수도 있었겠지만 어떻게 공들인 인풋인데 몰입이 불가능한 시기에 어설프게 접근해서 시간에 쫓기며 가고 싶지 않았다. 눈 딱 감고 1년을 뒤로 미루었다. 그런데 그조차 잘 기다려준 것이라 생각되었다. 아이 키우며 정말 잘하는 것이 이런 기다림이었다. 진짜로 건들면 터져줄 것 같은 시점이 분명 있다. 그럴 때 아웃풋을 제대로 접근해서 폭발시켜 줄 수 있는 방법을 고민 고민해서 준비해 놓아야 한다. 파트너를 찾아보자. 욕심나는 친구들이 있다. 도움 받을 수 있는 선생님을 주변에 관심 갖고 미리미리 찾아보자. 하루아침에 찾아지지는 않겠지만 어떤 선생님이 필요한지 분명히 하고 둘러보면 눈에 들어온다. 그것이 엄마표 영어의 길에서 엄마가 할 수 있는 최선 중의 하나이다.

인풋이 안정된 아이가 외부 도움이 필요할 때를 잘 맞추어 보자. 혼자보다는 몇몇이 모여 전문가 도움을 받는 것이 폭발력 있는 아웃풋을 기대할 수 있다. 사교육 필요 없는 인풋 집중 시기, 아이의 영어 습득을 위한 실천에 적극적으로 꾸준히 관심을 가지고 곁을 지켜보자. 영어는 못하지만 흐름에 있어 전체를 보는 시각을 기를 수 있다. 그렇게 길러진 시각으로 어떤 아웃풋 지도가 내 아이에게 적절하고 필요한지 보일 것이다.

사교육이 방해가 되는 시기도 있지만 사교육이 필요한 때가 있다. 모든 사교육이 그렇듯 꼭 필요한 때를 맞추어 도움 받는다면 최소비용으로 최대효과를 얻을 수 있다. 영어 습득을 위한 실천을 이쪽 길로 계획했다면 인풋 시기는 사교육을 피해서 시간을 확보하는 것이 실천에 있어 유리하다. 아웃풋은 아이가 지금까지 쌓아온 시간을 바탕으로 제대로 끄집어낼 수 있는 전문가를 찾아 도움받는 것을 추천한다.

그런데 이러한 인풋을 쌓아온 아이가 사교육 도움을 받아야 할 때 깊이 고민해보자. 우리나라 교육 시스템에 맞춰진 자신만의 커리큘럼이 확고한 학원이나 과외선생님께 전적으로 또 장기적으로 아이를 맡길 수 있을까? 보여지는 학습, 틀에 맞추는 접근을 경계해야 한다. **아이 스스로의 생각이 필요 없는** 비슷한 유형의 반복적이고 형식적인 과제물로는 들어간 만큼 배신 없이 돌려받기는 힘들기 때문이다.

누군가 엄마표 영어 방법으로 내 아이 영어 잘하게 해준다는 유혹에도 속지 말자. 이 방법은 **엄마가 아닌 이상 시작은 도와줄 수 있어도 끝을 만나게 해주지는 못할 것이다.** 끝을 보고 싶다면 직접 제대로 엄마표 영어에 대해 열심히 공부하자. 그리고 실천을 구체화시켜 계획하고 아이와 함께 걸어 보자. 오래지 않아 혼자서도 잘 나아가는 아이의 뒷모습을 보면서 흐뭇할 날이 온다.

영어 완성에 닿기까지 8년 동안 반디 엄마의 최선은 무엇이었을까? 엄마가 직접 영어공부를 하지 않아도 되는 길이라 좋았다. 엄마가 직접 영어책을 읽어주지 않아도 되는 길이라 좋았다. 엄마가 직접 영어를 가르치지 않아도 되는 길이라 더 좋았다. 그래서 나도 할 수 있었다. **대신, 가고자 하는 길에 대해 깊이 정확하게 공부했다.** 길고 지루하고 쉽지 않은 시간 동안 가까이에서 함께하며 고비 고비 때를 놓치지 않도록 긴장했다. 그렇게 아이와 함께 하며 우리만의 길을 걷다 보니 끝이 보였다.

그 어떤 선택도
만족할 수 없는 이유

너무도 많은 엄마표 영어 관련 책이 등장했다. 너무도 많은 엄마표 영어 방법이 존재한다. 너무도 많은 영어 원서는 공공도서관과 온오프라인 서점에 넘쳐난다. 너무도 많은 영어 학습서들은 안 하면 안될 것 같은데 뭘 해야 할지 모르겠다. 너무도 많은 엄마표 영어를 돕기 위한 검증된 또는 검증되지 않은 자료들이 쏟아진다. 이렇게 수많은 선택지가 눈앞에 펼쳐져 있지만 **그 어떤 선택도 만족할 수 없는 이유는 무엇 때문일까?** 선택의 폭이 커질수록 확신은 줄어들고 의욕은 떨어진다. 선택의 폭이 커질수록 결정은 힘들어지고 기회 비용은 늘어나게 된다. 선택한 것에 집중하기보다는 놓친 것들에 대한 아쉬움이 커지기 때문이다.

엄마표 영어에 대해 **'잘 알고 있다'**는 것과 엄마표 영어를 제대로 **'잘 하고 있다'**는 것은 큰 차이이다. 너무도 많은 그 모든 것을 잘 알고만 있는 것에 그친다면 선택 가능한 것의 가짓수만 늘려 놓게 된다. 정보의 홍수에 휩쓸려 익사 직전의 상태로 스스로를 몰아가는 꼴이다. 정보 또한 지나친 과식으로 인한 과부하를 조심해야 하는 세상이다.

반디와 이 길에서 애썼던 당시는 수입 판매되고 있는 원서들이 지금 같은 물량이 아니었다. 유튜브에서 아이들 영어 습득에 도움될 만한 영상을 찾을 수도 없었다. 선택의 여지가 없어 선택할 수밖에 없었던 것들이 많아야 했던 시절이다. 그런데 선택의 폭이 크지 않았던 것이 감사할 일이었다 생각 드는 요즘이다. 누군가의 안정적인 진행과 부러울 정도의 정보력을 마주하게 되면 선택의 가짓수는 자꾸만 늘게 된다. 선택 가능한 가짓수가 늘어나면서 겪게 되는 것이 선택 장애다. 그 어떤 선택도 놓쳐버린 것에 대한 아쉬움으로 만족과는 거리가 멀고 비교와 불안 등에 시달리게 된다.

이 길에 대해 알고 있고 이 길을 위해 준비했고 가지고 있는 것들을 점검해 보자. 어쩌면 이미 과할 정도로 많은 선택의 가짓수를 가지고 있을지도 모르겠다. 그렇다면 얼마나 취할 것인가 '양'의 문제가 아니라 무엇을 어떻게 취할 것인가 '질'의 문제를 고민했으면 한다. 타협 없이 꾸준해야 하는 활동에 오롯이 집중할 수 있는 최선의 선택은 그 훨씬 못한 선택지로도 충분히 가능했다. 그 선택지가 누군가 좋다고 추천한 그대로가 아니다. **내가 내 아이를 위해 내 아이에게 맞는 것을 찾아 헤맨 고민이 보태져 있었기에 내가 알고 있는 것만으로도 내 아이에게는 충분했다.**

누군가 많은 것을 '알고 있다'는 것에 기죽지 않아도 좋다는 거다. 새로운 책이 아니면 어떤가? 영어가 새로운 것이 아닌데. 모두가 가지고 있다는 책이 없으면 어떤가? 그 책을 내 아이가 좋아하지 않을 수도 있는데. 좋은 학습서나 사이트 정보를 많이 찾는 것이 성공의 큰 변수가 될까? 결국 내가 사용하는 것은 없거나 한두 개 뿐일 텐데.

잘못된 조언이면 어쩌나 조심스러우면서도 아이들이 매일 **영어 노출을 위해 하는 활동이나 매체를 단순화하는 것을 추천한다.** 영어 노출에 대한 아이의 부담이 때로는 물리적인 시간에 대한 부담이 아니라 이것도 저것도 그것도 해야 하는 가짓수에 대한 부담은 아닌지도 고민해봐야 해서다. "난 왜 이렇게 하는 게 많아?" 아이에게 이 말을 들어봤다면 더욱더 일상을 돌아볼 필요가 있다. 놓친 것들에 대한 미련과 아쉬움이 커서 선택한 것에 집중할 수 없고 그 선택에 대한 만족도가 떨어지는 것을 원하지 않는다면 선택과 집중을 위해서 처음부터 선택의 가짓수를 줄여보면 어떨까? 기회비용도 줄어들테니 놓친 것들이 별 게 아니게 만드는 방법이 되어줄 수 있다.

엄마표 영어 초창기였으니 이 길에서의 성공 사례가 많이 등장하기 전이었다. 선배맘들의 조언이 이렇게 저렇게 다각도로 제각각 시시콜콜이 아니었다. 가고자 하는 길을 제대로 실천해보기 위해 **나만의 큰 그림이 분명히 그려졌다면 눈 감고 귀 막고 입 닫고** 무소의 뿔처럼 어쩌고저쩌고 해도 큰 관심 가져주지 않는 주변이었다. 그런 시절이었음이 또한 감사할 일이 되었더라. 그 어떤 실천 방법이나 진행 속도도 일반화할 수 없다는 것을 인정하고 내 아이만의 속도를 찾아가려 애쓰는 중인데 주변을 아무리 둘러봐도 같은 마음 나눌 이가 없다. 그래서 가깝다 생각하는 지인에게 엄마표 영어를 선택했다 털어놓으니 자꾸만 걱정이라는 그럴듯한 포장으로 내 선택을 불안하게 만들기도 한다.

꼭 해야 할 것들에 집중하자 마음먹고 아이와 함께 해야 할 시간에 대한 큰 그림도 그려졌다면 세상에 관심을 조금 덜 가져도 좋지 않을까? 누군가의 관심에서 조금 멀어지는 것을 두려워하지 말고 **내가 품을 수 있는 것들에 집중해보자.** 다른 이들의 속도에 상처받지 않고 내 아이와 나란히 발맞춰 가기 훨씬 편안해질 수 있다.

보이는 게 무엇인지는 모르겠지만 보여지고 싶어하는 사람이 너무도 많은 세상이다. 시간이 지나도 익숙해지지 않아 잘 하지 않는 SNS지만 필요에 의해 가끔 들여다보며 궁금했다. 사람들은 왜 매일매일 순간순간 자기를 고백하고 있는 걸까? 위로 받기 위해? 이해 받기 위해? 그래서 나를 보여주는 것일까? 처음부터 알았다. 이 길이 누구에게 위로 받지도 이해 받지도 못할 꽤 긴 시간을 견뎌야 하는 길이라는 것을.

좀 더 솔직하자면 내 아이와 함께하는 시간에 다른 사람의 이해나 위로가 필요하지 않았다. 8년이라는 시간이 편안했던 것이 그렇게 세상의 흐름과 어느 높이만큼 보이지 않는 담을 쌓고 살았기 때문인지도 모르겠다. 보이는 것들이 많으니 과불여불급으로 인한 선택 장애를 하소연하는 이들이 늘어가기에 드는 생각이다.

오늘 바뀌지 않으면 내일도 바뀌지 않는다

반디의 경험 8년과 소통으로 얻어진 긍정적 데이터까지 모두 풀었다. 영어 끝을 만나기 위한 얄팍한 비법이 있지 않을까 기대를 했다면 미안하다. 생각했던 것보다 어렵고 힘든 실천이라는 것을 알았으니 포기하고 싶은 마음이 앞서지 않을까 걱정도 된다. 아이와 가볍게 놀이하듯 재미있고 부담 없이 하고 싶었던 엄마표 영어였는데, 그래도 되는 줄 알았는데 그게 아닌 것에 당혹스럽다는 후기에도 익숙하다. 깊이 알수록 '나는 도저히 안 되겠다' 수십 가지 실패의 핑계들이 떠오를지도 모르겠다. 하지만 완주를 포기하는 사람들이 걱정된다고 **절반이 비포장인 것이 분명한데 길 전부에 매끈한 아스팔트가 깔려 있다고 거짓으로 안내할 수는 없지 않겠는가.**

선택하지 않아도 좋을 길이다. 세상에는 영어 습득을 위한 수많은 방법이 존재하니까. 사서 고생이라는 말에 갸우뚱했던 분들이 제대로 직접 계획하고 실천해보니 의미를 알겠다 한다. 2~3년의 묵묵한 꾸준함 뒤에 아이들 성장이 확인되는 가정의 인사는 '사서 고생, 해볼만 하더라!'는 거다. 사서 고생을 할지 말지는 각자의 선택이다. 최종 목표가 소박하다면 미련없이 깔끔하게 포기하면 된다.

문제는 **이 길이 어디까지 갈 수 있는지, 거기까지 가기 위해 무엇을 어떻게 해야 하는지 이제 모두 알았다는 거다.** 게다가 결과가 반디 하나였던 5년 전에는 너는 특별했을 거라는 핑계로 편해질 수 있었는데 지금은 그게 아니다. 같은 방법으로 같은 성장이 때로는 그 이상의 성장이 확인된 친구들이 외면할 수 없을 만큼 나날이 늘어가니 가까이에서도 목격된다. 옳은 길이라는 공감이 커지며 포기가 쉽지 않다. 내 아이도 영어에서 완벽하게 자유로워져서 언어의 한계에 갇히지 않고 지식 탐구에 무한 자유를 느낄 수 있도록 초등 6년만큼은 이 길에서 애써보고 싶다. 이런 마음이라면 아이와 함께 제대로에 빠져보자.

저지른 일에 대한 후회보다 저지르지 않은 일에 대한 후회가 더 크다는 말에 깊이 동의한다. 혹시라도 지금 중요하다고 생각하는 무언가를 충분히 알고 있으면서 이런저런 이유를 찾으며 핑계 뒤에 숨어 적극적인 행동으로 옮기지 못하고 머뭇거리고 있는 것은 아니길 바란다.

온라인은 2015년, 오프라인은 2017년부터였으니 소통의 시간이 꽤 되었다. 오랜 이웃들의 안부가 극과 극으로 갈리고 있다. 외력의 영향을 받지 않는 엄마표의 진정한 힘을 느끼며 원하는 성장에 닿았음을 전해주시는 반갑고 고마운 안부가 늘고 있다. 반면에 일찍이 블로그로 책으로 강연으로 우리의 지난 경험을 만나고 공감했지만 실천으로 옮기지 않아 알고 있다는 것에서 더 나아가지 못했거나 제대로에 빠지지 못한 어정쩡한 실천으로 성장이 기대에 미치지 못했다는 안부도 적지 않다.

시간은 멈춘 적이 없어 아이들은 이미 초등 중학년 이상으로 커버렸으니 놓쳐버린 시간에 대한 후회 가득한 글들의 그 마무리는 다르지 않았다. "처음 블로그를 알았을 때 또는 책을 보고 강연장을 찾았던 그때, 바로 제대로 시작할 걸 그랬어요!" 강연장에서 놓치면 땅을 치고 후회할지도 모르는 적기에 대해 강조하며 협박 아닌 협박을 했었다. 몰라서 못했다면 후회가 적겠지만 알고도 못한 뒤에 만나는 후회는 많이 무거울 거라고.

그리고 솔직하게 덧붙인 한 문장을 기억하는 분들 있을 것 같다. '누리보듬이라는 아줌마를 차라리 몰랐어야 했어!' 몇 년 뒤 독자들이 이 책을 만난 오늘 이 시간을 이런 후회로 기억하지 않기를 바란다. 더 늦지 않게 만난 것이 다행이었다 기억할 그날을 위해 **지금 움직이자. 오늘 바뀌지 않으면 내일도 바뀌지 않는다.**

부록

전략적 원서읽기를 위한
단계별 추천도서

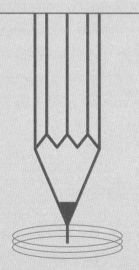

이 부록에는 전략적 원서읽기를 위해서 집중듣기 매체활용계획에 필요한 단계별 추천도서들을 담았다. 지면 관계상 책 표지를 함께 수록하지 못하고 블로그에 보완해 놓았다. 장기간 좋은 책과 함께하는 아이들의 일상에 자주 들춰보며 도움되기를 기대한다.

영어로 쓰여진 아무 책이나 되는대로 많이 읽는 것을 목표로 이 길을 선택한 것이 아니다. 영어라는 언어가 모국어만큼 편안해지는 최종 목표를 위해 8년 동안 꾸준했던 '원서읽기'는 목표가 아니라 수단이었다. 해마다 학년 초에는 리딩 레벨을 업그레이드를 해야 했고 한해 동안 아이의 레벨에 맞는 책으로 절대 필요량을 채워야 했다. 다음 학년의 무리 없는 업그레이드를 위해서다.

그렇게 **필요한 때에 맞추어 필요한 만큼 제대로 읽으며** 앞으로 나아갔다. 책을 많이 좋아하지 않는 아이 성향으로 매일 책과 함께할 수 있는 시간은 한계가 있었다. 그것을 먼저 받아들이고 적은 책으로도 바라는 목표를 이루기 위해 때마다 밟고 올라서야 하는 계단에서 붙잡아야 할 것들을 분명히 했다.

계단마다 무엇을 목표로 해야 다음 계단에 올라서 앞선 실천이 제대로였다는 안도의 가슴을 쓸어내릴 수 있을까? 막연하기만 할 그 윤곽이 보이길 바라는 마음으로 초등 6년의 큰 흐름을 연차별 목표로 세분화해서 정리했다. 현재는 갑자기 뚝 떨어진 시간이 아니다. 지난 시간 그리고 앞으로의 시간과 맞닿아 있는 매 순간이 오늘이다. 어제 없는 오늘이 있을 수 없고 오늘 없는 내일이 있을 수 없다. 오늘의 실천은 내일의 실천을 위한 탄탄한 바탕이 되어주어야 한다. 그렇기에 눈 앞의 안도와 위로를 위한 '오늘에 급급한 실천'이 아닌지 돌아보고 긴장하는 6년이었다.

취학 전	**목표: 영어 노출 의도적 배제**
	이 시기를 놓치면 안 되는 영어보다 무겁게 중요한 것이 있었다.
1년 차 **(초1)**	**목표: 챕터북 진입을 위한 워밍업**
	챕터북 이전의 모든 실천은 챕터북을 만나기 위한 워밍업일 뿐이다. 2년 차 한 호흡을 위해 무거운 엉덩이 힘 기르기.
2년 차 **(초2)**	**목표: 멈춤 없이 한 호흡으로 챕터북 집중듣기 안정**
	챕터북을 만나는 2년 차부터 엄마표 영어의 본격적인 시작이다. 가랑비 전략이 아닌 소낙비 전략으로.
3년 차 **(초3)**	**목표: 현지 또래와 차이 없는 리딩 레벨 안정**
	습관을 넘어 일상이 된 실천이 자리 잡으며 스스로 독립해서 또래의 사고와 흥미에 맞는 책을 영어로도 즐기기 시작.
4년 차 **(초4)**	**목표: 원서 읽기를 통한 영어 자체 사고력 쑥쑥**
	좋은 단어와 문장, 좋은 주제를 담은 긴 서사의 단행본을 원서로 즐기며 영어 자체 사고력이 성장하는 시기
5년 차 **(초5)**	**목표: 두 언어가 뇌의 한 영역에**
	책은 단지 책일 뿐! 한글책과 영어책을 구분하지 않아도 좋다. 영어책을 읽어도 우리말 사고력이 함께 성장하고 한글책을 읽어도 영어 사고력이 함께 성장한다.
6년 차 **(초6)**	**목표: 채워진 사고만큼 발현되는 아웃풋 폭발**
	임계량을 채운 뒤에 기대할 수 있는 연쇄적이고 멈춤없이 지속되는 아웃풋이 폭발하며 단시일에 말하기 쓰기 안정

부록1 리더스 시리즈 리스트

워밍업 단계에서 일반적으로 활용하는 책은 그림책과 리더스북이다. 영유아부터 초등까지 다양한 연령을 대상으로 텍스트보다 그림이 차지하는 비중이 높은 책이 그림책이다. 그림책 원서는 스토리북(Story Book), 픽처북(Picture Book)으로 불리기도 한다. 리더스북(Readers Book)은 그림책에 익숙해진 아이들이 텍스트 위주로 편집된 챕터북으로 넘어가기 전에 **읽기 연습을 목적으로 만나는 책**으로 분류된다. 그림책보다 그림이 적어지고 반복되는 어휘나 리듬이 적용된 문장으로 구성되기도 한다.

반디가 처음 영어를 시작했던 2005년 당시는 리더스북이 지금처럼 다양하지 않았다. 읽기 연습을 위한 목적을 가지고 의도적으로 만들어진 책들이 대다수였다. 그러다 보니 스토리가 빈약한 경우가 많아 아이들이 내용에 재미를 느끼기에는 부족함이 있었다. 때문에 처음 계획을 세울 때도 리더스북은 진행에서 제외되었다. 결과적으로 멀티미디어 동화 사이트로 워밍업을 하게 되어 리더스북을 실제로 만날 기회가 없었다.

전국의 공공도서관으로 강연을 다니면서 놀랐다. 영어로 된 그림책과 리더스북이 어느 도서관을 막론하고 책장 가득 채워져 있었다. 눈길을 끄는 삽화와 함께 흥미로운 스토리가 펼쳐지는 리더스 시리즈들이 다양하게 비치되어 있었다. 챕터북과 달리 워밍업 단계 책들은 종이 질이나 컬러 인쇄 등으로 구입에 대한 비용 부담이 상당하다. 짧은 기간의 워밍업을 위해 비용 부담 없이 도서관을 이용하기 너무 좋아졌으니 《엄마표 영어 이제 시작합니다》에서는 다루지 않았던 리더스북을 시리즈 위주로 소개한다. 리더스로 분류되었지만 북 레벨은 초급 챕터북 이상인 것들도 포함되어 있다. 도서관에서 책을 고를 때 유용한 것이 표지에 익숙한 것인데 지면관계상 함께 수록하지 못했다. 블로그에서 인쇄 가능하도록 책표지가 포함되어 있는 리스트를 보완해 놓았다.

Title	Author	Books	BL	Ages
A is for Amber	Paula Danziger	6	2.6–3.0	5–8
A Narwhal and Jelly Book Series	Ben Clanton	7	2.4–2.8	6–9
Adventures of Benny and Watch	Gertrude Chandler Warner	12	1.9–2.4	6–8
Adventures of Sophie Mouse	Poppy Green	12	1.8–4.0	5–9
Amazing Stardust Friends	Heather Alexander	2	2.7 –	6–8
Amelia Bedelia	Herman Parish et al.	26 ↑	1.8–3.2	4–9
Annie and Snowball	Cynthia Rylant	13	2.1–3.0	4–7
Arnold and Louise Series	Erica S. Perl	4	2.4–2.4	6–8
Arthur's Family Values	Marc Brown	18	2.4–2.5	3–9
Arthur(Step into Reading Step 3)	Marc Brown	19	1.5–2.5	5–8
Arthur Adventures	Marc Brown	27	1.6–3.2	3–8
Arthur Starter(8x8 series)	Marc Brown	13	1.4–2.2	2–6
Babymouse	Jennifer L. Holm et al.	20	1.8–2.6	7–10
Bailey School Kids Jr. Chapter Books	Debbie Dadey et al.	9	2.7–3.9	6–9
Berenstain Bears	Jan Berenstain et al.	300 ↑	0.6–4.1	1–8
Biscuit	Alyssa Satin Capucilli	50 ↑	0.7–1.6	2–8
Black Lagoon	Mike Thaler	20	1.2–3.5	5–8
Bones Mysteries	David A. Adler	10	2.1–2.8	5–8
Boo	Betsy Byars	2	1.8–2.1	6–9
Brian Floca's Picture Books of Vehicles	Brian Floca	5	1.9–4.8	2–10
Brownie & Pearl	Cynthia Rylant	14 ↑	1.0–1.9	3–7
Buddy Files	Dori Hillestad Butler	7	2.9–3.2	7–10
Can't Do	Douglas Wood	5	1.8–2.3	3–8
Candlewick Sparks	Jamie Michalak et al.	21 ↑	2.0–3.6	5–9
Cat Kid Comic Club	Dav Pilkey	3	2.6–2.9	7 ↑
Cat the Cat	Mo Willems	8 ↑	0.5–0.7	3–8
Charlie & Mouse	Laurel Snyder	6	2.0–2.3	6–9
Charlie and Lola	Lauren Child	21	1.8–2.8	3–8
Charlie Brown	Charles M. Schulz	11	2.3–3.4	5–7
Childhood of Famous Americans	Stephen Krensky	27 ↑	2.3–5.1	5–7
Choose Your Own Adventure–Dragonlark	R A Montgomery	12	–	6–8
Clark the Shark	Bruce Hale	9	2.4–2.5	4–8
Click, Clack, Moo	Doreen Cronin	11	1.1–4.6	4–8
Cork & Fuzz	Dori Chaconas	10 ↑	1.8–2.2	5–8
Cornbread & Poppy	Matthew Cordell	2	–	4–8

Curious George	Margret Rey et al.	67 ↑	1.9–3.8	3–8
D.W.	Marc Brown	10 ↑	1.4–2.9	3–8
DC Super Hero Girls Graphic Novels	Shea Fontana	8	1.6 –	6–12
Diary of a Worm	Doreen Cronin	5 ↑	2.6–3.3	4–8
Disney Fairies	Stefan Petrucha et al.	30 ↑	1.5–2.8	4–11
Dodsworth	Tim Egan	5	2.4–2.9	6–9
Dora the Explorer	Sarah Willson et al.	39 ↑	1.9–3.9	3–6
Down Girl and Sit	Lucy A. Nolan	4	2.8–2.9	6–9
Dr. Seuss	Dr. Seuss	50 ↑	0.6–5.2	1–8
Dragon Slayers' Academy	Kate McMullan	20	2.7–3.7	7–10
Dragon Tales	Dav Pilkey	5	2.6–3.2	6–8
Elephant and Piggie	Mo Willems	25	0.5–1.4	3–8
Eloise	Margaret McNamara	16	1.0–1.5	4–8
Fancy Nancy	Jane O'Connor	50 ↑	1.6–3.1	4–8
Fluffy the Classroom Guinea Pig	Kate McMullan	24	2.0–2.6	4–8
Fly Guy	Tedd Arnold	19	1.3–2.7	4–9
Fox	James Marshall	7	1.9–2.2	6–8
Frances	Russell Hoban	6	2.8–3.4	4–8
Frank and Joe Hardy: The Clues Brothers	Franklin W. Dixon	17	2.8–4.0	6–10
Frog and Friends	Eve Bunting	8	2.0–2.3	6–8
Frog and Toad	Arnold Lobel	4	2.5–2.9	4–8
Froggy	Jonathan London	25	1.7–2.7	3–5
George & Martha	James Marshall	7	2.1–2.4	4–7
Goodnight, Goodnight Construction Site	Sherri Duskey Rinker	3	2.8–3.8	2–6
Haggis and Tank Unleashed	Jessica Young	3	2.5–3.1	5–7
Happy families	Allan Ahlberg	20	2.7–3.2	5–7
Harry the Dirty Dog	Gene Zion	4	2.6–3.2	2–8
Henry and Mudge	Cynthia Rylant	28	2.1–2.9	4–7
Hey Jack! Series	Sally Rippin	27	2.5–2.9	5–12
High–Rise Private Eyes	Cynthia Rylant	8	2.3–2.5	6–9
Houdini Club Magic Mysteries	David A. Adler	4	2.7–3.3	7–11
How to Babysit a Grandpa	Jean Reagan	14 ↑	2.2–3.0	5–8
I'm Not Afraid	Dandi Daley Mackall	4	1.4–2.7	3–7
I Stink	Kate McMullan	10	1.1–2.2	4–8
If You Give a Mouse	Laura Numeroff	9	2.1–2.7	3–8
Interrupting Chicken	David Ezra Stein	3	2.2–2.8	4–8

Iris and Walter	Elissa Haden Guest	10	2.5–2.8	6–9
Jellybeans	Nate Evans	4	2.7–2.9	3–8
Jojo(My First I Can Read)	Jane O'Connor	4	1.0–1.3	4–8
Jon Scieszka's Trucktown	Jon Scieszka	11 ↑	0.8–1.5	3–8
Katie Woo Series	Fran Manushkin et al.	50 ↑	1.8–2.1	5–7
Kitty Book Series	Paula Harrison	6	1.9–2.0	6–10
Knuffle Bunny	Mo Willems	3	1.6–2.7	3–8
LEGO Ninjago	Greg Farshtey et al.	30 ↑	2.7–3.7	4–11
Little Miss series	Roger Hargreaves	40 ↑	2.1–4.4	3–7
Lulu Witch	Jane O'Connor	2	2.7–2.9	4–8
Madeline	John Bemelmans Marciano	2	1.8–2.1	5–8
Madeline	Ludwig Bemelmans	12	2.8–5.2	3–8
Magic Pickle	Scott Morse	5	2.6 –	7–10
Magic School Bus (Scholastic Reader Level 2)	Bruce Degen	33	1.7–2.7	5–7
Martha Speaks	Susan Meddaugh	30 ↑	1.3–3.8	4–9
Miss Malarkey	Judy Finchler et al.	7	2.1–3.6	5–9
Mo Jackson	David A. Adler	5	1.8–1.9	6–8
Morris and Borris	Bernard Wiseman	12	1.7–2.0	4–8
Mouse and Mole	Wong Herbert Yee	7	2.5–3.0	4–9
Mr. Men series	Roger Hargreaves	50 ↑	2.5–4.4	3–7
Mr. Putter & Tabby	Cynthia Rylant	25	1.9–3.5	6–9
Mrs. Hartwell's Class Adventures	Julie Danneberg	5	2.4–4.3	5–9
My First Little House(Picture Books)	Laura Ingalls Wilder	14	2.6–4.0	3–8
My Weird School(I Can Read Level 2)	Dan Gutman	4	2.2–2.5	5–8
Nancy Drew Notebooks	Carolyn Keene	69	2.7–4.1	6–9
Nina, Nina Ballerina	Jane O'Connor	3	1.8–2.0	4–7
Nuts	Eric Litwin	3	1.7 –	3–7
Paddington	Michael Bond	6	2.2–2.5	4–8
Penny and···	Kevin Henkes	4	1.9–2.5	4–8
Pete the Cat	James Dean et al.	30 ↑	1.2–2.7	3–8
Pigeon	Mo Willems	9 ↑	0.7–1.7	1–8
Pingo	Brandon Mull	2	2.5–2.9	3–8
Pinkalicious	Elizabeth Kann	50 ↑	1.6–3.4	4–8
Pokemon	Bill Michaels et al.	23 ↑	1.1 –2.3	5–8
Poppleton	Cynthia Rylant	9	2.0–2.7	4–8
Postcards from Buster	Marc Brown	12	1.9–3.7	6–9

Princess Posey	Stephanie Greene	12	2.4–3.0	5–8
Puppy Mudge	Cynthia Rylant	5	0.6–0.8	3–5
Rebel Girls	Elena Favilli et al.	2	–	6 ↑
Rocky and Daisy	Melinda Melton Crow	8	1.8–3.3	6–8
Russell the Sheep	Rob Scotton	4	1.9–2.6	3–7
Sam	Barbro Lindgren	9	0.7–1.4	2–5
Seriously Silly Colour	Laurence Anholt	8	2.2–3.6	6–11
Silver Pony Ranch	D. L. Green	2	2.9–3.2	6–8
Splat the Cat	Rob Scotton et al.	40 ↑	1.8–3.1	3–8
Squish	Jennifer L. Holm et al.	8	2.1–2.8	7–10
Star Wars: The Clone Wars	Simon Beecroft et al.	10 ↑	1.4–4.6	4–8
Stillwater	Jon J Muth	7	1.7–3.1	4–8
Tales from the Back Pew	Mike Thaler	10	1.8–2.8	6–9
The Bad Guys Series	Aaron Blabey	13	2.3–2.7	7–10
The Dumb Bunnies	Dav Pilkey	4	2.3–3.1	4–8
The Secret Explorers Series	DK and SJ King	11	–	7–9
Thea Stilton(Graphic Novels)	Thea Stilton	7	2.8–3.4	7–11
Truck Buddies	Melinda Melton Crow	8	0.6–1.0	4–6
Underwhere	Bruce Hale	4	2.8–3.3	8–12
What People Do Best	Laura Numeroff	4	2.3–2.5	3–7
Wiggle	Doreen Cronin	3	1.1 –	1–8
Wonder Wheels	Melinda Melton Crow	8	0.8–1.2	4–6
Yasmin series	Saadia Faruqi	27	2.4–2.7	5–8
Young Amelia Bedelia	Herman Parish	30 ↑	2.0–3.4	4–8
Young Cam Jansen Mysteries	David A. Adler	20	2.3–2.9	5–8
Zak Zoo	Justine Smith	8	–	6–7
Zelda and Ivy	Laura McGee Kvasnosky	6	2.6–3.1	5–9

부록 2 챕터북 시리즈 리스트

그림책과 리더스북을 활용하는 워밍업 단계가 지나면 본격적으로 텍스트 위주의 챕터북을 만나게 된다. 챕터북에 익숙해지기 위한 과정으로 2~3년 차 진행은 시리즈물을 추천한다. 북 레벨 2~3점대의 초기 챕터북들은 시리즈 구성이 많은 특징도 있다. 챕터북 시리즈는 등장인물은 같고 에피소드는 변화하면서 내용 진행도 비슷한 패턴으로 반복된다. 반복적이고 익숙한 상황들 속에서 같은 단어나 문장도 빈번하게 등장한다. 의도하지 않아도 자연스러운 반복을 만나게 되고 아이는 주인공의 또 다른 이야기가 궁금해진다. 같은 내용인 듯 다른 내용인 시리즈의 누적으로 시리즈 번호가 뒤로 갈수록 내용 이해도 상승에 효과적이다.

시리즈를 고를 때 가능한 권 수가 많은 것을 선택했다. 한동안은 책 선정이나 반복에 대한 고민 없이 매끄러운 진행을 기대할 수 있었다. 하나의 시리즈물에 빠져 번호 순서대로 차근차근 시리즈가 끝날 때까지. 이런 진행은 습관을 넘어 일상이 되어주는 안정도 빨리 찾을 수 있었다. 아직은 원서읽기에 완벽한 안정기가 아니었다. 매번 전혀 다른 새로운 이야기가 펼쳐지는 단행본은 시리즈보다 내용에 집중하기까지 시간이 더 걸리고 힘들었을 것이다.

2~3년 차의 시리즈 활용이 진행에 있어 안정적이고 이해도의 만족도 높았기에 첫 책에 70여 편의 챕터북 시리즈를 소개해 놓았다. 5년 전이었던 당시 국내에서 구입 가능한 책들로 선정했지만 지금은 해외 직구도 편리하고 익숙하다. 다양한 주제의 흥미로운 챕터북 시리즈를 가능한 권 수가 많은 것들로 160여 편 정리했다. 뒤에 이어지는 작가별 추천도서 목록에 포함되어 있는 시리즈는 제외했다. 정렬은 북 레벨 순서이고 같은 작가는 나란히 모아 놓았다.

Title	Author	Books	BL	IL
Nate the Great	Marjorie Weinman Sharmat	27	2.0–3.2	LG
Flat Stanley (I Can Read Books Level 2)	Jeff Brown	10	2.2–2.7	LG
Flat Stanley	Jeff Brown	6	3.2–4.0	LG
Flat Stanley's Worldwide Adventures	Jeff Brown	15	4.1–5.1	LG
Lunch Lady	Jarrett J. Krosoczka	10	2.2–3.0	LG
Dog Man	Dav Pilkey	11	2.3–2.7	LG
Captain Underpants	Dav Pilkey	12	4.3–5.3	MG
Rainbow Magic (Scholastic Reader Level 2)	Daisy Meadows	8	2.3–3.1	LG
Black Lagoon Adventures	Mike Thaler	33	2.4–3.8	LG
Bunnicula and Friends	James Howe	6	2.5–2.8	LG
Bunnicula	James Howe	7	4.0–5.8	MG
Press start	Thomas Flintham	13	2.5–2.9	LG
Magic Bone	Nancy E. Krulik	11	2.5–3.0	LG
George Brown, Class Clown	Nancy E. Krulik	19	3.2–3.9	LG
Judy Moody and Friends	Megan McDonald	16	2.5–3.3	LG
Judy Moody	Megan McDonald	16	3.0–3.7	LG
Stink	Megan McDonald	13	3.0–3.7	LG
Judy Moody & Stink	Megan McDonald	5	3.3–3.5	LG
Junie B. Jones	Barbara Park	28	2.6–3.1	LG
Magic Tree House	Mary Pope Osborne	37	2.6–3.5	LG
Magic Tree House – Merlin Missions	Mary Pope Osborne	27	3.5–4.1	LG
Magic Tree House Fact Trackers	Mary Pope Osborne et al.	40 ↑	4.2–5.6	LG
Horrid Henry	Francesca Simon	24	2.6–3.7	LG
Horrid Henry Early Reader	Francesca Simon	33	2.9–3.8	LG
Dragon Slayers' Academy	Kate McMullan	20	2.7–3.7	MG
The Zack Files	Dan greenburg	30	2.7–3.9	LG
Goosebumps Series	R. L. Stine	62	2.7–4.1	MG
Rotten School	R. L. Stine	16	2.8–3.1	LG
Nightmare Room	R. L. Stine	12	3.0–3.4	MG
Owl Diaries	Rebecca Elliott	18	2.8–3.0	LG
Unicorn Diaries	Rebecca Elliott	8	2.9–3.1	LG
Big Nate	Lincoln Peirce	8	2.8–3.3	MG
Sarah, Plain and Tall	Patricia MacLachlan	5	2.8–3.4	MG
Dirty Bertie	Alan MacDonald	44	2.8–3.5	LG
Jigsaw Jones Mysteries	James Preller	35	2.8–3.5	LG
Whatever After	Sarah Mlynowski	13 ↑	2.8–3.5	MG

Horrible Harry	Suzy Kline	37	2.8–3.9	LG
Fly Guy Presents	Tedd Arnold	12	2.8–4.1	LG
Katie Kazoo, Switcheroo	Nancy Krulik	36	2.9–3.7	LG
How I Survived Middle School	Nancy Krulik	13	3.9–4.4	MG
Arthur Chapter	Marc Brown	33	2.9–3.8	LG
Pokemon Chapter	Tracey West, et al.	28	2.9–3.8	LG
Secrets of Droon	Tony Abbott	36	2.9–4.4	MG
Bad Kitty	Nick Bruel	33	2.9–4.5	LG
Boxcar Children	Gertrude Chandler Warner	125	2.9–5.0	LG
Ready, Freddy	Abby Klein	27	3.0–3.4	LG
Critter Club	Callie Barkley	25	3.0–3.6	LG
Winnie and Wilbur	Valerie Thomas	42	3.0–4.1	LG
Galaxy Zack	Ray O'Ryan	18	3.0–4.3	LG
The Last Firehawk	Katrina Charman	10	3.1–3.7	LG
Dragon Masters	Tracey West	24	3.1–3.9	LG
Heidi Heckelbeck	Wanda Coven	35	3.1–3.9	LG
Ivy & Bean	Annie Barrows	12	3.1–3.9	LG
Kylie Jean	Marci Peschke	22	3.1–4.1	LG
Nancy Drew and the Clue Crew	Carolyn Keene	40	3.1–4.6	LG
Nancy Drew and Hardy Boys SuperMystery	Carolyn Keene	36	4.3–5.6	MG
Nancy Drew Mystery Stories	Carolyn Keene, et al.	175	3.8–6.4	MG
Mallory	Laurie Friedman	28	3.1–5.2	MG
Geronimo Stilton	Geromino Stilton	82	3.1–6.6	MG
Creepella von Cacklefur	Geronimo Stilton	9	3.6–4.5	MG
A to Z Mysteries	Ron Roy	26	3.2~4.0	LG
Capital Mysteries	Ron Roy	14	3.5–4.1	LG
Notebook of DOOM	Troy Cummings	13	3.2–3.5	LG
Cam Jansen	David A. Adler	34	3.2–3.9	LG
Go Girl!	Rowan McAuley, et al.	42	3.2–3.9	LG
Nancy Clancy Chapter	Jane O'Conno	8	3.2–4.3	LG
Treehouse	Andy Griffiths	12	3.2–4.3	MG
Eerie Elementary	Jack Chabert	10	3.3–3.6	LG
Andrew Lost	J.C. Greenburg	18	3.3–4.0	LG
Ella and Olivia	Yvette Poshoglian	24	3.3–4.1	LG
Animorphs	K.A. Applegate	54	3.3–4.8	MG
Never Girls	Kiki Thorpe et al.	13	3.4–3.9	LG

Chet Gecko Mystery	Bruce Hale	15	3.4–4.0	MG
Magic School Bus Chapter Books	Eva Moore et al.	24	3.4–4.7	LG
Isadora Moon	Harriet Muncaster	18	3.5–3.9	LG
My Weirder School	Dan Gutman	12	3.5–4.0	LG
My Weird School	Dan Gutman	21	3.5–4.4	LG
My Weirdest School	Dan Gutman	12	3.6–3.8	LG
Baseball Card Adventures	Dan Gutman	13	4.1–4.5	MG
My Weird School Fast Facts	Dan Gutman	8	4.8–5.4	LG
Amber Brown	Paula Danziger	9	3.5–4.1	MG
Stella Batts	Courtney Sheinmel	10	3.5–4.1	LG
After Happily ever after	Tony Bradman	8	3.5–4.2	LG
Happy Ever After	Tony Bradman	8	4.0–4.5	LG
The Time Warp Trio	Jon Scieszka	16	3.5–4.2	MG
Terry Deary's Historical Tales	Terry Deary	52	3.5–4.3	LG
Horrible Histories Blood–Curdling	Terry Deary	20	4.0–	MG
Puppy Place	Ellen Miles	66	3.5–4.5	LG
The Baby–Sitters Club	Ann M. Martin	131	3.6–4.3	MG
Mermaid Tales	Debbie Dadey	22	3.6–4.4	LG
Heroes in Training	Joan Holub	18	3.6–4.5	LG
Goddess Girls	Joan Holub	28	4.3–5.8	MG
The Tiara club	Vivian French	36	3.6–4.5	LG
Blast to the Past	Stacia Deutsch, et al.	8	3.6–4.6	LG
Adventures of the Bailey School Kids	Debbie Dadey et al.	51	3.6–4.8	LG
Rainbow Magic Series	Daisy Meadows, et al.	160 ↑	3.6–5.2	LG
Hank the Cowdog	John R. Erickson	78	3.6–5.5	MG
Ballpark Mysteries	David A. Kelly	18	3.7–4.3	LG
Captain Awesome	Stan Kirby	24	3.7–4.4	LG
Dinosaur Cove	Rex Stone	24	3.7–4.4	LG
Middle School	James Patterson	15	3.7–4.5	MG
Amelia Bedelia Chapter	Herman Parish	12	3.7–4.5	LG
Jeremy Strong Chapter	Jeremy Strong	24	3.7–4.8	MG
Here's Hank	Lin Oliver, Henry Winkler	12	3.8–4.3	LG
According to Humphrey	Betty G. Birney	12	3.8–4.4	MG
Candy Fairies	Helen Perelman	20	3.8–4.4	LG
Cupcake Diaries	Coco Simon	34	3.8–4.8	MG
I Survived	Lauren Tarshis	22	3.8–5.1	MG

Sew Zoey	Chloe Taylor	14	3.8–5.3	MG
Spiderwick Chronicles	Holly Black, et al.	5	3.9–4.4	MG
Stick Cat	Tom Watson	6	3.9–4.5	MG
Stick Dog	Tom Watson	12	4.0–4.6	MG
Clementine	Sara Pennypacker	7	3.9–4.6	LG
Red Rock Mysteries	Chris Fabry et al.	15	3.9–4.7	MG
Encyclopedia Brown	Donald J. Sobol	29	3.9–4.8	MG
American Girls	Susan Adler, et al.	150 ↑	3.9–5.8	MG
Horrible science	Nick Arnold	20	4.0–	MG
Animal Ark	Ben M. Baglio, et al.	22 ↑	4.0–5.0	MG
The 39 Clues	Rick Riordan et al.	11	4.0–5.3	MG
Thea Stilton	Thea Stilton	36	4.0–5.3	MG
Sammy Keyes	Wendelin Van Draanen	18	4.0–5.7	MG
Percy Jackson & the Olympians	Rick Riordan	5	4.1–4.7	MG
The Rescue Princesses	Paula Harrison	15	4.1–4.7	LG
Frankly, Frannie	Amanda Stern	9	4.1–4.9	LG
Hank Zipzer	Henry Winkler	17	4.1–4.9	MG
Hardy Boys	Franklin W. Dixon	190	4.1–6.7	MG
Who Was	Catherine Gourley	176 ↑	4.1–6.7	MG
A Bear Grylls Adventure	Bear Grylls	12	4.2–4.4	LG
Ranger in Time	Kate Messner	12	4.2–4.7	MG
Dragonbreath	Ursula Vernon	11	4.2–4.8	LG
Just Grace	Charise Mericle Harper	12	4.2–5.3	LG
Dork Diaries	Rachel Renee Russell	15	4.2–5.4	MG
Warriors	Erin Hunter	25 ↑	4.3–6.3	MG
Dear America	Kathryn Lasky et al.	28	4.3–6.6	MG
My Sister the Vampire	Sienna Mercer	17	4.4–5.2	MG
Charlie Bone: Children of the Red King	Jenny Nimmo	8	4.5–5.1	MG
Franny K. Stein, Mad Scientist	Jim Benton	10	4.5–5.3	LG
Dear Dumb Diary	Jim Benton	12	5.5–6.2	MG
Moffats	Eleanor Estes	4	4.6–5.2	MG
The Indian in the Cupboard	Lynne Reid Banks	5	4.6–5.2	MG
What Was	Kathleen Krull, et al.	54 ↑	4.6–6.3	MG
Black Stallion	Walter Farley	19 ↑	4.6–6.6	MG
EJ12 Girl Hero	Susannah McFarlane	21	4.7–5.4	MG
I Was a Sixth Grade Alien	Bruce Coville	12	4.7–5.9	MG

The Sisters Grimm	Michael Buckley	9	4.8–5.4	MG
Alex Rider	Anthony Horowitz	12	4.8–5.6	MG+
Guardians of Ga'Hoole	Kathryn Lasky	16	4.8–5.6	MG
Tales of the Frog Princess	E. D. Baker	9	4.8–6.0	MG
Tales of the Wide–Awake Princess	E. D. Baker	7	5.1–6.0	MG
Trick	Scott Corbett	12	4.9–	MG
Secret Agent Jack Stalwart	Elizabeth Singer Hunt	14	4.9–5.6	LG
Redwall	Brian Jacques	22	5.0–6.3	MG
Artemis Fowl	Eoin Colfer	8	5.0–6.6	MG
Diary of a Wimpy Kid	Jeff Kinney	17	5.2–5.8	MG
Bionicle Adventures	Greg Farshtey	11	5.2–6.0	MG
Where is	True Kelley,et al.	34 ↑	5.2–6.1	MG
Paddington	Michael Bond	15	5.2–6.2	LG
Hunger Games	Suzanne Collins	3	5.3–	MG+
Dark Is Rising Sequence	Susan Cooper	5	5.3–6.2	MG
Chronicles of Narnia	C. S. Lewis	7	5.4–5.9	MG
Harry Potter	J. K. Rowling	8	5.5–7.2	MG
Series of Unfortunate Events	Lemony Snicket	13	6.2–7.4	MG

IL(Interest Level) 1			
LG	Lower Grades(K–3)	MG+	Upper Middle Grades(6 and up)
MG	Middle Grades(4–8)	UG	Upper Grades(9–12)

부록 3 작가별 단행본 추천 리스트

챕터북 시리즈를 읽는 것으로 이해력과 집중력에 있어 완벽한 안정을 확인한 이후 4학년, 4년 차에 들어서며 좋은 작가들의 단행본을 만나기 시작했다. 단행본은 속지 편집에 따라 두께가 달라진다. 따라서 책 두께와 오디오 시간이 정비례하지 않는다. 또한 오디오가 지원되지 않는 책이 많아져 묵독으로 책을 보는 것이 자연스러워지는 시기다. 음원이 없는 책은 WC(Word Count)도 참고해서 완독에 며칠이 걸릴 것인지 가늠하며 매체 활용 계획을 세워야 했다. 되는대로 아무 책이나 봐서 될 일이 아니고 무조건 책만 '많이' 봐서 될 일이 아니라는 것을 엄마도 알고 아이도 알아서 한 권 한 권에 대한 세부 정보 찾기가 중요했다. 앞서 출간된 두 권의 책에 일부 작가들의 책을 추천했다.

이곳에는 MG(Middle Grades: 4–8) 이상을 대상으로 세계적으로 영향력 있는 17명 작가들의 책을 모아 기본 정보를 제공해 놓았다. 제대로 엄마표 영어로 꾸준히 원서읽기를 해온 친구들이라면 또래 수준의 흥미와 관심에 적절한 책읽기가 원서 자체로도 가능한 시기다. 그런데 텍스트 수준으로 보면 MG에 해당하는 책이 IL(Interest Level)[1] 지수가 UG(Upper Grades: 9–12)인 경우가 있다. 이유 있는 분류일 테니 초등 고학년부터는 단순하게 학년과 개월수로 표시되어 있는 BL(Book Level)에 더해서 IL도 참고해서 아이에게 책을 추천해 주었으면 한다.

- **로알드 달**: Roald Dahl
- **앤드류 클레멘트**: Andrew Clements
- **비버리 클리어리**: Beverly Cleary
- **주디 블룸**: Judy Blume
- **재클린 윌슨**: Jacqueline Wilson
- **루이스 새커**: Louis Sachar
- **필리스 레이놀즈 네일러**: Phyllis Reynolds Naylor

---

[1] 책의 주제나 내용을 바탕으로 인지 발달에 따른 알맞은 연령을 표시하는 지수이다. 어느 연령대의 아이들이 흥미를 가질 만한 책인지 참고할 수 있다.

- 로이스 로리: Lois Lowry
- 캐서린 패터슨: Katherine Paterson _ 2010–2011 NAYPL[2]
- E. L. 코닉스버그: E. L. Konigsburg
- 케이트 디카밀로: Kate DiCamillo _ 2014–2015 NAYPL
- 샤론 크리치: Sharon Creech
- 크리스토퍼 폴 커티스: Christopher Paul Curtis
- 낸시 파머: Nancy Farmer
- 게리 폴슨: Gary Paulsen
- 제리 스피넬리: Jerry Spinelli
- 재클린 우드슨: Jacqueline Woodson _ 2020–2021 NAYPL

로알드 달: Roald Dahl(1916~1990, UK)

https://www.roalddahl.com/

로알드 달은 '20세기 어린이를 위한 가장 위대한 이야기꾼 중 하나'로 불리는 영국의 작가이다. 그는 책마다 위트 넘치고 풍부한 상상력을 키워주는 어휘를 재창조하는 '언어의 마술사'라 불린다. 그런 이유 때문인지 원서로 읽은 친구들이 같은 책을 번역서로 만났을 때 흥미면에서 반응 차이가 크다는 후기를 전해 듣는다. 과감한 상상력을 빛나는 유머로 풀어놓은 글들이 번역을 거치며 온전히 전달되기는 어려웠던 것일까? 교훈과 감동은 재미 뒤에 숨겨놓고, 고약한 성격에 이해심 없이 권위를 앞세우는 어리석은 어른들 골탕 먹이기에 성공하는 아이들 이야기가 많다. 그래서 열광하는 아이들과 달리 어른들은 불편해지는 책이라는 평도 따라다니지만 미국이나 영국에서 선정한 아동문학 필독서 목록에 로알드 달 책들은 빠지지 않고 등장한다. 반디의 작가별 단행본의 시작이 로알드 달이었다.

Title	BL	Lexile	IL	Published
Charlie Series				
Charlie and the Chocolate Factory	4.8	810L	MG	1964
Charlie and the Great Glass Elevator	4.4	720L	MG	1972
Novels				
James and the Giant Peach	4.8	870L	MG	1961
The Magic Finger	3.1	560L	LG	1966
Fantastic Mr. Fox	4.1	600L	MG	1970
Danny, the Champion of the World	4.7	770L	MG	1975
The Twits	4.4	750L	LG	1980
George's Marvellous Medicine	4.0	640L	MG	1981
The BFG	4.8	720L	MG	1982
The Witches	4.7	740L	MG	1983
The Giraffe and the Pelly and Me	4.7	840L	LG	1985
Matilda	5.0	840L	MG	1988
Esio Trot	4.4	840L	MG	1989
The Vicar of Nibbleswicke	5.9	1040L	LG	1991
Picture Books				
The Enormous Crocodile	4.0	600L	LG	1978
The Minpins	5.1	890L	LG	1991
Non fiction				
Boy: Tales of Childhood(Autobiography)	6.0	1020L	MG	1984
Going Solo(Autobiography)	6.1	1080L	MG	1986

앤드류 클레멘트: Andrew Clements(1949~2019, USA)

https://www.andrewclements.com/

미국 뉴저지 출신의 동화작가이다. 시카고 근처의 공립학교에서 7년간 교직생활을 하며 주로 시를 쓰고 노래를 작곡했던 그는 1996년 《Frindle》을 시작으로 작가로서 활동을 시작해 다수의 아동 문학상을 수상하게 된다. 그의 이야기들은 7년 동안의 교직생활을 경험으로 학교에서 일어나는 흥미로운 사건들을 토대로 십대의 고민을 사실적이고 섬세하게 다루고 있다는 평을 듣고 있다.

Title	BL	Lexile	IL	Published
Jake Drake Series				
Jake Drake Series	3.5	650L	MG	2001
Jake Drake, Know–It–all	4.1	630L	MG	2001
Jake Drake, Teacher's Pet	4.3		MG	2001
Jake Drake, Class Clown	3.4	630L	MG	2002
Things Series				
Things Not Seen	4.5	690L	MG+	2002
Things Hoped for	4.7	770L	MG+	2006
Things That Are	4.3	HL660L	MG+	2008
Benjamin Pratt and the Keepers of the School Series				
We the Children	5.2	860L	MG	2010
Fear Itself	5.0	800L	MG	2011
The Whites of Their Eyes	5.2	810L	MG	2012
In Harm's Way	5.7	880L	MG	2013
We Hold These Truths	6.0	920L	MG	2013
Novels				
Frindle	5.4	830L	MG	1996
The Landry News	6.0	950L	MG	1999
The Janitor's Boy	5.4	770L	MG	2000
The Jacket	4.1	640L	MG	2001
The School Story	5.2	760L	MG	2001
A Week in the Woods	5.5	820L	MG	2002
Things Not Seen	4.5	690L	MG+	2002
The Report Card	4.9	700L	MG	2004
The Last Holiday Concert	5.4	800L	MG	2004
Lunch Money	5.2	840L	MG	2005
Room One	5.1	840L	MG	2006

No Talking	5.0	750L	MG	2009
Lost and Found	5.0	780L	MG	2008
Extra Credit	5.3	830L	MG	2009
Troublemaker	4.7	730L	MG	2011
About Average	5.5	860L	MG	2012
The Map Trap	5.3	900L	MG	2014
The Losers Club	5.5	860L	MG	2017
The Friendship War	5.0	770L	MG	2019

비버리 클리어리: Beverly Cleary(1916~2021, USA)

https://www.beverlycleary.com/

아동 및 청소년 소설 작가인 그녀는 워싱턴 대학에서 도서관 학과를 전공한 뒤, 사서로 일하면서 만난 다양한 계층의 아이들을 통해 많은 영감을 받아 아이들이 좋아할 재미있는 책을 직접 쓰게 되었다. 솔직하고 엉뚱하면서도 때로는 진지한 아이들 모습을 그대로 살려낸 다양한 캐릭터들의 흥미로운 이야기들은 어린이 독자들에게 열광적인 사랑을 받고 있다. 그녀는 여러 다수의 수상 경력을 가지고 있는데 뉴베리상 또한 3회에 걸쳐 수상했다.

Title	BL	Lexile	IL	Published
Ramona Quimby Series				
Beezus and Ramona	4.2	780L	MG	1955
Ramona the Pest	5.1	850L	MG	1968
Ramona the Brave	4.9	820L	MG	1975
Ramona and Her Father *1982 Newbery Honor	5.2	840L	MG	1977
Ramona and Her Mother *1982 Newbery Honor	4.8	860L	MG	1979
Ramona Quimby, Age 8	5.6	860L	MG	1981
Ramona Forever	4.8	810L	MG	1984
Ramona's World	4.8	750L	MG	1999
Henry Huggins Series				
Henry Huggins	4.7	670L	MG	1950
Henry and Beezus	4.6	730L	MG	1952
Henry and Ribsy	4.6	740L	MG	1954
Henry and the Paper Route	5.3	820L	MG	1957
Henry and the Clubhouse	5.1	820L	MG	1962

Ribsy	5.0	820L	MG	1964
Ellen & Otis Series				
Ellen Tebbits	4.9	740L	MG	1951
Otis Spofford	4.6	720L	MG	1953
First Love Series				
Fifteen	5.4	870L	UG	1956
The Luckiest Girl	5.9	910L	MG	1975
Jean and Johnny	5.6	900L	MG	1959
Sister of the Bride	5.9	880L	MG	1963
Ralph S. Mouse Series				
The Mouse and the Motor Cycle	5.1	860L	MG	1965
Runaway Ralph	5.3	890L	MG	1970
Ralph S. Mouse	5.1	860L	MG	1982
Leigh Botts Series				
Dear Mr. Henshaw *1984 Newbery Medal	4.9	910L	MG	1983
Strider	4.8	840L	MG	1991
Novels				
Emily's Runaway Imagination	6.1	910L	MG	1961
Mitch and Amy	6.2	950L	MG	1967
Socks	5.2	890L	MG	1973
Lucky Chuck	3.9		LG	1984
Muggie Maggie	4.5	730L	LG	1990

주디 블룸: Judy Blume(1938~, USA)

https://judyblume.com/

화려한 수상 경력을 가진 미국의 동화작가로 호주, 영국, 독일 등에서 아이들이 선정하는 최우수 작가상을 받기도 했다. 그녀의 작품은 사춘기 소년, 소녀가 성장기에 겪을 수 있는 고민, 심리, 갈등 등이 잘 표현되어 있다. 아이들이 가진 고민이나 비밀을 있는 그대로 묘사하며 어른들의 모순된 행동 또한 숨기지 않고 이야기에 담아내는 작가로 유명하다.

Title	BL	Lexile	IL	Published
Fudge Series				
Tales of a Fourth Grade Nothing	3.3	470L	MG	1972

Otherwise Known as Sheila the Great	3.5	590L	MG	1972
Superfudge	3.4	560L	MG	1980
Fudge-a-mania	3.3	490L	LG	1990
Double Fudge	3.6	530L	MG	2002
Just as Long as We're Together Series				
Just as Long as We're Together	3.7	600L	UG	1987
Here's to You, Rachel Robinson	4.3	650L	UG	1993
Pain and the Great One Series				
Soupy Saturdays	2.8	540L	LG	2007
Cool Zone	2.8	550L	LG	2008
Going, Going, Gone	3.0	560L	LG	2008
Friend or Fiend?	2.8	550L	LG	2009
Novels				
Are You There, God? It's Me, Margaret	3.6	570L	MG	1970
Iggie's House	3.5	540L	MG	1970
Then Again, Maybe I Won't	3.6	590L	MG	1971
It's Not the End of the World	3.4	530L	UG	1972
Deenie	4.2	690L	UG	1973
Blubber	3.8	660L	MG	1974
Forever….	4.1	HL590L	UG	1975
Starring Sally J. Freedman as Herself	4.4	560L	MG	1977
Tiger Eyes	4.1	590L	UG	1981
Summer Sisters	4.8		UG	1998

재클린 윌슨: Jacqueline Wilson(1945~, UK)

영국의 청소년 소설 분야에서 최고로 손꼽는 작가이다. 영국에서만 그녀의 작품은 2천만 부 이상 팔렸고 영국의 대형 서점들마다 Jacqueline 코너가 따로 있다고 한다. 그녀의 책에 등장하는 주인공들은 하나 이상의 문제점을 가지고 있는 평범치 않은 환경에 놓여있다. 하지만 그래서 슬프거나 불행한 이야기가 아니다. 작가는 무거운 주제와 흥미로운 읽을 거리 사이의 놀라운 균형으로 힘든 상황을 극복하고 밝게 살아가는 아이들의 모습을 그렸다는 호평이 많다. 일찍부터 그녀의 책을 만날 수 있는 이유는 다양한 레벨의 책들이 있기 때문이다. 2~5권으로 되어 있는 짧은 시리즈도 있지만 대부분이 단행본 소설이다. 국내에서는 초등 저학년용, 고학년용, 청소년용 등으로 나뉘어 세트로 묶어 판매되기도 한다. 다수의 책이 번역되어 출간되어 있다.

Title	BL	Lexile	IL	Published
Series				
Werepuppy #01_The Werepuppy		690L		1991
Werepuppy #02_The Werepuppy on Holiday		810L		1994
Mark Spark #01_Mark Spark				1992
Mark Spark #02_Mark Spark in the Dark		640L		1992
Tracy Beaker #01_The story of Tracy Beaker	4.4	730L	MG	1992
Tracy Beaker #02_I Dare You Tracy Beaker				2000
Tracy Beaker #03_Starring Tracy Beaker		760L		2006
Tracy Beaker #04_My Mum Tracy Beaker				2018
Tracy Beaker #05_We Are The Beaker Girls				2019
Adventure #01_Cliffhanger	3.3	490L	MG	1995
Adventure #02_Buried Alive!	4.2	600L	MG	1998
Adventure #03_ Biscuit Barrel				2001
Hetty Feather #01_ Hetty Feather		810L		2009
Hetty Feather #02_Sapphire Battersea		820L		2011
Hetty Feather #03_ Emerald Star		840L		2012
Hetty Feather #04_Diamond		870L		2013
Hetty Feather #05_Little Stars		780L		2015
Hetty Feather #06_Hetty Feather's Christmas				2018
World of Hetty Feather #01_Clover Moon		770L		2016
World of Hetty Feather #02_Rose Rivers				2018
Girls #01_Girls In Love	4.4	790L	UG	1997
Girls #02_Girls Under Pressure	4.3	740L	UG	1998
Girls #03_Girls Out Late	4.2	690L	UG	1999
Girls #04_Girls In Tears	4.3	710L	UG	2002
Novels(Book Level 4.0 ↑ / Interest Level MG)				
Ricky's Birthday	1969	The Illustrated Mum		1999
Hide and Seek	1972	Dare Game		2000
Truth or Dare	1973	Lizzie Zipmouth		2000
Snap	1974	Vicky Angel		2000
Let's Pretend	1976	Dustbin Baby		2001
Making Hate	1977	Sleepovers		2001
Nobody's Perfect	1982	The Cat Mummy		2001
Waiting for the Sky to Fall	1983	Secrets		2002
The Killer Tadpole	1984	The Worry Website		2002

The Other Side	1984	Lola Rose	2003
The School Trip	1984	Best Friends	2004
How to Survive Summer Camp	1985	Midnight	2004
Amber	1986	The Diamond Girls	2004
The Monster in the Cupboard	1986	Clean Break	2005
Glubbslyme	1987	Love Lessons	2005
The Power of the Shade	1987	Candyfloss	2006
This Girl	1988	Jacky Daydream	2007
Falling Apart	1989	Kiss	2007
The Left Outs	1989	Cookie	2008
The Party in the Lift	1989	My Sister Jodie	2008
Take a Good Look	1990	Little Darlings	2010
The Dream Palace	1991	The Longest Whale Song	2010
The Suitcase Kid	1992	Twin Tales	2010
Video Rose	1992	Green Glass Beads	2011
Deep Blue	1993	Lily Alone	2011
The Mum Minder	1993	Big Day Out	2012
Mark Spark in the Dark	1994	Four Children and It	2012
The Bed and Breakfast Star	1994	The Worst Thing About My Sister	2012
Double Act	1995	Magical Friends	2013
Elsa, Star of the Shelter	1995	Queenie	2013
Jimmy Jelly	1995	Opal Plumstead	2014
Love from Katie	1995	Paws and Whiskers	2014
My Brother Bernadette	1995	Happy Holidays	2015
Sophie's Secret Diary	1995	Katy	2015
The Dinosaur's Packed Lunch	1995	The Butterfly Club	2015
Bad Girls	1996	Rent A Bridesmaid	2016
Beauty and the Beast	1996	Wave Me Goodbye	2017
Mr. Cool	1996	Dancing the Charleston	2019
The Lottie Project	1997	Love Frankie	2020
The Monster Story-Teller	1997	The Primrose Railway Children	2021
Rapunzel	1998	The Runaway Girls	2021
Monster Eyeballs	1999	Baby Love	2022

루이스 새커: Louis Sachar(1954~, USA)

http://www.louissachar.com/

뉴욕에서 태어나 고등학생이 되어서야 열렬한 독서가가 되었다는 저자는 버클리에 있는 캘리포니아 대학에서 경제학을 전공했다. 어느 날 캠퍼스에서 한 초등학교 소녀가 나눠주고 있는 전단지를 받고 Hillside Elementary School의 보조교사가 되어 아이들에게 "Noontime Supervisor" or "Louis the Yard Teacher"라 불리게 되었는데 가장 좋아하는 대학 수업이 되었던 그 경험이 그의 삶을 바꾸었다. 1976년 대학을 졸업하면서 동화책을 쓰기로 결심했고, 첫 데뷔작이 《Sideways Stories From Wayside School》이다. Wayside School 등장인물들은 자신이 Hillside에서 알게 된 아이들을 기반으로 한다. 1980년 로스쿨을 졸업하고 관련 일을 하면서도 아동도서 집필을 계속하던 작가는 1989년부터 전업작가의 길을 걷게 되었다. Louis Sachar 하면 제일 먼저 떠오르는 책이 《Holes》일 것이다. 그는 이 책으로 1998년 미국 청소년 문학상과 1999년 뉴베리상을 수상했으며 공신력 있는 기관의 각종 추천 도서 목록에 빠지지 않고 등장하는 책이 되었다.

Title	BL	Lexile	IL	Published
Holes series				
Holes *1999 Newbery Medal	4.6	660L	MG	1998
Stanley Yelnats' Survival Guide to Camp Green Lake	4.7		MG	2003
Small Steps	4.2	690L	MG	2006
Wayside School Series				
Sideways Stories from Wayside School	3.3	460L	MG	1978
Wayside School is Falling Down	3.4	440L	MG	1989
Wayside School Gets a Little Stranger	3.3	500L	MG	1995
Wayside School Beneath the Cloud of Doom	3.9	550L	MG	2020
Sideways Arithmetic				
Sideways Arithmetic from Wayside School		670L	MG	1989
More Sideways Arithmetic from Wayside School		630L	MG	1994
Someday Angeline Series				
Someday, Angeline	4.0	610L	MG	1983
Dogs Don't Tell Jokes	3.8	560L	MG	1991
Marvin Redpost Series(8 Books)	2.7–3.6	430L–590L	LG	1992–2000
Novels				
Johnny's in the Basement	3.3	450L	MG	1981
Someday Angeline	4.0	610L	MG	1983

Sixth Grade Secrets(aka Pig City in the UK)	3,7	520L	MG	1987
There's a Boy in the Girls' Bathroom	3,4	490L	MG	1987
The Boy Who Lost His Face	4,0	570L	MG	1989
Dogs Don't Tell Jokes	3,8	560L	MG	1991
The Cardturner	5,0	HL720L	MG	2010
Fuzzy Mud	5,0	700L	MG	2015

필리스 레이놀즈 네일러: Phyllis Reynolds Naylor(1933~, USA)

http://phyllisnaylor.com/

미국 인디애나 주에서 태어나 10대 때부터 글쓰기를 즐겼다는 그녀는 1965년 데뷔 이후 130여 권 이상의 책을 저술했다. 가장 주목받는 작품은 1992년 뉴베리상을 수상한 《Shiloh》와 Alice Series이다. 이 시리즈는 주인공 Alice McKinley의 초등부터 대학까지, 그리고 그 이후까지 성장 과정에서 겪게 되는 사랑, 우정, 이별 등 Alice의 삶 전부가 담겨 있다.

Title	BL	Lexile	IL	Published
Shiloh Series				
Shiloh *1992 Newbery Medal	4,4	890L	MG	1991
Shiloh Season	4,8	860L	MG	1996
Saving Shiloh	4,9	1020L	MG	1997
A Shiloh Christmas	5,0	940L	MG	2015
The Alice Collection: Alice in Elementary				
Starting With Alice	4,6	730L	MG	2002
Alice in Blunderland	4,2	700L	MG	2003
Lovingly Alice	4,3	710L	MG	2004
The Alice Collection: The Middle School Years				
The Agony of Alice	5,3	910L	MG	1985
Alice in Rapture, Sort of	4,9	840L	UG	1989
Reluctantly Alice	5,0	860L	UG	1991
All but Alice	5,0	810L	UG	1992
Alice in April	4,5	710L	UG	1993
Alice in-Between	5,0	780L	UG	1994
Alice the Brave	5,1	820L	UG	1995
Alice in Lace	4,8	800L	UG	1996
Outrageously Alice	5,0	740L	UG	1997

Achingly Alice	4.9	750L	UG	1998
Alice on the Outside	4.9	780L	UG	1999
The Grooming of Alice	4.9	740L	UG	2000
** For the older audience: The Alice Collection: High School and Beyond(17 Books)				
Witch Series				
Witch's Sister	4.9	800L	MG	1980
Witch Water	5.5	840L	MG	1977
The Witch Herself	5.1	830L	MG	1978
The Witch's Eye	4.9	770L	MG	1990
Witch Weed	4.8	770L	MG	1991
The Witch Returns	5.1	850L	MG	1992
York Trilogy	5.7–6.0		MG	1980–1981
Boys Against Girls Series(12 Books)	4.3–5.0	700L–860L	MG	1993–2006
Club of Mysteries Series(4 Books)	5.0–5.7	810L–880L	MG	1993–2005

로이스 로리: Lois Lowry(1937~, USA)

http://loislowry.com/

하와이 출신의 미국 청소년 문학 작가이다. 어린이와 청소년들이 매우 좋아하는 작가로 손꼽히는 그녀는 홀로코스트, 미래사회, 입양, 정신질환, 암 등 조금은 무겁게 느껴지는 주제들을 통해 읽는 이에게 생생한 삶의 경험을 안겨줄 뿐 아니라 청소년들에게 삶의 정체성과 인간관계에 대한 문제의 해결책을 스스로 찾을 수 있게 이끌어주고 있다 평가되고 있다. 로이스 로리는 《The Giver》,《Number the Stars》로 두 번의 뉴베리상을 수상했다.

Title	BL	Lexile	IL	Published
Giver Quartet				
The Giver *1994 Newbery Medal	5.7	760L	MG	1993
Gathering Blue	5.0	680L	MG+	2000
Messenger	4.9	720L	MG+	2004
Son	5.0	720L	MG+	2012
Anastasia Krupnik Series				
Anastasia Krupnik	4.5	700L	MG	1979
Anastasia Again!	4.5	700L	MG	1981
Anastasia at Your Service	4.3	670L	MG	1982

Anastasia, Ask Your Analyst	4.2	630L	MG	1984
Anastasia on Her Own	4.4	640L	MG	1985
Anastasia Has the Answers	4.9	760L	MG	1986
Anastasia's Chosen Career	4.5	730L	MG	1987
Anastasia at This Address	4.6	730L	MG	1991
Anastasia, Absolutely	4.7	780L	MG	1995
Sam Krupnik Series				
All About Sam	4.0	670L	MG	1988
Attaboy, Sam	4.6	740L	MG	1992
See You Around, Sam!	4.4	740L	MG	1996
Zooman Sam	4.1	680L	MG	1999
Gooney Bird Series(6 Books)	3.7–4.1	580L–660L	LG	2002–2013
Just the Tates! Series(3 Books)	4.6–4.9	680L–750L	MG	1983–1990
Willoughbys Series(2 Books)	4.8–5.2	790L ↑	MG	2008–2020
Novels				
A Summer to Die	5.3	800L	UG	1977
Find A Stranger, Say Goodbye	4.8	780L	UG	1978
Autumn Street	5.1	810L	MG	1980
Taking Care of Terrific	5.3	840L	MG	1983
Rabble Starkey	5.3	940L	MG	1987
Number the Stars *1990 Newbery Medal	4.5	670L	MG	1989
Stay! Keeper's Story	6.4	880L	MG	1997
The Silent Boy	5.1	870L	MG	2003
Gossamer	4.4	660L	MG	2006
Crow Call(picture books)	3.8	AD750L	LG	2009
The Birthday Ball	5.2	810L	MG	2010
Bless this Mouse	4.5	690L	LG	2011
Nonfiction				
Looking Back: A Book of Memories	5.5	900L	MG	1998
On the Horizon: World War II Reflections	4.2	HL580L	MG	2020

캐서린 패터슨: Katherine Paterson(1932~, USA)

https://katherinepaterson.com/

캐서린 패터슨은 내셔널 북 어워드와 뉴베리상, 안데르센상, 린드그렌 문학상까지 받은 세계적인 아동문학 작가이다. 선교사의 딸로 중국에서 태어나 유년시절을 그곳에서 보냈다. 중국과 미국에서 교육을 받고 일본에서 선교사로 4년간 생활했다. 미국으로 돌아와 네 아이의 어머니가 되고나서 본격적으로 글을 쓰기 시작했다. 《Bridge to Terabithia》와 《Jacob Have I Loved》로 두 차례 뉴베리 메달을 받았으며 《The Great Gilly Hopkins》로 한 번 더 뉴베리 명예상을 받았다.

Title	BL	Lexile	IL	Published
Novels				
The Master Puppeteer	5.4	860L	MG	1975
Bridge to Terabithia *1978 Newbery Medal	4.6	810L	MG	1977
The Great Gilly Hopkins *1979 Newbery Honor	4.6	800L	MG	1978
Jacob Have I Loved *1981 Newbery Medal	5.7	880L	MG	1980
Rebels of the Heavenly Kingdom	6.0	890L	UG	1983
Come Sing Jimmy Jo	4.7	760L	MG	1985
Park's Quest	4.2	710L	MG	1988
Lyddie	5.6	860L	MG	1991
The King's Equal	5.2	780L	LG	1992
Flip-Flop Girl	4.6	720L	MG	1994
Jip, His Story	5.3	860L	MG	1996
Preacher's Boy	5.2	860L	MG	1999
The Same Stuff as Stars	4.3	670L	MG	2002
Bread and Roses, Too	4.9	810	MG	2006
The Day of the Pelican	5.2	770L	MG	2009
My Brigadista Year	5.3	830L	MG	2017
Birdie's Bargain				2021

E. L. 코닉스버그: E. L. Konigsburg(1930~2013, USA)

뉴욕에서 태어나 피츠버그 대학원에서 화학을 전공한 뒤 과학 교사로 일하던 코닉스버그는 두 아이를 낳고 그림을 그리기 시작하고 세 아이의 엄마로 글을 쓰기 시작하여 아동도서 및 청소년 소설의 작가이면서 삽화가로 활동했다. 1967년 한 출판사에서 처음으로 두 개의 책을 출간했는데 다음해에 나란히 뉴베리상 후보에 올라 뉴베리 메달과 뉴베리 명예상을 동시 수상했다. 이후 30년 가까이 지난 1997년 《The View from Saturday》로 다시 한 번 뉴베리상을 수상했다.

Title	BL	Lexile	IL	Published
Novels				
Jennifer, Hecate, Macbeth, William McKinley, and Me, Elizabeth *1968 Newbery Honor	4.5	680L	MG	1967
From the Mixed-up Files of Mrs Basil E. Frankweiler *1968 Newbery Medal	4.7	700L	MG	1967
(George)	5.3		MG	1970
About the B'Nai Bagels	4.7	700L	MG	1971
A Proud Taste for Scarlet and Miniver	5.4	770L	MG	1973
The Dragon in the Ghetto Caper	4.9	730L	MG	1974
The Second Mrs. Giaconda	5.7	840L	MG	1975
Father's Arcane Daughter	5.0	700L	MG	1976
Journey to an 800 Number	4.7	730L	MG	1982
Up from Jericho Tel	5.7	910L	MG	1986
Amy Elizabeth Explores Bloomingdale's	4.4	NC860L	LG	1992
T-backs, T-shirts, Coat, and Suit	5.4	820L	UG	1993
The View from Saturday *1997 Newbery Medal	5.9	870L	NG	1996
Silent to the Bone	5.4	810L	UG	2000
The Outcasts of 19 Schuyler Place	5.5	840L	MG	2004
The Mysterious Edge of the Heroic World	5.7	910L	MG	2007

케이트 디카밀로: Kate DiCamillo(1964~, USA)

https://www.katedicamillo.com/

펜실베이니아에서 태어나 플로리다 대학에서 영문학을 공부한 후, 어린이를 위한 책을 쓰기 시작했다. 2000년 처음으로 출간한 《Because of Winn-Dixie》로 다음해 뉴베리 명예상을 수상하며 전업작가의 길로 들어섰다. 이후 2003년 친구 아들의 부탁으로 쓰게 되었다는 《The Tale of Despereaux》를 비롯해 2013년 《Flora and Ulysses》까지 두 번의 뉴베리 메달을 수상했다. 그녀의 작품 4편은 영화로, 2편은 뮤지컬로 각색되었으며 지금도 활발히 작품활동 중이다.

Title	BL	Lexile	IL	Published
Early Chapter Books				
Tales from Deckawoo Drive(6 Books)	3.7–3.8	430L–570L	LG	2014–2020
Mercy Watson(6 Books)	2.6–3.2	450L–550L	LG	2005–2009
Bink & Gollie(3 Books)	2.2–2.7	450L–570L	LG	2010–2013
Three Rancheros				
Raymie Nightingale	4.2	550L	MG	2016
Louisiana's Way Home	4.5	630L	MG	2018
Beverly, Right Here	3.5	480L	MG	2019
Novels				
Because of Winn–Dixie *2001 Newbery Honor	3.9	670L	MG	2000
The Tiger Rising	4.0	590L	MG	2001
The Tale of Despereaux *2004 Newbery Medal	4.7	670L	MG	2003
The Miraculous Journey of Edward Tulane	4.4	700L	MG	2006
The Magician's Elephant	5.0	730L	MG	2009
Flora and Ulysses *2014 Newbery Medal	4.3	520L	MG	2013
The Beatryce Prophecy	4.4		MG	2021

샤론 크리치: Sharon Creech(1945~, USA)

https://www.sharoncreech.com/

미국의 아동 소설 작가인 샤론 크리치는 오하이오 주에서 태어나 1979년 영국으로 건너가 오랫동안 고등학교 교사로 일했다. 그녀의 첫 책《Absolutely Normal Chaos》은 영국에서만 출판되었다. 미국에서 출판된 그녀의 첫 번째 책《Walk Two Moons》은 1995년 뉴베리 메달을 수상했으며 2001년《The Wanderer》로 뉴베리 명예상을 추가로 받았다. 또한 그녀는 2002년에《Ruby Holler》로 카네기 상을 받으며 카네기 메달을 받은 최초의 미국인이 되었고 미국과 영국에서 가장 권위 있는 문학상, 뉴베리 메달과 카네기 상을 모두 수상한 최초의 작가가 되었다.

Title	BL	Lexile	IL	Published
Sharon Creech Narrative Poetry Series				
Love That Dog	4.5	1010L	MG	2001
Hate That Cat	5.0	NP	MG	2008
Moo	4.4	790L	MG	2016
Novels				

Absolutely Normal Chaos	4.7	840L	MG	1990
Walk Two Moons *1995 Newbery Medal	4.9	770L	MG	1994
Pleasing the Ghost	3.0	520L	MG	1996
Chasing Redbird	5.0	790L	MG	1997
Bloomability	5.2	850L	MG	1998
The Wanderer *2001 Newbery Honor	5.2	830L	MG	2000
Ruby Holler *2003 Carnegie Medal	4.3	660L	MG	2002
Granny Torrelli Makes Soup	4.2	810L	MG	2003
Heartbeat	5.0	NP	MG	2004
Replay	4.2	780L	MG	2005
The Castle Corona	5.5	800L	MG	2007
The Unfinished Angel	4.4	810L	MG	2009
The Great Unexpected	4.3	720L	MG	2012
The Boy on the Porch	4.0	680L	MG	2013
Saving Winslow	4.2	690L	MG	2018
One Time	4.8		MG	2020

크리스토퍼 폴 커티스: Christopher Paul Curtis(1953~, USA)

미국 미시건 주에서 태어난 노동자 출신 흑인 작가로 뉴베리상을 3회에 걸쳐 수상했다. 실제 자신의 가족을 모델로 삼은 작품들은 배경조차도 자신의 고향 미시간 주의 플린트(Flint)이다. 인종차별주의 속에서도 사랑과 희망을 잃지 않는 주인공들의 모습을 통해 미국 역사상 중요한 부분을 그리고 있다. 2000년에 《Bud, Not Buddy》로 뉴베리 메달과 코레타 스콧 킹 상[3]을 모두 수상한 최초의 작가가 되었으며, 뉴베리 메달을 수상한 최초의 아프리카계 미국인 남성이 되었다. 2008년 뉴베리 명예상을 수상한 《Elijah of Buxton》은 실화를 바탕으로 쓰여진 감동적인 이야기로 최고의 역사 소설에게 수여되는 스콧 오델 상[4]도 함께 수상했다.

---

3 *The Coretta Scott King Award; 마틴 루터 킹 주니어(Martin Luther King Jr.)의 아내인 코레타 스콧 킹(Coretta Scott King)의 이름을 따서 명명된 이 상은 매년 아프리카계 미국인 아동작가와 삽화가에게 주는 상이다.

4 *The Scott O'Dell Award: 『Island of the Blue Dolphin』의 작가 스콧 오델이 역사소설 작가들을 격려하고자 1982년 제정한 상이다.

Title	BL	Lexile	IL	Published
Flint Future Detectives Club Series				
Mr. Chickee's Funny Money	5.3	890L	MG	2005
Mr. Chickee's Messy Mission	5.6	870L	MG	2007
Novels				
The Watsons Go to Birmingham – 1963 *1996 Newbery Honor *1996 Coretta Scott King Book Awards Author Honor	5.0	920L	MG	1995
Bud, Not Buddy *2000 Newbery Medal *2000 Coretta Scott King Book Awards Author Winner	5.0	950L	MG	1999
Bucking the Sarge	5.8	1000L	MG	2004
Elijah of Buxton *2008 Newbery Honor *2008 Coretta Scott King Book Awards Author Winner	5.4	980L	MG	2007
The Mighty Miss Malone	4.7	750L	MG	2012
The Madman of Piney Woods	5.7	870L	MG	2014
The Journey of Little Charlie	5.8	960L	MG	2018

낸시 파머: Nancy Farmer(1941~, USA)

https://www.nancyfarmerwebsite.com/

미국 작가로 주로 어린이 문학, 혹은 SF 소설들을 쓰는데 뉴베리상을 세 번이나 수상했다. 1963년에 리드 칼리지에서 문학을 전공했고 UC 버클리에서 화학과 곤충학을 공부했다. 1975년에서 1978년에는 모잠비크와 짐바브웨에서 생물학 연구를 했다. 그녀는 주로 자신이 직접 겪었던 일을 바탕으로 책을 쓰는데, 아프리카에 생활하면서 겪은 경험을 바탕으로 쓴 《The Ear, The Eye, and the Arm》과 《A Girl Named Disaster》, 그리고 《The House of the Scorpion》도 어릴 때 아리조나와 멕시코 국경 사이에 살며 겪은 일을 바탕으로 썼다고 한다.

Title	BL	Lexile	IL	Published
House of the Scorpion Series				
The House of the Scorpion *2003 Newbery Honor	5.1	660L	MG+	2002
The Lord of Opium	5.2	HL700L	MG+	2013
Sea of Trolls Series				
The Sea of Trolls	4.7	670L	MG	2004
The Land of the Silver Apples	5.0	710L	MG	2007
The Islands of the Blessed	5.4	730L	MG	2009
Novels				

Title	BL	Lexile	IL	Published
The Ear, The Eye, and the Arm *1995 Newbery Honor	4.7	660L	UG	1994
The Warm Place	4.3	600L	MG	1995
A Girl Named Disaster *1997 Newbery Honor	5.1	730L	UG	1996

게리 폴슨: Gary Paulsen(1939~2021, USA)

게리 폴슨은 미국의 아동 및 청소년 소설 작가로 야생과 관련된 성장 스토리로 가장 잘 알려져 있다. 그는 10대 중반부터 건설 노동자, 목동, 트럭 기사, 선원 등 다양한 일을 하며 풍부한 경험을 쌓았다. 2000킬로 가까운 눈길을 달리는 알래스카 개 썰매 경주에 두 차례 참가해 완주하기도 했다. 이 경험을 토대로 쓴 작품《Dogsong》은 1986년 뉴베리 명예상을 수상했다. 이런 다양한 경험을 바탕으로 그는 많은 소설을 집필했으며 세 번의 뉴베리상을 수상했다. 폴슨의 작품 대부분은 대자연 속에서 험난하게 살아가며 세상을 배워 나가는 야외활동을 특징으로 하며 자연의 중요성을 강조한다.

Title	BL	Lexile	IL	Published
Brian's Saga Series				
Hatchet *1988 Newbery Honor	5.7	1020L	MG	1987
The River(Hatchet: The Return)	5.5	960L	MG	1991
Brian's Winter(Hatchet: Winter)	5.9	1140L	MG	1996
Brian's Return(Hatchet: The Call)	5.5	1030L	MG	1999
Brian's Hunt	5.9	1120L	MG+	2003
Liar, Liar Series				
Liar, Liar: The Theory, Practice and Destructive Properties of Deception	5.8	940L	MG	2011
Flat Broke: The Theory, Practice and Destructive Properties of Greed	5.1	810L	MG	2011
Crush: The Theory, Practice and Destructive Properties of Love	5.1	780L	MG	2012
Vote: The Theory, Practice, and Destructive Properties of Politics	5.5	820L	MG	2013
Family Ties: The Theory, Practice, and Destructive Properties of Relatives	5.5	840L	MG	2014
Lawn Boy Series				
Lawn Boy	4.3	710L	MG	2007
Lawn Boy Returns	5.6	920L	MG	2010
Novels				
Tracker	5.3	930L	MG	1984
Dogsong *1986 Newbery Honor	5.2	930L	MG	1985
The Winter Room *1990 Newbery Honor	5.0	1110L	MG	1989

Woodsong	5.6	1030L	MG	1990
Harris and Me: A Summer Remembered	5.7	980L	MG+	1993
How Angel Peterson Got His Name	6.0	1180L	MG	2003
Notes from the Dog	4.7	760L	MG	2009
Mudshark	6.3	1080L	MG	2009
Masters of Disaster	6.5	NC1100L	MG	2010
Woods Runner	5.5	870L	MG+	2010

제리 스피넬리: Jerry Spinelli(1941~, USA)

http://jerryspinelliauthor.com/

제리 스피넬리는 청소년기와 초기 성인기를 특징으로 하는 아동소설 작가이다. 미국 펜실베이니아 주에서 태어나 게티즈버그대학에서 공부한 뒤 존스홉킨스 대학에서 문학 석사학위를 받았다. 열 여섯 살에 그가 속해 있던 고등학교 야구 팀이 큰 시합에서 승리한 뒤, 그 감격을 시로 발표한 것이 첫 번째 글이었다. 이후 꿈이 메이저리그 선수에서 작가로 바뀌었다. 그는 여섯 번째 작품《Maniac Magee》로 1991년 뉴베리 메달을 수상했고 이후《Wringer》로 1998년에 뉴베리 명예상을 한 번 더 수상했다. 스무 번째 책이자 그의 대표작인《Stargirl》은 부모들이 선정한 2000년 좋은 책 부문 금상을 수상했으며 2020년 영화로도 제작되었다.

Title	BL	Lexile	IL	Published
Stargirl Series				
Stargirl	4.2	590L	UG	2000
Love, Stargirl	3.8	610L	UG	2007
School Daze Series				
Report to the Principal's Office	4.5	700L	MG	1991
Who Ran My Underwear Up the Flagpole?	5.0	740L	MG	1992
Do the Funky Pickle	4.0	670L	MG	1992
Picklemania	4.3	610L	MG	1993
Novels				
Maniac Magee *1991 Newbery Medal	4.7	820L	MG	1990
Crash	3.6	HL560L	MG	1996
The Library Card	4.3	690L	MG	1997
Wringer *1998 Newbery Honor	4.5	690L	MG	1997

Title	BL	Lexile	IL	Published
Loser	4.3	710L	MG	2002
Milkweed	3.6	510L	MG	2003
Eggs	3.6	540L	MG	2007
Smiles to Go	3.3	HL490L	MG+	2008
Jake and Lily	3.2	480L	MG	2012
Hokey Pokey	3.6	HL600L	MG+	2013
Dead Wednesday	3.9	HL550L	MG	2021

재클린 우드슨: Jacqueline Woodson(1963~, USA)

https://jacquelinewoodson.com/

미국의 소설가. 오하이오 콜럼버스에서 태어났으며 사우스캐롤라이나 그린빌, 뉴욕 브루클린에서 성장기를 보냈다. 인종, 젠더, 경제적 격차를 소설의 주요 소재로 삼는다. 미국의 권위 있는 아동문학상인 코레타 스콧 킹 상과 뉴베리상을 다수 수상했다.

Title	BL	Lexile	IL	Published
Novels				
Last Summer with Maizon	4.0	620L	MG	1990
The Dear One	3.8	630L	UG	1991
Maizon At Blue Hill	4.1	700L	MG	1992
Between Madison & Palmetto	3.9	660L	MG	1993
I Hadn't Meant to Tell You This *1995 Coretta Scott King Awards Author Honor	4.1	670L	UG	1994
From The Notebooks of Melanin Sun *1996 Coretta Scott King Awards Author Honor	4.0	690L	UG	1995
The House You Pass on The Way	4.3	HL690L	MG	1997
If You Come Softly …	4.0	HL570L	UG	1998
Lena	4.4	680L	UG	1999
Miracle's Boys *2001 Coretta Scott King Awards Author Winner	4.3	660L	UG	2000
Hush	4.2	640L	MG	2002
Locomotion	4.7	NP	MG	2003
Behind You	4.1	HL720L	UG	2004
Show Way *2006 Newbery Honor	3.8	AD650L	MG	2005
Feathers *2008 Newbery Honor	4.4	710L	MG+	2007
After Tupac and D Foster *2009 Newbery Honor	4.7	750L	UG	2008

Peace, Locomotion	4.7	860L	MG	2009
Each Kindness *2013 Coretta Scott King Awards Author Honor	3.4	AD530L	LG	2012
Beneath a Meth Moon	4.4	730L	UG	2012
Brown Girl Dreaming *2015 Newbery Honor *2015 Coretta Scott King Awards Author Winner	5.3	990L	MG	2014
Another Brooklyn	5.4		UG	2016
Harbor Me	4.1	630L	MG	2018
Before the Ever After *2021 Coretta Scott King Awards Author Winner	4.5	780L	MG	2020
The Year We Learned to Fly	3.9		LG	2022
The World Belonged to Us	4.1		MG	2022

부록 4 Newbery Winners and Honor Books : ATOS Book Level Order

《엄마표 영어 이제 시작합니다》에는 뉴베리 수상작품 일부가 수록되어 있다. 반디가 봐줄 만한 책을 고르기 위해 고심했던 2008년까지의 수상작 중 번역본으로 나와 있고 선 경험자들도 많이 추천하는 것을 골라 북레벨 순서로 책 표지까지 담았다. 최근 것까지 추가할까 하다가 그것 만도 150여 편에 달하기에 욕심 내지 않았다.

뉴베리 북클럽을 진행하기 위해 100년 동안의 수상작품 전체에 대해 전반적으로 리서치하며 최신 작품들만이 아니라 다양한 주제의 좋은 책들이 많이 누락되었음이 보였다. 뉴베리를 원서 그대로 즐기는 친구들이 많아졌다는 것도 알게 되었다. 리스트 업그레이드가 필요해서 2022년까지의 뉴베리 수상작 기본 정보들을 재정리했다.

2022년부터 1971년까지는 뉴베리 메달(Winner)과 명예상(Honor) 모두를, 이전 수상작들은 번역본 출간 및 국내 유통을 참고해서 선택적으로 담았다. 전체는 북레벨 순서로 정렬되었다. 이 또한 지면 관계상 제외된 책 표지는 블로그에 보완해 놓았다.

Year	Award	Title	번역서	Page	BL	Lexile	Author
2022	Honor	A Snake Falls to Earth		384	–	HL710L	Darcie Little Badger
1989	Winner	Joyful Noise: Poems for Two Voices		44	–	NP	Paul Fleischman
1969	Honor	When Shlemiel Went to Warsaw and Other Stories	바르샤바로 간 슐레밀	128	–	850L	Isaac Bashevis Singer
2020	Honor	The Undefeated		40	2.6	–	Kwame Alexander
2015	Honor	El Deafo	엘 데포	233	2.7	GN420L	Cece Bell
2020	Winner	New Kid	뉴 키드	256	2.9	GN320L	Jerry Craft
1985	Honor	Like Jake and Me		32	2.9	400L	Mavis Jukes
1973	Honor	Frog and Toad Together	개구리와 두꺼비와 함께	64	2.9	450L	Arnold Lobel
1973	Honor	The Upstairs Room		196	2.9	380L	Johanna Reiss
2016	Honor	Roller Girl	롤러 걸	239	3.2	GN440L	Victoria Jamieson
2016	Winner	Last Stop on Market Street	행복을 나르는 버스	32	3.3	AD610L	Matt de la Peña
1986	Winner	Sarah, Plain and Tall	키가 크고 수수한 새라 아줌마	58	3.4	660L	Patricia Maclachlan
2005	Honor	Al Capone Does My Shirts	알카포네의 수상한 빨래방	225	3.5	600L	Gennifer Choldenko
1953	Honor	The Bears On Hemlock Mountain	헴록 산의 곰	64	3.5	590L	Alice Dalgliesh
1929	Honor	Millions of Cats	백만 마리 고양이	32	3.5	730L	Wanda Gag
2021	Honor	Fighting Words		259	3.6	–	Kimberly Brubaker Bradley
2013	Winner	The One and Only Ivan	세상에 단 하나뿐인 이이반	305	3.6	570L	Katherine Applegate
1992	Honor	Nothing But The Truth	진실만을 말할 것을 맹세합니까	192	3.6	NP	Avi
1983	Honor	Doctor De Soto	치과의사 드소토 선생님	32	3.6	AD560L	William Steig
2022	Honor	Watercress		32	3.7	–	Andrea Wang
2011	Honor	Turtle in Paradise	우리 모두 해피 엔딩	191	3.7	610L	Jennifer L. Holm
1989	Honor	Scorpions		224	3.7	610L	Walter Dean Myers
1988	Honor	After the Rain	비긴 후에	256	3.7	600L	Normal Fox Mazer

Year	Award	Title	Title (Korean)	Pages	Score	Lexile	Author
2018	Honor	Crown: An Ode to the Fresh Cut	엄마가 수 놓은 길	32	3.8	700L	Derrick Barnes,
2006	Honor	Show Way		40	3.8	AD720L	Jacqueline Woodson
1994	Honor	Crazy Lady	로널드는 화요일에 떠났다	192	3.8	570L	Jane Leslie Conly
1983	Honor	Sweet Whispers, Brother Rush		224	3.8	550L	Virginia Hamilton
2013	Honor	Three Times Lucky	소녀탐정 럭키 모	312	3.9	560L	Sheila Turnage
2007	Honor	Rules	우리들만의 규칙	200	3.9	780L	Cynthia Lord
2001	Honor	Because of Winn-Dixie	내 친구 윈 딕시	182	3.9	610L	Kate DiCamillo
1987	Winner	The Whipping Boy	왕자와 매맞는 아이	90	3.9	570L	Sid Fleischman
1976	Honor	The Hundred Penny Box		47	3.9	700L	Sharon Bell Mathis
1956	Honor	The Secret River	비밀의 강	56	3.9	AD590L	Marjorie Kinnan Rawlings
1955	Honor	The Courage of Sarah Noble	사라는 숲이 두렵지 않아요	64	3.9	610L	Alice Dalgliesh
2007	Honor	Penny From Heaven	내 사랑 페니	274	4.0	730L	Jennifer L. Holm
2021	Winner	When You Trap a Tiger	호랑이를 덫에 가두면	297	4.1	590L	Tae Keller
2016	Honor	The War that Saved My Life	맨발의 소녀	316	4.1	580L	Kimberly Brubaker Bradley
1956	Winner	Carry On, Mr. Bowditch		251	4.1	570L	Jean Lee Latham
2014	Honor	The Year of Billy Miller	빌리 밀러	229	4.2	620L	Kevin Henkes
1987	Honor	A Fine White Dust	조각난 하얀 십자가	106	4.2	740L	Cynthia Rylant
2019	Honor	The Book of Boy	더 보이	320	4.3	HL600L	Catherine Gilbert Murdock
2018	Honor	Long Way Down	롱 웨이 다운	320	4.3	720L	Jason Reynolds
2015	Winner	The Crossover		237	4.3	760L	Kwame Alexander
2014	Winner	Flora & Ulysses: The Illuminated Adventures	초능력 다람쥐 율리시스	231	4.3	520L	Kate DiCamillo
2020	Honor	Scary Stories for Young Foxes	어린 여우를 위한 무서운 이야기	320	4.4	640L	Christian McKay Heidicker

Year		English Title	Korean Title	Pages	AR	Lexile	Author
2008	Honor	Feathers	희망은 깃털처럼	208	4.4	760L	Jacqueline Woodson
2007	Honor	Hattie Big Sky		304	4.4	700L	Kirby Larson
2003	Honor	Pictures of Hollis Woods	홀리스 우즈의 그림들	176	4.4	650L	Patricia Reilly Giff
2000	Honor	26 Fairmount Avenue		57	4.4	760L	Tomie De Paola
1997	Honor	Belle Prater's Boy	엄마가 사라진 어느 날	208	4.4	760L	Ruth White
1993	Honor	Somewhere in the Darkness	어둠 속 어딘가	192	4.4	640L	Walter Dean Myers
1992	Winner	The Shiloh trilogy 1. Shiloh	샤일로	144	4.4	890L	Phyllis Reynolds Naylor
1984	Honor	The Wish Giver: Three Tales of Coven Tree	소원을 들어주는 카드	192	4.4	720L	Bill Brittain
1975	Winner	M.C. Higgins, the Great	히긴스, 너는 대왕이다	278	4.4	560L	Virginia Hamilton
1972	Honor	Annie and the Old One	애니의 노래	44	4.4	700L	Miska Miles
1971	Honor	Knee Knock Rise	매머드 산의 비밀	117	4.4	760L	Natalie Babbitt
1953	Honor	Charlotte's Web	샬롯의 거미줄	192	4.4	680L	E.B.White
1936	Honor	The Good Master	괴짜 사촌 케이트	196	4.4	640L	Kate Seredy
2020	Honor	Genesis Begins Again		384	4.5	670L	Alicia D. Williams
2019	Honor	The Night Diary	밤의 일기	264	4.5	700L	Veera Hiranandani
2018	Honor	Piecing Me Together	내 조각 이어 붙이기	263	4.5	680L	Renée Watson
2017	Honor	The Inquisitor's Tale: Or, The Three Magical Children and Their Holy Dog	이야기 수집가와 비밀의 아이들	363	4.5	620L	Adam Gidwitz
2010	Winner	When You Reach Me	어느 날 미란다에게 생긴 일	199	4.5	750L	Rebecca Stead
2003	Honor	A corner of the Universe	우주의 내 작은 모퉁이	208	4.5	750L	Ann M. Martin
2001	Winner	A Year Down Yonder	시카고에서 온 메리 엘리스	130	4.5	670L	Richard Peck
1998	Honor	Wringer	링어 목을 비트는 아이	228	4.5	690L	Jerry Spinelli
1990	Winner	Number the Stars	별을 헤아리며	137	4.5	670L	Lois Lowry
1989	Honor	In The Beginning: Creation Stories from Around the World		176	4.5	640L	Virginia Hamilton
1982	Winner	A Visit to William Blake's Inn		30	4.5	NP	Nancy Willard

1968	Honor	Jennifer, Hecate, Macbeth, William McKinley, and Me, Elizabeth	내 친구가 마녀래요	128	4.5	680L	E.L. Konigsburg
1960	Winner	Onion John		248	4.5	710L	Joseph Krumgold
2021	Honor	We Dream of Space		381	4.6	—	Erin Entrada Kelly
2019	Winner	Merci Suárez Changes Gears	머시 수아레스, 기어를 바꾸다	355	4.6	700L	Meg Medina
2017	Honor	Freedom Over Me: Eleven Slaves, Their Lives and Dreams Brought to Life	자유 자유 자유	56	4.6	730L	Ashley Bryan
2012	Honor	Breaking Stalin's Nose	세상에서 가장 완벽한 교실	176	4.6	670L	Eugene Yelchin
2011	Honor	One Crazy Summer	어느 뜨거웠던 여름	218	4.6	750L	Rita Williams–Garcia
1999	Winner	Holes	구덩이	233	4.6	660L	Louis Sachar
1998	Honor	Ella Enchanted	마법에 걸린 엘라	232	4.6	670L	Gail Carson Levine
1998	Honor	Lily's Crossing	릴리 이야기	192	4.6	720L	Patricia Reilly Giff
1993	Honor	The Dark-thirty: Southern Tales of the Supernatural		166	4.6	730L	Patricia McKissack
1979	Honor	The Great Gilly Hopkins	우롱당한 질리 홉킨스	148	4.6	800L	Kathrine Paterson
1978	Winner	Bridge to Terabithia	비밀의 숲 테라비시아	128	4.6	810L	Katherine Paterson
1943	Honor	The Middle Moffat	모팻가의 가운데 아이	256	4.6	650L	Eleanor Estes
1938	Honor	On the Banks of Plum Creek	초원의 집	352	4.6	720L	Laura Ingalls Wilder
2018	Winner	Hello, Universe	안녕, 우주	313	4.7	690L	Erin Entrada Kelly
2009	Honor	After Tupac & D Foster		176	4.7	750L	Jacqueline Woodson
2005	Winner	Kira-Kira	키라 키라	256	4.7	740L	Cynthia Kadohata
2004	Winner	The Tale of Despereaux	생쥐기사 데스페로	272	4.7	670L	Kate DiCamillo
2004	Honor	Olive's Ocean	바닷 속의 바다	217	4.7	680L	Kevin Henkes
1995	Honor	The Ear, the Eye and the Arm	사라진 도시 사라진 아이들	320	4.7	660L	Nancy Farmer
1991	Winner	Maniac Magee	하늘을 달리는 아이	184	4.7	820L	Jerry Spinelli
1987	Honor	On My Honor	잃어버린 자전거	96	4.7	750L	Marion Dane Bauer
1968	Winner	From the Mixed-up Files of Mrs. Basil E. Frankweiler	클로디아의 비밀	162	4.7	700L	E.L. Konigsburg

1964	Winner	It's Like This, Cat	냥이를 위해 건배	180	4.7	810L	Emily Cheney Neville
1963	Winner	A Wrinkle in Time	시간의 주름	211	4.7	740L	Madeleine L'Engle
1959	Honor	The Family Under the Bridge	떠돌이 할아버지와 집 없는 아이들	112	4.7	680L	Ntalie S. Carlson
1957	Honor	The Corn Grows Ripe	옥수수가 익어가요	96	4.7	750L	Dorothy Rhoads
1955	Winner	The Whell on the School	지붕 위의 수레바퀴	298	4.7	710L	Meindert De Jong
1953	Winner	Secret of the Andes	안데스의 비밀	120	4.7	710L	Ann Nolan Clark
2017	Winner	The Girl Who Drank the Moon	달빛 마신 소녀	388	4.8	640L	Kelly Barnhill
2014	Honor	One Came Home		272	4.8	690L	Amy Timberlake
2012	Honor	Inside Out & Back Again	사이공에서 앨라배마까지	262	4.8	800L	Thanhha Lai
2000	Honor	Our Only May Amelia	메이 아멜리아	272	4.8	900L	Jennifer L. Holm
1996	Honor	Yolonda's Genius	앤드류와 하모니카	224	4.8	710L	Catol Fenner
1954	Winner	…and now Miguel		248	4.8	780L	Joseph Krumgold
1952	Honor	The Light at Tern Rock	제비 갈매기 섬의 등대	64	4.8	820L	Julia L. Sauer
1946	Winner	Strawberry Girl		194	4.8	650L	Lois Lenski
2017	Honor	Wolf Hollow		320	4.9	800L	Lauren Wolk
2016	Honor	Echo	메아리	585	4.9	680L	Pam Muñoz Ryan
2006	Honor	Whittington	위대한 모험가 위팅턴	191	4.9	760L	Alan W. Armstrong
2001	Honor	Joey Pigza Loses Control	조이, 나사가 풀리다	195	4.9	800L	Jack Gantos
1995	Winner	Walk Two Moons	두 개의 달 위를 걷다	280	4.9	770L	Sharon Creech
1984	Winner	Dear Mr. Henshaw	헨쇼 선생님께	134	4.9	910L	Beverly Cleary
1984	Honor	The Sign of the Beaver	비버족의 표식	144	4.9	770L	Eizabeth George Speare
1975	Honor	My Brother Sam is Dead		216	4.9	770L	James Lincoln Collier & Christopher Collier
1971	Winner	The Summer of the Swans	열네 살의 여름	142	4.9	830L	Betsy romer Byars

1971	Honor	Sing down the Moon	달빛 노래	144	4.9	820L	Sott O'Dell
1962	Honor	Belling the Tiger	호랑이 목에 방울달기	64	4.9	–	Mary Stolz
1961	Honor	The Cricket in Times Square	뉴욕에 간 귀뚜라미 체스터	151	4.9	780L	George Selden
1957	Winner	Miracles on Maple Hill	봄 여름 가을 겨울	232	4.9	750L	Virginia Sorensen
1954	Honor	Shadrach	샤드락	182	4.9	710L	Meindert Dejong
1947	Winner	Miss Hickory	미스 히코리와 친구들	123	4.9	870L	Carolyn Sherwin Bailey
2022	Winner	The Last Cuentista		320	5.0	730L	Donna Barba Higuera
2003	Winner	Crispin:The Cross of Lead	크리스핀의 모험	262	5.0	780L	Avi Wortis
2000	Winner	Bud, Not Buddy	난 버디가 아니라 버드야!	245	5.0	950L	Christopher Paul Curtis
1999	Honor	Long Way from Chicago	일 년 반의 여름과 괴짜 할머니	148	5.0	750L	Richard Pek
1996	Honor	The Watsons Go to Birmingham—1963	왓슨 가족 버밍햄에 가다	210	5.0	1000L	Christopher Paul Curtis
1990	Honor	The Winter Room	겨울방	112	5.0	1170L	Gary Paulsen
1990	Honor	Afternoon of the Elves	우리 옆집에 요정이 산다	128	5.0	820L	Janet Taylor Lisle
1983	Winner	Dicey's Song	디시가 부르는 노래	211	5.0	710L	Cynthia Voigt
1981	Honor	The Fledgling	둥지를 나온 어린새	207	5.0	800L	Jane Langton
1975	Honor	Philip Hall Likes Me, I Reckon Maybe	필립 홀은 나를 좋아한다	144	5.0	900L	Bette Greene
1962	Winner	The Bronze Bow	청동활	254	5.0	760L	Elizabeth George Speare
1957	Honor	Old Yeller	내 사랑 옐러	176	5.0	910L	Fred Gipson
1940	Honor	The Singing Tree	노래하는 나무	256	5.0	770L	Kate Seredy
2022	Honor	Too Bright to See		188	5.1	–	Kyle Lukoff
2014	Honor	Paperboy	나는 말하기 좋아하는 말더듬이입니다	256	5.1	940L	Vince Vawter
2013	Honor	Splendors and Glooms		384	5.1	670L	Laura Amy Schlitz
2009	Winner	The Graveyard Book	그레이브야드 북	312	5.1	820L	Neil Gaiman
2003	Honor	The House of the Scorpion	전갈의 아이	400	5.1	660L	Nancy Farmer

2001	Honor	Hope was Here	그레이트 네일은 희망	186	5.1	710L	Joan Bauer
2000	Honor	Getting Near to Baby	자몽 위에서	211	5.1	740L	Audrey Couloumbis
1997	Honor	A Girl Named Disaster	아프리카 소녀 나무	336	5.1	730L	Nancy Farmer
1983	Honor	Homesick: My Own Story	그리운 양쯔강	176	5.1	860L	Jean Fritz
1977	Honor	A Girl Named Disaster	아프리카 소녀 나무	336	5.1	730L	Nancy Farmer
1972	Winner	Mrs. Frisby and the Rats of NIMH	니임의 비밀	233	5.1	790L	Robert C. O'Brien
1972	Honor	The Planet of Junior Brown	주니어 브라운의 행성	210	5.1	730L	Virginia Hamilton
1955	Honor	Banner in the Sky	시터넬의 소년	288	5.1	680L	James Ramsey Ullman
1942	Winner	The Matchlock Gun		62	5.1	860L	Walter D. Edmonds
2021	Honor	A Wish in the Dark		720	5.2	720L	Christina Soontornvat
2009	Honor	The Underneath	마루 밑	320	5.2	830L	Kathi Appelt
2003	Honor	Hoot	후트	304	5.2	760L	Carl Hiaasen
2001	Honor	The Wanderer	바다 바다 바다 / 방랑자호	320	5.2	830L	Sharon Creech
1987	Honor	Volcano: The Eruption and Healing of Mount St. Helens	세인트 헬렌스 산의 화산	60	5.2	830L	Patricia Lauber
1986	Honor	Dogsong	개 썰매	192	5.2	930L	Gary Paulsen
1981	Honor	A Ring of Endless		352	5.2	810L	Madeleine L'Engle
1978	Honor	Ramona and Her Father	라모나는 아빠를 사랑해	208	5.2	840L	Bevery Cleary
1977	Honor	A String in The Harp		384	5.2	810L	Nancy Bond
1975	Honor	Figgs & Phantoms		176	5.2	780L	Ellen Raskin
1967	Honor	Zlateh The Goat and Other Stories	염소 즐라테	104	5.2	850L	Isaac Bashevis Singer
1966	Honor	The Black Cauldron	악마의 가마솥	182	5.2	760L	Lloyd Alexander
1965	Winner	Shadow of a Bull		141	5.2	740L	Maia Wojciechowska
1960	Honor	My Side of the Mountain	나의 산에서	176	5.2	810L	Jean Craighead George
1944	Honor	Rufus M.		256	5.2	710L	Eleanor Estes

연도	구분	제목	한국어 제목	쪽수		Lexile	저자
2022	Honor	Red, White, and Whole	빨강, 하양 그리고 완전한 하나	224	5.3	–	Rajani LaRocca
2021	Honor	BOX: Henry Brown Mails Himself to Freedom		56	5.3	–	Carole Boston Weatherford
2020	Honor	Other Words for Home		352	5.3	930L	Jasmine Warga
2015	Honor	Brown Girl Dreaming		336	5.3	990L	Jacqueline Woodson
2011	Winner	Moon over Manifest	매니페스트의 푸른달빛	351	5.3	800L	Clare Vanderpool
2010	Honor	The Evolution of Calpurnia Tate	열두 살의 특별한 여름	340	5.3	830L	Jacqueline Kelly
1998	Winner	Out of the Dust	모래 폭풍이 지날 때	227	5.3	1040L	Karen Hesse
1994	Honor	Dragon's Gate		288	5.3	730L	Laurence Yep
1993	Winner	Missing May	그리운 메이 아줌마	89	5.3	980L	Cynthia Rylant
1991	Honor	The True Confessions of Charlotte Doyle	캔틴 샬럿	240	5.3	740L	Avi
1984	Honor	A Solitary Blue	제프의 섬	250	5.3	770L	Cynthia Voigt
1979	Winner	The Westing Game	웨스팅 게임	185	5.3	750L	Ellen raskin
1976	Honor	Dragonwings	용의 날개	248	5.3	870L	Laurence Yep
1972	Honor	The Headless Cupid	목 없는 큐피드	203	5.3	900L	Zilpha Keatley Snyder
1970	Winner	Sounder	아버지의 남포등	128	5.3	900L	William H. Armstrong
1958	Honor	Gone-Away Lake	사라진 호수	192	5.3	760L	Elizabeth Enright
1948	Honor	Misty of Chincoteague	미스티 : 신카티그 섬의 안개	173	5.3	750L	Marguerite Henry
1941	Honor	The Long Winter	초원의 집	352	5.3	790L	Laura Ingalls Wilder
1940	Honor	By the Shores of Silver Lake	초원의 집 – 실버호숫가	304	5.3	820L	Laura Ingalls Wilder
2014	Honor	Doll Bones	인형의 비밀	244	5.4	840L	Holly Black
2011	Honor	Heart of a Samurai		336	5.4	760L	Margi Preus
2008	Honor	Elijah of Buxton	희망을 담은 아이 엘리야	341	5.4	1070L	Christopher Paul Curtis
1996	Honor	What Jamie Saw	이건 괜찮을 거야	128	5.4	1010L	Caroline Coman

연도	수상	제목	한국어 제목	쪽수	레벨	지수	저자
1985	Honor	One Eyed Cat	외눈박이 고양이	216	5.4	1000L	Paula Fox
1985	Honor	The Moves Make the Man		304	5.4	1150L	Bruce Brooks
1968	Honor	The Black Pearl	라문의 바다	144	5.4	980L	Sott O'Dell
1961	Winner	Island of the Blue Dolphins	푸른 돌고래 섬	181	5.4	1000L	Sott O'Dell
1949	Winner	King of the Wind : The Story of the Godolphin Arabian	바람의 왕, 고돌핀 아라비안	174	5.4	830L	Marguerite Henry
1945	Honor	The Hundred Dresses	내게 드레스 백 벌이 있어	80	5.4	870L	Eleanor Estes
1942	Honor	Little Town on the Prairie	초원의 집: 대초원의 작은 마을	320	5.4	850L	Laura Ingalls Wilder
1926	Winner	Shen of the Sea : Historical Fiction		221	5.4	780L	Arthur Bowie Chrisman
2010	Honor	Where the Mountain Meets the Moon	산과 달이 만나는 곳	278	5.5	810L	Grace Lin
2006	Winner	Criss Cross	크리스 크로스	337	5.5	820L	Lynne Rae Perkins
2003	Honor	Surviving the Applewhites	나비 날다	216	5.5	820L	Stephanie S. Tolan
1997	Honor	Moorchild		256	5.5	940L	Eloise McGraw
1983	Honor	Graven Images : Three Stories		85	5.5	870L	Paul Fleischman
1982	Honor	Upon the Head of the Goat: A Childhood in Hungary 1939–1944	황금의 양을 찾아서	224	5.5	830L	Aranka Siegal
1967	Honor	The King's Fifth		264	5.5	840L	Scott O'Dell
1957	Honor	The House of Sixty Fathers	60명의 아버지가 있는 집	189	5.5	820L	Meindert De Jong
2010	Honor	The Mostly True Adventures of Homer P. Figg	가짓말쟁이 호마 피그의 진짜 남북전쟁 모험	224	5.6	950L	Rodman Philbrick
2008	Winner	Good Masters! Sweet Ladies! Voices from a Medieval Village	존경하는 신사 숙녀 여러분	85	5.6	NP	Laura Amy Schlitz
1982	Honor	Ramona Quimby, Age 8	라모나는 아무도 못 말려	208	5.6	860L	Bevery Cleary
1952	Honor	Minn of the Mississippi		85	5.6	910L	Holling C. Holling
1949	Honor	My Father's Dragon	엘마의 모험	96	5.6	990L	Ruth Stiles Gannett,
1944	Honor	These Happy Golden Years	초원의 집 – 눈부시게 행복한 생활	304	5.6	840L	Laura Ingalls Wilder
1939	Honor	Mr. Popper's Penguins	파파씨의 12마리 펭귄	139	5.6	910L	Richard Atwater
1935	Winner	Dobry		176	5.6	–	Monica Shannon

Year	Award	Title	한글 제목	No.	Level	Lexile	Author
1932	Winner	Waterless Mountain		212	5.6	860L	Laura Adams Armer
2012	Winner	Dead End in Norvelt	노벨트에게 평범한 것은 없어	341	5.7	920L	Jack Gantos
1994	Winner	The Giver	기억 전달자	180	5.7	760L	Lois Lowry
1988	Honor	Hatchet	손도끼	192	5.7	1020L	Gary Paulsen
1981	Winner	Jacob Have I Loved	내가 사랑한 야곱	216	5.7	880L	Katherine Paterson
1980	Honor	The Road from Home: The Story of an Armenian Girl		238	5.7	990L	David Kherdian
1978	Honor	Anpao: An American Indian Odyssey		256	5.7	880L	Jamake Highwater
1977	Winner	Roll of Thunder, hear my cry	천둥아, 내 외침을 들어라.	276	5.7	920L	Mildred D. Taylor
1973	Honor	The Witches of Worm		183	5.7	920L	Zilpha Keatley Snyder
1970	Honor	Journey Outside		127	5.7	930L	Mary Q. Steele
1959	Winner	The Witch of Blackbird Pond	검정새 연못의 마녀	249	5.7	850L	Elizabeth George Speare
1959	Honor	Along Came a Dog	집 없는 개	192	5.7	950L	Meindert De Jong
1939	Winner	Thimble Summer	마법물가 가져온 여름 이야기	136	5.7	810L	Elizabeth Enright
1923	Winner	The Voyages of Doctor Dolittle	둘리틀 선생의 바다여행	355	5.7	930L	Hugh Lofting
2002	Honor	Everything on a Waffle	빨간 그네를 탄 소녀	160	5.8	950L	Polly Horvath
1984	Honor	Sugaring Time		64	5.8	980L	Kathryn Lasky
1973	Winner	Julie of the Wolves	줄리와 늑대	170	5.8	860L	Jean Craighead George
1946	Honor	Justin Morgan Had a Horse		176	5.8	880L	Marguerite Henry
2008	Honor	The Wednesday Wars	수요일의 전쟁	264	5.9	990L	Gary D. Schmidt
2007	Winner	The Higher Power of Lucky	행운을 부르는 아이 럭키	160	5.9	950L	Susan Patron
2005	Honor	Lizzie Bright and the Buckminster Boy	고래의 눈	219	5.9	1000L	Gary D. Schmidt
2002	Honor	Carver, a Life In Poems		103	5.9	890L	Marilyn Nelson
1997	Winner	The View from Saturday	퀴즈 왕들의 비밀	176	5.9	870L	E.L. Konigsburg
1990	Honor	Shabanu, Daughter of the Wind	바람의 딸 샤바누	240	5.9	970L	Suzanne Fisher Staples

Year	Award	Title	제목	Pages		Lexile	Author
1977	Honor	Abel's Island	에벨의 섬	117	5.9	920L	William Steig
1972	Honor	The Tombs of Atuan	아투안의 무덤	180	5.9	840L	Ursula K. Le Guin
1968	Honor	The Fearsome Inn	공포의 여인숙	40	5.9	–	Isaac Bashevis Singer
1960	Honor	The Gammage Cup		288	5.9	950L	Fantasy
1944	Winner	Johnny Tremain		293	5.9	840L	Esther Forbes
1931	Winner	The Cat Who Went to Heaven	하늘로 올라간 고양이	64	5.9	1000L	Elizabeth Coatsworth
2009	Honor	Savvy	맥스 가족의 특별한 비밀	342	6.0	1070L	Ingrid Law
2006	Honor	Princess Academy	프린세스 아카데미	314	6.0	890L	Shannon Hale
1997	Honor	The Thief	도둑	304	6.0	920L	Megan Whalen Turner
1996	Winner	The Midwife's Apprentice	서툴러도 괜찮아	122	6.0	1150L	Karen Cushman
1974	Winner	The Slave Dancer	춤추는 노예들	152	6.0	910L	Paula Fox
1952	Winner	Ginger Pye	진저 파이	306	6.0	990L	Eleanor Estes
1936	Winner	Caddie Woodlawn	말괄량이 서부 소녀 캐디	242	6.0	890L	Carol Ryrie Brink
2011	Honor	Dark Emperor and Other Poems of the Night		32	6.1	1020L	Joyce Sidman
1993	Honor	What Hearts		208	6.1	900L	Bruce Brooks
1969	Winner	The High King		304	6.1	900L	Lloyd Alexander
1958	Winner	Rifles for Watie		332	6.1	910L	Harold Keith
1976	Winner	The Grey King	그레이 킹	208	6.2	930L	Susan Cooper
1974	Honor	The Dark Is Rising	어둠이 떠오른다	320	6.2	920L	Susan Cooper
1950	Winner	The Door in the Wall		121	6.2	920L	Marguerite de Angeli
1941	Winner	Call It Courage	용기는 파도를 넘어	116	6.2	830L	Armstrong Sperry
1925	Winner	Tales from Silver Lands		207	6.2	1320L	Charles Finger
1975	Honor	The Perilous Gard		320	6.3	1020L	Elizabeth Marie Pope
1962	Honor	The Golden Goblet	황금 소년 라노페르	256	6.3	930L	Eloise Jarvis McGraw

1937	Winner	Roller Skates	룰러 스케이트 타는 소녀	186	6.3	810L	Ruth Sawyer
2009	Honor	The Surrender Tree: Poems of Cuba's Struggle for Freedom		384	6.4	NP	Margarita Engle
1995	Honor	Catherine, called Birdy	소녀 밧짐하다	224	6.4	1170L	Karen Cushman
1968	Honor	The Egypt Game	이집트 게임	240	6.4	1010L	Zilpha K. Snyder
1945	Winner	Rabbit Hill	꼬마 토끼 조지의 언덕	128	6.4	1050L	Robert Lawson
1933	Winner	Young Fu of the Upper Yangtze	양쯔강 소녀 / 세상을 두드리는 소녀	267	6.4	890L	Elizabeth Foreman Lewis
1966	Winner	I, Juan de Pareja	나, 후안 데 파레하	180	6.5	1030L	Elizabeth Borton de Treviño
1951	Winner	Amos Fortune, Free Man	자유인 아모스	181	6.5	1090L	Elizabeth Yates
1943	Winner	Adam of the Road		317	6.5	1030L	Elizabeth Janet Gray
1928	Winner	Gay Neck, the Story of a Pigeon	비둘기 전사 케이낵	191	6.5	1040L	Dhan Gopal Mukerji
1927	Winner	Smoky, the Cow Horse	스모기, 카우보이 말 이야기	310	6.5	NC1440L	Will James
2002	Winner	A Single Shard	사금파리 한 조각	152	6.6	920L	Linda Sue Park
1967	Winner	Up a Road Slowly	라즈베리 소녀들	186	6.6	1060L	Irene Hunt
1938	Winner	The white stag	흰 사슴을 만나는 밤	94	6.6	1020L	Kate Seredy
1980	Winner	A Gathering of Days		144	6.7	960L	Joan W. Blos
1924	Winner	The Dark Frigate		264	6.7	1160L	Charles Hawes
2010	Honor	Claudette Colvin: Twice Toward Justice	열다섯 살의 용기	144	6.8	1000L	Phillip Hoose
1983	Honor	The Blue Sword		272	6.8	1030L	Robin McKinley
1948	Winner	The Twenty-one Balloons	21개의 열기구	180	6.8	1070L	William Pene duBois
2013	Honor	Bomb: The Race to Build—and Steal—the World's Most Dangerous Weapon	원자폭탄: 세상에서 가장 위험한 비밀 프로젝트	304	6.9	920L	Steve Sheinkin
1985	Winner	The Hero and the Crown		227	7.0	1050L	Robin McKinley
1964	Honor	Rascal	꼬마 너구리 라스칼	189	7.1	1140L	Sterling North
1930	Winner	Hitty, Her First Hundred Years	나무 인형 히티의 백 년 모험	235	7.1	1110L	Rachel Field

1929	Winner	The Trumpeter of Krakow	크라쿠프의 나팔수	224	7.1	1200L	Eric Kelly
2021	Honor	All Thirteen:The Incredible Cave Rescue of the Thai Boys' Soccer Team		280	7.2	1020L	Christina Soontornva
1972	Honor	Incident At Hawk's Hill		191	7.2	1130L	Allan W. Eckert
1971	Honor	Enchantress from the Stars	다른 별에서 온 마녀	288	7.3	910L	Sylvia Louise Engdahl
1996	Honor	The Great Fire	린던의 대 화재	144	7.6	1130L	Jim Murphy
1922	Honor	The Great Quest	대단한 모험	359	7.6	–	Charles Hawes
1992	Honor	The Wright Brothers ; How They Invented The Airplane	하늘의 개척자 라이트 형제	129	7.7	1160L	Russell Freedman
1988	Winner	Lincoln: A Photobiography	링컨 : 대통령이 된 통나무집 소년	150	7.7	NC1040L	Freedman, Russell
1940	Winner	Daniel Boone		95	7.7		James Daugherty
2006	Honor	Hitler Youth: Growing Up in Hitler's Shadow	히틀러의 아이들	176	7.8	1050L	Susan Campbell Bartoletti
1994	Honor	Eleanor Roosevelt: A Life of Discovery		198	7.8	1100L	Russell Freedman
1986	Honor	Commodore Perry In the Land of the Shogun		144	7.9	1070L	Rhoda Blumberg
1934	Winner	Invincible Louisa: The Story of the Author of Little Women		247	8.0	1150L	Cornelia Meigs
2005	Honor	The Voice That Challenged a Nation : Marian Anderson and the Struggle For Equal Rights		114	8.2	1180L	Russell Freedman.
2004	Honor	An American Plague: The True and Terrifying Story of the Yellow Fever Epidemic of 1793		176	9.0	1130L	Jim Murphy
1922	Winner	The Story of Mankind	인류 이야기	674	9.9	1260L	Hendrik Willem van Loon

부록 5 Two Track 전략을 위한 YA(Young Adult) 추천도서

이 길에 들어서 또래의 정서나 수준, 흥미에 맞는 원서 읽기가 편해진 초등학교 고학년 이상 친구들이 많아지고 있다. 그 친구들이 중학생, 고등학생이 되어서도 Two Track 전략으로 꾸준히 책과 함께하기를 바라는 마음으로 YA를 대상으로 한 책 정보를 모아놓았다.

참고 1: https://www.npr.org/2012/08/07/157795366/your-favorites-100-best-ever-teen-novels

미국 공영 라디오 방송 NPR(National Public Radio)의 〈100 Best-Ever Teen Novels〉. 2012년 7월에 75,000명 이상의 투표로 선정한 이 리스트의 YA(Young Adult) 기준은 12~18세이다. Best YA Fiction 발표 후 선정 과정에서 심사위원단이 어떤 고민을 했는지는 해당 연령의 책 추천에 있어 좋은 참고가 될 것이다. https://www.npr.org/2012/07/24/157311055/best-ya-fiction-poll-you-asked-we-answer

참고 2: https://time.com/collection/100-best-ya-books/

2021년 8월 《Time》에서 선정한 〈The 100 Best YA Books of All TIME〉. 이 리스트의 YA 기준은 8~12학년이다. 《Time》은 앞서 2015년에도 〈TIME's 2015 YA List〉를 발표했었다. 2021년 목록은 최근 과거에 중점을 두어 50% 이상을 지난 10년 동안 출판된 책으로 업데이트했다.

참고 3: https://www.mensaforkids.org/

Mensa 재단에서 후원하는 아이들 맞춤 교육 사이트 Mensa for Kids의 독서 권장 프로그램 추천 도서 목록, 〈Mensa for Kids Kids' Excellence in Reading〉 중 7~12학년 대상 추천 도서.

세 곳의 다섯 개 목록(2021 Time YA 100 / 2015 Time YA 100 / 2012 NPR YA 100 / Mensa YA G7-8 / Mensa YA G9-12)을 참고해 기본 정보를 추가했다. 때로는 시리즈 일부를 때로는 시리즈 전체를 추천 목록으로 한다. 일부 출간연도가 너무 오래되어 정보를 찾기가 어려운 책들은 제외했다.

Title	Author	BL	Lexile	IL	WC	Published	번역서
Included in 4 Lists							
Lord of the Flies	William Golding	5.0	770L	UG	59900	1954	파리대왕
The Catcher in the Rye	J.D. Salinger	4.7	790L	MG	73404	1951	호밀밭의 파수꾼
The Giver (series)	Lois Lowry	4.9-5.7	680L-760L	MG+		1993-2012	
The Giver (The Giver, #1) *1994 Newbery Winner	Lois Lowry	5.7	760L	MG	43617	1993	기억 전달자
To Kill a Mockingbird *1961 Pulitzer Prize	Harper Lee	5.6	790L	UG	99121	1960	앵무새 죽이기
Included in 3 Lists							
A Wizard of Earthsea (Earthsea Cycle, #1)	Ursula K. Le Guin	6.7	1150L	UG	56533	1968	어스시의 마법사
Anne Frank: The Diary of a Young Girl	Anne Frank	6.5	1020L	MG+	82762	1947	안네의 일기
Anne of Green Gables	Lucy Maud Montgomery	7.3	970L	MG+	97364	1908	빨강 머리 앤
Feed	M.T. Anderson	4.4	770L	UG	51998	2002	
Little Women	Louisa May Alcott	7.9	1300L	MG	183833	1868	작은 아씨들
Roll of Thunder, Hear My Cry (Logan Family Saga, #4) *1977 Newbery Winner	Mildred D. Taylor	5.7	920L	MG	65606	1976	천둥아, 내 외침을 들어라!
Speak	Laurie Halse Anderson	4.5	690L	UG	46591	1999	
The Book Thief	Markus Zusak	5.1	730L	UG	118933	2005	책도둑
The Call of the Wild	Jack London	8.0	1080L	MG	37058	1903	야성의 외침
The Fault in Our Stars	John Green	5.5	850L	UG	65752	2012	잘못은 우리 별에 있어
The Hobbit	J.R.R. Tolkien	6.6	1000L	UG	95022	1937	호빗
The Hunger Games	Suzanne Collins	5.3	800L-820L	MG+		2008-2010	
The Hunger Games (The Hunger Games, #1)	Suzanne Collins	5.3	810L	MG+	99750	2008	헝거게임
The Lord of the Rings Trilogy	J.R.R. Tolkien	6.1-6.3	810L-920L	UG		1954-1955	반지의 제왕 Trilogy
The Outsiders	S.E. Hinton	4.7	750L	UG	48523	1967	이웃사이더

Included in 2 Lists

Title	Author						
A Separate Peace	John Knowles	6.9	1030L	UG	56787	1959	분리된 평화
A Tree Grows in Brooklyn	Betty Smith	5.8	810L	UG	145092	1943	나를 있게한 모든 것들
A Wrinkle in Time (Time Quintet, #1) *1963 Newbery Winner	Madeleine L'Engle	4.7	740 L	MG	49965	1962	시간의 주름
The Adventures of Huckleberry Finn	Mark Twain	6.6	990L	MG+	105590	1884	허클베리 핀의 모험
American Born Chinese	Gene Luen Yang	3.3	GN530L	MG+	8229	2006	
Are You There God? It's Me, Margaret	Judy Blume	3.6	570L	MG	30340	1970	안녕하세요, 하느님? 저 마가릿이에요
Daughter of Smoke & Bone (Daughter of Smoke & Bone, #1)	Laini Taylor	5.8	850L	UG	99472	2011	
Every Day (Every Day, #1)	David Levithan	4.3	HL650	UG	74593	2012	
Fahrenheit 451	Ray Bradbury	5.2	890L	UG	45910	1953	화씨 451
Forever	Judy Blume	4.1	HL590L	UG	38246	1975	
From the Mixed-Up Files of Mrs. Basil E. Frankweiler *1968 Newbery Winner	E.L. Konigsburg	4.7	700L	MG	30906	1967	클로디아의 비밀
Graceling Realm (series)	Kristin Cashore	5.3–6.2	730L ↑	UG		2008–2022	
Harry Potter (series)	J.K. Rowling	5.5–7.2	500L–950L	MG		1997–2007	해리포터
Holes (Holes, #1) *1999 Newbery Winner	Louis Sachar	4.6	660L	MG	47079	1998	구덩이
Jacob Have I Loved *1981 Newbery Winner	Katherine Paterson	5.7	880L	MG	52594	1980	내가 사랑한 야곱
Johnny Tremain *1944 Newbery Winner	Esther Forbes	5.9	840L	MG	83124	1943	
Looking for Alaska	John Green	5.8	850L	UG	69023	2005	
March: Book Two (March, #2)	John Lewis	5.5	GN850L	MG+	13002	2015	메리 포핀스
Monster	Walter Dean Myers	5.1	670L	UG	32846	1999	
Stargirl (Stargirl, #1)	Jerry Spinelli	4.2	590L	UG	41214	2000	스타 걸
The Absolutely True Diary of a Part-Time Indian	Sherman Alexie	4.0	600L	UG	44275	2007	쪽빛 인디언의 생짜 일기

Title	Author						
The Chocolate War	Robert Cormier	5.4	820L	UG	51115	1974	초콜릿 전쟁
The Curious Incident of the Dog in the Night-Time	Mark Haddon	5.4	1090L	UG	62005	2003	한밤중에 개에게 일어난 의문의 사건
The House on Mango Street	Sandra Cisneros	4.5	870L	UG	17854	1983	망고 스트리트
The Pigman	Paul Zindel	5.5	880L	UG	35766	1968	
The Princess Bride	William Goldman	5.8	870L	UG	91426	1973	프린세스 브라이드
The Princess Diaries (series)	Meg Cabot	4.7↑	760L↑	UG		2000–2013	
The Princess Diaries (The Princess Diaries, #1)	Meg Cabot	5.7	920L	UG	58954	2000	프린세스 다이어리
The Sisterhood of the Traveling Pants (series)	Anne Brashares	4.3↑	600L↑	UP		2001–2011	
The Sisterhood of the Traveling Pants (Sisterhood, #1)	Ann Brashares	4.5	600	UP	60216	2011	
The Westing Game *1979 Newbery Winner	Ellen Raskin	5.3	750L	MG	50966	1978	웨스팅 게임
The Witch of Blackbird Pond *1959 Newbery Winner	Elizabeth George Speare	5.7	850 L	MG	60027	1958	검정새 연못의 마녀
The Yearling *1939 Pulitzer Prize	Marjorie Kinnan Rawlings	5.0	750L	UG	128886	1938	
Treasure Island	Robert Louis Stevenson	8.3	1070L	MG	66950	1883	보물섬
Tuck Everlasting	Natalie Babbitt	5.0	770L	MG	27848		
Twilight (series)	Stephenie Meyer	4.5–4.9	670L–720L	UG		2005–2008	트와일라잇
Weetzie Bat (Weetzie Bat, #1)	Francesca Lia Block	5.0	960L	UG	15009	1989	
Weetzie Bat (series)	Francesca Lia Block	4.5–5.8	800L–960L	UG		1989–2005	
Included in 1 List							
1984	George Orwell	8.9	1090L	UG	88942	1949	1984
13 Little Blue Envelopes	Maureen Johnson	5.0	770L	UG	63156	2005	
20,000 Leagues under the Sea	Jules Verne	10.0	1030L	MG	138138	1870	해저 2만리
A Christmas Carol	Charles Dickens	6.7	920L	MG	28448	1843	크리스마스 캐럴

Title	Author	ATOS	Lexile	IL	Word Count	Year	한국어 제목
A Day No Pigs Would Die	Robert Newton Peck	4.4	690L	UG	31091	1972	돼지가 한 마리도 죽지 않던 날
A Death in the Family *1958 Pulitzer Prize	James Agee	6.1	940L	UG	98465	1957	
A Doll's House	Henrik Ibsen	5.9	NP	UG	26215	1879	인형의 집
A Man for All Seasons	Robert Bolt	4.6	NP	UG	28032	1960	사계절의 사나이
A Monster Calls *2012 Carnegie Medal	Patrick Ness	4.8	730L	MG+	33446	2011	
A Northern Light	Jennifer Donnelly	4.5	700L	UG	92597	2003	
A Passage to India	E.M. Forster	7.7	950L	UG	99771	1924	인도로 가는 길
A Portrait of the Artist as a Young Man	James Joyce	8.7	1060L	UG	84922	1916	젊은 예술가의 초상
A Ring of Endless Light	Madeleine L'Engle	5.2	810L	UG	75407	1980	
A Series of Unfortunate Events (series)	Lemony Snicket	6.2-7.4	980L–NC1370L	MG		1999–2006	
A Step from Heaven	An Na	4.2	670L	UG	38953	2001	천국에서 한 걸음
A Stranger Came Ashore	Mollie Hunter	6.2	1060L	UG	37403	1975	
A Streetcar Named Desire	Tennessee Williams	5.7	NP	UG	27844	1947	욕망이라는 이름의 전차
A Swiftly Tilting Planet (Time Quintet, #3)	Madeleine L'Engle	5.2	850L	MG	63606	1978	
A Town Like Alice	Nevil Shute	5.8	870L	UG	119542	1950	나의 도시를 엘리스처럼
A Very Large Expanse of Sea	Tahereh Mafi	5.0		UG	66104	2018	
A Wreath for Emmett Till	Marilyn Nelson	6.3	NP	UG	2185	2005	
Abhorsen / Old Kingdom Trilogy	Garth Nix	6.6-7.3	890L–1000L	MG+		2003	
Across Five Aprils *1965 Newbery Honor	Irene Hunt	6.6	1100L	MG	61778	1964	
Adventures of Sherlock Holmes	Arthur Conan Doyle	7.0↑	1020L	MG	104477	1892	
Akata Witch (The Nsibidi Scripts #1)	Nnedi Okorafor	4.2	HL590L	MG+	70715	2011	
Alabama Moon	Watt Key	4.1	720L	MG	75314	2006	
Alice's Adventures in Wonderland	Lewis Carroll	7.4	950L	MG	26435	1865	이상한 나라의 엘리스
All Quiet on the Western Front	Erich Remarque	6.0	830L	UG	61922	1928	서부전선 이상없다

Title	Author	AR	Lexile	Level	Words	Year	Korean
All the King's Men	Robert Penn Warren	6.8	1060L	UG	214872	1946	
Allegedly	Tiffany D. Jackson	4.2	HL620L	UG	86126	2017	
Along for the Ride	Sarah Dessen	4.7	750L	UG	98980	2009	
American Street	Ibi Zoboi	4.4	HL690L	UG	73622	2017	
An Abundance of Katherines	John Green	5.6	890L	UG	61412	2006	이름을 말해줘
An American Tragedy	Theodore Dreiser	8.5	1170L	UG	353014	1925	아메리카의 비극
An Ember in the Ashes (An Ember in the Ashes, #1)	Sabaa Tahir	5.0	HL680L	UG	124337	2015	재의 불꽃
Angus, Thongs and Full-Frontal Snogging (Confessions of Georgia Nicolson, #1)	Louise Rennison	5.1	700L	UG	41958	1999	나는 조지아의 미친 고양이
Animal Farm	George Orwell	7.3	1170L	UG	29060	1945	동물농장
Anna and the French Kiss	Stephanie Perkins	3.5	HL580L	UG	81100	2010	
Anna Karenina	Leo Tolstoy	9.6	1080L	UG	349736	1878	안나 까레니나
Aristotle and Dante Discover the Secrets of the Universe (Aristotle and Dante #1)	Benjamin Alire Sáenz	2.9	HL380L	UG	65500	2012	아리스토텔레스와 단테, 우주의 비밀을 발견한다
Bartimaeus (series)	Jonathan Stroud	5.7–5.9	730L–820L	MG+		2013–	골렘의 눈
Beezus & Ramona	Beverly Cleary	4.8	780L	MG	22018	1955	
Before I Fall	Lauren Oliver	5.4	860L	UG	117295	2010	일곱번째 내가 죽던 날
Before We Were Free	Julia Alvarez	5.6	890L	MG	48212	2002	
Betsy-Tacy Books (series)	Maud Hart Lovelace	4.0 ↑	650 ↑	MG		1940–1955	
Blankets: An Illustrated Novel	Craig Thompson	3.8		UG	16215	2003	
Bloodlines (series)	Richelle Mead	5.0–5.9	690L–820L	UG		2011–2015	
Boxers & Saints	Gene Luen Yang	2.9–3.0		MG+	9338–12560	2013	
Boy Proof	Cecil Castellucci	3.8	600L	UG	34528	2002	
Brave New World	Aldous Huxley	7.5		UG	63766	1932	멋진 신세계

Title	Author						
Bridge to Terabithia *1978 Newbery Winner	Katherine Paterson	4.6	810L	MG	32888	1977	비밀의숲 테라비시아
Brown Girl Dreaming	Jacqueline Woodson	4.3	990L	MG	30318	2014	
Call it Courage *1941 Newbery Winner	Armstrong Sperry	6.2	830L	MG	19326	1940	용기는 파도를 넘어
Candide	Francois Voltaire	7.3	1110L	UG	31704	1759	캉디드
Chaos Walking (series)	Patrick Ness	4.4 ↑	770 ↑	UG		2008 – 2010	
Charlie and the Chocolate Factory	Roald Dahl	4.8	810L	MG	30644	1964	찰리와 초콜릿 공장
Charlotte's Web *1953 Newbery Honor	E.B. White	4.4	680L	MG	31938	1952	샬롯의 거미줄
Children of Blood and Bone (Legacy of Orisha Series, #1)	Tomi Adeyemi	4.8	HL670L	UG	135102	2018	피와 뼈의 아이들
Circle of Magic (series)	Tamora Pierce	5.5–5.9	730L–810L	UG		1977–1999	
City of the Beasts	Isabel Allende	7.8	1030L	UG	86288	2002	
Code Name Verity	Elizabeth Wein	6.5	1020L	UG	92244	2012	암호명 베리티
Code Talker: A Novel About the Navajo Marines of World War Two	Joseph Bruchac	6.4	910L	MG	56150	2005	
Confessions of Georgia Nicolson (series)	Louise Rennison	4.2 ↑	630L ↑	UG		1999–2009	
Copper Sun	Sharon M. Draper	5.2	820L	UG	70243	2006	
Crank (series)	Ellen Hopkins	4.3 ↑	NP	UG		2004	
Crime and Punishment	Fyodor Dostoevsky	8.7	99L	UG	211591	1866	죄와 벌
Cyrano de Bergerac	Edmond Rostand	7.6	NP	UG	36944	1897	시라노 드 베르주라크
Danny the Champion of the World	Roald Dahl	4.7	770L	MG	40084	1975	우리의 챔피언 대니
Darius the Great Is Not Okay (Darius The Great, #1)	Adib Khorram	4.7	HL710L	UG	67923	2018	
Daughter of the Lioness / Tricksters (series)	Tamora Pierce	5.8–5.9	790L–840L	MG+		2003–2004	
Dear Martin (Dear Martin, #1)	Nic Stone	4.8	HL720L	UG	39880	2017	디어 마틴
Delirium (series)	Lauren Oliver	5.1–6.1	740L–920L	UG		2011–2013	
Discworld / Tiffany Aching (series)	Terry Pratchett	4.6 ↑	640 ↑	UG		1983–	

459

Divergent (series)	Veronica Roth	4.8–5.7	HL700L–830L	UG		2011–2013	
Doctor Zhivago	Boris Pasternak	8.2	1010L	UG	197742	1957	닥터 지바고
Dogsbody	Diana Wynne Jones	5.1		MG	65771	1975	
Don Quixote	Miguel de Cervantes	13.2	1480L	UG	390883	1605	돈키호테
Dragonwings *1976 Newbery Honor	Laurence Yep	5.3	870L	MG+	68278	1975	용의 날개
Dumplin' Go Big or Go Home (Dumplin', #1)	Julie Murphy	4.6	710L	UG	85539	2015	
Dune	Frank Herbert	5.7	800L	UG	181493	1965	듄
Earthsea (series)	Ursula K. Le Guin	5.5 ↑	880L ↑	UG		1964–	
Ella Enchanted (Ella Enchanted #1) *1998 Newbery Honor	Gail Carson Levine	4.6	670L	MG	52994	1997	마법에 걸린 엘라
Elsewhere	Gabrielle Zevin	4.3	720L	MG+	60779	2005	
Enchantress from the Stars *1971 Newbery Honor	Sylvia Louise Engdahl	7.3	910L	UG	88203	1970	다른 별에서 온 마녀
Esperanza Rising	Pam Muñoz Ryan	5.3	750L	MG	41905	2000	에스페란사의 골짜기
Everything, Everything	Nicola Yoon	4.4	HL610L	UG	47592	2015	
Fallen (series)	Lauren Kate	5.1–5.7	730L–830L	UG		2009–	추락천사
Fallen Angels	Walter Dean Myers	4.2	650L	UG	74968	1988	
Fathers and Sons	Ivan Turgenev	6.9	980L	UG	70700	1862	아버지와 아들
Felix Ever After	Kacen Callender	5.1		UG	85974	2020	
Firekeeper's Daughter	Angeline Boulley	5.1	HL720L	UG	130001	2021	
Flowers for Algernon	Daniel Keyes	5.8	910L	UG	82873	1959	앨저넌에게 꽃을
For Freedom: The Story of a French Spy	Kimberly Brubaker Bradley	4.0	580L	UG	36087	2003	
For Whom the Bell Tolls	Ernest Hemingway	5.8	840L	UG	174106	1940	누구를 위하여 종은 울리나
Frankenstein	Mary Shelley	12.4	1170L	UG	75380	1818	프랑켄슈타인
Frankly in Love	David Yoon	4.7	HL660L	UG	89650	2019	

Title	Author						
Frindle	Andrew Clements	5.4	830L	MG	16232	1996	프린들 주세요
Gallagher Girls (series)	Ally Carter	4.3–5.9	630L–900L	MG+		2006–2013	
Go Tell It on the Mountain	James Baldwin	6.5	970L	UG	80384	1952	
Gone (series)	Michael Grant	3.9–6.2	HL570L–870L	UG		2008–	
Goodbye, Mr. Chips	James Hilton	6.5	930L	UG	16121	1934	브룩힐드의 종
Great Expectations	Charles Dickens	9.2	1230L	UG	183349	1860	위대한 유산
Gulliver's Travels	Jonathan Swift	13.5	1330L	UG	107349	1726	걸리버 여행기
Gullstruck Island (also know as The Lost Conspiracy)	Frances Hardinge	6.8	970L	MG	130604	2009	
Hamlet	William Shakespeare	10.5	1390L	UG	32044	1603	햄릿
Harriet the Spy	Louise Fitzhugh	4.5	760L	MG	57648	1964	탐정 해리엇
Hatchet *1998 Newbery Honor	Gary Paulsen	5.7	1020L	MG	42328	1986	손도끼
His Dark Materials (series)	Philip Pullman	6.2–7.1	890L–950L	UG		1995–2000	
Homecoming (Tillerman Cycle, #1)	Cynthia Voigt	4.4	630L	MG	110893	1981	
House of Night (series)	P.C. Cast, Kristin Cast	5.1–5.6	760L–820L	UG		2007–	
How Green Was My Valley	Richard Llewellyn	5.7	1000L	UG	178665	1939	
How I Live Now	Meg Rosoff	6.7	1620L	UG	46920	2004	내가 사는 이유
Howl's Moving Castle	Diana Wynne Jones	5.4	800L	UG	75480	1986	하울의 움직이는 성
I Am Not Your Perfect Mexican Daughter	Erika L. Sánchez	4.7	HL730L	UG	81040	2017	나는 완벽한 멕시코 딸이 아니야
I Am the Messenger	Markus Zusak	3.9	640L	UG	86172	2002	메신저
I Capture the Castle	Dodie Smith	5.9	920L	UG	123857	1948	
I Know Why the Caged Bird Sings	Maya Angelou	6.7	1010L	UG	78384	1959	새장에 갇힌 새가 왜 노래하는지 나는 아네
If I Stay	Gayle Forman	5.3	830L	UG	49653	2009	
If You Come Softly	Jacqueline Woodson	4.0	HL570L	UG	28934	1998	

If You Could Be Mine	Sara Farizan	4.5	HL670L	UG	52585	2013	
I'll Get There. It Better Be Worth the Trip	John Donovan	4.9		UG	56029	1969	
I'll Give You the Sun	Jandy Nelson	4.9	HL740L	UG	109680	2014	태양을 네게 줄게
Incident at Hawk's Hill *1972 Newbery Honor	Allan W. Eckert	7.2	1130 L	MG	51061	1971	
Inherit the Wind	Jerome and Robert E. Lee Lawrence		850L			1955	
Inheritance Cycle (series)	Christopher Paolini	5.6–7.8	710L–1050L	UG		2002–2011	에라곤
Invisible Man	Ralph Ellison	7.2	870L	UG	177070	1952	보이지 않는 인간
Island of the Blue Dolphins *1961 Newbery Winner	Scott O'Dell	5.4	1000 L	MG	40531	1960	푸른 돌고래 섬
It's Kind of a Funny Story	Ned Vizzini	4.0	620L	UG	80289	2006	이츠 카인드 오브 어 퍼니 스토리
Ivanhoe	Sir Walter Scott	12.9	1410L	UG	173462	1819	아이반호
Jane Eyre	Charlotte Brontë	7.9	890L	UG	183858	1847	제인 에어
Journey to Topaz	Yoshiko Uchida	6.0	970	UG	34288	1971	
Julie of the Wolves *1973 Newbery Winner	Jeanne Craighead George	5.8	860L	MG	36049	1972	줄리와 늑대
Just Listen	Sarah Dessen	4.9	750L	UG	98151	2006	그것, 들어봐
Kim	Rudyard Kipling	7.7	940L	UG	103576	1901	
King Lear	William Shakespeare	8.8	1330L	UG	27393	1606	리어 왕
Laura Dean Keeps Breaking Up with Me	Mariko Tamaki	2.5	HL230L	UG	7935	2019	이별과 이별하는 법
Le Morte d'Arthur	Thomas Malory		1200L			1485	아서왕의 죽음: 아서왕과 원탁의 기사들
Legend (Legend, #1)	Marie Lu	4.8–5.7	710L–820L	UG		2011	
Les Miserables	Victor Hugo	9.8		UG	530982	1862	레 미제라블
Leviathan (series)	Scott Westerfeld	5.3–5.4	790L–810L	MG+		2009–	
Like a Love Story	Abdi Nazemian	4.5		UG	98806	2019	

Title	Author	Level	Lexile	IL	Count	Year	Korean
Little House on the Prairie (series)	Laura Ingalls Wilder	4.6–5.8	720L–1030L	MG		1932–	초원의 집
Long Day's Journey into Night	Eugene O'Neill		NP			1956	밤으로의 긴 여로
Long Way Down *2018 Newbery Honor	Jason Reynolds	4.3	HL720L	UG	12541	2017	롱 웨이 다운
Look Homeward, Angel	Thomas Wolfe	7.7	1010L	UG	215486	1929	천사여 고향을 보라
Lord Jim	Joseph Conrad	9.1	1120L	UG	127949	1900	로드 짐
Madame Bovary	Gustave Flaubert	8.1	1030L	UG	151790	1856	보바리 부인
Mary Poppins	P.L. Travers	6.1	830L	MG	38085	1934	메리 포핀스
Matched (series)	Allie Condie	4.2–4.8	630L–680L	UG		2010–	매치드
Matilda	Roald Dahl	5.0	840L	MG	40009	1988	마틸다
Me and Earl and the Dying Girl	Jesse Andrews	5.2	820L	UG	55561	2012	나의 친구 그리고 죽어가는 소녀
Miss Peregrine's Home for Peculiar Children	Ransom Riggs	5.7	890L	UG	84898	2011	페러그린과 이상한 아이들의 집
Moby-Dick	Herman Melville	10.3	1230L	UG	206052	1851	모비 딕
Moll Flanders	Daniel Defoe	12.1	1390L	UG	138087	1722	
More Happy Than Not	Adam Silvera	5.5	850L	UG	74935	2015	
Mrs. Frisby and the Rats of NIMH *1972 Newbery Winner	Robert C. O'Brien	5.1	790L	MG	53752	1971	나임의 비밀
Much Ado About Nothing	William Shakespeare	9.0	1190L	UG	21870	1612	헛소동
Murder in the Cathedral	T.S. Eliot	8.7	NP	UG	13889	1935	대성당의 살인
My Ántonia	Willa Cather	6.9	1010L	UG	79947	1918	나의 안토니아
My Friend Flicka	Mary O'Hara	6.0	960L	MG	92569	1941	
My Sister's Keeper	Jodi Picoult	5.3	770L	UG	119529	2004	쌍둥이 별
Narrative of the Life of Frederick Douglass, an American Slave & Incidents in the Life of a Slave Girl	Frederick Douglass	9.1	1080L	UG	116912	1845	미국 노예 프레더릭 더글러스의 삶에 관한 이야기
National Velvet	Enid Bagnold	5.5	700L	MG	67848	1935	
Native Son	Richard Wright	6.1	700L	UG	147797	1940	미국의 아들

Title	Author						
Nick & Norah's Infinite Playlsit	Rachel Cohn, David Levithan	5.6	940L	UG	46641	2006	
Night	Elie Wiesel	4.8	590L	UG	28404	1956	
Noggin	John Corey Whaley	4.5	HL760L	UG	76659	2014	
Number the Stars *1990 Newbery Winner	Lois Lowry	4.5	670L	MG	27197	1989	별을 헤아리며
Oedipus Rex	Sophocles		NP			429 BC	오이디푸스 왕
Of Human Bondage	Somerset Maugham	8.3	910L	UG	259865	1915	인간의 굴레
Of Mice and Men	John Steinbeck	4.5	630L	UG	29572	1937	생쥐와 인간
One Day in the Life of Ivan Denisovich	Alexander Solzhenitsyn	5.5	900L	UG	50263	1962	이반 데니소비치, 수용소의 하루
Our Town	Thornton Wilder	3.9	NP	UG	18458	1938	우리 읍내
Paper Towns	John Green	5.4	850L	UG	81739	2008	종이 도시
Percy Jackson & the Olympians (series)	Rick Riordan	4.1–4.7	590L–680L	MG		2005–2009	퍼시 잭슨과 올림포스의 신
Persepolis: The Story of a Childhood (Persepolis, #1)	Marjane Satrapi	3.3	GN380L	UG	16162	2000	페르세폴리스 1: 나의 어린 시절 이야기
Pet	Akwaeke Emezi	5.7	820L	MG+	45814	2019	
Pride and Prejudice	Jane Austen	12.0	1100L	UG	121342	1813	오만과 편견
Private Peaceful	Michael Morpurgo	5.2	860L	MG	46316	2003	굿바이 찰리 피스풀
Profiles in Courage	John F. Kennedy	11.4	1410L	UG	62400	1955	용기있는 사람들
Pygmalion	George Bernard Shaw	7.0	NP	UG	37256	1913	피그말리온
Rabbit, Run	John Updike	5.9	900L	UG	102408	1960	달려라, 토끼
Rainbow Boys (Rainbow Trilogy, #1)	Alex Sanchez	3.7	520L	UG	59750	2001	
Rifles for Watie *1958 Newbery Winner	Harold Keith	6.1	910L	MG	86265	1957	
Rip van Winkle	Washington Irving	11.1	1140L	MG	43672	1819	립 밴 윙클
Robinson Crusoe	Daniel Defoe	12.3	1270L	UG	121961	1719	로빈슨 크루소
Sabriel	Garth Nix	7.3	1000L	MG+	90195	1995	

Title	Author						
Saffy's Angel	Hilary McKay	4.5	630L	MG	40324	2001	새피의 천사
Salt to the Sea *2017 Carengie Medal	Ruta Sepetys	4.5	HL560L	UG	65614	2016	아무도 기억하지 않는
Scythe (Arc of a Scythe, #1)	Neal Shusterman	6.5	830L	UG	102433	2016	
Secret (series)	Pseudonymous Bosch	4.9–5.6	760L–810L	MG		2007–2011	
Shane	Jack Schaefer	5.5	870L	UG	42909	1946	셰인
Ship Breaker (Ship Breaker, #1)	Paolo Bacigalupi	4.4	HL690L	MG+	74326	2010	십브레이커
Silas Marner	George Eliot	9.7	1250L	UG	71294	1861	사일러스 마너
Simon vs. the Homo Sapiens Agenda (Simonverse, #1)	Becky Albertalli	4.4	HL640L	UG	60965	2015	첫사랑은 블루
Six of Crows (Six of Crows, #1)	Leigh Bardugo	5.5	HL790L	MG+	135275	2015	
Something Wicked This Way Comes	Ray Bradbury	4.8	820L	UG	62392	1962	사악한 것이 온다
Stamped: Racism, Antiracism, and You	Jason Reynolds	7.4	1000L	MG+	36733	2020	
The Story of My Life	Helen Keller	6.8	1150L	UG	71219	1902	
Tales from Shakespeare	Charles & Mary Lamb	12.8	1390L	MG	100912	1807	셰익스피어 이야기
Tales of Mystery and Imagination	Edgar Allen Poe					1839	에드가 엘런 포 단편선
Tarzan of the Apes	Edgar Rice Burroughs	9.0	1000L	UG	86157	1912	
Tess of the D'Urbervilles	Thomas Hardy	9.5	1110L	UG	115986	1891	테스
The 57 Bus: A True Story of Two Teenagers and the Crime That Changed Their Lives	Dashka Slater	6.5	930L	MG+	47948	2017	57번 버스
The Adventures of Tom Sawyer	Mark Twain	8.1	970L	MG+	68079	1876	톰소여의 모험
The Age of Innocence *1921 Pulitzer Prize	Edith Wharton	8.8	1170L	UG	101164	1920	순수의 시대
The Alchemyst: The Secrets of the Immortal Nicholas Flamel	Michael Scott	6.4	890L	MG	85926	2007	신비의 연금술사: 불사신 니콜라스 플라멜
The Astonishing Color of After	Emily X.R. Pan	4.8	HL670L	UG	101576	2018	
The Autobiography of Benjamin Franklin	Benjamin Franklin	11.8	1370L	UG	68231		벤자민 프랭클린 자서전
The Best Short Stories of O. Henry (Modern Library Edition)	O. Henry						오 헨리 베스트 단편집

Title	Author	Level	Lexile	Interest	Count	Year	Korean Title
The Black Flamingo	Dean Atta	4.7		UG	32363	2019	
The Blue Sword	Robin McKinley	6.8	1030L	MG	101620	1982	
The Bridge of San Luis Rey *1928 Pulitzer Prize	Thornton Wilder	7.1	1080L	UG	31879	1927	산 루이스 레이의 다리
The Caine Mutiny *1952 Pulitzer Prize	Herman Wouk	6.4	910L	UG	208336	1951	
The Canterbury Tales	Geoffrey Chaucer	8.1	NP	UG	143797		캔터베리 이야기
The Chosen	Chaim Potok	6.6	900L	UG	91589	1967	
The Chronicles of Chrestomanci (series)	Diana Wynne Jones	4.8–5.8	720L–840L	MG		2001–	
The Chronicles of Narnia (series)	C.S. Lewis	5.4–5.9	790L–970L	MG		1950–1956	
The Chronicles of Prydain (series)	Lloyd Alexander	5.2–6.2	760L–900L	MG		1964–1968	
The Count of Monte Cristo	Alexander Dumas	8.8	1080L	UG	178691	1846	몬테 크리스토 백작
The Crossover *2015 Newbery Winner	Kwame Alexander	4.3	750L	MG	16888	2014	
The Crucible	Arthur Miller	4.9	NP	UG	35560	1953	아서 밀러 희곡집
The Dark is Rising (series) *1974 Newbery Honor	Susan Cooper	5.3–6.2	800L–930L	MG		1984–	
The Divine Comedy	Dante Alighieri		1220L				단테의 신곡
The Enchanted Forest Chronicles (series)	Patricia C. Wrede	4.6–5.5	680L–830L	MG		1985–	
The Endless Steppe: Growing up in Siberia	Esther Hautzig	6.3	880 L	MG	61776	1968	
The Fountainhead	Ayn Rand	7.0	780L	UG	311596	1943	
The Gemma Doyle Trilogy (series)	Libba Bray	4.6–5.1	640L–700L	UG		2003–2007	
The Ghost Belonged to Me	Richard Peck	5.8	900L	MG	41093	1975	
The Golden Compass	Philip Pullman	7.1	930L	UG	112815	1995	황금나침반
The Good Earth *1932 Pulitzer Prize	Pearl Buck	6.8	1530L	UG	114157	1931	대지
The Goose Girl	Shannon Hale	5.9	870L	MG+	91163	2003	구스 걸
The Graveyard Book *2009 Newbery Winner *2010 Carnegie Medal	Neil Gaiman	5.1	820L	MG+	67380	2008	그레이브야드 북
The Great Gatsby	F. Scott Fitzgerald	7.3	1010L	UG	47094	1925	위대한 개츠비

Title	Author		Lexile				
The Grey King *1976 Newbery Winner	Susan Cooper	6.2	930L	MG	55841	1975	휘색 왕
The Hate U Give (The Hate U Give, #1)	Angie Thomas	3.9	HL590L	UG	95981	2018	당신이 남긴 증오
The Heart is a Lonely Hunter	Carson McCullers	6.3	760L	UG	119450	1940	마음은 외로운 사냥꾼
The Henna Wars	Adiba Jaigirdar					2020	
The Hero and the Crown *1985 Newbery Winner	Robin McKinley	7.0	1050L	MG	87370	1984	
The History of Tom Jones, a Foundling	Henry Fielding	13.8	1360L	UG	345139	1749	
The Hitchhiker's Guide to the Galaxy (series)	Douglas Adams	6.1–7.6	900L–1010L	UG		1978–1980	은하수를 여행하는 히치하이커를 위한 안내서
The House of the Scorpion *2003 Newbery Honor	Nancy Farmer	5.1	660L	MG+	100214	2002	전갈의 아이
The Hunchback of Notre–Dame	Victor Hugo	11.8	1340L	UG	176412	1831	노트르담의 꼽추
The Iliad	Homer	11.3	1330L	UG	118622	1598	일리아드
The Illustrated Man	Ray Bradbury	4.4	680L	UG	70575	1951	일러스트레이티드 맨
The Immortals (series)	Tamora Pierce	4.9–5.9	670L–770L	UG		1992–1996	
The Infernal Devices (series)	Cassandra Clare	5.6–6.1	780L–840L	UG		2010–2013	
The Invention of Hugo Cabret	Brian Selznick	5.1	820L	MG	25083	2007	위고 카브레
The Jungle	Upton Sinclair	8.0	1170L	UG	121003	1905	
The Knife of Never Letting Go	Patrick Ness	4.4	860L	UG	112022	2008	
The Last Mission	Harry Mazer	4.3	620L	UG	43506	1979	
The Last of the Mohicans	James Fenimore Cooper	12.0	1350L	UG	145469	1826	모히칸족의 최후
The Last Unicorn	Peter S. Beagle	6.2		UG	68034	1968	라스트 유니콘
The Legend of Sleepy Hollow	Washington Irving	11.0	1460L	UG	12213	1820	슬리피 할로우의 전설
The Lightning Thief (Percy Jackson and the Olympians, #1)	Rick Riordan	4.7	680L	MG	87223	2005	퍼시잭슨과 번개도둑
The Little Prince	Antoine de Saint–Exupery	5.0	710L	MG	16534	1943	어린왕자

Title	Author						Korean
The Lullaby	Sarah Dessen	5.4	820L	UG	94435	2002	
The Marrow Thieves	Cherie Dimaline	5.5	HL810L	UG	65500	2017	
The Maze Runner (series)	James Dashner	5.0–5.7	720L–810L	UG		2009–	메이즈 러너
The Merry Adventures of Robin Hood	Howard Pyle	8.6	1200L	MG	110743	1883	로빈 후드의 모험
The Miraculous Journey of Edward Tulane	Kate DiCamillo	4.4	700L	MG	17050	2006	에드워드 툴레인의 신기한 여행
The Moonstone	Wilkie Collins	7.6	1040L	UG	192897	1868	달보석
The Mortal Instruments (series)	Cassandra Clare	5.0–5.8	710L–770L	UG		2007–2014	
The Mysterious Benedict Society	Trenton Lee Stewart	5.6	830L	MG	118460	2007	베네딕트 비밀클럽
The Nine Tailors	Dorothy Sayers	5.9	910L	UG	108924	1934	나인 테일러스
The Odyssey	Homer	10.3	1130L	UG	120133	1614	오디세이
The Once and Future King	T.H. White	7.4	1080L	UG	234940	1958	과거와 미래의 왕
The Perks of Being a Wallflower	Stephen Chbosky	4.8	720L	UG	62376	1999	월플라워
The Phantom Tollbooth	Norton Juster	6.7	1000L	MG	42156	1961	팬텀 툴부스 : 환상의 통행요금소
The Picture of Dorian Gray	Oscar Wilde	7.7	970L	UG	78462	1890	도리안 그레이의 초상
The Pilgrim's Progress	John Bunyan	10.4	1030L	UG	101433	1678	천로역정
The Poet X *2019 Carnegie Medal	Elizabeth Acevedo	5.2	HL800L	UG	33017	2018	
The Power and the Glory	Graham Greene	5.9	710L	UG	75937	1940	권능과 영광
The Red Badge of Courage	Stephen Crane	8.0	900L	UG	45974	1895	붉은 훈장
The Red Pony	John Steinbeck	6.1	810L	UG	35382	1933	붉은 망아지
The Scarlet Letter	Nathaniel Hawthorne	11.7	1280L	UG	63604	1850	주홍글씨
The Shiver Trilogy (series)	Maggie Stiefvater	4.9–5.4	740L–800L	UG		2009–2014	
The Song of the Lioness (series)	Tamora Pierce	4.5–5.5	690L–790L	UG		1983–1988	
The Sound and the Fury	William Faulkner	4.4	800L	UG	96931	1929	소리와 분노

Title	Author		Lexile			Year	Korean Title
The Stranger	Albert Camus	6.8	880L	UG	32820	1942	이방인
The Sun Is Also a Star	Nicola Yoon	4.7	HL650L	UG	66509	2016	
The Sword in the Stone (The Once and Future King series)	T.H. White	7.5	1120L	MG	90876	1938	아더왕 이야기
The Thief Lord	Cornelia Funke	4.8	700L	MG	85591	2000	
The Tiger Rising	Kate DiCamillo	4.0	590L	MG	19369	2001	타이거 라이징
The Truth About Forever	Sarah Dessen	5.2	770L	UG	105957	2004	진실 게임
The Turn of the Screw	Henry James	8.3	1140L	UG	56861	1898	나사의 회전
The Upstairs Room *1973 Newbery Honor	Johanna Reiss	2.9	380L	MG	44235	1972	
The Wall: Growing up Behind the Iron Curtain	Peter Sis	5.2	AD760L	MG	4206	2007	장벽
The White Mountains	John Christopher	6.2	920L	MG	44763	1967	
The Wind in the Willows	Kenneth Grahame	8.2	1140L	MG	4801	1908	버드나무에 부는 바람
The Wonderful Wizard of Oz	Frank. L. Baum	7.0	1030L	MG	40508	1900	오즈의 마법사
Their Eyes Were Watching God	Zora Neale Hurston	5.6	890L	UG	3783	1937	그들의 눈은 신을 보고 있었다
Things Fall Apart	Chinua Achebe	6.2	890L	UG	50380	1958	모든 것이 산산이 부서지다
Thirteen Reasons Why	Jay Asher	3.9	HL550L	MG+	62496	2007	루머의 루머의 루머
Tiger Lily	Jodi Lynn Anderson	5.7	850L	UG	65754	2012	
To All the Boys I've Loved Before (To All the Boys I've Loved Before, #1)	Jenny Han	4.2	630L	UG	81660	2014	
To the Lighthouse	Virginia Woolf	7.2	1030L	UG	69327	1927	등대로
Tyrell (Tyrell, #1)	Coe Booth	4.4	780L	UG	85285	2006	
Uglies (series)	Scott Westerfeld	5.1–6.1	770L–880L	MG+		2005–2007	못생긴 나에게 안녕을
Uncle Tom's Cabin	Harriet Beecher Stowe	9.3	1050L	UG	166622	1852	톰 아저씨의 오두막
Unwind	Neal Shusterman	5.0	HL740L	UG	95297	2007	분해되는 아이들
Vampire Academy (series)	Richelle Mead	4.6–5.2	640L–730L	UG		2007 - 2010	뱀파이어 아카데미

Title	Author						
Vanity Fair	William M. Thackeray	12.4	1270L	UG	296401	1847	베니티 페어
Walden	Henry David Thoreau	8.7	1340L	UG	114634	1854	월든
War of the Worlds	H.G. Wells	9.1	1170L	UG	59828	1897	우주전쟁
We Are Not Free	Traci Chee	5.5		UG	88258	2020	
We Are Okay	Nina LaCour	4.5	HL660L	UG	48221	2017	우린 괜찮아
We Are the Ants	Shaun David Hutchinson	5.5	HL800L	UG	92809	2016	
Whale Talk	Chris Crutcher	6.1	1000L	UG	63247	2001	
When Dimple Met Rishi (Dimple and Rishi, #1)	Sandhya Menon	5.1	HL700L	UG	93975	2017	
When the Moon Was Ours	Anna–Marie McLemore	5.9	920L	UG	74730	2016	어느 날 미란다에게 생긴 일
When You Reach Me *2010 Newbery Winner	Rebecca Stead	4.5	750L	MG	39253	2009	나의 올드 맨, 나의 리틀 앤
Where the Red Fern Grows	Wilson Rawls	4.9	700 L	MG	75528	1961	
Where Things Come Back	John Corey Whaley	5.7	960L	UG	56527	2001	모든 것이 돌아오는 곳
Will Grayson, Will Grayson	John Green, David Levithan	5.1	930L	UG	74277	2010	윌 그레이슨, 윌 그레이슨
Wintergirls	Laurie Halse Anderson	4.1	730L	UG	61210	2009	윈터걸스
With the Fire on High	Elizabeth Acevedo	5.2	810L	UG	73941	2019	
Wonder	R.J. Palacio	4.8	790L	MG	73053	2012	원더
Wuthering Heights	Emily Brontë	11.3	960L	UG	107945	1847	폭풍의 언덕
You Should See Me in a Crown	Leah Johnson	5.9	880L	UG	75845	2020	

아이 스스로 원서를 읽고 영어 사고력을 키워가는
누리보듬 엄마표영어 톺아보기

초판 1쇄 인쇄 2022년 12월 30일
초판 1쇄 발행 2023년 1월 5일

지은이 한진희

대표 장선희 **총괄** 이영철
기획편집 이소정, 정시아, 현미나, 한이슬
디자인 김효숙, 최아영 **외주디자인** 이창욱
마케팅 최의범, 임지윤, 강주영, 김현진, 이동희
경영관리 김유미

펴낸곳 서사원 **출판등록** 제2021−000194호
주소 서울시 영등포구 당산로 54길 11 상가 301호
전화 02-898-8778 **팩스** 02-6008-1673
이메일 cr@seosawon.com
블로그 blog.naver.com/seosawon
페이스북 www.facebook.com/seosawon
인스타그램 www.instagram.com/seosawon

ⓒ한진희, 2023

ISBN 979-11-6822-135-2 03590

서사원은 독자 여러분의 책에 관한 아이디어와 원고 투고를 설레는 마음으로 기다리고 있습니다.
책으로 엮기를 원하는 아이디어가 있는 분은 이메일 cr@seosawon.com으로 간단한 개요와 취지,
연락처 등을 보내주세요. 고민을 멈추고 실행해보세요. 꿈이 이루어집니다.